航空发动机基础与教学丛书

航空发动机
控制系统故障诊断

缑林峰 马 静 郑 华 韩光洁 韩小宝 著

科 学 出 版 社

北 京

内 容 简 介

本书系统阐述了航空发动机控制系统故障诊断的基本概念、核心机理和主要方法。本书依照研究的关键问题,分为四个部分共 10 章:第 1 章航空发动机控制系统故障诊断发展与需求;第 2 章航空发动机控制系统;第 3 章航空发动机控制系统故障诊断基本概念与故障模型;第 4 章航空发动机组态化建模;第 5 章航空发动机全寿命大包线数学模型;第 6 章基于卡尔曼滤波器的航空发动机控制系统故障诊断;第 7 章基于滑模观测器的航空发动机控制系统故障诊断;第 8 章基于云/雾智能计算的航空发动机控制系统故障诊断方法;第 9 章基于子空间辨识辅助的航空发动机控制系统故障诊断方法;第 10 章基于人工智能的航空发动机控制系统传感器故障诊断。

本书适合从事航空、航天等领域发动机控制系统故障诊断的广大科研人员阅读,也可作为相关专业研究生的教学、科研用书,同时也适用于对故障诊断感兴趣的读者参考。

图书在版编目(CIP)数据

航空发动机控制系统故障诊断 / 缑林峰等著. —北京:科学出版社,2022.1
(航空发动机基础与教学丛书)
ISBN 978 - 7 - 03 - 071189 - 2

Ⅰ. ①航⋯ Ⅱ. ①缑⋯ Ⅲ. ①航空发动机—控制系统—故障诊断 Ⅳ. ①V233.7

中国版本图书馆 CIP 数据核字(2021)第 271022 号

责任编辑:胡文治 / 责任校对:谭宏宇
责任印制:黄晓鸣 / 封面设计:殷 靓

科 学 出 版 社 出版
北京东黄城根北街 16 号
邮政编码:100717
http://www.sciencep.com
南京展望文化发展有限公司排版
广东虎彩云印刷有限公司印刷
科学出版社发行 各地新华书店经销

*

2022 年 1 月第 一 版 开本:B5(720×1000)
2023 年 10 月第五次印刷 印张:24 3/4
字数:500 000
定价:160.00 元
(如有印装质量问题,我社负责调换)

丛书序

航空发动机是"飞机的心脏",被誉为现代工业"皇冠上的明珠"。航空发动机技术涉及现代科技和工程的许多专业领域,集流体力学、固体力学、热力学、燃烧学、材料学、控制理论、电子技术、计算机技术等学科最新成果的应用为一体,对促进一国装备制造业发展和提升综合国力起着引领作用。

喷气式航空发动机诞生以来的 80 多年时间里,航空发动机技术经历了多次更新换代,航空发动机的技术指标实现了很大幅度的提高。随着航空发动机各种参数趋于当前所掌握技术的能力极限,为满足推力或功率更大、体积更小、质量更轻、寿命更长、排放更低、经济性更好等诸多严酷的要求,对现代航空发动机发展所需的基础理论及新兴技术又提出了更高的要求。

目前,航空发动机技术正在从传统的依赖经验较多、试后修改较多、学科分离较明显向仿真试验互补、多学科综合优化、智能化引领"三化融合"的方向转变,我们应当敢于面对由此带来的挑战,充分利用这一创新超越的机遇。航空发动机领域的学生、工程师及研究人员都必须具备更坚实的理论基础,并将其与航空发动机的工程实践紧密结合。

西北工业大学动力与能源学院设有"航空宇航科学与技术"(一级学科)和"航空宇航推进理论与工程"(二级学科)国家级重点学科,长期致力于我国航空发动机专业人才培养工作,以及航空发动机基础理论和工程技术的研究工作。这些年来,通过国家自然科学基金重点项目、国家重大研究计划项目和国家航空发动机领域重大专项等相关基础研究计划支持,并与国内外研究机构开展深入广泛合作研究,在航空发动机的基础理论和工程技术等方面取得了一系列重要研究成果。

正是在这种背景下,学院整合师资力量、凝练航空发动机教学经验和科学研究成果,组织编写了这套"航空发动机基础与教学丛书"。丛书的组织和撰写是一项具有挑战性的系统工程,需要创新和传承的辩证统一,研究与教学的有机结合,发展趋势同科研进展的协调论述。按此原则,该丛书围绕现代高性能航空发动机所涉及的空气动力学、固体力学、热力学、传热学、燃烧学、控制理论等诸多学科,系统介绍航空发动机基础理论、专业知识和前沿技术,以期更好地服务于航空发动机领域的关键技术攻关和创新超越。

　　丛书包括专著和教材两部分,前者主要面向航空发动机领域的科技工作者,后者则面向研究生和本科生,将两者结合在一个系列中,既是对航空发动机科研成果的及时总结,也是面向新工科建设的迫切需要。

　　丛书主事者嘱我作序,西北工业大学是我的母校,敢不从命。希望这套丛书的出版,能为推动我国航空发动机基础研究提供助力,为实现我国航空发动机领域的创新超越贡献力量。

2020 年 7 月

前　言

　　控制系统故障诊断技术的基础理论是现代控制论、计算机工程、数理统计、信号处理、模式识别、人工智能、人工神经网络以及相应的应用学科,该研究已经成为控制领域中的前沿课题。

　　航空发动机长期工作在高温、高压、高转速及高负荷工况下,自身的机械结构以及相应的控制结构都十分复杂。发动机控制系统主要由控制器、传感器、执行机构及被控对象发动机等部分组成,其目的是保证发动机在任意允许的工况下都能够稳定工作、发挥其性能。现代航空发动机控制系统已采用全权限数字电子控制,具有高速存储、控制模态可编程、质量小、控制精度高等优点,但随着工作时间增加,发动机控制系统可靠性逐渐下降,使得发生故障的概率增大,容易引起多重故障情况。据统计,控制系统中多数故障由执行机构或传感器失效导致。因此,为提升发动机工作稳定性,延长使用寿命,节约维修成本,对执行机构、传感器、电子控制器进行准确有效的故障诊断至关重要。

　　作者所在的西北工业大学航空发动机控制系统故障诊断研究团队从事相关研究二十余年,承担多项重点科研项目,取得了诸多重要成果。

　　本书以该领域前沿重点科研项目研究为基础,取材均为最新的研究成果,反映了当前航空发动机控制系统故障诊断研究的核心内容,以故障机理和故障诊断为讨论主题,并选取具有实际应用背景的系统分别进行方法介绍和案例分析。

　　本书抓住航空发动机控制系统的特点,将控制系统故障诊断和航空发动机控制相结合,突出航空发动机故障诊断的特点和优势。为满足复杂系统的诊断要求及计算机和人工智能的发展需求,本书内容涵盖航空发动机控制系统故障特性分析与机理建模、基于模型的控制系统故障诊断、基于数据驱动的控制系统故障诊断,对航空发动机全权限数字电子控制系统故障诊断及仿真应用深入地进行研究。

　　本书章节根据航空发动机控制系统故障诊断的特色进行合理安排,共 10 章,第 1~5 章由西北工业大学缑林峰教授撰写,第 6、7 章由西北工业大学马静副教授撰写,第 8 章由河海大学韩光洁教授撰写,第 9 章由西北工业大学郑华副教授撰写,第 10 章由西北工业大学马静副教授、韩小宝副教授撰写,全书由缑林峰教授负责统稿并最终定稿。在编写过程中,西北工业大学黄英志副教授、陈映雪副教授,博士生刘志丹、李慧慧、孙瑞谦、马帅,硕士生蒋宗霆、张猛、孙楚佳、胡广豪等,以及东北大学林川副教授等参加了本书部分内容的撰写及图表制作,特此表示感谢。

本书的出版得到了中国航发控制系统研究所周永权研究员的大力支持,西北工业大学严红教授和肖洪教授审阅了本书,提出了许多重要的修改意见。感谢这些专家的大力支持!

本书尽量完善理论体系,突出成果重点,注重理论与实用相结合,提供了丰富的实例,并获西北工业大学第二十一期出版基金资助。

本书的研究内容是国内外目前研究情况的总结,部分见解可能有一定的局限性。由于作者水平有限,难免有疏漏和不当之处,恳请各位读者批评指正。

作者
2021 年 8 月

目　录

第二部分　故障特性分析与机理建模

第3章　航空发动机控制系统故障诊断基本概念与故障模型

第4章　航空发动机组态化建模

第5章　航空发动机全寿命大包线数学模型

第三部分　基于模型的控制系统故障诊断

第6章　基于卡尔曼滤波器的航空发动机控制系统故障诊断

第7章 基于滑模观测器的航空发动机控制系统故障诊断

第四部分　基于数据驱动的控制系统故障诊断

第8章　基于云/雾智能计算的航空发动机控制系统故障诊断方法

第9章　基于子空间辨识辅助的航空发动机控制系统故障诊断方法

第 10 章 基于人工智能的航空发动机控制系统传感器故障诊断

第一部分

航空发动机控制与故障诊断技术

第1章
航空发动机控制系统故障诊断发展与需求

1.1 引　言

航空发动机是飞机的心脏,是集机、电、气、液等技术于一体的复杂气动热力学系统[1],其性能和可靠性是飞机性能与飞行安全的重要保证。航空发动机提供的动力来自进气道、压气机、燃烧室、涡轮及尾喷管共同工作提供的推力。但是这些部件的工作参数是无法通过自身进行调节的,需要外界进行控制。比如飞机在起飞和着陆时需要对燃油流量等参数进行控制,当发动机喘振时则需要对可调放气活门和可调静子叶片进行控制。显然,要完成这些复杂的工作,必须采用智能调控系统进行控制,也就是航空发动机的控制系统。

航空发动机控制系统是决定航空发动机性能发挥的关键系统,其用于监视和控制航空发动机各部件和系统协调、安全可靠工作,在各种环境下充分发挥发动机的效能,保证发动机提供飞机所需的推力要求[2]。航空发动机是工作环境条件变化范围最广的热力机械。发动机工作环境温度在 $-55 \sim +70℃$,工作海拔在 $-0.5 \sim 25$ km,飞行速度在 $0 \sim 3Ma$;另外,还要考虑武器发射对发动机工作状态的影响,以及飞行器对其推力变化范围、最大推重比、工作效率、可靠性的高要求等,导致航空发动机成为世界上结构最复杂、工作状态最复杂的热力机械,也使得航空发动机控制系统成为工作条件恶劣、控制规律复杂、控制技术指标要求极高的控制系统。

1.2 航空发动机控制系统的发展

1.2.1 国外航空发动机控制系统的发展

早期的航空发动机,飞行速度不高,发动机的推力不大,控制变量较少,采用的控制方案是测量发动机进口压力,调节燃油流量,保持发动机转速基本不变的开环控制方案,该方案控制精度不高;随着发动机性能要求的提高和经典控制理论的完善,发动机控制中应用了经典控制理论的闭环反馈控制原理,并成功地设计与实现了发动机转速反馈的闭环控制,使控制系统的控制精度和动态性能得到了很大的改善,发动机性能有了较大的提高。现代航空发动机尤其是变循环航空发动机工作范围进一步扩大,并要求全飞行包线内的最佳性能,如较高的控制精度、良好的稳定性、过渡状态时间最小性等。此时若仅采用一个控制量控制发动机的一个参数的单输入—单输出控制系统是不可能实现这些要求的。为此,必须采用多输入—多输出控制系统。在多回路控制系统中,任何一个回路中参数的变化,都将影响到其他回路,因此各回路之间的交互耦合影响成为多变量系统设计中的一个重要问题。基于反馈控制理论设计多个单一反馈回路组成的多回路系统难以解决回路间的耦合影响,不可能保证系统的稳定性及动态性能。而 20 世纪 60 年代以来发展的现代控制理论为解决发动机多变量控制系统设计奠定了理论基础。现代控制理论的不断发展和完善,为航空发动机多变量控制提供了众多的设计方法,如线性二次型调节器方法、自适应控制、鲁棒控制等,而多变量控制系统复杂功能的具体实现必须依靠数字式电子控制器。

数字电子控制器的产生也促进了航空发动机控制理论从经典控制理论到现代控制理论应用的发展,也就是从机械液压式控制系统到数字式电子控制系统的发展,因为机械液压控制系统只能实现经典的反馈控制,而数字式电子控制系统才可以实现现代控制理论中的各种复杂的控制方法。由机械液压式控制向数字式电子控制发展无疑是 20 世纪后期以来发动机控制系统最具有革命性的进展。

另外,航空发动机结构和功能的发展也是控制系统发展的催化剂。早期飞机发动机结构和功能较为简单,对航空发动机控制系统要求不高。机械液压式控制很好地胜任了当时航空发动机对控制系统的要求,在一定的历史阶段发挥了十分重要的作用,机械液压控制系统发展到 20 世纪 70 年代其故障率已经相对比较低了(每千小时 0.1),这样的故障率引起飞行中熄火的概率是每千小时 0.019,但是它结构复杂,由数千个零件组成,且尺寸大,重量大,其控制功能也难以满足现代航空发动机发展的需求。还需要指出的是,机械液压式控制器的性能和可靠性的改进主要来自运行经验的积累及结构的改进,而不是技术改进。但是随着发动机结构的复杂性和功能的多样性提高,发动机控制系统也随之不断发展,发动机控制系统从 20 世纪 40 年代简单的机械液压燃油控制系统,经历起步阶段、成长阶段、数字化阶段、综合化和智能化阶段 4 个阶段,现已发展为能够用于所有燃气涡轮发动机的全权限数字电子控制(full authority digital electronic controller, FADEC)系统[3]。航空发动机控制系统发展如图 1-1 所示。

第一阶段: 起步阶段

20 世纪 40 年代,航空发动机主要采用机械液压控制系统,主要由燃油泵、机械计算装置、机械执行机构等构成,其功能从最初的单变量控制发展到能够实现转

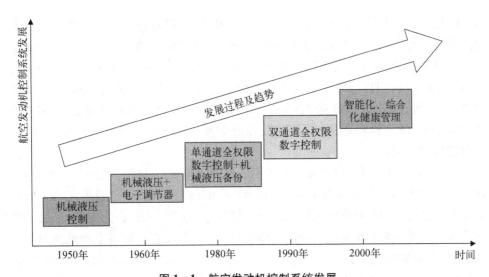

图 1 - 1　航空发动机控制系统发展

速、导叶角度、喷口面积等多变量控制。机械液压控制系统具有工作可靠、抗干扰能力强等优点,但也存在结构复杂、机械加工精度要求高、体积及重量大、无法实现复杂运算功能等缺点,随着对发动机控制系统功能需求的提高,机械液压控制系统的不足逐渐凸显。

1942 年,美国第一台喷气发动机——通用电气公司(简称 GE 公司)的 1 - A 发动机问世,其控制装置为单变量机械液压式转速闭环控制系统,根据偏差消除原理,按比例控制供给燃烧室的燃油流量;为防止发动机熄火,燃油计量活门具有最小燃油流量限制。为防止发动机超温,还采用了最大流量限制技术。该控制系统具有控制一台单转子涡喷发动机正常工作的基本功能。1948 年,GE 公司试验了世界首台加力涡喷发动机 J47,该发动机的主燃烧室采用机械液压燃油控制装置,加力燃烧室采用一个电子(真空管)燃油控制系统,其控制律设计采用了频率响应技术和时域阶跃响应分析方法,解决了转速传感器噪声与高增益转速回路的耦合问题。但是该电子控制装置的可靠性很差,因为在发动机的高温环境下真空管技术还存在问题。

第二阶段:成长阶段

1951 年,普惠(PW)公司第 1 架双转子涡喷发动机 J57 装在 YF - 100 飞机上,进行了超声速飞行试验。J57 发动机控制系统由机械液压式主燃油控制器、加力燃油控制器和防冰控制系统组成。

20 世纪 50 年代,随着发动机能力的提高,发动机控制技术也得到了巨大的发展,能够提供新的功能。1969 年,大量世界著名的且长期适用的发动机进行了试验研究,例如,GE 公司的 J79、F101 发动机,普·惠公司的 TF30 和 F100 发动机。

这一时期,随着高压比、高涵道比涡扇发动机技术的发展成熟,发动机的控制技术也发展到了可变几何的控制,即压气机静子叶片的控制、进气道和喷管的控制。且在这一时期,控制技术开始从军用发动机向民用发动机转移,例如 PW 公司用于波音 B－707 飞机的 JT3(J57 的改进型)发动机,用于 B－727 飞机的 JT8D(J52 的改进型)发动机,用于 B－747 的 JT9D(TF30 的改进型)发动机;GE 公司用于 DC－10 飞机的 CF6(TF－39 的改进型)发动机和用于 B－737－300 飞机的 CMF56(F101 的改进型)发动机。

在 20 世纪 70 年代,航空发动机控制的机械液压技术几乎已达到了技术顶峰。例如法国 SNECMA 公司和美国 GE 公司合作研制的 CFM56－3 以及苏联的 AA310 涡扇发动机的原型机等仍然采用机械液压控制,其内部结构已极为复杂,采用三维凸轮等空间机构来实现复杂的控制规律及复杂的计算功能。随着发动机控制功能的扩展,控制系统的复杂性也增加了。控制系统的复杂性受控制系统管理的控制变量数目的影响。随着控制复杂性的增加,尽管传统的机械液压燃油控制和伺服部件还非常可靠,但若要满足发动机对控制系统需求的进一步提高,必将使机械液压式控制器更加复杂,导致尺寸、重量以及成本的进一步增加,无法在工程上得到实际应用,促使人们寻求新的控制技术。

第三阶段:数字化阶段

20 世纪 70 年代开始,模拟电子技术被引入航空发动机控制领域,用模拟电子控制器代替原有的机械液压计算装置,这一阶段多采用机械液压+模拟电子混合控制,以提高系统的工作可靠性。模拟和数字电子控制单元(electronic control unit, ECU)的发展提供了高水平的监视或调节功能。早期应用模拟式电子控制的发动机有罗·罗(R－R)公司的 Conway、Spey 和 RB211 发动机。全权限的模拟式电子控制用得很少,历史上只有 Olympus 发动机和 RB199 军用发动机采用全权限的模拟式电子控制。值得一提的是 1976 年 Lacas Aerospace 和 R－R 公司联合开发的第一台双通道发动机控制系统用于 Olympus 发动机,并进行了 50 小时飞行试验,这是世界上首次民用的全权限发动机控制系统进行飞行试验,但是这是模拟式电子系统。

随着对发动机控制的要求不断地提高,机械液压技术和模拟式电子技术显示了明显的局限性。这可以从以下几方面来看。

(1)应用方面。为了满足复杂的需求,机械液压和模拟式电子控制都需要专用元件,对于新的应用必须开发新的元部件,由于工作环境复杂,这需要很高的成本,控制系统的模块化结构也只能稍微缓解这个缺陷。

(2)综合性。机械液压和模拟式电子控制几乎都不能提供综合控制功能,它的主发动机控制、加力控制、喷口控制和进气道控制都是独立进行控制的。

(3)复杂性。机械液压和模拟式电子控制最严重的不足就是不能适应日益增加的发动机的复杂性的需求。在 20 世纪 70 年代,开发了不少高推力发动机,其特征是有许多需要精确测量和计算的参数,例如不断增加的涵道比使得在发动机运行时的推力计算很困难。实际上,低涵道比发动机,例如 R&W 公司的 JT8D 发动机,只需要对功率杆做有限的调整,发动机推力近似由核心机转速和压气机进口温度决定,高涵道比意味着有更高百分比的发动机推力由风扇和外涵道产生,为了避免超转、超温,就需要更频繁地来调整功率杆,其后果是推力计算更复杂了,需要驾驶员更频繁地进行功率设定。

因此,随着数字计算机技术的迅猛发展,它的强大的计算功能及逻辑推理能力使得数字式电子控制逐渐显示其巨大的优越性,欧美等国同时在开展发动机数字电子控制技术研究,决定将数字控制技术作为主要发展方向,而模拟电子控制技术仅仅是一个过渡阶段。1972 年首台研制成功的全权限电子控制器,是由盖瑞特空气研究所(现霍尼韦尔的分公司)完成的,并装备在 TFE731 发动机上。从安全性出发,电子发动机控制器(electronic engine control, EEC)具有当发动机出现故障或者飞行员误操作时自动切换到备份的机械液压控制系统的功能。1973 年,首次在 F111E 发动机上对飞行推进综合控制系统进行了飞行验证。F100 发动机的数字电子发动机控制(digital electronic engine control, DEEC)是世界首台进行飞行试验的全权限数字电子控制系统。该 DEEC 是从 F100 发动机机械液压控制器的监控 EEC 演变而来。该 DEEC 首次配备了机载事件历史记录器(event historical recorder, EHR),并采用了发动机数字电子控制和发动机诊断单元(engine diagnostic unit, EDU)组合控制监控技术,实现了发动机监控系统(engine monitoring system, EMS)功能。20 世纪 80 年代中期第一台双通道数字式的 FADEC 在 PW2037 发动机上进入服役,军机上应用双通道的 FADEC 要略微滞后一些,装备 Panavia Tornado 的 RB199 是首次使用双通道 FADEC 的军用发动机。1987 年后,大型的商用涡扇发动机都装备了双通道 FADEC。发动机全权限数字电子控制系统从 20 世纪 70 年代开始,至今已发展到了第三代。

第四阶段: 综合化和智能化阶段

随着数字电子控制技术的不断成熟,双通道全权限数字电子控制系统已经成为国际主流航空发动机的标准配置。世界航空发动机技术将呈加速发展的态势,将向高推重比、高速度、宽使用范围、高可靠性和适用性、低油耗、低噪声、低污染、低成本的方向发展,这也是未来航空发动机控制技术的发展趋势。为了不断满足发动机发展的需求,未来控制系统的发展目标是提高性能、减轻重量、耐恶劣环境、提高可靠性和维护性,因此控制系统将向综合化和智能化方向发展,如各分系统向飞发一体化综合控制发展、集中式控制向分布式控制发展、基于传感器的控制向模型级控制发展、简单的故障诊断技术向健康管理技术发展等。

为了保证发动机的安全性和可靠性,控制系统的综合化和智能化意味着要求航空发动机控制系统的管理技术也要向综合化和智能化方向发展。目前,航空发动机控制系统诊断技术已经由过去单纯的电子/航电系统的内部测试(Built-In test,BIT)和结构/机械设备的状态监视向覆盖装备所有重要系统和关键部件的全面故障诊断、预测与健康管理(prognostic and health management,PHM)方向发展演变。现代航空发动机都采用健康管理技术,它的主要目标是保证发动机安全和可用。这就要求能快速诊断发动机当前故障和预测发动机未来故障。由此可见,有效地进行发动机状态监视和故障诊断是实现发动机健康管理的基础,开发先进的故障诊断算法是十分必要的。如F-22、F-35、EF2000战斗机及其发动机都不同程度地采用了诊断、预测与健康管理技术,对提高飞行安全、减少维修人力、增加出动架次率、实现基于状态的维修(condition based maintenance,CBM)和自主式保障发挥着重要的作用。NASAGlenn和NASAAmes在飞机健康管理研究项目中,在空军C-17飞机和其配装的4台PW公司的F117发动机上进行了发动机和飞机健康管理技术的测试,评价了发动机的健康管理能力。

1.2.2　国内航空发动机控制系统的发展

我国在航空发动机控制研究方面已有60多年的历史。20世纪50年代中期,国内某发动机控制器设计与制造工厂开始了机械液压式控制器的研制,之后,不断地改进、改型,并先后不断地研制了各种新型号的发动机控制器。几十年的发展,使我国对机械液压式控制器的研制经验积累丰富,技术水平已较高。目前我国正在使用的大部分型号的发动机,其控制器均为国内研制。对于高性能发动机的控制器,其中转速高、流量大而重量轻的燃油泵、精度高的燃油计量装置以及实现复杂控制规律的关键部件的设计技术,我国正在开展进一步研究。

意识到电子控制技术的优越性,我国跳过了模拟电子控制技术阶段,直接开展数字电子控制技术的研究。我国航空发动机全权限数字电子控制系统的研究起步于20世纪70年代。1977年西北工业大学首先开展了该项研究工作,并在发动机试验台上对РД20发动机进行了数字控制试验。20世纪80年代中期,西北工业大学又对JT15D涡轮风扇发动机开展了进一步的数字式电子控制试验研究。与此同时,国内某研究所对某型发动机也进行了数字式电子控制试验研究。

20世纪80年代后期,国内有关研究所、工厂及高校合作开展了航空发动机数字式电子控制系统研究,为全面突破航空发动机全权限数字式电子控制系统各项关键技术,制订了研究与发展计划,其目标是研制全权限的、能在飞行包线内控制验证机全部工作状态、具有容错能力和较高可靠性的数字电子控制系统。该计划确定以某型发动机为验证机,研制数字式电子控制系统样机。经过各单位的努力与合作,在完成了样机研制后,进行了发动机地面台架试验。

20世纪90年代以来,我国某航空动力控制系统研究所完成了设计比较完善、技术比较成熟的全权限数字式电子控制系统的研制,之后,对该系统进行了各项试验和试飞验证,所做的研究工作和取得的研究成果表明,我国已掌握了发动机数字控制技术,研制的数控系统已达到工程应用水平。

2002 年全权限数字电子控制技术试飞验证后,我国各型在研发动机开始大量使用该技术,2010 年某型发动机全权限数字电子控制系统经 7 000 多小时的地面试验和 1 000 多小时的飞行验证,完成了设计定型并投入批量使用,这是我国第一个设计定型的全权限数字电子控制系统,采用了第二代的全权限数字电子控制技术。目前第三代全权限数字电子控制技术也正在研制之中。

在航空发动机控制理论方面,国内也陆续开展了多变量、自适应、鲁棒、智能控制等多方面的现代控制和智能控制理论在航空发动机上的应用研究,也取得了一些研究成果,但大多以跟踪国外研究和仿真研究为主,缺乏实验和实际使用的研究成果,仍有待加强。

因此,从航空推进控制技术的发展历程来看,要快速发展航空发动机控制技术,必须大力发展发动机数字电子控制技术,尤其要注重发展先进的发动机故障诊断技术,不断完善和增强我国航空发动机控制系统的安全性、可靠性和可用性。

1.3　航空发动机控制系统故障诊断技术综述

航空发动机是保证飞行安全的关键部件,发动机的任何故障都可能导致十分严重的后果,因此,必须保证发动机始终处于健康状态[4]。航空发动机控制系统故障诊断技术对监视航空发动机性能变化、预测系统变化趋势、及时发现、隔离故障、优化维护、保养与维修活动,保证航空发动机的健康运行、减少维护费用、提高系统运行的稳定性、安全性和经济性意义重大。

1.3.1　故障诊断技术的研究状况

故障诊断技术是对系统运行状态和异常情况进行诊断,并根据诊断结论分析,为系统故障恢复提供依据。要对系统进行故障诊断,首先必须进行检测,在系统发生故障时,对故障类型、故障部位及原因进行诊断,最终给出解决方案,实现故障恢复。

故障诊断技术发展至今,经历了三个重要的阶段:第一阶段,根据工程专家的经验,经简单的数据处理,获取故障信息;第二阶段,以数学建模和信号处理为基础的故障诊断;第三阶段,借助计算机和人工智能方法,实现复杂系统的智能故障诊断技术。

最早发展起来的理论研究方法是基于解析模型的方法,其中基于解析冗余的故障诊断技术起源于 1971 年 Beard 发表的博士论文以及 Mehra 和 Peschon[5]发表在 *Automatica* 上的论文。1976 年,Willsky[6]在 *Automatica* 上发表了第一篇故障检测与诊断(fault detection and diagnosis, FDD)方面的综述文章。Himmelblau[7]于 1978 年出版了国际上第一篇 FDD 方面的学术著作。随后以 Isermann、Willsky、Chen、Patton 和 Frank[8]等为代表的基于解析冗余的 FDD 技术得到快速发展。

20 世纪 80 年代提出了鲁棒故障诊断的概念。20 世纪 80 年代中期开始,由 NASA 主持的改进发动机控制可靠性的解析余度设计(Analytical Redundancy Technology for Engine Reliability Improvement, ARTERI)计划,可检测并分离控制系统的硬故障与软故障。这种方法采用发动机部件跟踪滤波器能随时修正机载的发动机实时模型,使之与实际发动机相匹配而具有一定的鲁棒性;由故障检测和分离逻辑处理部件跟踪滤波器的误差信息;故障适应逻辑根据故障检测和分离逻辑提供的指示信息为数控系统提供故障传感器及执行机构的有效输出,进行控制系统重构,以使数控系统在传感器或执行机构有故障时仍能正常工作。

1990 年 Frank[9]针对基于观测器的故障诊断方法中未建模动态和外界干扰等未知输入因素对故障检测系统性能的影响,将未知输入观测器的概念引入到故障检测观测器的设计中,提出了基于未知输入观测器(unknown input observer, UIO)的鲁棒故障诊断方法。Larson 等[10]提出执行机构与传感器故障检测的统一模型。20 世纪 90 年代中期,关于 LTI(Linear Time-Invariant)系统的故障诊断已形成了相对较为完整的体系结构。目前对于鲁棒故障诊断系统的研究方法主要有:① 利用 Ricatti 方程方法、LMI 方法、H_∞ 控制、H_2 控制、L_1 估计等鲁棒控制理论进行优化设计;② 设计鲁棒故障检测滤波器(robust fault detection filter, RFDF)来实现对被控对象模型误差和系统不确定性因素的干扰解耦;③ 设计动态阈值来实现对被控对象模型误差和系统不确定性因素的自适应变化。

20 世纪 80 年代以来,传统的诊断技术已不能适应系统的日趋复杂化、智能化,随着计算机技术的发展以及人工智能技术特别是专家系统的发展,一部分学者开始把神经网络应用于控制系统故障诊断方面,作了一些成功而有益的尝试。利用神经网络进行故障诊断不需要精确的数学模型,引入了诊断对象的许多信息,特别是可以充分利用专家诊断知识等,因此具有良好的应用前景,尤其是在非线性领域。另外基于模糊推理、模式识别以及专家系统等智能诊断方法也逐渐发展起来。尤其是近年来,智能诊断方法因为不需要精确的数学模型,而成为针对复杂系统的首选故障诊断方法。

目前针对故障诊断已经开发了各种技术[11]。大多数关于故障诊断的初步工作是在基于模型的方法上进行的,目的是用分析冗余取代硬件冗余。基于模型的故障诊断又可细分为基于观测器或滤波器的方法、基于奇偶空间的方法、基于参数估计的方法,以及其他需用系统数学模型的统计检验方法,如通过对故障残差序列的统计分析检测故障[12]。如温秀平等[13]针对同时具有执行器故障和传感器故障的非线性系统,设计了故障诊断观测器。胡正高等[14]针对以往故障诊断研究中要求故障或故障导数及系统干扰的上界是已知的不足,以及难以同时诊断执行器故障和传感器故障的问题,提出一种自适应未知输入故障诊断观测器。Alikhani等[15]针对故障诊断问题提出了功能未知输入观测器以消除未知输入的影响并估计系统状态的给定线性组合。

基于模型的 FDD 需要过程的精确数学模型,最适合输入较少、数学模型明确的小系统;然而,在存在未建模扰动和不确定性的情况下,其性能会受到显著影响。相比之下,各种模型无关的方法,也称为数据驱动的方法表现出了优势[16]。即通过对试验数据的离线或在线学习,采用特征提取、分类或回归等技术进行故障检测,具有无需深入掌握物理对象工作原理和解析模型的优点[17],包括专家系统、时频分析、主元分析、模糊逻辑、神经网络等,其中神经网络由于其自学习和能拟合任意连续非线性函数等功能在故障诊断中被广泛应用[18]。如周汝胜等[19]针对导弹发射车液压系统设计了专家系统。蔡琳等[20]提出了一种基于人工神经网络与专家系统相结合的智能故障诊断系统。Verstraete 等[21]利用基于时频图像分析的CNN 对滚动轴承进行故障诊断,对于 CNN 图像输入,采用了三种时频变换:短时傅里叶变换谱图和小波变换(WT)谱图以及 Hilbert-Huang 变换(HHT)。吴光强等[22]用小波包变换对传感器残差序列进行分解,用概率神经网络对不同传感器故障的特征值进行识别。Namigtle 等[23]基于三个耦合的人工神经网络组成制定了故障检测和诊断方案。如 Al-Raheem 等[24]运用拉普拉斯-小波变换对航空发动机振动故障信号进行特征提取,获取了一组有效的特征向量,之后采用人工神经网络对其进行故障分类实现故障诊断。

随着技术的进步和计算方法的进步,以数据驱动为核心的深度学习、人工智能越来越受到各行各业的关注[25]。2006 年,Hinton 等[26]发表的文章揭开了深度学习的序幕。深度学习采用多隐层网络以逐层学习的方式从输入数据中提取信息,其深层架构允许它通过多级抽象来形成高层表示、属性或类别[27],无监督"逐层贪婪学习"的思想为深度网络结构相关的优化难题带来了新的思路,同时也为故障诊断技术研究带来了新的方向。如 Demetgul 等[28]将经扩散图、局部线性嵌入预处理后的信号输入 SAE,构成了一种特征提取算法,然后进行分类,大大提高了故障诊断准确率。李本威等[29]针对传统的浅层网络和支持向量机方法在诊断时存在泛化能力欠缺、易产生局部最优解等问题,建立了基于深度置信网络的发动机气路部件性能衰退故障诊断方案。Duan 等[30]采用基于卷积神经网络的智能故障诊断方法识别振动故障,并通过实验验证了该方法的有效性。周奇才等[31]利用深层网络极强的非线性拟合能力以及循环神经网络特有的沿时间通道传播的特点,提出基于改进堆叠式循环神经网络的轴承故障诊断模型。

　　人工智能算法是一种借鉴、利用自然界中自然现象或生物体的概念、机理或原理开发的智能方法,尤其是进化算法的发展使得经典计算智能的研究再度掀起,智能算法已成为当今研究热点,并逐步发展为一种多学科、多智能交叉融合、渗透的信息与计算研究领域。由于诊断对象的复杂性、故障形式的多样性,对于复杂的系统的故障诊断,使用一种诊断方法难以满足全部要求。人们转向各种人工智能技术的结合来寻求效果好的故障诊断方法。其中经典智能算法与来自生命科学中其他生物理论的结合,使得这类算法有了较大进展,如遗传算法与生物免疫或模糊逻辑结合形成了免疫遗传算法或模糊遗传算法,神经网络与免疫算法的结合形成了免疫神经网络[32-37]。

1.3.2　航空发动机控制系统故障诊断技术的研究状况

1. 故障诊断的理论发展

　　航空发动机控制系统故障诊断是现代科学技术的综合体,是在传感器技术、计算机技术以及发动机结构与热力学性能分析和大量维护经验的基础上发展起来的,可以看成是对多源信息感知、传输和综合智能处理的过程[38]。

　　目前国内外应用于航空发动机故障诊断的方法繁多,主要开展的工作综合来说主要集中在基于模型的方法、基于数据驱动的方法和以智能算法为基础的融合方法。

　　基于模型的方法是发动机控制系统故障诊断的主要方法,该方法首先需要依据发动机控制系统的运行物理特性建立较为准确的定量机理模型,并且依赖充分的传感器测量信息修正模型特性以提高模型精度,所建立的机理模型精确程度直接影响着诊断效果[39]。该方法不需要历史的经验知识,可以获取系统的动态过程以及状态参数,可以诊断未知的故障,能够实现实时故障诊断和预测。但缺点是在实际当中,往往难以获得诊断对象的精确数学描述。常用的基于模型的方法有观测器或滤波器,如 Kobayashi 等[40]将多 Kalman 滤波器方法应用到航空发动机的传感器故障诊断中,提高了传感器故障检测精度。Chen 等[41]考虑到发动机动力学和建模中不可避免的不确定性,采用基于未知输入观测器的方法研究了航空发动机健康参数估计问题,通过使用线性矩阵不等式创建了一个加权矩阵,以最小化不确定性对估计的影响。此外,针对航空发动机控制系统故障诊断的鲁棒性问题,有研究学者提出了新的解决思路,如郭江维等[42]针对航空发动机控制系统执行机构和传感器提出了基于自适应观测器的故障检测方法。强子健等[43]提出了一种基于 Super-twisting 滑模观测器的航空发动机气路故障诊断方法。Ding 等[44]建立了基于混合卡尔曼滤波器的机载航空发动机模型调谐系统,可以实时跟踪实际发动机的性能。陶立权等[45]针对含未知干扰的航空发动机,提出了基于鲁棒自适应滑模观测器的故障检测方法。基于模型的故障诊断算法,尤其是基于非线性模型的故障诊断算法是将来发动机故障诊断领域一个主要发展方向。

基于数据驱动的发动机控制系统故障诊断的优势表现在其对海量、多源的数据进行统计分析和信息提取的直接性和有效性[46]。该技术以采集到的不同来源、不同类型的监测数据作为基底,利用各种技术获取数据中隐含的有用信息,表征系统运行的正常模式以及故障模式,进而达到检测与诊断的目的。例如神经网络、专家系统、主元分析法、小波变换、模糊逻辑、深度学习等。杨燕[47]设计了知识的冗余和循环检测算法,开发了故障诊断专家知识库的管理系统,实现故障诊断信息的常规管理。段隽喆等[48]根据航空发动机控制系统的一般故障模式,建立故障树,结合专家系统生成了专家系统的知识库。专家系统能根据以往数据以及故障诊断经验及时得到故障诊断结论和处理办法,但是只能解决事先存储好的由专家经验总结出来的故障现象与处理方法相对应的诊断,当遇到新问题新故障时它就无能为力了。

神经网络则被认为是最具潜力的诊断工具,具备高度非线性、高度容错和联想记忆等,具有良好的工程应用前景。常用的网络模型有 BP 网络、RBF 网络、概率神经网络、自组织特征映射网络和自联想网络等。Sina 等[49]提出了一种基于动态神经网络的故障检测与隔离方案,用于检测和隔离某型飞机喷气发动机高度非线性动力学中的故障。姜洁等[50]、Huang[51]分别使用双神经网络和自相关神经网络对航空发动机传感器进行故障诊断。王修岩等[52]为了区分航空发动机气路故障诊断过程中出现的相似故障,提高诊断准确率,提出了一种支持向量机和协同神经网络相结合的故障诊断方法。但由于硬件实现上的困难,因此当前神经网络的应用主要集中在软件上。此外人工神经网络应用于故障诊断属"黑箱"方法,不能揭示出系统内部的一些潜在关系,无法对诊断过程给予明确解释。

近年来,发动机控制系统的复杂度越来越高,伴随而来的是极大的计算复杂度和建模复杂度及海量的数据,基于深度学习的智能故障诊断方法逐渐引起关注。深度学习打开了传统神经网络在实际应用中的瓶颈,不仅解决了神经网络的梯度衰减问题,而且具有自动提取特征的能力,避免了手工提取特征的烦琐过程,提高了算法的效率。目前,深度学习已被应用于发动机的故障诊断。Zhong 等[53]研究了基于 CNN 和 SVM 的燃气轮机传递学习故障诊断方案。Chen 等[54]提出了一种基于性能数据的混合深度计算模型可以有效地检测出发动机故障。Liu 等[55]提出了一种基于低延迟低权重递归神经网络的故障诊断方案。崔建国等[56]提出了一种基于引力搜索方法(gravitational search algorithm, GSA)和堆栈自动编码器(stack autoencoder, SAE)的航空发动机故障诊断方法,并对某型涡扇航空发动机进行了故障诊断技术研究。控制系统的高度非线性和复杂性导致深度学习方案存在数据中有价值/有效信息有限、传感器的观测值缺失、数据类别不均衡、数据分布不均匀等问题,这些问题造成了数据空间和诊断空间的不确定特性,严重限制了深度学习算法的表示学习能力。如何解决这些问题,是目前基于深度学习的故障诊断领域的热点。

为了提高故障诊断技术的准确度,信息融合的思想被引入到故障诊断领域。信息融合是通过多传感器获取设备状态的特征信号来提取征兆,并进行多层面的关联组合、数据选择和综合决策,从而获得对诊断对象故障信息更可靠的认识和潜在故障发展趋势的态势评估。如 Parikh 等[57]对 D-S 证据理论进行了深入的研究,并据此提出了一种新的故障诊断理论,并将其成功用于 170 系列发动机系统的故障诊断中,大量实践充分验证了这种理论的优越性。Xie 等[58]提出了一种基于高阶累积量和信息融合的模拟电路故障诊断方法。从被测电路的输出端提取原始电压、电流信号,确定相应的峰度和偏度作为故障特征向量,利用这些特征向量改进误差反向传播(BP)神经网络进行故障诊断。曹亚鹏[59]将信息融合技术应用于发动机的故障诊断领域,给出了一种将人工神经网络和 D-S 证据理论相结合的决策级信息融合方法,该方法主要由故障信号的特征提取、故障的初级诊断和故障的决策级融合诊断等部分构成。徐晓滨等[60]提出了基于分层式证据推理的信息融合故障诊断方法。鲁峰[61]提出了在数据链路的数据层和特征层信息进行交叉融合,以用于发动机部件故障诊断的思想。Gou 等[62]结合小波变换和卷积神经网络的优势对航空发动机传感器进行故障诊断,实验表明该方法具有较高的精度。基于信息融合的故障诊断有助于效率和精度的进一步提高,但一定程度上会增加算法的复杂性,在进行方案设计时要做好取舍。

2. 故障诊断系统的发展

20 世纪 60 年代末,鉴于航空发动机早期采用定时拆卸维修方式,此方法针对性差、维修工作量大、经济性差,因此针对发动机的"视情维修"成为研究的趋势。"视情维修"需要获取发动机运行过程的工作参数,因此,发动机状态监测与相应的故障诊断成为研究重点[63]。

鉴于故障诊断技术在保证发动机可靠性、降低维修成本和提高发动机利用效率和保障飞行器的安全性具有显著优势,美国和欧洲等航空技术强国在 20 世纪 70 年代就开始着手此领域的研究。美国作为最早开始研究状态监测及故障诊断技术的国家,目前在该领域内处于世界领先地位。发动机故障诊断与健康监测技术最早在美国陆军装备的直升机上得到应用,形成了健康与使用监测系统(health and usage monitoring system, HUMS),在美国国防部门的大力支持下,故障诊断和维修技术得到迅速发展,先后开发应用的有飞机状态监测系统(aircraft condition monitoring system, ACMS)、发动机监测系统(engine monitoring system, EMS)、综合诊断预测系统(integrated diagnosis and prognostic system, IDPS)以及海军的综合状态评估系统(integrated countermeasure assessment system, ICAS)等。国外军用飞机的航空发动机,包括战斗机、直升机和运输机多数都采用了不同程度的状态监视与故障诊断系统。从 1969 年美国开始研制涡轴发动机 T700 - GE - 700 和 T700 - GE - 701 的状态监视系统、1970 年的 TF41 - A - 2 发动机状态监测系统和 1979 年 F404 - GE - 400 发动机的监视系统,发展到现在人们熟知的现代战机如英国的"鹞"式飞机、俄罗斯的苏- 27、美国的 F - 18 等都装备了发动机状态监视和故障诊断系统。2004 年 9 月,NASA 与英国民航局启动的"Morning Report"的研究项目,美国 SMI 公司以视情维修思想为指导,开发的一款专门针对民用航空发动机的状态监控软件 I-Trend 等均是其中的代表。

20 世纪 90 年代初期,美国国防部和 NASA 研究中心联合推出了 IHPTET(The Integrated High Performance Turbine engine Technology Program)计划,该计划旨在建立高性能涡轮发动机完善的航空发动机状态监测以及故障诊断体系。提出了通过建立健全航空发动机性能监测与故障诊断系统,将发动机制造、维护费用降低 35% ~ 60% 的目标。在 2006 年启动的 IHPTET 的后续计划 VAATE(Versatile Affordable Advanced Turbine Engines)计划中提出通过发动机健康管理技术将 F - 100、F - 110 发动机平均服役时间由当前的 229 小时提高到 450 小时,并在 2017 年将其经济可承受性提高到现有水平的 10 倍。1997 年,NASA 提出了航空安全计划,该计划旨在降低飞行事故发生率。2001 年,NASA 团队在 C17 - T1 飞机上装载了发动机健康管理系统。2010 年以来,美国 NASA 格林研究中心开发了 ProDiMES(Propulsion Diagnostic Method Evaluation Strategy)软件,该软件基于 MATLAB 平台,具备比较不同故障诊断系统的诊断能力,辅助开发和评估气路故障诊断技术,促进发动机健康管理(engine health management, EHM)技术发展。

在最新的 VAATE 计划中,NASA 对航空发动机健康管理系统的应用功能做了明确说明:通过构建飞机/发动机一体化控制、故障检测与诊断系统,在保证发动机先进性能和高可靠性的前提下,最大限度地提高发动机的使用效率,降低使用维护费用;提供可用于未来先进航空发动机的、具有高度适应性的健康管理技术。VAATE 计划中发动机健康管理系统的建立通过基于动态系统模型的故障预测和诊断、数据融合、维修计划管理、主动控制、虚拟传感器等技术实现,并将应用计划分两个阶段,即分别实现先行性健康管理和智能发动机主动健康管理系统两个目标。

在欧洲,英国依据监视系统 EUMS 以及低周疲劳循环计数器的经验,于 20 世纪 80 年代研制适用于机群的单元体诊断系统。罗·罗公司针对 Trent 系列发动机研发了相应的健康检测系统,同时提出了分布式飞行维护环境(Distributed Aircraft Maintenance Environment, DAME)计划。德国于 20 世纪 90 年代初开发了针对液体火箭发动机的基于模式识别的专家诊断系统。法国针对 Ariane 火箭发动机设计了发动机监测系统,具备高精度、强实时性等优点。

目前,国外发动机大多都使用了状态监测和故障诊断系统,具体如表 1 - 1 所示。根据功能的强弱对故障诊断系统进行划分,初级系统具备状态监测功能,中级系统具备故障诊断功能,高级系统具备故障预判功能。

表 1-1 国外部分发动机使用的状态监视与故障诊断系统

系 统 代 号	监测诊断水平	适 用 机 型
ECM	单元体	CF6 - 80A3
ECM Ⅱ	发动机	JT9D/JT8D
TEAM Ⅱ	单元体	PW4000
TEMS	单元体	TF34
EDS	单元体	F100
IECMS	单元体	TF41
ADEPT	发动机	CFM56
GEM	单元体	Tay
COMPASS	单元体	RB211 - 524G

我国现役的大多国产发动机仍未安装完善的状态监测和故障诊断系统,对于故障诊断的研究大多集中在理论方面,工程实践应用较少,尤其是在军机方面。近年来,许多学者开始关注发动机的状态监视以及故障诊断的综合系统。西北工业大学在发动机转子振动分析与控制系统健康管理技术方面也开展了大量的基础研究。发动机转子动平衡与振动监测系统在航空发动机型号研制中得到应用[64]。

我国关于发动机故障诊断研究起步较晚,20 世纪 80 年代末起,国内相关科研单位及各大高校才开始对其进行关注和研究。空军工程大学较早研制了发动机故障诊断专家系统;1985 年叶银忠等[65]在《信息与控制》上发表了国内第一篇故障诊断的综述文章。1994 年周东华等[66]在清华大学出版社出版了国内第一本故障诊断的学术专著。浙江大学的孙优贤院士等[67]、南京航空航天大学的胡寿松教授等[68]、国防科技大学的张育林教授等[69,70]一大批知名学者均长期从事故障诊断理论及应用方面的研究,取得了丰富的成果。

1.4 航空发动机控制系统故障诊断面临的要求和挑战

目前国内在燃气涡轮发动机控制系统故障诊断研究方面存在的主要问题如下。

(1)国内在传感器、执行机构、BIT 自检等独立子系统方面积累了一定的实践经验和理论基础,但是缺乏对故障内部机理的系统性研究,缺乏完整的发动机控制系统故障诊断技术框架。

（2）国内对于发动机稳态附近的硬故障等方面研究较多,已达到机载应用程度,但在发动机全状态故障诊断和故障性模型、故障数据库建立、评传决策等方面尚处于起步阶段。

（3）理论研究成果较多,尤其以基于模型的方法为主,基于数据驱动和人工智能技术的方法较少。由于偏重具体型号任务,所设计的故障诊断方法与指标针对性过强,算法内聚性较强,缺乏通用性。

（4）航空发动机是典型的时变非线性对象,建立全包线范围内的精确非线性模型、线性变参模型(LPV)和机载实时模型等数学建模方法仍有很多困难与不足。

（5）研究手段绝大多数采用线性系统方法,对于设计点稳态时控制效果较好,但对于发动机加减速、喘振边界、超声速临界状态等强非线性工作点,故障诊断准确性不理想。

（6）基于模型的方法在一定程度上依赖模型的准确性,但在实际系统存在干扰、未知非线性和模型不确定因素下,如何提高故障诊断系统的鲁棒性是一个实际难题。

（7）故障诊断算法的不同性能指标之间存在矛盾,例如算法的鲁棒性和实时性,通常鲁棒性强的系统,对于实时性和算法精度的要求并非最优。对于航空发动机这样复杂的系统,需要在诊断算法各类的性能指标中做出合理的折中选择。

（8）航空发动机的工作状态复杂,相对于正常工作的状态信息而言,不同故障模式的信息获取比较困难,而现有的基于参数分析和基于知识模型类识别方法中大都依赖已有的故障模式数据。

1.5　本书概要

航空发动机全权限数字电子控制系统是软硬件高度耦合的多变量机电混合系统,在全飞行包线内,由于安装部位的特殊性,其许多元部件都工作在高温、强振动、强电磁干扰的恶劣环境中,故障率较高,因此其可靠性一直都是发动机设计的关键指标。故障诊断技术可根据某些参数的变化来判断发动机的工作状态和识别故障,对故障进行早期预报、识别,做到防患于未然,保证发动机安全、稳定、可靠地工作,有效地提高发动机的可靠性和安全性。本书主要研究航空发动机控制系统的故障诊断问题。全书分为四部分,共10章。

第一部分概述包括第1、2章,第二部分故障特性分析与机理建模包括第3、4、5章,第三部分基于模型的控制系统故障诊断包括第6、7章,第四部分基于数据驱动的控制系统故障诊断包括第8、9、10章。

第 1 章介绍了航空发动机控制系统的发展,总结了故障诊断、航空发动机控制系统故障诊断的国内外研究现状,提出了研究需求。

第 2 章简单介绍了航空发动机控制系统的控制原则、基本类型、原理与结构,以及航空发动机控制系统故障诊断的目的与要求。

第 3 章首先介绍了故障的定义与分类,然后介绍了故障诊断的一些基本概念和过程,如故障诊断的定义、任务与过程、方法分类和常用的一些性能指标等,接着介绍了机内自检测设计,包括上电自检测设计、飞行前自检测设计、飞行中自检测设计、维护自检测设计,最后介绍了控制系统的故障模型,以及可检测性、可隔离性判据和算例。

第 4 章简要介绍如何建立组态化航空发动机数学模型。首先介绍了建立航空发动机数学模型的必要性,然后给出了建立部件级组态化动态数学模型的基本步骤,接着研究了模型的求解,最后进行了模型的线化分析,并给出了算例分析。

第 5 章介绍了航空发动机全寿命大包线数学模型。首先介绍了带健康参数的航空发动机自适应模型的建立、求解和算例;接着对模型不确定性的成因和数学描述进行分析,同时介绍了如何建立故障模型,以及故障不确定性对故障诊断的影响与解决方案。

第 6 章基于卡尔曼滤波器的航空发动机控制系统故障诊断。本章介绍了基于模型故障诊断的基本原理,引入发动机离散模型的卡尔曼滤波器原理;推导了基于故障匹配卡尔曼滤波器的故障诊断算法,然后给出了基于卡尔曼滤波器的机载自适应模型的故障诊断方法,并进行了仿真验证;最后介绍了一种航空发动机的自适应最优阈值方法,在引入一些预备知识的基础上,介绍了参数摄动“软边界”的航空发动机线性概率模型、基于满意滤波的自适应阈值设计和基于 LMI 的问题求解,并进行了算例分析。

第 7 章基于滑模观测器的航空发动机控制系统故障诊断。本章针对航空发动机控制系统中的执行机构和传感器故障,考虑系统存在的不确定性和非线性,采用基于滑模观测器的方法进行故障特性估计和故障检测与隔离研究,并进行了仿真验证。

第 8 章基于云/雾智能计算的航空发动机控制系统故障诊断方法。本章在介绍云/雾混合计算模型多模态信息感知与信息安全通信方案的基础上,设计了面向航空发动机的智能故障诊断方案和基于混合机器学习模型的故障预测与健康管理方案,并通过算例进行分析比较。

第 9 章基于子空间辨识辅助的航空发动机控制系统故障诊断方法。本章介绍了子空间辨识方法的概念以及基于等价空间辨识的故障诊断方法和基于 Markov 参数辨识的故障诊断方法,并进行了仿真验证。

第 10 章基于人工智能的航空发动机控制系统传感器故障诊断。本章采用神经网络方法和基于免疫融合卡尔曼滤波器对航空发动机的传感器故障进行诊断和仿真验证。

参考文献

[1]　樊思齐.航空发动机控制[M].西安：西北工业大学出版社,2008.

[2]　张绍基.航空发动机控制系统的研发与展望[J].航空动力学报,2004(3)：375 - 382.

[3]　姚华,王国祥.航空发动机全权限数控系统研究和试飞验证[J].航空动力学报,2004(2)：247 - 253.

[4]　王俨剀,廖明夫,丁小飞.航空发动机故障诊断[M].北京：科学出版社,2020.

[5]　Mehra R K, Peschon J. An innovation approach of fault detection and diagnosis in dynamics [J]. Automatica, 1971, 7(5)：637 - 640.

[6]　Willsky A S. A survey of design methods for failure detection in dynamic systems [J]. Automatica, 1976, 12(6)：601 - 611.

[7]　Himmelblau D M. Fault detection and diagnosis in chemical and petrochemical process[M]. Amsterdam：Elsevier Press, 1978.

[8]　Frank P M. Fault diagnosis in dynamic systems using analytical and knowledge-based redundancy：A survey and some new results[J]. Automatica, 1990, 26(3)：459 - 474.

[9]　Frank P M. Fault diagnosis in dynamic systems using analytical and knowledge-based redundancy — a survey and some new results[J]. Automatica, 1990, 26(3)：459 - 474.

[10]　Larson E C, Parker B E, Clark B R. Model-based sensor and actuator fault detection and isolation[C]. Anchorage：Proceedings of the American Control Conference, 2002.

[11]　Abid A, Khan M T, Iqbal J. A review on fault detection and diagnosis techniques：Basics and beyond[J]. Artificial Intelligence Review, 2020, 54(1)：1 - 26.

[12]　张爱玲,张文英,张端金.控制系统故障检测与诊断技术的最新进展[J].系统工程与电子技术,2007,29(4)：659 - 664.

[13]　温秀平,陈巍,付肖燕,等.一类非线性系统故障诊断观测器设计[J].控制工程,2019,26(7)：1405 - 1412.

[14]　胡正高,赵国荣,李飞,等.基于自适应未知输入观测器的非线性动态系统故障诊断[J].控制与决策,2016,31(5)：901 - 906.

[15]　Alikhani H, Shoorehdeli M A, Meskin N. A functional unknown input observer for linear singular Fornasini-Marchesini first model systems：With application to fault diagnosis [J]. IEEE Systems Journal, 2020(99)：1 - 12.

[16]　Gao Z, Cecati C, Ding S X. A survey of fault diagnosis and Fault-Tolerant techniques — part Ⅰ：Fault diagnosis with Model-Based and Signal-Based approaches[J]. IEEE Transactions on Industrial Electronics, 2015, 62(6)：3757 - 3767.

[17]　李晗,萧德云.基于数据驱动的故障诊断方法综述[J].控制与决策,2011,26(1)：1 - 9.

[18]　Zhou J, Liu Y, Zhang T. Analytical redundancy design for aeroengine sensor fault diagnostics based on SROS-ELM[J]. Mathematical Problems in Engineering, 2016：1 - 9.

[19]　周汝胜,焦宗夏,王少萍,等.基于专家系统的导弹发射车液压系统故障诊断[J].航空学报,2008,29(1)：197 - 203.

［20］　蔡琳,陈家斌,黄远灿,等.基于神经网络专家系统的卫星姿态确定系统故障诊断［J］.东南大学学报(自然科学版),2005,35(S2):181－184.

［21］　Verstraete D, Ferrada A, Droguett E L, et al. Deep learning enabled fault diagnosis using time-frequencyimage analysis of rolling element bearings［J］. Shock and Vibration, 2017, 2017: 1－17.

［22］　吴光强,陶义超,曾翔.数据驱动的变速器传感器故障诊断方法［J］.同济大学学报(自然科学版),2021,49(2):272－279.

［23］　Namigtle A, Escobar-Jiménez R F, Gómez-Aguilar J F, et al. Online ANN-based fault diagnosis implementation using an FPGA: Application in the EFI system of a vehicle［J］. ISA transactions, 2020, 100: 358－372.

［24］　Al-Raheem K F, Roy A, Ramachandran K P, et al. Rolling element bearingfaults diagnosis based on autocorrelation of optimized: Wavelet de-noising technique［J］. International Journal of Advanced Manufacturing Technology, 2009, 40: 393－402.

［25］　文成林,吕菲亚.基于深度学习的故障诊断方法综述［J］.电子与信息报,2020,42(1):234－248.

［26］　Hinton G E, Osindero S, Teh Y W. A fast learning algorithm for deep belief nets［J］. Neural computation, 2006, 18(7): 1527－1554.

［27］　Chang C H. Deep and shallow architecture of multilayer neural networks［J］. IEEE Transactions on Neural Networks and Learning Systems, 2015, 26(10): 2477－2486.

［28］　Demetgul M, Yildiz K, Taskin S, et al. Fault diagnosis on material handling system using feature selection and data mining techniques［J］. Measurement, 2014, 55: 15－24.

［29］　李本威,林学森,杨欣毅,等.深度置信网络在发动机气路部件性能衰退故障诊断中的应用研究［J］.推进技术,2016,37(11):2173－2180.

［30］　Duan S, Zheng H, Liu J. A novel classification method for flutter signals based on the CNN and STFT［J］. International Journal of Aerospace Engineering, 2019, 2019: 1－8.

［31］　周奇才,沈鹤鸿,赵炯,等.基于改进堆叠式循环神经网络的轴承故障诊断［J］.同济大学学报(自然科学版),2019,47(10):1500－1507.

［32］　任伟建.智能算法及其在油田故障诊断问题中的应用［D］.大庆:大庆石油学院,2006.

［33］　Forrest S, Perelson A, Allen L, et al. Self-Nonself discrimination in a computer［C］. Oakland: Proceeding of IEEE Symposium on Research in Security and Privacy, 1994.

［34］　Gonzalez F, Dasgupta D, Kozma R. Combining negative selection and classification techniques for anomaly detection［C］. Honolulu: Proceedings of the 2002 Congress on Evolutionary Computation, 2002.

［35］　郭惠玲.网络入侵检测中检测引擎的智能算法研究［D］.秦皇岛:燕山大学,2005.

［36］　鲁民.混合智能算法在电力系统无功优化中的应用［D］.保定:华北电力大学,2006.

［37］　童小玲.基于人工免疫算法的函数优化问题研究［D］.武汉:武汉理工大学,2006.

［38］　王英,沙云东.航空发动机故障诊断技术综述［J］.沈阳航空航天大学学报,2007,24(2):11－14.

［39］　黄金泉,王启航,鲁峰.航空发动机气路故障诊断研究现状与展望［J］.南京航空航天大学学报,2020,52(4):507－522.

［40］　Kobayashi T, Simon D L. Evaluation of an enhanced bank of kalman filters for In-Flight aircraft engine sensor fault diagnostics[J]. Journal of Engineering for Gas Turbines & Power, 2004, 127(3): 635 - 645.

[41] Chen Y, Ju H F, Lu F, et al. Nonlinear filter with inequality constraints for turbo jet engine health estimation[J]. Journal of Propulsion Technology, 2016, 37(4): 741 - 748.

[42] 郭江维,缑林峰,时培燕,等.基于自适应观测器的故障检测方法研究[J].计算机仿真, 2014,31(2): 136 - 139.

[43] 强子健,鲁峰,常晓东,等.基于二阶鲁棒滑模观测器的民用涡扇发动机气路故障诊断 [J].推进技术,2020,41(6): 1411 - 1419.

[44] Ding S, Yuan Y, Xue N, et al. An onboard aeroengine model-tuning system[J]. Journal of Aerospace Engineering, 2017, 30(4): 04017018.

[45] 陶立权,刘程,王伟.基于自适应滑模观测器的航空发动机故障检测[J].计算机仿真, 2019,36(12): 67 - 73.

[46] 郝英,孙健国,白杰.航空燃气涡轮发动机气路故障诊断现状与展望[J].航空动力学报, 2003(6): 753 - 760.

[47] 杨燕.航空发动机故障诊断专家系统知识库的设计与实现[D].沈阳:沈阳航空航天大学,2013.

[48] 段隽喆,李华聪.基于故障树的故障诊断专家系统研究[J].科学技术与工程,2009,9(7): 1914 - 1917.

[49] Sina T S, Sadough V Z N, Khorasani K. Dynamic neural Network-Based fault diagnosis of gas turbine engines[J]. Neurocomputing, 2014, 125(3): 153 - 165.

[50] 姜洁,李秋红,张高钱.航空发动机燃油系统执行机构及其传感器故障诊断[J].航空动力学报,2015,30(6): 1529 - 1536.

[51] Huang X H. Sensor fault diagnosis and reconstruction of engine control system based on autoassociative neural network[J]. Chinese Journal of Aeronautics, 2004, 17(1): 23 - 27.

[52] 王修岩,李萃芳,高铭阳,等.基于 SVM 和 SNN 的航空发动机气路故障诊断[J].航空动力学报,2014,29(10): 2493 - 2498.

[53] Zhong S, Fu S, Lin L. A novel gas turbine fault diagnosis method based on transfer learning with CNN[J]. Measurement, 2019, 137: 435 - 453.

[54] Chen Z, Yuan X, Sun M, et al. A hybrid deep computation model for feature learning on aeroengine data: Applications to fault detection[J]. Applied Mathematical Modelling, 2020, 83: 487 - 496.

[55] Liu W, Guo P, Ye L. A low-delay lightweight recurrent neural network (LLRNN) for rotating machinery fault diagnosis[J]. Sensors, 2019, 19(14): 3109.

[56] 崔建国,田艳,崔霄,等.基于 GSA - SAE 的航空发动机故障诊断方法[J]. Transactions of Nanjing University of Aeronautics and Astronautics, 2020, 37(5): 750 - 757.

[57] Parikh C R, Pont M J, Jones N B. Application of Dempster-Shafer theory in condition monitoring applications: A case study[J]. Pattern Recognition Letters, 2001, 22(6 - 7): 777 - 785.

[58] Xie T, He Y. Fault diagnosis of analog circuit based on High-Order cumulants and information fusion[J]. Journal of Electronic Testing, 2014, 30(5): 505 - 514.

[59] 曹亚鹏.基于信息融合的发动机故障诊断研究[D].哈尔滨:哈尔滨理工大学,2017.

［60］ 徐晓滨,叶梓发,徐晓健,等.基于分层式证据推理的信息融合故障诊断方法［J］.控制理论与应用,2020,37(8):1681-1692.

［61］ 鲁峰.航空发动机故障诊断的融合技术研究［D］.南京:南京航空航天大学,2009.

［62］ Gou L F, Li H H, Zheng H, et al. Aeroengine control system sensor fault diagnosis based on CWT and CNN［J］. Mathematical Problems in Engineering, 2020, 2020：1-12.

［63］ 柳迎春,李洪伟,李明.军用航空发动机状态监控与故障诊断技术［M］.北京:国防工业出版社,2015.

［64］ 周露,闻新,张洪钺.控制系统的故障诊断和容错控制［M］.北京:机械工业出版社,1998.

［65］ 叶银忠,潘日芳,蒋慰孙.动态系统的故障检测与诊断方法［J］.信息与控制,1985,14(6):27-34.

［66］ 周东华,孙优贤.控制系统的故障检测与诊断技术［M］.北京:清华大学出版社,1994.

［67］ 赵春晖,李文卿,孙优贤,等.基于多重局部重构模型的连续过程故障诊断［J］.自动化学报,2013,39(5):487-493.

［68］ 胡寿松,周川,王源.基于小波神经网络的组合故障模式识别［J］.自动化学报,2002,28(4):540-543.

［69］ 张育林,吴建军,陈启智.基于模型的推进系统故障检测与诊断［J］.推进技术,1994,15(5):1-8.

［70］ 张育林,庄健,王娜,等.一种自适应局部线性嵌入与谱聚类融合的故障诊断方法［J］.西安交通大学学报,2010,44(1):77-82.

第2章
航空发动机控制系统

2.1 引　　言

　　航空发动机的工作过程是极其复杂的气动热力过程,它的工作范围是整个飞行包线,在飞行包线内,航空发动机随着其环境条件和工作状态(如最大状态、巡航状态、加力状态、加速及减速状态等)的变化,它的气动热力过程将发生很大的变化。对这样一个复杂且变化多的过程如不加以控制,航空发动机是根本不能正常工作的。所以,航空发动机控制系统的作用就是在规定的使用条件、环境条件、工作状态下,控制航空发动机稳定、可靠工作,保证其达到相应的动、静态技术指标,同时不超过所规定的各项限制条件。

　　本章介绍了航空发动机控制的原则,分析了发动机的控制规律,总结了航空发动机机械液压式控制系统的原理,重点分析了全权限数字电子式控制系统的概念、结构和工作原理;在此基础上提出了航空发动机控制系统故障诊断的目的与要求。

2.2　航空发动机控制系统概述

1. 控制系统的组成

　　航空发动机控制系统由被控对象发动机和各种各样的元部件组成,如各种控制装置(电子的或机械液压的)、燃油计量装置、燃油泵、执行机构、热管理系统、传感器、温度开关和转换器等。这些元部件按它们的功能可归纳为3类:测量元件、计算元件和计量执行元件。

　　其中测量元件用于速度、压力、温度和位置等参数的测量,例如,磁探头、振动缸、变换器和热电偶等测量元件。计量执行元件的发展比较稳定,例如,现在的燃油计量装置和燃油泵,由于离不开燃油介质,仍然是机械液压。计算元件在过去几十年里在持续不断地迅猛发展,早期的计算元件是机械液压的,用于计算控制指令等,然后发展了模拟式电子元件计算装置,现在已被数字计算机替代。这种技术革新促使在发动机控制中引入一些新的元器件,如计算机接口、各种信号转换器和放大器等。以上元部件组合在一起协调工作构成发动机控制系统,以完成控制系统的功能。

2. 典型控制量与被控量

最理想的发动机控制是直接控制推力,但是按目前的技术水平,还不能在飞行中准确测量推力的大小,这样就难以直接控制推力,因此在进行航空发动机的控制时应该选择与推力最具有相关性的发动机参数作为被控参数进行控制,以间接控制推力的大小。在飞行中推力与通过发动机的空气流量有很强的相关性,推力随空气流量的增减而增减,又由于发动机压比(engine pressure ratio,EPR)与空气流量具有强相关性,也就与推力具有强相关性,在大飞机发动机中广泛采用 EPR 作为被控参数。此外,也可以选择低压转子转速也就是低压转子转速 N_L,或核心机转速也就是高压转子转速 N_H 作为被控变量,但是 N_L 与推力的相关性比 N_H 与推力的相关性更强,因为风扇通过产生推力的全部空气流量,而核心机转速仅与通过核心机的那部分空气流量有关。因此在大飞机发动机控制中,得到广泛采用的最有效的被控参数是 EPR 和 N_L。现在通用电气公司(GE 公司)的大飞机发动机一般采用 N_L 为被控制量,而普惠(PW)公司和罗·罗(R-R)公司的大飞机发动机一般采用 EPR 作为被控制量,并把 N_L 作为备用被控制量。如果发动机具有加力功能,油门杆角度(PLA)也可作为被控制量。

简而言之,航空发动机控制系统常用的控制输入量有主燃烧室燃油流量、尾喷管临界面积、风扇、压气机可调静子叶片(VSV)位置、发动机可调放气活门(VBV)放气量、加力燃烧室燃油流量及一些其他参数。相对应的被控输出量为转速(闭环)、EPR(闭环)、喘振裕度(开环)和 PLA(开环)等参数。

3. 发动机的工作状态

发动机的工作状态是指发动机起动后在各种负荷条件下运转或停车的状态。由于飞行器在不同的航段对推力有不同的要求,因而发动机有不同的工作状态。

发动机主要工作状态包括:最大状态(有加力时也称全加力状态)、部分加力状态、最小加力状态、中间状态、额定状态、经济巡航状态、空中慢车状态、地面慢车状态、风车状态、停车状态。发动机油门杆角度与工作状态的关系如表 2-1 所示。

表 2-1 发动机油门杆角度与工作状态的关系

序 号	工 作 状 态	油门杆角度/(°)
1	停车	0~3.5
2	慢车	10~15
3	节流	15~65
4	中间	65~71

序　　号	工作状态	油门杆角度/(°)
5	小加力	75~81
6	部分加力	81~110
7	最大(全加力)	110~115

4. 发动机控制系统的工作限制

控制系统在发动机工作时具有一定的限制,主要包括结构限制和稳定性限制。结构限制是指风扇与高压转子最大转速、涡轮叶片最大工作温度、高压涡轮进口最大温度、加力燃烧室最大温度。稳定性限制是指足够的风扇和高压压气机喘振裕度、燃烧室稳定燃烧的最小油气比、燃烧室静压、高压压气机出口压力。概括地讲,发动机工作过程中不能超转、超压、超温,压气机不能喘振。

5. 发动机控制系统的主要功能

发动机控制系统的主要功能有:

(1) 在给定的油门杆位置下,保持推力在特定水平;

(2) 在不同的推力水平间过渡时提供良好的性能;

(3) 保证运行安全。

其中前两个功能是控制发动机运行时的功率水平,称为功率管理;第三个功能是要保护发动机不超过它的物理极限和安全极限,称为保护逻辑。

具体来说,发动机控制系统的功能是完成燃油流量控制、空气流量控制、涡轮间隙控制和冷却控制,以保证发动机工作稳定并获得最佳性能。发动机控制系统利用选择的控制量(如燃油流量、尾喷口面积等)的控制作用,使发动机的某些参数(如发动机转速、压气机出口空气压力、涡轮进口燃气温度等)按需要的规律变化,保证发动机的性能。

发动机控制系统的燃油流量控制功能主要包括推力控制、过渡控制和安全限制等。推力控制的主要作用是根据发动机的不同状态(起动、加速、稳态、减速、反推等),将清洁、无蒸汽、经过增压的、计量好的燃油供给燃烧室,确保在任何环境条件以及任何工作状态下发动机都能稳定、可靠地运行,并充分发挥其性能效率。通过燃油流量的计量调节,实现发动机转速控制、压比控制和反推力控制。推力控制可以认为是发动机控制系统的稳定控制功能,其主要目标是确保发动机工作在其性能曲线的某个点上。

发动机控制系统流量控制的第二个功能是过渡控制,其主要作用是确保过渡过程(起动、加速、减速等)的调整时间尽可能短,同时动力装置能稳定、可靠地工作。过渡控制功能主要包括起动、加速和减速过程的控制及压气机的防喘控制。

流量控制的最后一个功能是安全限制,其主要作用是在各种工作状态及飞行条件下,保证发动机安全正常地工作,防止超温、超压、超转和超功率。安全限制系统只有在发动机出现超温、超压、超转和超功率时,才起作用而工作。发动机在地面条件下工作时受到最大转速、贫油熄火、涡轮前燃气总温的最高值及压气机喘振边界的限制。发动机在空中飞行条件下工作时受到的限制有:高空低速时,受燃烧室高空熄火的限制,这是因为高空空气稀薄,燃油雾化质量差、难以稳定燃烧。

随着飞行条件和发动机工作状态的变化,发动机特性将发生很大的改变,在一定条件下还可能发生压气机喘振或燃烧室熄火等不稳定的工作状况。为此,控制系统通过控制发动机空气流量、涡轮间隙以及对叶片进行冷却,保证发动机正常工作和性能稳定。空气流量控制是对流经发动机的空气质量流量进行控制,保证压气机工作的稳定性,主要包括可调静子叶片(VSV)和可调放气活门(VBV)控制等。涡轮间隙控制主要控制高压涡轮,甚至包括低压涡轮的转子叶片和机匣之间的间隙,保证在各个工作状态下间隙为最佳,防止膨胀卡阻,减少漏气损失,提高发动机性能。冷却控制包括两个方面:首先是燃油、滑油温度的管理,根据燃油、滑油温度的情况,决定各个热交换器的工作方式,保证滑油的充分散热以及燃油既不结冰又不过热;其次是以最少的引气量,控制发动机部件的冷却,同时提高发动机性能。

6. 发动机控制系统的工作原理

典型的航空发动机闭环控制系统的原理如图 2-1 所示,由图可见,驾驶员在驾驶舱按照飞机所需要的推力,给定油门杆角度,再基于飞行条件转换成可测量的发动机参数作为发动机被控变量,在大飞机发动机中一般采用发动机压比 EPR 或低压转子转速 N_L 为被控参数。传感器测量该发动机被控参数,将测量值反馈到输入端与给定值进行比较,将两者的误差输入到稳态控制器,控制器按照预先设计的控制律计算控制指令 W_{fcmd},执行机构执行控制器的控制指令,用燃油流量 W_f 等控制量对发动机工作状态进行控制,使得发动机输出的被控变量符合给定值,并使发动机产生飞机所需要的推力。

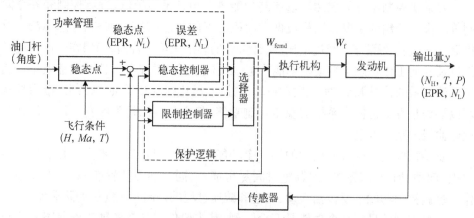

图 2-1   典型的航空发动机闭环控制系统的原理图

图 2-1 中的限制控制器可保护发动机的输出参数 y 不超过极限值,限制控制器必须与主控制回路的稳态控制器综合协调工作。图中选择器的功能是:只有当输出参数超过极限值时才选择限制控制器工作。通常限制控制器用 PID 控制,其中包含微分控制作用,该微分控制可以具有一个提前的保护作用,因为微分控制是基于输出参数 y 的变化率来进行控制的。当被保护的变量 y 接近其极限值时,便可提前发出保护信号,来调低燃油指令 W_{fcmd},从而减小发动机的输出量,起到保护作用。

2.3　航空发动机控制系统的控制原则

航空发动机的控制原则是指发动机控制系统在工作过程中必须满足的首要条件。随着现代控制技术以及材料技术的日益提高,飞机的飞行高度以及飞行速度也更高更快,因此作为飞机"心脏"的航空发动机也变得日益复杂。航空发动机的正常工作不仅要保证发动机空气流量的稳定,还需要保证高压级转子与低压级转子的正常协同工作。

2.3.1　航空发动机控制系统状态控制规律

发动机控制规律是发动机所期望的性能及保证实现这种性能的控制量随飞行条件和发动机工作状态而变化的规律。发动机性能由性能参数表征,如推力、耗油率等。控制量是指决定发动机状态与性能,使其按期望要求而变化的物理量,如主燃油流量、加力燃油流量、尾喷口面积等几何可调参数。发动机控制规律可以更确切地描述为随飞行条件和发动机工作状态的变化,发动机性能参数及控制这些性能参数的控制量所期望的变化规律。对控制系统而言,这些性能参数即被控参数,只要这些性能参数在控制器的控制作用下,按期望的规律变化,发动机即可达到期望的性能。

由于发动机性能参数不能直接测量,因此一般控制系统并不能实现对性能参数的直接控制。实际的发动机控制系统是利用反映发动机性能的可测量的发动机状态参数作为被控参数,例如发动机转速、发动机主要特征截面的温度、压力、压比或它们的组合参数等。从这一意义上讲,只要这些状态参数在控制器的控制作用下按期望的规律变化,发动机可基本上达到期望的性能。

发动机状态控制规律也称为稳态控制规律。发动机状态控制规律是当发动机状态给定机构位置(即参考输入,如油门操纵杆位置)不变时,随飞行条件的变化,通过改变控制量,使发动机被控参数按期望的规律变化,以保证所期望的发动机性能。在这种条件下,发动机被控参数与控制量的变化规律称为状态控制规律。

发动机状态控制规律有最大不加力状态（也称中间状态）控制规律、加力状态控制规律、巡航状态控制规律、慢车状态控制规律等。

最大不加力状态控制规律是状态给定机构位置为"最大（不加力）位置"，当飞行条件变化时，使发动机不加力时推力相对最大的被控参数与控制量的变化规律。

加力状态控制规律是状态给定机构位置为"加力位置"，当飞行条件变化时，使发动机加力时推力相对最大的被控参数与控制量的变化规律。

巡航状态控制规律是状态给定机构位置为"巡航位置"，当飞行条件变化时，使发动机耗油率相对最低的被控参数与控制量的变化规律。

慢车状态控制规律是状态给定机构位置为"慢车位置"，在保证发动机一定加速性和安全可靠工作的前提下，使发动机推力最小的被控参数与控制量的变化规律。

不同的发动机有不同的控制规律要求。简单的发动机状态控制规律仅选择反映发动机性能的一个状态参数——转速作为被控参数，在飞行包线内，随飞行条件的变化，通过控制作用使其保持为常数的规律。相应地，最大状态控制规律即保持最大转速不变的控制规律；巡航状态控制规律即保持巡航转速不变的控制规律；慢车状态控制规律即保持慢车转速不变的控制规律。虽然这种控制规律容易实现，但由于转速这一个状态参数，并不能完全反映发动机的工作状态，即发动机转速不变不等于发动机状态完全不变，因而这种控制规律不可能达到发动机最佳性能。

对于较为先进的航空发动机，选择发动机低压转子转速、高压转子转速、涡轮出口燃气温度或涡轮膨胀比等参数作为被控参数。在飞行包线内，根据反映飞行条件变化的发动机进口总温不同，通过控制作用使这些参数分别等于常数的规律，这种控制规律称为复合控制规律。实现复合控制规律时在一定的进口总温区域需要两个控制量同时参与控制。显然，采用复合控制规律可以进一步发挥发动机的性能。

对于先进的航空发动机，采用更为复杂的状态控制规律，这种控制规律为了追求发动机更高的性能，利用更多的控制量（如燃油流量、尾喷管喉部面积、风扇导流叶片角、高压压气机静子叶片角，对于变循环发动机还包括改变涵道比的外涵出口引射活门面积等）控制发动机多个参数或它们的组合参数，使其按期望的规律变化。这种控制规律称为多变量控制规律。对于控制系统来讲，实现上述各种状态控制规律的基本控制原理为闭环反馈控制。

发动机各部件之间由于存在气动和机械的联系，当它们联合工作时，相互之间受到制约。部件之间相互约束的条件即为其共同工作条件。发动机在任何平衡状态下工作时的共同工作条件是部件之间的流量连续和功率平衡。通过对于流量连续方程以及功率平衡方程的分析，可以得到发动机的共同工作的重要特点：当发动机节流时,高压涡轮的膨胀比是固定不变的,而低压转子共同工作较为复杂,它和内外涵道排气状态密切相关;与双转子涡喷发动机一样,当发动机工作状态改变时,高压压气机的增压比的变化对低压转子共同工作线影响很大。

发动机控制规律,是指决定发动机性能的被控参数与控制量及飞行条件之间的关系,包括稳态控制规律和过渡控制规律。稳态控制规律,是指当发动机状态给定机构位置(即参考输入,如油门操纵杆位置)不变时,随飞行条件的变化,通过改变控制量保证发动机被控参数按一定的规律变化,通常将相应的控制量变化规律称为控制规律。发动机稳态控制规律有最大状态控制规律、巡航状态控制规律、慢车状态控制规律和加力状态控制规律等。发动机过渡控制规律,是指改变状态给定机构位置,使发动机由一种工作状态过渡到另一种工作状态的过渡过程中控制量的变化规律,如发动机起动控制规律、加速与减速控制规律、接通与切断加力控制规律等。

根据上述涡扇发动机的共同工作的特点,一般情况下,涡轮风扇发动机的被控参数可以从 N_L、N_H、T_3^* 和压比 EPR 等参数中选择,对几何不可调的涡扇发动机只能选择其中的一个参数作为被控参数。

在大多数情况下(和双轴涡喷发动机中一样),涡轮前燃气温度近似地与高压压气机转速的平方呈正比。因此,在规定的工作状态下,"N_H = 常数"的控制规律能保持发动机的机械负荷与热负荷状况近似不变。由于这一原因,大多数涵道比不很高的涡轮风扇发动机都选择 N_H 为被控参数。

对高涵道比(4~6)的涡轮风扇发动机,大部分推力由外涵产生,外涵产生的推力主要取决于流过外涵的空气流量,而低压转子转速 N_L 决定外涵空气流量。因此,对高涵道比涡扇发动机,控制 N_L 比控制 N_H 对推力的影响更有效。一些高涵道比发动机如 CF6、CFM56 等都选取 N_L 作为被控参数。

压比 EPR 虽然不能反映发动机的受力及热状况,但它是发动机的工作过程参数,对推力和耗油率有直接影响。此外,以它作为被控参数对保证控制精度和降低控制装置成本是有利的,高涵道比的 PW4000 系列等发动机都选 EPR 作为被控参数。

涡轮风扇发动机的控制规律与双轴涡喷发动机基本相同,即可采用以下方式进行控制[1]:

(1) 保持低压转子转速不变的控制规律:$W_f \rightarrow N_L$ = 常数;

(2) 保持高压转子转速不变的控制规律:$W_f \rightarrow N_H$ = 常数;

(3) 保持涡轮前温度不变的控制规律:$W_f \rightarrow T_3^*$ = 常数。

所不同的是在许多涡扇发动机上选择 EPR 作为被控参数,采取如下控制方案:$W_f \rightarrow$ EPR = 常数。

2.3.2　航空发动机过渡控制规律

不同的发动机有不同的过渡态控制规律。简单的过渡态控制规律是在过渡过程中,仅利用一个控制量控制发动机一个参数,使其按一定规律变化。复杂的过渡态控制规律是在过渡过程中,利用多个控制量控制发动机多个参数或组合参数,使其按一定规律变化。

过渡态控制规律的要求是在发动机安全可靠工作的前提下,使过渡过程时间最短,保证发动机的快速响应。

在实现发动机状态控制或过渡态控制时,发动机某一参数可能会超过其最大或最小允许值,例如高压涡轮进口温度、风扇或压气机失速裕度。为了保证发动机工作的安全可靠,需要通过改变控制量对这些参数加以限制。这些被限制的参数及控制量也有一定的变化规律,但这些规律均包括在状态控制规律或过渡态控制规律之中。为保证过渡过程稳定可靠、过渡时间尽量短,就需要有过渡态控制系统。过渡态控制包括以下过程[1]。

1. 起动过程

航空发动机起动过程如图 2-2 所示,起动过程分为 3 个阶段。

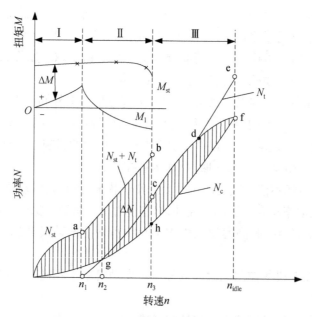

图 2-2　航空发动机起动过程转速扭矩图

第 I 阶段:从起动机起动,带动发动机高压转子,燃油系统点火、喷油,至点火成功,涡轮开始发出功率为止。转子转速由 0 至 n_1。第一阶段剩余起动功率为

$$\Delta N_1 = N_{st} - N_c \qquad (2-1)$$

式中，N_{st} 为起动机功率；N_c 为压气机及附件的需用功率。

第 II 阶段：从涡轮发出功率起，到起动机脱开为止。转子转速由 n_1 至 n_3。这一阶段的剩余功率为

$$\Delta N_2 = N_{st} + N_t - N_c \qquad (2-2)$$

式中，N_t 为涡轮功率。此时，涡轮功率迅速增加，起动机功率也稍有增加，剩余功率不断增大。

第 III 阶段：起动机已脱开，发动机转子由涡轮单独带动，转速由 n_3 至 n_{idle}（慢车转速）。剩余功率为

$$\Delta N_3 = N_t - N_c \qquad (2-3)$$

此时，剩余功率不断减小，最后 $\Delta N_3 = 0$，发动机稳定在慢车状态，起动过程结束。

起动过程中要求：燃烧室点火成功后不熄火，燃烧过程稳定；涡轮前温度不超过最大值；起动过程应尽量短等。

2. 加速控制

发动机的加速性通常用转子在某一转速范围（通常为慢车至最大）的加速时间来表示。加速时间与剩余功率呈反比。而剩余功率主要取决于涡轮前温度 T_3^*，T_3^* 又受温度极限及压气机喘振的限制，所以不能无限制地加油，即加速过程中的供油量 W_f 应适当加以控制。目前发动机的加速控制一般采用程序控制。根据上述关于涡扇发动机的控制规律，以转速作为供油量的基础。一般要求加速线与超温及喘振边界有一定的裕量，而其中喘振边界随大气条件变化而改变，供油量最好能随大气条件变化而变化，如此控制器的结构将变得复杂。

2.3.3　发动机控制系统的控制过程分析

本节对发动机控制系统的控制过程进行分析，图 2-3 为一典型的发动机工作状态平衡曲线，即供油量-转速曲线，又称供油特性曲线，它较全面地表明了燃油系统的工作情况。图中横坐标轴为发动机转速，纵坐标轴为燃油油气比，即供油量。从原点开始经 1-2-3 至 4 点，表示发动机的起动过程，此时转速从 0 到达慢车转速；从 4 经 5-6、7-8 至 9 点，为加速过程，转速从慢速增至最大；从 9 经 10-11-12 至 4，为减速过程；曲线 4-9 表示发动机稳定工作过程中的供油量与转速的变化关系。下面叙述这 4 个过程中的燃油系统工作情况[1]。

1. 起动过程

起动过程中的供油情况可分为 4 个阶段。

第一阶段为图 2-3 中的 0-1 段。此时，发动机高压转子由起动机带动，高压油泵随高压转子一起转动，由于没有推油门杆，高压油泵提供的燃油经释压活门回

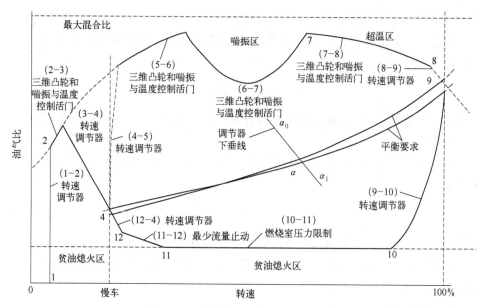

图 2-3　发动机工作状态(平衡曲线)

到低压油路,即燃油系统尚未向燃烧室供油,故 0-1 为水平直线。

第二阶段为图 2-3 中的 1-2 段。当转速达到 1 点对应的转速时,转速调节器保持该转速不变,高压油泵供油量已增加到一定值,油门杆也已由停车位置前推,燃油便进入管路到达燃油总管,点火系统开始工作。

第三阶段为图 2-3 中的 2-3 段。此时,油门杆已推到慢车位置。随着转速的增大,高压油泵的供油量和供油压力均进一步增大,使喷嘴油路完全打开,燃烧室便开始工作,在三维凸轮、喘振和速度控制活门的作用下,供油量按加速过程调节。

第四阶段为图 2-3 中的 3-4 段。此时转速已逐渐接近油门杆位置所对应的慢车转速,在转速调节器的调节下,供油量开始减少,到 4 点所对应的供油量和转速时,发动机便处于稳定工作状态-慢车状态。起动机与高压转子脱开,起动过程便结束。

在整个起动过程中,释压活门始终打开着,使部分燃油流回低压油路,以防止喷油过多导致发动机超温。当起动结束时,释压活门自动关闭。

2. 加速过程

加速过程分为 3 个阶段。第一阶段为图 2-3 中的 4-5 段。当油门杆从慢车转速位置推至最大转速位置时,转速调节器一方面调节转速基本保持不变,另一方面高压油泵斜盘角度迅速增大,供油量迅速增加,到达加速供油曲线所处的供油量位置(5 点)。

第二阶段为图 2-3 中的 5-6-7-8 段。此阶段转速因供油量急增而不断增大,供油量由三维凸轮、喘振和温度控制活门控制,前半程供油量继续增加,到达喘振边界时,按 6 - 7 曲线的变化规律调节,当转速增至 7 点相对应的转速时,供油量又由三维凸轮、喘振和温度控制活门控制,沿超温边界不断平稳下降直至 8 点,但转速仍不断增加。

第三阶段为图 2 - 3 中的 8 - 9 段。此时转速已接近最大转速,即前推油门杆至最大转速状态相应的转速附近,在转速调节器的调节下,高压油泵斜盘角度减小,供油量进一步下降至对应转速所需的值,发动机便处于稳定工作状态-最大转速状态。加速过程结束。

3. 减速过程

减速过程也分为 3 个阶段。第一阶段为图 2 - 3 中的 9 - 10 段。当油门杆从最大转速位置收至慢车转速位置时,在转速调节器的调节下,供油量按减速供油曲线迅速减至贫油熄火边界的数量,而转速略有减小。

第二阶段为图 2 - 3 中的 10 - 11 - 12。此时供油量保持略高于贫油熄火边界的状态,转速则不断下降。

第三阶段为图 2 - 3 中的 12 - 4 段。此时在转速调节器的控制下,转速继续减小,而供油量则增大到慢车转速稳定工作所需的数量,到达 4 点后,减速过程完成。

4. 稳定工作

稳定工作的供油量—转速关系如图 2 - 3 中的 4 - 9 曲线所示。燃油系统通过调节系统使发动机稳定在所选油门位置相对应的转速上。当大气状态发生变化(气温、气压的增减)时,调节系统中敏感元件(如膜盒)感受变化后,产生相应的动作(如膜盒胀、缩),控制燃油量做相应的改变,从而保持转速稳定。

当油门杆由慢车转速的小油门位置前推至某一位置,如图 2 - 3 中转速 n 所对应的油门位置时,燃油系统的工作情形是:转速从慢车转速开始增大,供油量沿加速供油曲线增大,然后由三维凸轮和喘振、温度限制活门控制,到某一位置时便开始下降,如图 2 - 3 中沿调节器下垂线下降至与 4 - 9 曲线相交于 α 点,即到达稳定工作状态。

图 2 - 3 所示的加、减速供油曲线(迅速增加和迅速减少供油量的曲线),既能保证发动机有最短的加、减速时间,又保证发动机不发生富油、贫油熄火和喘振,是目前航空发动机控制中普遍采用的方法,不管燃油控制器是机械液压式还是电子式,平衡曲线的幅度可能有些差异,但其变化趋势和规律则是相同的。当然,电子式的调节元件不是三维凸轮,也不会采用离心飞重这类结构,它是通过大气数据计算机接收大气状态的传感信号。通过油门杆组件感受操纵信号,通过机内各种敏感元件感受各站位截面的压力、温度等参数值,经中央处理机计算、比较,得出对应于当时大气条件及操纵要求所需的供油量,然后输出控制信号去操纵油泵或其他作动器以达到所需的工作状态。

2.4　航空发动机控制系统的基本类型

　　航空发动机控制系统按采用控制器的类型分为机械液压控制系统和全权限数字电子式控制系统,现对这两种控制系统作简单介绍。

2.4.1　机械液压控制系统

　　机械液压控制系统使用基于开环控制或单输入单输出(SISO)闭环反馈控制等经典控制理论,采用由凸轮和机械液压装置组成的机械液压控制器即可成功地对发动机进行控制。简单的航空发动机机械液压式控制方式的基本原理如图2-4所示[2]。它是由进气道控制系统和发动机控制系统组成的。

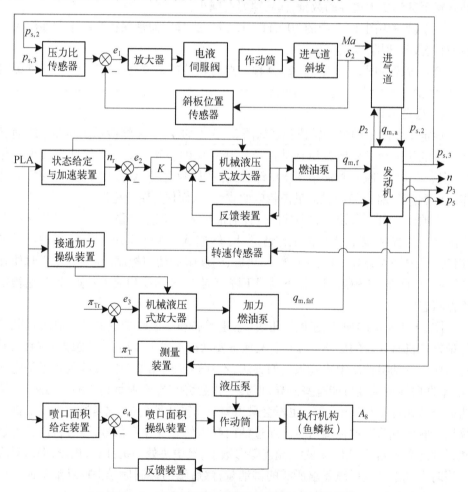

图2-4　航空发动机机械液压式控制方式原理图

1. 进气道控制系统的基本控制原理

在这一控制系统中进气道作为被控对象。控制系统由压力比传感器、放大器、电液伺服阀、作动筒、进气道斜板及斜板位置传感器组成。压力比传感器感受压气机出口静压力 $p_{s,3}$ 与进口静压力 $p_{s,2}$ 之比 $(p_{s,3}/p_{s,2})$ 信号。实际上这一信号即是压气机的增压比,它反映通过发动机的空气流量。该信号经传感器后转换为相应的斜板希望位置信号。斜板希望位置信号与斜板位置传感器测量的斜板实际位置信号比较后,产生误差信号 e_1。误差信号 e_1 经放大器和电液伺服阀放大后,推动作动筒,作动筒将输出力和位移,进一步放大后推动进气道斜板,使斜板角度 δ_2 向希望的位置变化。δ_2 的变化使进气道喉部面积和进气量变化,从而控制了通过进气道的空气流量 $q_{m,a}$,使其与通过发动机的空气流量相匹配,保持进气道总压恢复系数为一定值[2]。

在这一系统中,被控制参数为通过进气道的空气流量 $q_{m,a}$,执行机构为进气道斜板,斜板角度 δ_2 为控制量。由于通过进气道的空气流量难以测量,因此只能利用作动筒位置信号进行反馈。飞行马赫数 Ma 为进气道进口扰动量,发动机进口总压 $p_{t,2}$ 对进气道施一反压,并作用于进气道[2]。

2. 发动机控制系统基本控制原理

图 2-5 所示的发动机控制系统包括发动机转速控制系统、加力控制系统和尾喷口操纵系统。一定的油门操纵杆位置 PLA 对应发动机一定的转速,也即对应发动机一定的工作状态。当 PLA 一定时,飞行条件的变化通过调节燃油流量 W_f 来保持发动机转速不变。

当改变 PLA 时,通过状态给定装置改变转速参考输入 n_r。它与机械离心式转速传感器测量的发动机实际转速 n 比较后产生误差信号 e_2,该误差信号经机械液

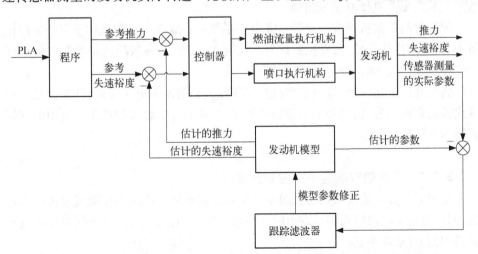

图 2-5 利用模型和跟踪滤波器直接控制发动机的推力和失速裕度的原理图

压式放大器放大后改变燃油泵的燃油流量,以控制发动机的转速 n,并将 n 调整到转速参考输入值 n_r 上。内回路的负反馈作用是改善系统的稳定性和动态品质。

当迅速推动油门操纵杆改变 PLA 使发动机加速时,加速控制装置给定加速控制规律,使燃油流量按给定的规律变化,使发动机按 W_f 的变化规律进行加速。

当发动机加力时,油门操纵杆推至加力位置。压力比测量装置感受压气机出口压力 p_3 和涡轮出口压力 p_5,压力比测量装置输出反映涡轮实际膨胀比 π_T 的信号。该信号与保证发动机为最大转速的给定涡轮膨胀比 π_{Tr} 比较后产生误差信号 e_3,该信号经机械液压式放大器放大后,控制加力燃油泵的加力供油量 W_{fAB},使发动机处于加力工作状态。

一定的 PLA 对应一定的喷口面积。当需要改变喷口面积时,首先改变油门操纵杆位置,然后通过喷口面积给定装置给出一个与给定面积相应的信号。该信号与反映实际喷口面积的反馈信号比较后产生误差信号 e_4,该误差信号随喷口面积操纵装置工作。喷口面积操纵装置利用液压泵输出的高压油推动作动筒,作动筒带动执行机构,改变喷口鱼鳞板位置,从而改变喷口面积,使其与给定面积相等[2]。

由以上分析可知,进气道控制系统为开环控制系统,发动机转速控制系统和加力控制系统为闭环控制系统,尾喷口控制系统为开环操纵系统。

这种简单的单输入单输出控制系统优点:① 方法简单;② 易于实现;③ 能保证发动机在一定使用范围内具有较好的性能[3]。因此这种控制方法目前仍然应用于许多发动机的控制中。目前,国内运输机上,发动机控制仍然用的是凸轮和机械液压装置组成的机械液压控制器。

但这种简单的机械液压控制系统也存在着一些缺点:① 仅适用于飞行速度比较小、飞行高度比较低、发动机的推力不大的飞机;② 机械液压流量控制和伺服部件变得越来越大、越来越重、越来越昂贵。

为了解决上述问题,航空发动机控制研究人员借助于电子技术、计算机技术和现代控制理论的发展,展开电子控制器的研究,并取得了较大的进展。通用电气将其称为 FADEC 系统。

2.4.2　全权限数字电子式控制系统

全权限的含义是指从发动机起动开始到发动机运行再回到发动机熄火的全过程,都由控制系统根据驾驶员发出的指令来控制发动机的运行,以保证发动机发出需要的推力(或功率)。

全权限数字电子控制系统主要由数字电子控制器、燃油泵、机械液压执行机构、机载传感器等组成,数字电子控制器作为发动机的"大脑",通过传感器采集转速、温度、压力等发动机参数,以及燃油计量活门开度、导向叶片角度、喷口面积等控制变量,控制软件实现发动机控制规律,机械液压装置仅作为控制系统的执行机构,其主要用途包括推力管理、燃油量的控制、放气活门的开度和可调静子叶片的角度的控制、涡轮间隙控制、发动机燃油和滑油控制、发动机点火和反推控制以及安全保护等。数字式电子控制系统可以在整个飞行包线内实现发动机稳态(慢车、巡航、最大和加力状态)和过渡态(起动、加速、减速、接通与切断加力状态)全权限控制和安全保护要求。全权限数字电子控制系统具有体积小、重量轻、能够实现复杂控制规律等优点,是目前欧美等国军、民用航空发动机基本配置。

与航空发动机机械液压式控制系统相比较,航空发动机全权限数字式电子控制系统具有明显的优越性。

(1) FADEC 系统通过高精度的数字计算,很容易实现对高性能的发动机的控制功能,并可以在整个飞机包线内发挥发动机的最佳性能。

(2) 数字式计算机的高速运算、高度综合和通信能力,使武器(火力)控制计算机、飞行控制计算机和航空发动机控制计算机构成综合系统,实现武器/飞行/航空发动机一体化控制,从而可大大提高飞机的性能、作战效能和生存能力。

(3) 它可以实现发动机自动起动,环境变化时自动补偿,以及推力限制、超转保护等,大大提高了飞行安全。

(4) 发动机加减速速度由软件控制,提高了控制系统的稳态、动态调节精度,驾驶员可以不受约束地任意推拉油门杆,大大减轻驾驶员负担。

(5) 数字式电子控制的尺寸和重量显著下降,为提高发动机推重比做出贡献,同时降低燃油消耗量,并大大缩短了研制周期,降低成本,改善维护性。

(6) 数字式控制器所实现的控制规律、控制模式和控制算法主要取决于控制软件,这就可以在不更换控制器硬件的情况下,通过调整控制软件来调整控制器的控制效能,满足系统的性能要求。根据发动机要求,需要改变控制模式或控制算法时,只需修正或更换控制软件即可实现,这就使得发动机控制系统的调整变得简单、方便。由于数字式电子控制器硬件的模块化,硬件具有一定的通用性,因而根据不同类型发动机的控制要求改变控制软件即可拓展数字控制器的应用。

(7) 增加了发动机故障诊断能力,一方面,采用数字控制大大提高了机载记录发动机状态参数的能力,为故障诊断提供充足的数据;另一方面,由于计算机强大的计算功能和逻辑推理能力,为采用先进的故障诊断方法以至于健康管理提供了有力手段,采用数字控制后,故障诊断能力的提高是十分显著的,大大提高了系统的可靠性。

2.5　全权限数字式电子控制系统的原理与结构

FADEC 是集现代控制理论、微电子、计算机等技术在航空发动机控制中的综合应用。FADEC 在国内目前是一种发展的必然趋势,在国外现役飞机上运用最广泛的控制系统。目前对航空发动机控制系统故障诊断的研究对象多为 FADEC 系统。为了更好地理解针对航空发动机控制系统的故障诊断技术,本节对 FADEC 的原理和结构进行简要介绍[4]。

2.5.1　全权限数字式电子控制系统的组成

FADEC 系统由感受航空发动机工作状态和环境信息的传感装置、对信息进行逻辑判断和控制运算的计算装置、把计算结果施加给航空发动机的控制装置,以及在它们之间传递信息的机械、电缆和管路等组成。FADEC 系统一般由传感器、数字式电子控制器、执行机构、供油装置、油泵及被控对象组成,如图 2-6 所示[5]。

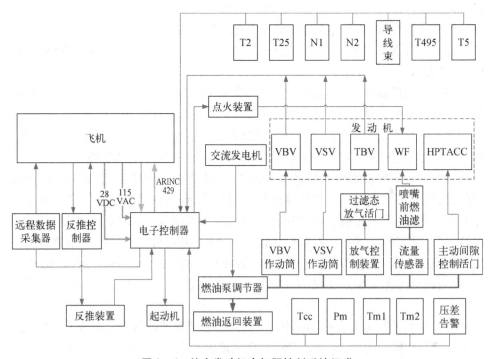

图 2-6　航空发动机全权限控制系统组成

（1）数字电子控制器（EEC）是航空发动机的大脑,是全权限数字电子控制系统的核心,能够运用先进控制系统理论,实现复杂功能,得到较高的性能效益。它处理来自各种传感器和开关装置的信号,经模/数转换为数字量,由其内部机载的控制软件对输入数字量进行诊断、处理,实现各种控制算法、控制逻辑的计算,产生输出数字量,再经过数/模转换成模拟信号,经放大处理,生成控制器输出驱动信号,经电缆传输给相应的机械液压装置。

数字电子控制器可以实现各控制算法的计算,包括基准点调节、稳态控制算法、过渡态控制算法及各种保护逻辑。计算结果经 D/A 转换为模拟信号,输入到各执行机构,使控制量按控制器计算的规律变化,以控制发动机的各种工作状态。

数字电子控制器的主要功能是:采集来自发动机各个传感器的温度、压力、转速、导叶角度、喷口面积等信号,以及燃油计量活门、导叶控制活门位移等执行机构位置信息,通过电液伺服阀控制燃油计量活门、导叶控制活门等的运动,实现对发动机转速、导叶角度、喷口面积等被控量的控制;取消飞机油门操纵系统,飞机座舱的油门杆角位移传感器采集油门杆角度信号,并通过数据总线传输至数字电子控制器;采用数据总线与飞机通信,接收来自飞机的飞行高度、马赫数等信号,同时向飞机发送发动机转速、排气温度等信号;原有消防喘、防冰控制、起动点火控制等功能由控制软件实现。

(2) 传感器是航空发动机的神经系统,用于测量航空发动机的工作状态参数(如发动机的转速、各截面的温度、压力、振动等),测量的各模拟信号经 A/D 转换后输入到数字式电子控制器,控制器实现各类控制算法的实时计算,以便对发动机工作状态的监控和控制。

(3) 执行装置是航空发动机的肌肉。执行装置是根据控制器的指令,改变发动机的供油量、风扇或压气机静子导流叶片角度、尾喷口等几何通道面积,达到控制发动机状态的目的。电子控制器的计算结果经 D/A 转换为模拟信号后再输入到各个执行机构,使控制量按控制器计算的规律变化,控制发动机的各种工作状态。数字式电子控制系统的主要执行机构是电液伺服阀,伺服阀内一般安装有位置传感器检测阀芯的实际位置并反馈到数字式电子控制器,构成局部反馈,提高系统的稳定性和动态品质。还有一类数字式的执行机构是液压作动筒,它由电液伺服阀进行控制并利用液压泵输出的高压油驱动,作动筒的实际位置根据控制器的要求改变。该位置由位置传感器测量并反馈到数字式电子控制器,提高控制精度和动态品质。

(4) 燃油系统是航空发动机的心脏和血管。燃油系统是为发动机提供一定流量和压力的燃油,供发动机燃烧产生推力;燃油系统为液压伺服机构提供液压介质。燃油系统的主要部件包括低压燃油泵、高压燃油泵、油滤、燃滑油散热器、燃油计量装置、分配装置和燃油喷嘴。燃油与作动子系统包括燃油子系统和伺服作动子系统。燃油子系统包括增压泵、主燃油泵、燃油计量装置、燃油滤、燃油管路、喷嘴等。

2.5.2　全权限数字式电子控制系统的功能要求

数字式电子控制系统的功能是在整个飞行包线内实现发动机稳态(慢车、巡航、最大及加力)和过渡态(起动、加速、接通与切断加力)的全权限控制和安全保护要求。以某型发动机为例,其控制系统的主要功能如下[6]:

(1)进行发动机的各种起动控制(地面、空中、遭遇起动,发动机冷运转、启封/油封等),包括发出控制涡轮起动机及发动机起动的逻辑指令以及对燃油供油进行控制;

(2)给主燃烧室燃油总管分配燃油;

(3)从慢车状态到全加力状态的工作范围内,在发动机稳定工作状态下,稳定控制进入主燃烧室的燃油流量 W_f;

(4)通过控制燃油流量 W_f 来限制工作过程各参数的极限值(N_L,N_H,T_{t6},p_{t3});

(5)在加速状态和减小推力时,对燃油流量 W_f 进行控制;

(6)在发动机工作于稳态和过渡态时对压气机导向器安装角进行控制;

(7)在发动机工作于加力、非加力的稳态和过渡态时,对喷口临界截面和喷口断面的可调鱼鳞片的位置进行控制;

(8)喷管的矢量控制,在发动机加力和不加力状态下稳态和过渡态时,接收飞机一体化控制指令并调节尾喷管的矢量角;

(9)在发动机工作于稳态和过渡态时,对进入加力燃烧室的燃油 W_{fAB} 进行计量;

(10)给加力燃烧室的燃油计量装置和总管分配燃油;

(11)给加力燃烧室的燃油总管快速填充燃油;

(12)在发动机气动稳定性遭破坏的情况下,提高发动机气动稳定裕度并使发动机脱离喘振;

(13)飞机燃油箱紧急放油;

(14)进行发动机运行检查和诊断,向显示系统输送是否达到以下状态的信号:高低压转子转速的极限值、涡轮后燃气温度极限值、发动机进口处的最小滑油压力和最高滑油温度、发动机喘振前的状态等;

(15)与发动机检查和诊断系统进行数据通信;

(16)与飞机各系统进行通信联系。

2.5.3　全权限数字式电子控制系统的总体结构

通过分析发动机对控制系统的详细要求,设计控制系统的总体结构如图 2-7 所示[7],主要由数字电子控制器、燃油增压泵、主燃油泵、加力燃油泵、伺服燃油泵、主燃油计量装置、加力燃油计量装置、主燃油起动装置、加力燃油分布器、风扇导叶控制装置、压气机导叶控制装置、喷口喉道控制装置、3路矢量喷管控制装置、油门杆角度(PLA)传感器、进气道进口空气总温（T_{t1}）传感器、进气道进口空气总压（p_{t1}）传感器、低压转子转速（N_L）传感器、高压转子转速（N_H）传感器、高压压气机进口空气总温（T_{t25}）传感器、高压压气机出口空气总压（p_{t3}）传感器、低压涡轮内涵出口燃气总压（p_{t6}）传感器、低压涡轮内涵出口燃气总温（T_{t6}）传感器等部件组成。

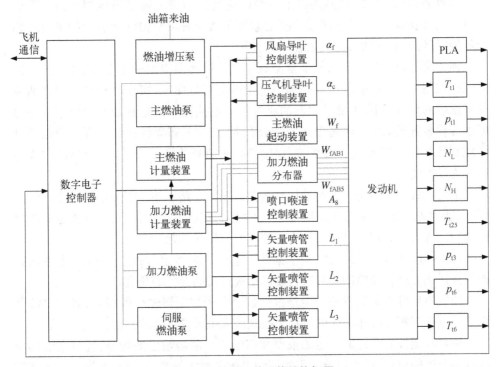

图 2-7　控制系统总体结构框图

根据控制系统的功能要求,对各部件的主要功能分配如下。

数字电子控制器主要完成传感器信号采集、信号处理、主控和伺服回路控制律计算和逻辑计算、故障检测和故障处理、输出驱动控制电液伺服阀和电磁阀等模拟量和开关量与飞机通信等功能。

燃油增压泵将飞机来油增压到最大压力为 1 MPa 的低压油,提供给主燃油泵、加力燃油泵和伺服燃油泵。

主燃油泵的功能是将燃油增压泵来的燃油进一步增压到最大压力为 10 MPa 的高压燃油,提供给主燃油计量装置。

加力燃油泵的功能是将燃油增压泵来的燃油增压到最大压力为 7 MPa 的高压燃油,提供给加力燃油计量装置。

伺服燃油泵的功能是将燃油增压泵来的燃油增压到最大压力为 21 MPa 的高压燃油,提供给风扇导叶控制装置、压气机导叶控制装置、喷口喉道控制装置、3 路矢量喷管控制装置。

主燃油计量装置的功能是根据数字电子控制器输出的指令,通过电液伺服阀控制计量阀的窗口面积,实现对来自主燃油泵的高压油的计量,计量后的燃油通过主燃油起动装置送到主燃烧室。主燃油计量装置还具有停车切油和防喘切油的功能。

主燃油起动装置的功能是将主燃油计量装置的来油通过增压阀送到主燃烧室,保证燃油的雾化。停车时按控制器的停车指令将主燃油计量装置的来油通到低压腔,保证没有燃油渗漏到主燃烧室。

加力燃油计量装置的功能是根据数字电子控制器输出的指令,通过 3 路电液伺服阀控制 1 区、内涵、外涵 3 路加力计量阀的窗口面积,实现对来自加力燃油泵的高压油的计量,3 路计量后的燃油通过加力燃油分布器送到加力燃烧室。加力燃油计量装置还输出 3 个指令压力到分布器,控制分布器各区的打开。当数字电子控制系统故障需要应急切断加力时,具有按切断外涵、内涵、1 区逆序的方式切断加力燃油的功能。

加力燃油分布器将加力燃油计量装置过来的 3 路燃油分别分配到 5 个区的总管,内涵为 2、3 区,外涵为 4、5 区,通过指令压力控制各区的打开,燃油被送到加力燃烧室。加力分布器还具有对加力燃油总管的填充功能。

风扇导叶控制装置的功能是根据数字电子控制器输出的指令,通过电液伺服阀控制风扇导叶作动筒的位置来控制风扇进口可调导叶的角度。

压气机导叶控制装置的功能是根据数字电子控制器输出的指令,通过电液伺服阀控制压气机导叶作动筒的位置来控制压气机可调导叶的角度。

喷口喉道控制装置的功能是根据数字电子控制器输出的指令,通过电液伺服阀控制分油阀位置,再通过分油阀控制喷口作动筒的位置,从而控制发动机尾喷管喉道截面面积。

3 路矢量喷管控制装置的功能是根据数字电子控制器的输出指令,通过电液伺服阀控制 3 个矢量喷管作动筒的位置来控制矢量喷管的偏转方向和面积。矢量喷管控制装置还具有回中功能。

油门杆角度(PLA)传感器提供推力需求的指令信号,飞机还能通过总线给出指令信号。进气道进口空气总温(T_{t1})和进气道进口空气总压(p_{t1})传感器的测量信号用于各回路控制律的修正计算;低压转子转速(N_L)和高压转子转速(N_H)传感器的测量信号用于转速闭环控制和限制、导叶控制、喷口控制等;高压压气机进口空气总温(T_{t25})传感器的测量信号用于压气机导叶的稳态控制;高压压气机出口空气总压(p_{t3})传感器的测量信号用于起动、加减速控制和涡轮落压比闭环控制、加力燃油流量控制、p_{t3} 限制;低压涡轮出口空气总压(p_{t6})传感器的测量信号用于涡轮落压比闭环控制;低压涡轮内涵出口燃气总温(T_{t6})传感器的测量信号用于 T_{t6} 限制等。

2.5.4　全权限数字式电子控制系统的工作原理

FADEC 系统一般包括转速、压力、温度等多个控制回路,每个控制回路根据相应的输入闭环计算出控制输出,进而实现控制发动机状态的目的。相较于机械液压式控制系统,其主要的计算和分析不再依靠机械部件,而是采用内部的程序算法。

电子控制器根据发动机工作过程的转速、温度、压力等参数及外部条件(如飞行高度、速度、发动机进口温度、压力、驾驶员指令等)和控制系统内部某些参数(如温度、压力、位移等)的变化,通过控制律计算,产生控制信号,经过电子控制器输出处理电路,输出给机械液压装置,将电信号转换为液压信号,驱动相应作动器,以改变燃油流量、导叶角度、放气开度等,进而达到控制发动机的目的[8]。

飞机油箱来油经过低压泵增压后,进入主燃滑油散热器进行热交换。经主燃滑油散热器再回到燃油泵后通过主燃油滤进入高压泵再次进行增压。高压泵出口油分为两路:一路经自洗油滤和伺服燃油加热器后进入机械液压装置(HMU)的伺服燃油系统,按照 EEC 指令控制燃油计量系统和作动部件;另一路进入机械液压装置(HMU)的燃油计量系统,计量后的燃油经过燃油流量传感器和喷嘴油滤后进入喷嘴向燃烧室供油。

图 2-8 所示的系统是一个比较简单的数字式电子控制系统,图中被控对象为

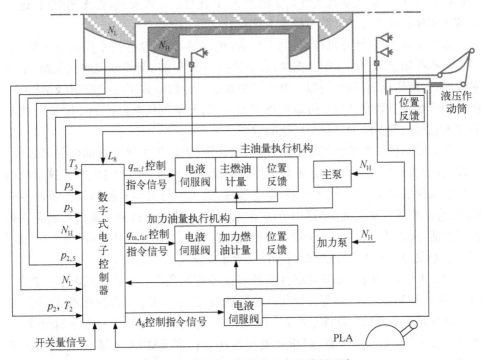

图 2-8　航空发动机数字式电子控制系统

双轴涡轮喷气发动机,它所实现的控制规律如下。

(1)非加力稳态控制是主燃油流量 W_f 控制发动机低压转子转速 N_L = 常数;喷口面积 A_8 控制低压涡轮出口温度 T_5 = 常数。

(2)加力稳态控制是 W_f 控制 N_L = 常数;当发动机进口温度 T_2 < 288 K 时,A_8 控制涡轮膨胀比 π_T = 常数,当 $T_2 \geqslant 288$ K 时,A_8 控制 T_5 = 常数;由操纵杆位置确定加力燃油流量 W_{fAB},以确定发动机加力比;当飞行条件变化时,根据高压压气机出口压力 p_3 对加力燃油流量进行开环补偿控制,以使加力比保持不变。

(3)加速与减速控制是按照数字式电子控制器中预先设定的主燃油流量变化规律控制发动机低压转子转速,使其按一定规律变化。

此外,在发动机工作过程中,需要对高压压气机出口压力 p_3 和高压转子转速 N_H 加以限制,以保证发动机安全工作。

2.6 航空发动机控制系统故障诊断的目的与要求

航空发动机全权限数字电子控制系统工作环境比较特殊,其部件、传感器及执行机构大多工作在高温、高压和高转速的恶劣环境中,发生任何功能故障都可能影响到发动机的正常工作,甚至引起灾难性后果。因此要求控制系统具有极高的安全性和可靠性,保证发动机始终处于健康状态,使得发动机安全、可靠和可用,这种要求比单纯提高系统的性能显得更为重要。

近十年来,随着计算机技术、电子技术、传感器技术、软件技术的快速发展,航空发动机控制技术得到了很大提高,发动机控制系统由功能简单发展到复杂、多变量控制,由液压机械控制、模拟式电子控制发展到全权限数字电子控制(FADEC),同时为满足飞机和发动机对可靠性的更高要求,发动机状态监控和故障诊断技术也在发动机控制系统中得到了广泛的应用。

航空发动机的可靠性依赖于压气机、燃烧室、涡轮等主要组成部件的可靠性,同样发动机控制系统的可靠性依赖于控制系统的传感器、电子硬件、机械执行机构和控制软件的可靠性,一旦传感器、电子硬件、机械执行机构和控制软件等发生故障,就会影响航空发动机控制系统的正常工作,轻则影响飞机和发动机功能完成和控制性能,重则使发动机发生喘振、停车,造成飞机失事、人员伤亡等事故。因此,研究航空发动机 FADEC 系统的可靠性具有重要意义。

对于 FADEC 来说,提高可靠性的技术途径有两条[9]:一是提高电子元器件、CPU 芯片、传感器、作动筒等关键部件的可靠性;二是采用余度控制技术,即采用双通道加机械液压备份的硬件余度控制方案。从发展方向上看是用解析余度取代硬件余度;从发展的角度看,解析余度技术将是提高 FADEC 可靠性的主要技术途径。

　　FADEC的解析余度技术是利用数字式电子计算机在航空发动机状态监控与故障诊断的应用方面显示出的强大功能,跟踪采集系统运行中的有关信息,将采集的信息进行处理后分析出系统及其部件的性能退化情况;根据处理后的数据可以对故障进行诊断,分析故障的起因、性质、部位及其发展趋势,并根据具体情况采取必要的措施。故障诊断系统对早期故障征兆的及时发现与及时处理可以降低事故的发生率,保证飞行安全。同时还可实现"视情维修",延长发动机的大修寿命,有效提高其服役率,节省维修成本与维护时间,提高使用部门和维修部门的经济效益。因此,通过故障诊断设计,发现有问题的部件,采取相应的故障隔离、故障定位、故障排除和系统重构等措施,可以减少发动机定检及维修次数,减少维修工作量、备件数量及停机时间,优化维修计划,从而降低维修费用,最终提高发动机可靠性、维修性和安全性。

　　对航空发动机控制系统进行故障诊断的目的是:① 能及时地、正确地对各种异常状态或故障状态做出诊断,预防或消除故障,对设备的运行进行必要的指导,提高系统运行的可靠性、安全性和有效性,以期把故障损失降低到最低水平;② 保证系统发挥最大的设计能力,制定合理的检查维修制度,以便在允许的条件下,充分挖掘设备潜力,延长服役期限和使用寿命,降低设备全寿命周期费用;③ 通过检测监视、故障分析、性能评估等,为系统结构修改、优化设计、合理制造及生产过程提供数据和信息。

　　总体来说,故障诊断既要保证设备的可靠运行,又要获取更大的经济效益和社会效益。发动机智能控制系统的研究,将传统控制系统的功能扩展为一个概括的系统智能机构,如故障诊断专家系统就是一个例证。这一研究将大大提高飞机和航空发动机的性能,并能显著地提高可靠性和可维护性。

　　一般来说,航空发动机控制系统故障诊断的要求是:故障检测率不小于80%,故障隔离率不小于85%,虚警率不大于2%。故障参数重构后,与真实测量参数的稳态相对误差不大于1%,动态过程的相对误差不大于3%,与参数故障前相比,发动机推力性能降低不超过1%。

参考文献

[1]　陆文华.航空发动机附件系统[M].北京:国防工业出版社,2017.
[2]　樊思齐,李华聪,樊丁.航空发动机控制(下册)[M].西安:西北工业大学出版社,2008.
[3]　王彬.航空发动机液压控制系统[M].北京:科学出版社,2019.
[4]　姚华.航空发动机全权限数字电子控制系统[M].北京:航空工业出版社,2014.
[5]　Andoga R, Fozo L, Madarasz L, et al. FADEC control system for MPM 20 engine[C]. Herlany: 7th International Symposium on Applied Machine Intelligence and Informatics, 2009.
[6]　孙志岩.航空发动机控制系统发展概述[J].测控技术,2019,38(6):1-4.
[7]　姚华,王国祥.航空发动机全权限数控系统研究和试飞验证[J].航空动力学报,2004,

19(2)：247-253.

［8］　廉筱纯,吴虎.航空发动机原理[M].西安：西北工业大学出版社,2005.

［9］　Zhang S J. A review of aeroengine control system[J]. Journal of Aerospace Power, 2004, 19(3)：375-382.

第二部分

故障特性分析与机理建模

第3章
航空发动机控制系统故障诊断基本概念与故障模型

3.1 引　言

　　故障是指系统中部分元件受到内外相关因素影响偏离正常工作状态而导致整个系统功能性能恶化的事件。当系统发生故障时,系统中全部或部分状态参数将表现出异常性,这种差异就包含着丰富的故障信息。故障检测的主要功能是及时发现系统中的故障并报警,故障诊断是在检测出系统存在故障情况下及时分离故障部件、判别故障的种类、估计故障大小与趋势、对故障进行评估与决策。对于航空发动机控制系统,其故障发生的部位、时间、形式和相互关系等都呈现出一定的多样性、耦合性。本章作为建立航空发动机故障诊断系统的基础,将简要介绍故障诊断的基本概念与故障模型。首先给出航空发动机控制系统故障的定义、过程和任务,对常用的故障诊断方法进行分类并给出主要的性能指标。

　　特别地,对于航空发动机,机内自检测(BIT)技术作为改善系统或设备可测试性与诊断能力的重要途径,能够提高故障诊断的准确性、显著地缩短故障检测时间、降低维护保障成本和对维修人员的技能要求。因此本章针对上电、飞行前、飞行中和维护 BIT 四种模式对机内自检测进行详尽的介绍。

　　最后,对于最常用的基于模型的故障诊断,被控对象的元部件故障、执行机构故障及传感器故障都需要在数学模型中进行体现,故在设计故障诊断和容错控制前,首先要建立发动机的典型故障模型。因此,本章的最后一节对航空发动机的故障模型进行了建立和分析。

3.2 航空发动机控制系统故障的定义与分类

1. 故障定义

　　对航空发动机控制系统进行故障诊断技术研究,必须要了解控制系统的故障。故障是由于系统中部分器件失效而导致整个系统功能恶化的事件[1]。故障一般有以下两种含义:一是指系统偏离正常运行状态,通常是整机或零部件的工作状态不正常所引起的,但是可以通过修复零部件或调节各项参数恢复到正常状态;二是指系统功能的失效,即被控系统不断地偏离正常的功能状态,使得不能够有效地保障一些基本功能。一般普通零部件的失效可能不会引起系统的故障,但是核心零部件的失效,就很有可能使得整机功能完全地丧失。从系统的观点来看,系统故障可用故障部件和故障模式来表示,即故障=故障部件+故障模式,如图 3-1 所示。

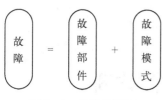

图 3-1 故障分解图

2. 故障描述

控制系统发生故障是由各方面的原因引起的,所以故障具有层次性、延时性、复杂性、传播性和规律性等特点。

(1)层次性:由于控制系统往往都是由多个子系统组成,并且各个子系统间互相作用、互相耦合,因而控制系统故障具有层次性。一种故障往往可以由多层故障原因所导致,并且故障与故障之间可能有相互对应的因果关系。

(2)延时性:故障的发生过程需要时间,是一个量变到质变的过程。通常通过一定量的时间积累,故障才会发生,特别是对一些由疲劳、老化、磨损等引起的故障,其故障率与系统工作时间的关系一般都符合"浴盆曲线",如图 3-2 所示。

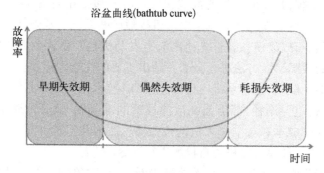

图 3-2 浴盆曲线

(3)复杂性:由于控制系统的结构相对复杂,每一台控制系统都可以由机械、电气、液压系统等同时进行控制,使得发生的故障与其他部件相互耦合、相互关联,最终形成了故障和发生故障部件之间相互关联的复杂关系。

(4)传播性:控制系统种类虽然有很多,但是有一个共同特点,即大部分故障具有传播性,即一个故障的发生往往是由其他故障所引起的。特别地,对一些大型控制系统,任何一个细微的故障,都可能通过零件、部件之间的耦合或关联作用而得到传播蔓延,并累积放大,最终引起一些严重故障的发生。

(5)规律性:一般来说,控制系统故障是有规律可言的,在相同的外界情况和操作环境下,类似的故障大概率会发生。正如在延时性中所述的一些故障,它们都符合"浴盆曲线"。

除此而外,由于航空发动机控制系统的特殊性,其故障与控制系统结构的复杂度、外部工作环境的恶劣程度相关,还呈现出耦合性、多重性的特征。

3. 故障发生原因

为了提高控制系统故障的准确性,需要对故障原因进行分析。控制系统故障的发生很大一部分是由内在因素、外界诱发因素与工作时间共同导致的,如图 3 - 3 所示。

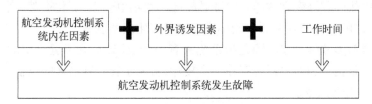

图 3 - 3　发生故障机理图

(1) 控制系统内在因素:指被控系统的物理、电气和化学等内在属性,这些内在属性在出厂之后已经确定,并且每台控制系统的内在因素都是不同的。主要包括控制系统的内部受力、可靠性及安全系数等。

(2) 外界诱发因素:指外部施加的一些因素,分为非人工因素、人工因素和不可拒因素。非人工因素包括恶劣环境因素(高压、高温、干扰等);人工因素主要包括参数预设错误、错误操作、超负荷工作等;不可拒因素主要指不可抗的自然因素(如暴风雨)等。

(3) 工作时间:工作时间是导致系统性能劣化的因素之一,控制系统的损坏程度随着工作时间的增加而增加。

以上三个因素的相互影响、相互耦合引起了控制系统的故障。

4. 故障分类

故障可能是系统中的一个内部事件,导致电源中断、信息链路中断或管道泄漏[2]。它可能是环境条件的改变,导致环境温度升高,最终反应停止,甚至设备被破坏。故障可能是因为操作人员给出的错误控制操作导致系统脱离所需的操作点,也可能是系统设计中的错误,直到系统进入相应的操作点,由于该错误大大降低了性能。在任何情况下,故障都是导致系统结构或参数变化的主要原因,最终导致系统性能下降,甚至丧失系统功能。只有当系统的所有组件都处于健康状况时,整个系统才能令人满意地工作。

对于控制系统,故障发生的时间、形式和相互关系都呈现出一定的多样性,可根据不同的准则对故障进行分类。按照发生部位可分为传感器故障、执行机构故障和元部件故障;按照发生时间可分为突变、渐变故障;根据故障持续的时间可分为永久性和间断性故障;按照发生形式可分为乘性和加性故障;按故障间的相互关系可分为单故障、多故障等。

执行机构故障、传感器故障和元部件故障。执行机构的故障会中断或改变控制器的控制输出,使得被控对象无法获得所需的被控输入量,但通常对对象本身特性不产生影响。传感器故障将导致系统不能准确获取被测量信息,使反馈值存在较大误差,但通常也不影响系统本身的特性。元部件故障指被控对象中的某些元部件或者子系统发生异常,使得整个系统不能正常工作,该类故障通常会改变系统的动态输入-输出性能。

突变硬故障和渐变软故障。突变硬故障一般幅值较大,变化突然,而对于渐变软故障,其故障信号的幅度通常较小或者故障变化速率缓慢。

单故障与多故障。单故障是指系统只有一个故障,常见于运行中的设备或系统。多故障是指被测对象同时存在多个故障,常见于新研制出来的设备。

5. 故障传播的表征

为了更清楚地表征故障和故障之间的传播关系,本节通过建立单故障传播模型和多故障传播模型来进行说明。

(1) 单故障传播模型。所谓单故障传播模型,指的是某故障只有一个故障原因,且该故障原因不会由其他故障所引起。

(2) 多故障传播模型。一般"多故障"具有三个方面的含义:① 一个故障可能是由多个故障原因所引起;② 一个故障可能是由一个故障原因所引起,而这个故障原因又可能由其他另一个故障原因所引起,从而形成一个有层次性的故障传播关系;③ 以上两种情况的集合。不同的故障和故障原因构成了不同的集合域或影响域,这就使得多故障诊断成为一个复杂的问题。

6. 典型故障模式分析

对于发动机控制系统而言,其故障按照发生部位进行分类,可分为被控对象故障、传感器故障和执行机构故障[3],如图 3-4 所示。本节对发动机控制系统这三个典型的模型模式进行分析。

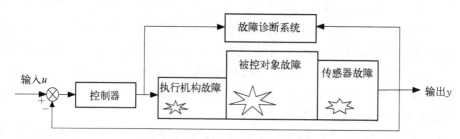

图 3-4　航空发动机控制系统故障图

1) 执行机构故障典型故障模式分析

数字电子控制器的控制信号通过执行机构来控制发动机的工作状态。现代航空发动机中有许多执行机构控制装置,如燃油流量控制装置(计量阀)、喷口面积控制装置、涡轮主动间隙控制装置、高压压气机可调静子叶片(variable stator vane, VSV)调节装置、增压级后可调放气活门(variable bleed valve, VBV)等,航空发动机部分执行机构示意如图3-5所示。

燃油计量装置　　　　　步进电机　　　　　液压缸　　　　　电液伺服阀

图3-5　航空发动机部分执行机构示意图

燃油计量装置是航空发动机燃油系统的重要部件,其根据控制器给出的燃油指令信号调节计量活门的开度,实现对燃油流量的控制。其可能发生的故障包括燃油计量活门卡滞、磨损失效和电磁阀失效等,造成无法输出发动机所需的燃油流量。

高压压气机通常采用多级可调静子叶片和放气活门形式来防止压气机发生喘振。VSV 的调节使得气流以适当的攻角进入下游的转子叶片,其可能发生的故障包括 VSV 作动筒漏油、VSV 操作摇臂的断裂等。发生 VSV 作动筒漏油故障成因包括作动筒内部活塞密封件的老化或腐蚀,此时 VSV 与指定的偏转位置有一定程度的偏差,造成高压压气机气流不畅或堵塞,影响发动机的性能。发生 VSV 操作摇臂的断裂故障成因包括外来物的撞击、摇臂在生产过程中存在的初始裂纹,在后续使用过程中裂纹进一步扩大。此故障的发生将造成静子叶片失控,压气机内部气流紊乱发生喘振,进而可能导致发动机的空中停车等严重故障事件。

VBV 位于增压级后,一般情况下处于闭合状态。当发动机转速降低或者工作状态逼近喘振边界时,VBV 打开将部分高压气流排到外涵道,减小流通阻力,预防压气机发生喘振。其可能发生的故障包括 VBV 活门卡死、VBV 作动筒漏油、柔性轴打滑等故障。此类故障的发生会导致 VBV 开度与指定位置存在偏差,进而影响发动机的正常工作。

VSV 与 VBV 基本故障幅值大小如表3-1所示。

表3-1　VSV 与 VBV 基本故障幅值大小

执行机构故障类型	故障幅值大小
VSV 故障	1%～7%
VBV 故障	1%～19%

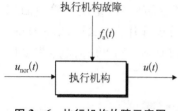

综上,执行机构的故障会中断或改变控制器的控制输出,使得被控对象无法获得所需的被控输入量,但通常对对象本身特性不产生影响。执行机构典型故障模式包括卡死、恒增益变化、恒偏差或其他不正常情况,执行机构故障示意如图3-6所示,其对系统测量值的影响如图3-7所示。

图3-6 执行机构故障示意图

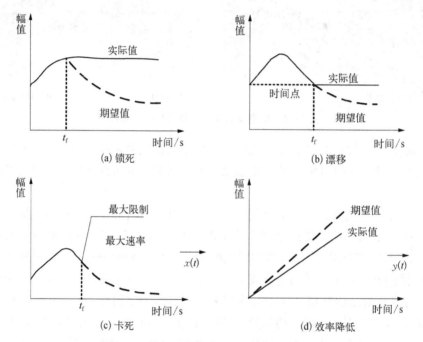

图3-7 执行机构故障对系统测量值的影响

执行机构故障可描述为

$$u(t) = u_{nor}(t) + f_a(t) \tag{3-1}$$

式中,$u(t)$ 为故障状态下动态系统的控制输入;$u_{nor}(t)$ 为正常情况下期望的控制输入。

第 i 个执行机构发生故障时,故障模式可表示如下。

(1) 执行机构卡死。

$$f_{a,i}(t) = C_{a,i} - u_{nor,i}(t), \ u_i(t) = C_{a,i} \tag{3-2}$$

式中,$C_{a,i}$ 为常数,$i = 1, 2, \cdots, m$。

(2) 执行机构恒增益变化。

$$f_{a,i}(t) = (K_{a,i} - 1)u_{nor,i}(t) \tag{3-3}$$

式中,$K_{a,i}$ 为恒增益变化比例系数。

（3）执行机构恒偏差变化。

$$f_{a,i}(t) = \Delta_{a,i}, \quad u_i(t) = u_{\mathrm{nor},i}(t) + \Delta_{a,i} \tag{3-4}$$

式中，$\Delta_{a,i}$ 为恒偏差常数。

根据故障对于执行机构输出的影响程度，采用故障蜕化因子的方式，建立如下故障描述形式：

$$f_a(k) = [\delta_{1a}u_1(k), \delta_{2a}u_2(k), \cdots, \delta_{ma}u_r(k)]^{\mathrm{T}} \tag{3-5}$$

则执行机构输出：

$$u(t) = (I_m - \delta_a)u_{\mathrm{nor}}(t) \tag{3-6}$$

式中，$\delta_a = \mathrm{diag}\{\delta_{1a}(t), \cdots, \delta_{ma}(t)\}$；$I_m$ 为 m 阶单位矩阵；$\delta_{ia} \in [0,1]$ 为执行机构的故障因子，当 $\delta_{ia} = 1$ 时，表示第 i 个执行机构处于完全失效故障状态；当 $0 < \delta_{ia} < 1$ 时表示第 i 个执行机构因故障损失部分驱动能力；当 $\delta_{ia} = 0$ 时，表示第 i 个执行机构无故障发生，处于正常工作状态。

2）传感器故障典型故障模式分析

传感器用于测量航空发动机的工作参数（如发动机的转速、各截面温度、压力、振动等），以便于对发动机工作状态的监测和控制。传感器测量数据多、分布广且其安装部位特殊，长时间工作在高温、高压、强振动的环境中，是控制系统中最容易发生故障的部件。发动机控制系统部分传感器如图 3-8 所示。研究发现，在总的航空发动机控制系统的故障中，传感器故障占总数的 80% 以上。

温度传感器　　　　　压力传感器　　　　　转速传感器　　　　线性位移传感器

图 3-8　航空发动机控制系统部分传感器示意图

传感器的常见故障包括饱和、偏差、开路、漂移、周期性干扰、非线性死区等故障。这些故障按照故障大小可分为硬故障和软故障。硬故障一般幅值较大，变化突然，也称完全故障。完全故障时传感器测量值不随实际值变化而变化。软故障通常故障信号的幅度较小或者故障变化速率缓慢。传感器的基本故障幅值大小如表 3-2 所示。

传感器故障将导致系统不能准确获取被测量信息，使反馈值存在较大误差，但通常不影响系统本身的特性。常见的传感器类型、故障原因如表 3-3 所示。

表 3-2　传感器基本故障幅值大小及其标准差分布

传感器故障类型	故障幅值大小	标准差 $\sigma/\%$
n_1 传感器故障	$\pm1\sim10\sigma$	0.25
n_2 传感器故障	$\pm1\sim10\sigma$	0.17
T_{25} 传感器故障	$\pm1\sim10\sigma$	0.16
P_{25} 传感器故障	$\pm1\sim10\sigma$	0.50
T_3 传感器故障	$\pm1\sim10\sigma$	0.16
P_3 传感器故障	$\pm1\sim10\sigma$	0.20
T_{45} 传感器故障	$\pm1\sim10\sigma$	0.50

表 3-3　常见的传感器类型、故障原因

传感器故障类型	故 障 原 因
偏置故障	偏置电流或偏置电压等
尖峰故障	电源和地线中的随机干扰、浪涌、电火花放电;D/A 变换器中的毛刺等
开路	芯片管脚没连上等
漂移故障	温漂等
短路故障	污染引起的桥路腐蚀线路短接等
周期性干扰	电源干扰等

　　传感器故障将导致系统不能准确获取被测量信息,使反馈值存在较大误差。传感器故障可描述为

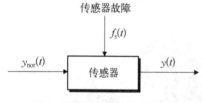

图 3-9　传感器故障示意图

$$y(t) = y_{\text{nor}}(t) + f_{\text{s}}(t) \qquad (3-7)$$

式中,$y(t)$ 为传感器故障后的测量输出;$y_{\text{nor}}(t)$ 为系统的实际输出。传感器故障示意如图 3-9 所示。

　　第 i 个传感器发生故障时,典型的故障模式有以下几类。

　　(1) 传感器输出饱和:

$$f_{\text{s},i}(t) = C_{\text{s},i} - y_{\text{nor},i}(t), \; y_i(t) = C_{\text{s},i} \qquad (3-8)$$

式中,$C_{\text{s},i}$ 为常数,且 $i = 1, 2, \cdots, p$。

　　(2) 传感器恒增益变化:

$$f_{\text{s},i}(t) = (K_{\text{s},i} - 1)y_{\text{nor},i}(t), \; y_i(t) = K_{\text{s},i}y_{\text{nor},i}(t) \qquad (3-9)$$

其中,$K_{\text{s},i}$ 为恒增益变化比例系数。

　　(3) 传感器恒偏差变化:

$$f_{\text{s},i}(t) = \Delta_{\text{s},i}, \; y_i(t) = \Delta_{\text{s},i} + y_{\text{nor},i}(t) \qquad (3-10)$$

式中，$\Delta_{s,i}$ 为恒偏差常数。

根据故障对于执行机构输出的影响程度，采用故障蜕化因子的方式，建立如下故障描述形式：

$$f_s(t) = [\delta_{1s}y_{nor1}(t), \delta_{2s}y_{nor2}(t), \cdots, \delta_{ps}y_{norp}(k)]^T \tag{3-11}$$

则传感器输出：

$$y(t) = (I_p - \delta_s)y_{nor}(t) \tag{3-12}$$

式中，$\delta_s = \text{diag}\{\delta_{1s}(t), \cdots, \delta_{ps}(t)\}$；$I_p$ 为 p 阶单位矩阵；$\delta_{is} \in [0,1]$ 为传感器的故障因子，当 $\delta_{is} = 1$ 时，表示第 i 个传感器处于完全失效故障状态；当 $0 < \delta_{is} < 1$ 时表示第 i 个传感器因故障损失的量测能力；当 $\delta_{is} = 0$ 时，表示第 i 个传感器无故障正常工作。

传感器故障对系统测量值的影响如图 3-10 所示。

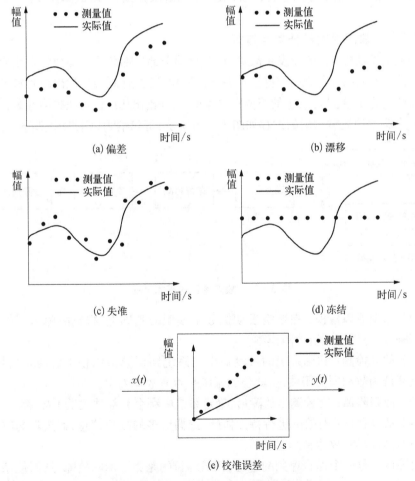

图 3-10　传感器故障对系统测量值的影响

3）元部件故障

当发动机本身或某些零部件处在异常状态导致整个系统的工作难以为继,称这时发生了发动机部件故障。该类故障通常会改变系统的动态输入-输出性能。

3.3 故障诊断的基本概念和过程

3.3.1 故障诊断的定义

当一个系统的状态偏离了正常状态时,称系统发生了故障,此时系统可能完全、也可能部分地失去其功能。故障诊断就是寻找故障原因的一个过程。故障诊断是指对系统运行状态和异常情况进行诊断,并根据诊断结论分析,为系统故障恢复提供依据。要对系统进行故障诊断,首先必须进行检测,在系统发生故障时,对故障类型、故障部位及原因进行诊断,最终给出解决方案,实现故障恢复。

3.3.2 故障诊断的任务与过程

当航空发动机控制系统发生故障时,系统的全部或部分测量参数将发生异常变化[4]。故障诊断的任务就是挖掘这种差异性所包含的故障信息,找出故障特征并分析故障产生的原因、故障发生的部位和故障程度,并给出相应评估和决策方案。

一个典型的故障诊断的过程如图 3-11 所示,可归纳为以下四个部分。

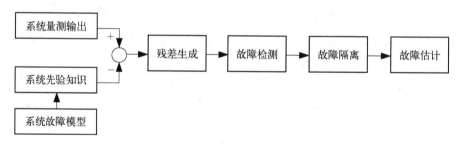

图 3-11 故障诊断的基本过程

（1）系统故障建模:在航空发动机数学模型的基础上,根据故障对于控制系统的影响,建立控制系统故障模型。

（2）故障检测:利用系统的量测输出与系统期望模型比较生成残差信号,比较残差评价函数和阈值函数,由此检测系统是否有故障发生。

（3）故障隔离:在检测出故障后,确定系统中哪个元部件发生了故障。

（4）故障估计:对故障进行特性估计,挖掘更多的故障信息,如故障的幅值大小、故障发展趋势、故障持续时间等。

故障诊断是一个综合评判的过程,其最终目的是为了消除故障,从而使系统恢复正常运行。

3.3.3　故障诊断的方法分类

在工程实际中,最常用的故障诊断方法是监控某特殊信号的大小或发展趋势,当信号到达给定的阈值时就采取相应的措施。这种门限检测方法虽然简单实用,但存在很严重的缺陷。第一个缺点是在噪声、输入变化以及工作点改变时有可能造成大的误报警。第二个缺点是单一故障可能引发系统许多信号超过阈值,发生许多故障,因此故障隔离十分困难。采用多信号一致性检验技术可以克服上面提到的问题,也是提高自动化系统故障诊断能力的重要途径,发展出了基于硬件冗余和解析冗余的故障诊断技术。

故障诊断的基本思想在于根据可测的特征向量来判断此刻系统的状态,而表征此刻状态的信号为冗余信号[5]。传统的诊断方法中冗余的产生使用额外的硬件,即通常所说的硬件冗余诊断法。其利用多路传感器、调节器、计算机及软件来测量或控制某一变量。通常,硬件冗余系统采用表决策略来决定故障是否发生、何时发生以及故障在冗余系统元件中可能的位置。

(1) 传感器余度。传感器是航空发动机数字式电子控制系统中最重要的元件之一,也是最易产生故障的薄弱环节。因此,对传感器的故障检测、隔离与调整是数控系统设计的主要内容之一。常采用的传感器余度设计是对同一个被测量参数设置 2 个以上的传感器进行测量。当某一传感器发生故障时,用另一传感器的测量信号进行控制。考虑到系统的复杂性和必要性,通常对重要参数的测量采用传感器余度结构。

(2) 控制通道余度。具有控制通道余度的 FADEC 系统包含两个功能相同并具有自诊断能力的控制通道 A 和 B。每一个通道均有一个以上的 CPU,每个通道均接受一套完整的控制指令及发动机参数信号,并且具有单独全权限控制发动机的能力。系统无故障时,其中一个通道投入工作,另一个通道处于热备份状态,备份通道输出并不作用于后续装置。当工作的通道发生故障时,两通道输出的信号通过切换电路选择后,切换到另一热备份的通道,继续控制发动机正常工作。A、B两通道间采用通信方式,互相访问对方的输入/输出数据。通过这种方式,控制器可以实现双通道容错控制。在此系统中,除硬件容错结构外,还设置了检测和处理硬件故障的容错软件[6]。

随着发动机性能要求和可靠性要求的提高,发动机控制回路和被测量的参数越来越多。采用硬件余度将会使发动机控制系统的备份硬件装置的数量成倍增加,使发动机控制系统变得更加复杂;同时,由于硬件装置的大量加入,系统器件或模块的个数增加,整个控制系统的可靠性反而会降低。因此,在 20 世纪 70 年代早期,为了解决系统可靠性的提高与冗余硬件花费之间的矛盾,Beard 提出了另外一种产生冗余的方法——解析冗余。

解析冗余利用了监控过程各种测量变量之间的解析或功能冗余关系,如输入与输出之间、输出与输出之间，以及输入与输入之间的功能关系。解析冗余中的一致性检验通常是对测量信号与其估计值进行比较。估计值由系统的数学模型产生。通过比较生成残差量，即被测信号与数学模型生成的估计值之间的差别。

图 3-12 说明了硬件冗余与解析冗余的概念。在解析冗余方案中，由于无需多余的硬件，所以也就不存在由于附加硬件所引发的故障，因此合理设计的解析冗余方法比硬件冗余更为可靠。解析型的故障检测与隔离(FDI)方法有很多具体应用的形式，包含了常微分方程、智能数据驱动模型以及专家系统模型等。因此，基于解析冗余的故障诊断法可以独立地应用在系统的 3 个结构中，包括：基本数学模型、智能计算部分以及用于诊断的专家系统或者模糊控制方法。

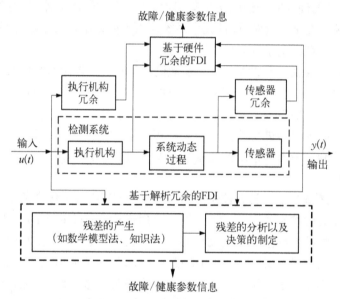

图 3-12　硬件冗余与解析冗余的分析比较

基于解析冗余的故障诊断法可以基于解析模型的诊断方法、基于知识的诊断方法，以及基于信号处理的诊断方法[7]，如图 3-13 所示。

1. **基于解析模型的方法**

基于解析模型的方法是最早发展起来的[8]，该方法实现故障诊断的途径是对残差做分析与处理，这里的残差是通过模型系统的先验信息与诊断对象的可测信息比较得到的。该类方法需要建立被诊断对象的精确数学模型，优点是充分利用了系统内部的深层知识，利于系统的故障诊断。根据残差产生形式的不同，该类方法可分为状态估计方法、参数估计方法和等价空间方法。基于观测器的状态估计方法和等价空间方法是等价的，同样由参数估计法得到的残差包含在观测器方法

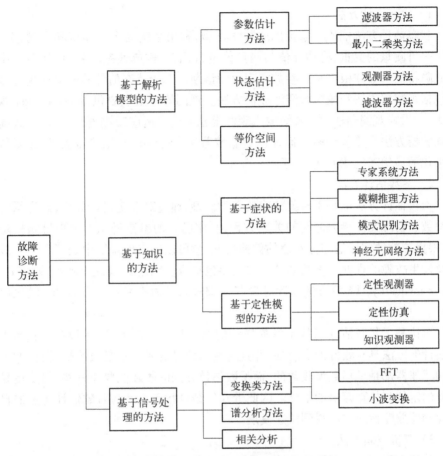

图 3 - 13　故障诊断方法分类示意图

得到的残差中,两者在本质上是互补的。基于解析模型的故障诊断方法的简要框图如图 3 - 14 所示。

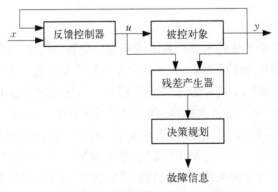

图 3 - 14　基于解析模型的故障诊断方法

1) 状态估计方法

状态估计方法依赖对象精确的数学模型,利用系统的定量模型和可测信号重建某一可测量的变量,将估计值与测量值进行比较,构成残差序列,再从残差中提取故障特征参数并根据特征参数实现故障诊断。基于状态估计的故障诊断方法主要包括观测器方法和故障检测滤波器方法。观测器方法主要包括 Luenberger 观测器法[9]、滑模观测器法[10]、未知输入观测器法[11]、自适应观测器法[12]等。故障检测滤波器方法主要包括多目标优化的滤波器法[13]、Kalman 滤波器法、传递函数迹最小化的最优随机滤波法[14]等。

2) 参数估计方法

参数估计方法也基于对象精确的数学模型,通过对系统机理分析,确定系统模型参数和物理元件参数之间的关联方程,利用已有的参数辨识方法来检测故障信息,根据参数的估计值与标称值的偏差情况,就可以确定出系统中是否发生了故障以及发生故障的程度。参数估计方法主要包括 H_∞ 优化法、线性矩阵不等式(linear matrix inequality, LMI)方法和针对含有未知输入的时滞系统的鲁棒 H_∞ 优化控制技术。

对比基于状态估计和基于参数估计的两种故障诊断方法,可以看出:基于状态估计的方法具有较好的实时性,并且对输入信号的要求不是很严格,设计的观测器和滤波器都是呈指数型收敛的,而参数估计方法的收敛性要差一些,但是更易于故障的定位与故障幅值的估计。因此近几年结合状态估计与参数估计优点的自适应观测器故障诊断方法得到快速发展。

3) 等价空间方法

等价空间方法是利用系统输入输出的实际测量值检验与系统数学模型的一致性(即等价性),以检测和隔离故障。等价空间方法主要有:奇偶方程的方法[15]、基于约束优化的等价方程方法、基于具有方向的残差序列方法等。目前,研究最多的是奇偶方程故障诊断方法,其主要成果还集中在线性系统和一些特殊的非线性系统中。

2. 基于知识的方法

基于知识的诊断方法并不要求系统的精确定量数学模型。因为诊断对象的大量信息能够充分利用专家的知识,尤其适合非线性系统和复杂大系统的故障诊断,所以在复杂的工业系统中这种方法特别适用。与其他两种方法相比,这种方法具有更多的优点,诊断水平也大大提高,同时也是最可行的。它可模拟人脑的逻辑思维过程,并利用专家知识进行推理从而对复杂系统进行故障诊断。

基于知识的方法又可分为基于症状的方法和基于定性模型的方法。其中,基于症状的方法主要有专家系统、模式识别、模糊推理、神经网络、支持向量机、粗糙集理论、D-S 证据理论。基于定性模型的方法主要有定性观测器、知识观测器、定性仿真、有向图、故障树等。

3. 基于信号处理的故障诊断方法

在工程的实际运行过程中,系统的数学模型是很难准确建立的。基于信号处理的故障诊断方法利用系统的输入、输出信号在幅值、相位、频率及相关性上与故障的关系,采用谱分析、相关分析和概率密度等手段来提取故障特征信息,降低了对系统精确数学模型的依赖。

除传统的时域分析和频谱分析方法,近些年来还发展以下一些方法,包括:主元分析方法、小波变换方法、δ 算子方法、Kullback 信息准则方法、信号模态估计方法、分形几何方法、信息融合方法、统计校验方法等。

总之,故障检测与诊断方法形形色色,各具特点,很难找到一种适用于所有故障的统一方法,所以在使用的过程中要根据实际情况确定适合且高效可靠的故障诊断方法。

3.3.4 故障诊断技术的性能指标

故障诊断系统性能指标如图 3-15 所示,主要包括以下三个方面。

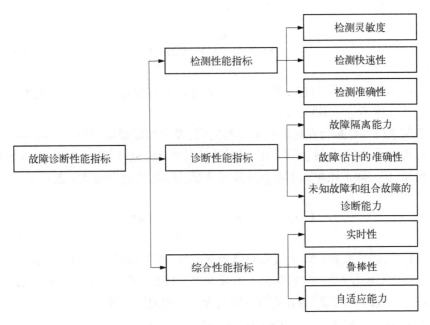

图 3-15 故障诊断性能指标

1. 检测性能指标

检测灵敏度:是指对于早期故障或是小幅值故障的检测能力。

检测快速性:当故障发生到故障被检测的时间间隔越短,故障检测越快速。

故障检测时间：故障检测时间（FDT）是指从故障开始检测到给出故障指示所经历的时间。FDT 还可用平均故障检测时间（MFDT）表示，MFDT 是指当故障发生后，由故障诊断系统检测并指示故障所需时间的平均值。其数学模型可表示为

$$MFDT = \frac{\sum t_{Di}}{N_D} \tag{3-13}$$

式中，t_{Di} 为检测并指示第 i 个故障所需的时间；N_D 为检测出的故障数。

检测准确性：主要表现为故障检测是否准确，是否存在误报和漏报的情形。误报（false alarm）是指系统没有发生故障却被错误判定出现了故障的情形；漏报（missed fault）是指系统中出现了故障却没有被检测出来的情形。故障的漏报率与误报率应尽可能小。一般使用故障检测率和虚警率来衡量系统发生漏报和误报的概率。

故障检测率（FDR）：检测并发现设备内一个或多个故障的能力。FDR 一般定义为在规定的时间内，用规定的方法正确检测到的故障数与被测单元发生的故障总数之比，用百分数表示。其定量数学模型可表示为

$$FDR = \frac{N_D}{N_T} \times 100\% \tag{3-14}$$

式中，N_T 为故障总数，或在工作时间 t 内发生的实际故障数；N_D 为检测到的故障数。N_T、N_D 中不包括瞬时故障。

虚警率（FAR）是指在规定的工作时间内，发生的虚警数与同一时间内的故障指示总数之比，用百分数表示。其中，虚警是指当 BIT 或其他监控电路指示被测单元有故障，而实际上该单元不存在故障的情况。FAR 的数学模型可表示为

$$FAR = \frac{N_{FA}}{N} = \frac{N_{FA}}{N_F + N_{FA}} \times 100\% \tag{3-15}$$

式中，N_{FA} 为虚警次数；N_F 为真实故障指示次数；N 为指示（报警）总次数。

虚警将影响使用和维修，降低基本可靠性。减少虚警的措施有：延时报警、多次测试判定故障、"滤波"与表决方法以及人工智能的应用等。

2. 诊断性能指标

故障隔离能力：是指能否有效区分出发生在不同部件上的故障，从而对故障进行准确的定位，表示为故障隔离率（FIR）。

FIR 一般定义为在规定的时间内，用规定的方法正确隔离到不大于规定的可更换单元数的故障数与同一时间内检测的故障数之比，用百分数表示。此外，还可

定义为在规定的条件下,有维修人员或其他专业人员在规定的工作时间和给定的维修等级内,通过规定的方法,将故障正确地隔离到小于等于 L 个单元的故障数与同一时间内已检测到的故障数之比,用百分数表示。其数学模型为

$$\text{FIR} = \frac{N_{\text{L}}}{N_{\text{D}}} \times 100\% \tag{3-16}$$

式中,N_{L} 为在规定条件下用规定方法正确隔离到小于等于 L 个可更换单元的故障数;N_{D} 为在规定条件下用规定方法正确检测到的故障数。

故障估计的准确性:是指故障估计的结果能否准确地匹配实际故障情形。

未知故障诊断能力:对于系统中未知的故障模式,当其发生时,应判断为新故障,而不是无故障或已知的某种类型故障。

3. 综合性能指标

实时性:是指在一个测控周期内,控制计算模块具备完成所有的故障诊断计算任务的能力。

鲁棒性:是指在系统存在不确定因素的情况下仍能进行准确故障诊断的能力。

自适应能力:是指故障诊断系统能根据系统内部或外部条件变化,自适应地改变自身,保证原有的诊断能力。

3.4　机内自检测设计

随着飞机性能的不断提高,其对航空发动机的性能也提出了更高的要求,这导致发动机控制系统控制变量不断增多和控制功能不断增强,使控制系统越来越复杂,电子控制器的集成度越来越高,从而使得控制系统的研制周期加大,研制和维护成本增加,可靠性降低。于是,可测试性在数控系统的研制、使用中的作用越来越突出。机内自检测(BIT)技术作为改善系统或设备可测试性与诊断能力的重要途径,能够提高故障诊断的准确性、显著地缩短故障检测时间、降低维护保障成本和对维修人员的技能要求。完善的 BIT 设计则是实现系统级可靠性技术的关键,它还是实现故障容错和重构的基础。

机内自检测指的是系统恶化时设备依靠自身所具备的电路和程序,检测和监控自身的仪器设备,并对仪器设备所产生的故障进行诊断、隔离以及检测[16]。现代航空发动机数控系统复杂度高,工作可靠性低,而试验和维护手段仍然采用常规方法,需要较长的人员培训时间和配套测试设备数量,增加了故障检测隔离时间,严重影响了任务完备率。这是推动 BIT 技术发展的动力。

BIT 的目标是实现系统的自检测,使以前用手工完成的绝大多数测试实现自动化、交互化。机内自检测是为了给故障诊断提供最大的方便,提高测试性水平。

系统和设备内部设置了用于状态监控、故障检测与隔离的硬件、软件或自检装置，使得系统本身就能检查工作是否正常或确定发生了故障的地方。

　　航空发动机 FADEC 系统是一种典型的嵌入式实时控制系统，数字电子控制器一般安装于发动机的附件机匣上，工作环境恶劣，而对可靠性要求极高。相对于一般电子设备的 BIT，航空发动机数字电子控制器的 BIT 具有其特殊性，其不仅要完成电子控制器内部电路模块的故障检测，还要负责控制系统中传感器和执行机构的故障检测，并参与控制系统的重构，甚至负责对控制对象航空发动机及其子系统的状态监视与故障检测。实际上，在当今已实现工程应用的 FADEC 系统电子控制器中，仅专门负责故障检测与处理任务的软件就占了大部分，足见 BIT 的分量。对于航空发动机电子控制系统，BIT 技术可提升电子控制系统的可靠性、战备完好性，降低系统的平均故障检测时间、平均后勤延误时间等。它是一种能显著改善机电系统测试性与诊断能力的重要技术手段，在航空、航天等设备可靠性与维修性设计中日益受到重视。

　　系统 BIT 的功能：① 系统性能监测。实时监测系统中关键的性能或功能特性参数，并随时报告给操作者。设计完善的监控 BIT 还需要记录存储大量数据，以便分析判断性能是否下降和预测即将发生的故障。② 系统故障检查。检查系统（或被测单元）功能是否正常，检测到故障时给出相应的指示或报警。

　　系统按不同阶段将 BIT 软件分为四种：上电 BIT（PUBIT）、飞行前 BIT（PBIT）、飞行中 BIT（IFBIT）、维护 BIT（MBIT），每一个模式有不同的起动方式，每一个模式测试不同的设备和资源，各种 BIT 的分类及其简要特性如表 3-4 所示。一般来说，PBIT、MBIT 由人为或特定条件触发，是独立于控制运行的，对控制不发生直接影响，在发动机工作状态时，绝不允许进入这种 BIT 模式，因此触发条件要求比较严格，一般可以用发动机的状态作为联锁条件之一，只有在发动机地面停车状态下才能进入。IFBIT 是在开机后连续进行的机内自检测，与正常的控制同时运行，其结果用于系统的重构和容错控制。

表 3-4　BIT 分类及其特性

模　式	起动方式	特　征
上电 BIT（PUBIT）	自动	电源接通时自动运行
飞行前 BIT（PBIT）	人工起动	在 PBIT 联锁条件满足的情况下，在飞机起飞前由飞行员人工起动，检测出的故障向飞行员报告
飞行中 BIT（IFBIT）	自动	在全部的飞行过程中对硬件和软件连续进行监控，不影响系统的工作
维护 BIT（MBIT）	人工起动	由维护人员起动，用于管理故障定位、系统维修与查验。采用人机对话形式进行控制与显示

3.4.1 上电机内自检测

PUBIT 是控制系统在加电或复位后进行的一种自检测,主要是对控制系统硬件环境进行的测试,是软件程序自动完成的,不需要任何外部硬件设备支持。系统上电或系统复位时,控制系统处于初始状态,且 $N_H = 0$、$T_{t6} < 65℃$ 可进入 PUBIT,PUBIT 必须在规定的时间内(一般不应大于 60 s)完成后自动退出。PUBIT 检测到故障时,逐一记录故障,座舱"控制系统故障灯"亮,禁止驾驶仪和自动油门接通,同时通过总线将故障信息传送到飞机。PUBIT 检测的内容应包括以下几点。

1. 核心数字电路检测

1) CPU 检测

在任何数字电路的测试过程中,用于控制整个测试过程的核心电路应具有最高可靠性,否则测试结果毫无可信度。对数字电路而言,核心电路无疑是中央处理器(CPU),因而整个 BIT 的测试流程,首先从 CPU 的测试开始,在保证 CPU 完好的情况下,完成其他外围功能电路模块的测试。

CPU 检测的目的是检测 CPU 的数值运算和逻辑运算的正常性。由于 CPU 主要功能就是执行指令,通过检测 CPU 是否能正确执行它的全部指令,就可以判断其能否正常工作。因此采用指令自检法实现对 CPU 的功能检测,例如,先在某一变量中设一值,对其进行"+""-""＊""/"和逻辑运算,然后对其结果进行逆运算,即进行逻辑运算和"/""＊""-""+",所得结果和原值比较,若相等,则 CPU 正常,否则 CPU 有故障。

需要说明的是指令自检法是基于指令执行的功能测试方法,其检测结果有效性的前提条件是该测试程序能正常执行,即程序不会脱离主流程。对测试程序跑飞情况的故障测试,可以采用"看门狗"定时器电路加以完善: 该电路以计数器/定时器为主体,如果在一定时间内不向该计数器/定时器送清零信号,它便会溢出。从而,通过在子流程中增加清零指令的方法,来监控处理器是否按指定的测试程序正常进行 BIT 测试。该方法弥补了上述方法的不足,实现了 CPU 模块的完全 BIT 测试功能。

2) RAM 检测

RAM 检测的目的是检查堆栈及相应存储数据单元读、写、存储的正确性。检测的方法是: 首先保存被检测单元的内容,然后写入某一特定数据(依次采用 00H,55H,AAH,FFH),再读出与之比较。若相等,则恢复该单元内容,紧接着检查下一个单元,全部检查正确则置 RAM 正确标志,否则置 RAM 故障标志。

3) ROM 和 FlashMemory 检测

ROM 和 FlashMemory 检测的目的是检查程序存储器或数据存储器储存的程序

代码和数据是否正确。对 ROM 典型的检测方法有：奇偶校验法、LRC/VRC 校验法、CRC 校验法、字节和校验法、剩余编码测试法。

在实际应用中由于 BIT 对测试时间有比较严格的要求，在上述算法中字节和校验法相对测试时间比较短，因此可以采用字节和检验法。具体方法是：将存储器内的字节求代数和作为校验字节。当需要对存储器的数据进行校验时，将存储器内的字节求代数和，然后与一个标准值进行比较，如果不一致则置 ROM 故障标志。对 FlashMemory 的检测同方法。

4）定时器检测

定时器（包括看门狗定时器）检测的目的是检查定时器定时的正确性。检测的方法是：同时开启定时器的各计数器，经过一定时间后相互比较各计数器是否很接近，从而判断定时器是否故障。

5）交叉通道信息检测

交叉通道信息检测的目的是检查两个通道间传输数据的正确性。检测的方法是：在两个通道间交叉传输固定的数据，并进行数据的校验和比较，如不一致则判断交叉通信故障。

2. 初始值检查

初始值检测的目的是检查模拟量输入、供电电源、模拟量输出是否存在故障。检测的方法是在地面发动机未起动前对各种传感器的采集值、电源电压值、各种模拟量输出回绕采集值与预设值进行比较，正常情况应该在一定范围内，如发动机各截面温度的范围可设定为$-65 \sim 65℃$（热机除外），如果超出一定的范围，表明该路信号故障。

3.4.2　飞行前机内自检测

PBIT 是发动机在地面工作状态下，接受自测开关信号后对整个控制系统进行的测试，其目的是确定控制系统的完好性。PBIT 的进入必须满足 BIT 联锁条件（发动机状态：$N_H < 10\%$、$T_{t6} < 260℃$，驾驶仪接通，PBIT 开关闭合）。进入自检后，当上述条件不满足时，终止并退出 PBIT。PBIT 执行时间应小于等于 80 s。PBIT 检测有故障时，逐一记录故障。座舱"控制系统故障灯"亮，同时通过总线将故障信息传送到飞机。在 PBIT 自检状态下，控制软件通过必要的自检测电路与信号通道构成检测回路。PBIT 检测的内容应包括以下几点。

1. 核心数字电路检测

包括 CPU 检测、RAM 检测、ROM 和 FlashMemory 检测、定时器检测、交叉通道信息检测、电源检测等。

2. 通道检测

输入通道的主要任务是获得发动机的工作状态参数。输入通道包括传感器本身和传感器信号处理电路。发动机的传感器一般有压力传感器、温度传感器、转速传感器、位移传感器等,这些传感器的输出信号既有模拟信号又有频率信号和开关信号。以下分别介绍其检测方法。

1) 输入检测

针对热电阻、应变式压力传感器,采用主动激励法改变其内部不平衡电桥的一个桥臂电阻值,即通过控制电子开关将原来一个桥臂并联一个电阻的方法改变这个桥臂的阻值,从而改变电桥的输出电压值。处理器通过测量常温状态没有激励时和有激励时的两种情况下处理电路输出电压是否在允许的误差范围内的方法来判断这个通道是否存在故障。

针对转速传感器,采用主动激励的方式实现自检测。提供额外的固定频率的交流或直流激励源,通过传感器后输入到采集通道,比较采集值即可判断整个通道是否存在故障。在退出 BIT 时,激励源应自动撤销。

针对 LVDT/RVDT 传感器,采用电压求和法来检测传感器处理电路及传感器是否存在故障。其原理是将位移传感器原线圈的一路正弦信号和副线圈返回的两个正弦信号经过整流、滤波后对其电压求和,根据传感器原理特性,这个电压和应为一定值,因此可以通过比较采集到的电压值与这个定值的差是否在容许偏差范围内来判断传感器处理电路和传感器是否存在故障。

2) A/D 转换电路检测

采用 A/D、D/A 联合回绕测试方法,如图 3 - 16 所示。在电路上提供一个固定的参考电压供 A/D 采集,并将 D/A 输出回绕到 A/D 的输入。首先通过检测参考电压初步判断 A/D,如果通过这步判断再通过 D/A 输出连续变化的模拟信号,然后检测 A/D 转换接口电路是否正确地将 D/A 输出的模拟信号转换为要求误差范围内的数字信号,从而实现对 A/D 转换接口电路进行故障测试。

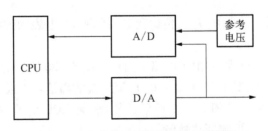

图 3 - 16　A/D、D/A 联合 BIT 结构框图

3) 开关量输入检测

采用硬件回绕方法设计开关量输入信号调理电路的 BIT 检测,如图 3 - 17 所示,采用单独的一路开关量输出电路回绕到开关量输入处理电路,通过控制开关量输出来检测开关量输入电路故障。通过输出高电平回绕检测判断可以检测输入电

路是否存在固定低故障。同样通过输出低电平回绕检测判断可以检测输入电路是否存在固定高故障。

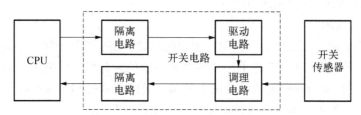

图 3-17 开关量输入信号调理电路 BIT 结构框图

3. 输出通道检测

输出通道检测的目的是检查模拟量和开关量输出通道包括 D/A 转换、放大驱动等电路的故障。

1) 模拟量和开关量输出检测

检测的方法一般采用输出回绕法。回绕是指当电流传送到电液伺服阀或电磁阀时,接受从电液伺服阀或电磁阀返回的电流的对比检验。在正常工作状态下,两个电流值相同,如图 3-18 所示。

如果电子控制器在回绕检查过程中发现不一致的情况,例如,电路中发生如图 3-19 所示的对地短路,则电流回绕故障信息生成。

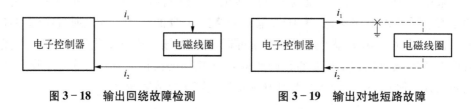

图 3-18 输出回绕故障检测   图 3-19 输出对地短路故障

图 3-18 和图 3-19 中,i_1 为传送到电液伺服阀/电磁阀的电流,i_2 从电液伺服阀/电磁阀返回的电流。

如果在回绕检验过程中,由于电路中出现如图 3-20 所示的断路故障,而无法生成电流,则在所有情况下,$i_1 = i_2 = 0$,电流回绕故障信息生成。

如果一个线圈发生如图 3-21 所示的短路,则 ECU 的检测结果是 $i_1 = i_2 > i_{max}$,电流超过最大值,电流回绕故障信息生成。

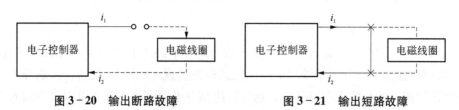

图 3-20 输出断路故障   图 3-21 输出短路故障

在运行前进行输出回绕检测时,输出电流的大小和时间都要控制适当,不能引起执行机构的误动作或对执行机构有损伤。

2）D/A 转换电路检测

采用 A/D、D/A 联合回绕测试方法,首先通过 A/D 转换接口采集 D/A 输出的模拟信号,然后检测 D/A 转换接口电路是否将数字信号转换为要求误差范围内的模拟信号,来对 D/A 转换接口电路进行故障测试。在测试过程中为实现对 D/A 转换电路主要故障的测试,分别使 D/A 输出最大模拟信号和最小模拟信号作为测试信号。这样输出最大模拟量可用来测试输入线固定低、固定开路、D/A 转换芯片无法正确进行信号转换及输出线固定开路等故障。最小模拟量可用来测试输入线固定高、固定开路、D/A 转换芯片无法正确进行信号转换及输出线固定开路等故障。

需要说明的是对 D/A 转换电路的测试是在对 A/D 转换电路测试通过之后进行,否则如果 A/D 出现故障对 D/A 转换电路进行测试将没有意义。

4. 通信通道检测

通信通道检测的目的是检查通信通道逻辑的正确性,可分为硬件上的发送与接收回绕检测方法和软件校验检测方法。通信接口硬件回绕检测结构框图如图 3-22 所示。

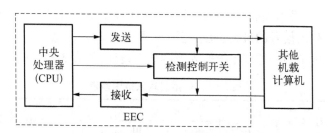

图 3-22　通信接口硬件回绕检测结构框图

CPU 通过控制检测开关回绕通信接口的发送端到接收端进行自发自收检测。为了实现对通信电路故障模式的完全检测,针对不同的故障模式应该选择不同的测试信号。

软件校验检测方法是在通信的过程中添加校验位,实现在线检测,如采用奇偶校验法、汉明码校验法等,这种 BIT 检测方法不影响系统的正常工作。

5. 与飞机的接口检测

与飞机的接口检测的目的是检查发动机控制系统与飞机系统相关接口的正确性,包括通信接口、显示报警接口等。检查的方法如下。

（1）通信接口的检查要与飞机通信系统约定,通过发送检查信息,进入自检状态,在自检状态时飞机通信将接收到的信息再发送到发动机控制系统,发动机控制系统比较发送和接收到的信息,就可以检查通信接口的故障。

(2)显示报警接口可以通过输出信号回绕的方式判断是否存在故障,操作者也可以通过对显示灯的明灭来判别显示报警信号的正确性。

3.4.3　飞行中机内自检测

IFBIT 在系统上电后即自动连续运行,是对控制系统软、硬件的监控。在不干扰信号控制的情况下对电子控制器、传感器信号的输入、控制信号输出、伺服回路等进行连续不断的后台检测。IFBIT 的测试内容在 400 μs 之内全部完成。IFBIT 检测到有故障时,逐一记录故障,并根据故障的等级,输出到座舱显示报警。同时,通过总线将故障信息传送到飞机,余度管理和容错控制将利用 IFBIT 的结果对系统进行重构,以保证控制系统在故障下的正常或安全运行。IFBIT 主要检测的内容如下。

1. 核心数字电路检测

包括 CPU 检测、RAM 检测、ROM 和 FlashMemory 检测、定时器检测、交叉通道信息检测、电源检测等。

2. 输入通道检测

1)输入范围检查

正常情况下,采集到的模拟量应该在一定工作范围内,即 $X_{imin} < X_i < X_{imax}$,当检查到的信号超出信号的最大、最小范围时,则生成故障信息。

对具有余度结构的控制系统输入范围检查设计,如表 3-5 所示。

表 3-5　模拟量输入范围检查

序号 N	参 数 名 称	检测范围		检 查 逻 辑
		下限	上限	
1	高压转子转速 N_H	5%	115%	在 $p_{t3} > 2.5p_{t1}$ 条件下,按表注②的检测时间进行参数检测,当参数超出检测范围上限或下限时,建立故障标记; 按表注③的检测时间检测到参数在检测范围上限和下限以内时,清除故障标记
2	低压转子转速 N_L	15%	115%	在 $N_H > 50\%$ 条件下,按表注②的检测时间进行参数检测,当参数超出检测范围上限或下限时,建立故障标记; 按表注③的检测时间检测到参数在检测范围上限和下限以内时,清除故障标记
3	进气道进口空气总压 p_{t1}	0.01 MPa	0.16 MPa	按表注②的检测时间进行参数检测,当参数超出检测范围上限或下限时,建立故障标记; 按表注③的检测时间检测到参数在检测范围上限和下限以内时,清除故障标记
4	高压压气机出口空气总压 p_{t3}	0.01 MPa	4.5 MPa	
5	低压涡轮内涵出口燃气总压 p_{t6}	0.01 MPa	0.43 MPa	

续 表

序号 N	参 数 名 称	检 测 范 围		检 查 逻 辑
		下限	上限	
6	进气道进口空气总温 T_{t1}	−93℃	215℃	
7	高压压气机出口空气总温 T_{t25}	−93℃	330℃	
8	低压涡轮内涵出口燃气总温 T_{t6}	−70℃	950℃	
9	油门杆角度 PLA	−5°	125°	
10	主燃油计量位置 L_m	0.1 V	4.9 V	
11	风扇进口可调叶片角度位置 α_f	−4.5°	31.5°	
12	高压压气机进口可调静子叶片角度 α_c	−2°	40°	按表注②的检测时间进行参数检测,当参数超出检测范围上限或下限时,建立故障标记;
13	加力 1 区燃油计量位置 L_{al}	0.1 V	4.9 V	按表注③的检测时间检测到参数在检测范围上限和下限以内时,清除故障标记
14	加力燃油内涵计量位置 L_{ai}	0.1 V	4.95 V	
15	加力外涵燃油计量位置 L_{ao}	0.1 V	4.9 V	
16	尾喷管喉道截面面积 A_8	0.24 m²	0.69 m²	
17	尾喷管喉道截面面积控制分油阀位置 L_{A8}	0.1 V	4.9 V	
18	矢量喷管作动筒 1 位置 L_1	0.1 V	4.9 V	
19	矢量喷管作动筒 2 位置 L_2	0.1 V	4.9 V	
20	矢量喷管作动筒 3 位置 L_3	0.1 V	4.9 V	

注: ① 超出检测范围(失效)事件的探测时间——1 个参数计算周期。表中第 1~10 行计算的循环时间为−0.02 s,其余为−0.005 s。

② 现失效时刻起,测量通道故障形成的时间——4 个参数计算周期。在控制和检测算法中,故障形成时刻前、"失效"滤波时间内,可使用失效前的测量值。在存在故障标记的情况下,停止使用在控制和检测算法中的测量值。

③ 从失效时刻起,测量通道故障形成的时间——4 个参数计算周期。在控制和检测算法中消除故障以后,使用参数的实测值。

2) 变化率检查

正常情况下,采集到的模拟量变化斜率应在一定范围内, $\dot{X}_{imin} < \dot{X}_i < \dot{X}_{imax}$,当检查到信号变化斜率超出最大最小范围时,则生成故障信息。

3) 模拟量输入检测、A/D 转换电路检测、A/D 标准电压源检测等

检测方法同 PBIT 中所述。

4) 开关量输入检测

主要通过开关之间的逻辑关系进行检测,如果不存在逻辑关系,可以不检测。

3. 输出通道检测

采用输出回绕检测,方法同 PBIT 中所述,但输出值跟随系统输出。

4. 回路检测

当闭环回路投入工作时,通过检测闭环回路给定和反馈之间的误差是否超过允差范围来判断回路故障,如转速、压比控制回路等。

对于伺服控制回路,还可以通过伺服回路数学模型来检测伺服回路的故障,这种方法能使允差减小,故障失调时间减短,原理如图 3-23 所示。

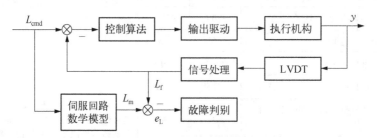

图 3-23 伺服回路故障检测原理

伺服回路的给定值同时输入到伺服回路的数学模型,再将伺服回路真实输出与数学模型的输出进行比较,当差值超过设定的阈值时,即 $e_L = | L_f - L_m | > \delta_L$,生成伺服回路故障。控制系统的每个伺服回路都可以用此方法检测。

对余度结构的控制系统回路检测如表 3-6 所示。

表 3-6 回路检测

序 号	回 路	检 测 方 法	回 路 允 差
1	N_L	回路误差	±5%
2	N_H	回路误差	±5%
3	T_{t6}	回路误差	+50℃
4	p_{t3}	回路误差	+0.1 MPa
5	π_T	回路误差	±5%
6	主燃油伺服	与模型误差	0.1 V
7	α_f 伺服	与模型误差	0.1 V
8	α_c 伺服	与模型误差	0.1 V
9	加力 1 区伺服	与模型误差	0.1 V
10	加力内涵伺服	与模型误差	0.1 V
11	加力外涵伺服	与模型误差	0.1 V
12	尾喷管喉道截面面积伺服	与模型误差	0.1 V
13	矢量作动筒 1 伺服	与模型误差	0.1 V
14	矢量作动筒 2 伺服	与模型误差	0.1 V
15	矢量作动筒 3 伺服	与模型误差	0.1 V

3.4.4　维护机内自检测

MBIT 用于地面维护时对系统和部件进行的功能和性能检测、故障定位、读取 PUBIT、PBIT、IFBIT 的数据记录结果、提供维护信息等。MBIT 是一个人机交互过程,用来协助人员对系统的故障进行检测,它仅在地面对系统进行维护时使用。MBIT 检测的内容除包括 PBIT 的全部内容外,还可以增加一些专用或非专用的地面支持设备,模拟系统或部件的输入、输出条件,进行系统和部件的静态特性检查、动态特性检查、特殊功能检查等,并记录、打印、显示检测结果。

3.5　控制系统的故障模型分析

3.5.1　控制系统的故障模型

具有故障和未知输入扰动的航空发动机线性时不变模型(第 4 章将详细讨论线性模型的建立与分析)表示如下:

$$
\begin{aligned}
\dot{x} &= Ax + Bu + E_f f + E_d d \\
y &= Cx + Du + F_f f + F_d d
\end{aligned}
\tag{3-17}
$$

其中, x 为 n 维状态; u 为 m 维输入; y 为 p 维输出; A 为 $n \times n$ 矩阵; B 为 $n \times m$ 矩阵; C 为 $p \times n$ 矩阵; D 为 $p \times m$ 矩阵; f 代表控制系统的故障; d 代表未知输入(干扰)向量; E_d、F_d 是已知的干扰分布矩阵; E_f、F_f 为已知矩阵。

将其表示为传递函数形式为

$$
y(s) = G_{yu}(s)u(s) + G_{yf}(s)f(s) + G_{yd}(s)d(s) \tag{3-18}
$$

其中:

$$
\begin{aligned}
G_{yu}(s) &= D + C(sI - A)^{-1}B \\
G_{yf}(s) &= F_f + C(sI - A)^{-1}E_f \\
G_{yd}(s) &= F_d + C(sI - A)^{-1}E_d
\end{aligned}
\tag{3-19}
$$

E_f、F_f 表示故障发生的位置及其对系统动态过程的影响。根据故障发生的位置,将故障分为三类:

元部件故障 f_P,元部件发生故障导致系统模型发生变化;

传感器故障 f_S,直接作用于测量进程的故障;

执行器故障 f_A,导致执行器发生变化的故障。

(1) 元部件故障通常根据模型的参数变化建模,它会改变系统矩阵 A,所以可能对系统稳定性具有直接影响。如果采用状态反馈或基于观测器采用状态反馈控制律,我们还可以看到, ΔB_F、ΔC_F、ΔD_F 会影响系统的稳定性。

系统可描述为

$$\dot{x} = (\bar{A} + \Delta A_F)x + (\bar{B} + \Delta B_F)u + E_d d$$
$$y = (\bar{C} + \Delta C_F)x + (\bar{D} + \Delta D_F)u + F_d d \tag{3-20}$$

ΔA_F、ΔB_F、ΔC_F、ΔD_F 代表元部件故障造成的系统模型参数变化。假设:

$$\Delta A_F = \sum_{i=1}^{n} \sum_{j=1}^{n} A_{ij}\theta_{A_{ij}}, \quad \Delta B_F = \sum_{i=1}^{n} \sum_{j=1}^{m} B_{ij}\theta_{B_{ij}}$$

$$\Delta C_F = \sum_{i=1}^{p} \sum_{j=1}^{n} C_{ij}\theta_{C_{ij}}, \quad \Delta D_F = \sum_{i=1}^{p} \sum_{j=1}^{m} D_{ij}\theta_{D_{ij}} \tag{3-21}$$

其中,$\theta_{A_{ij}}$ 是元部件故障对系统模型参数的影响因子;A_{ij} 是仅在第 i 行,第 j 列元素为 a_{ij} 的系数矩阵(a_{ij} 是 $\bar{A}$ 第 i 行,第 j 列元素)。即

$$A_{ij} = \begin{bmatrix} \cdots & \cdots & 第\ i\ 行 & \cdots & \cdots & \\ 0 & \cdots & 0 & \cdots & 0 & \vdots \\ \vdots & \ddots & \vdots & \ddots & \vdots & \vdots \\ 0 & \cdots & a_{ij} & \cdots & 0 & 第\ j\ 列 \\ \vdots & \ddots & \vdots & \ddots & \vdots & \vdots \\ 0 & \cdots & 0 & \cdots & 0 & \vdots \end{bmatrix}, i = 1, \cdots, n, j = 1, \cdots, n \tag{3-22}$$

同理可定义 B_{ij}、C_{ij}、D_{ij}。

引入:

$$a = G_e x + H_e u$$
$$f_E = \Delta_E(t)a$$
$$E_E = [A_{11}, \cdots, A_{ij}, B_{11}, \cdots, B_{ij}]$$
$$G_e = \begin{bmatrix} I_{n \times n} \\ \vdots \\ I_{n \times n} \\ 0_{m \times n} \\ \vdots \\ 0_{m \times n} \end{bmatrix}, H_e = \begin{bmatrix} 0_{n \times m} \\ \vdots \\ 0_{n \times m} \\ I_{m \times m} \\ \vdots \\ I_{m \times m} \end{bmatrix} \tag{3-23}$$

$$\Delta_E(t) = \text{diag}(\theta_{A_{11}} I_{n \times n}, \cdots, \theta_{A_{ij}} I_{n \times n}, \theta_{B_{11}} I_{m \times m}, \cdots, \theta_{B_{ij}} I_{m \times m})$$

$$b = G_f x + H_f u$$

$$f_F = \Delta_F(t) b$$

$$F_F = [\, C_{11}, \cdots, C_{ij}, \quad D_{11}, \cdots, D_{ij} \,]$$

$$G_f = \begin{bmatrix} I_{n \times n} \\ \vdots \\ I_{n \times n} \\ 0_{m \times n} \\ \vdots \\ 0_{m \times n} \end{bmatrix}, \quad H_f = \begin{bmatrix} 0_{n \times m} \\ \vdots \\ 0_{n \times m} \\ I_{m \times m} \\ \vdots \\ I_{m \times m} \end{bmatrix} \tag{3-24}$$

$$\Delta_F(t) = \mathrm{diag}(\theta_{C_{11}} I_{n \times n}, \cdots, \theta_{C_{ij}} I_{n \times n}, \theta_{D_{11}} I_{m \times m}, \cdots, \theta_{D_{ij}} I_{m \times m})$$

其中，G_e 中有 n^2 个单位矩阵，nm 个 0 矩阵，所以 G_e 为 $(n^3 + nm^2) \times n$ 维矩阵；H_e 中有 m^2 个单位矩阵，n^2 个 0 矩阵，所以 H_e 为 $(n^3 + nm^2) \times m$ 维矩阵；E_E 为 $(n^3 + nm^2) \times n$ 维矩阵；f_E 为 $(n^3 + nm^2) \times 1$ 维矩阵。同理，G_f 中有 pn 个单位矩阵，pm 个 0 矩阵，所以 G_f 为 $(pn^2 + pm^2) \times n$ 维矩阵；H_f 中有 pm 个单位矩阵，pn 个 0 矩阵，所以 H_f 为 $(pn^2 + pm^2) \times m$ 维矩阵，E_F 为 $p \times (pn^2 + pm^2)$ 维矩阵；f_E 为 $(pn^2 + pm^2) \times 1$ 维矩阵。

我们可以把式(3-20)改写成：

$$\dot{x} = \bar{A} x + \bar{B} u + E_d d + E_E$$
$$y = \bar{C} x + \bar{D} u + F_d d + E_F f_F f_E \tag{3-25}$$

再令 $E_P = [E_E \quad 0]$，$F_P = [0 \quad F_F]$，$f_P = [f_E \quad f_F]$。E_P 为 $n \times (n^3 + nm^2 + pn^2 + pm^2)$ 维矩阵，F_P 为 $p \times (n^3 + nm^2 + pn^2 + pm^2)$ 维矩阵，f_P 为 $(n^3 + nm^2 + pn^2 + pm^2) \times 1$ 维矩阵。

可以把式(3-25)改写成：

$$\dot{x} = \bar{A} x + \bar{B} u + E_d d + E_P f_P$$
$$y = \bar{C} x + \bar{D} u + F_d d + E_P f_P \tag{3-26}$$

这样，元部件造成的乘性故障就被建模为加性故障。但值得注意的是，f_P 是系统状态和输入变量的函数，因此会影响系统的稳定性。

（2）通常通过设置 $F_f = I$ 来建模传感器故障，即

$$y = Cx + Du + f_s \tag{3-27}$$

（3）执行器发生故障时，通过设置 $E_f = B + \Delta B$，$F_f = D + \Delta D$，导致：

$$\dot{x} = Ax + B(u + f_A), \quad y = Cx + D(u + f_A) \qquad (3-28)$$

传感器和执行器发生的故障为加性故障。附加故障的发生不会影响系统的稳定性,与系统配置无关。在实际中遇到的典型附加故障有传感器和执行器的偏置或传感器的漂移。前者可用常数来描述,后者可用斜坡来描述。

对于具有传感器、执行机构和元部件故障的系统:

$$
\begin{aligned}
\dot{x} &= (\bar{A} + \Delta A_F)x + (\bar{B} + \Delta B_F)(u + f_a) + E_d d \\
y &= (\bar{C} + \Delta C_F)x + (\bar{D} + \Delta D_F)(u + f_a) + f_s + F_d d
\end{aligned}
\qquad (3-29)
$$

对式(3-17)中的 f、E_f、F_f 进行定义:

$$
f = \begin{bmatrix} f_A \\ f_P \\ f_S \end{bmatrix}, \quad E_f = [\bar{B} + \Delta B_F \quad E_P \quad 0], \quad F_f = [\bar{D} + \Delta D_F \quad F_P \quad I] \qquad (3-30)
$$

3.5.2 故障可检测性分析

1. 故障可检测性定义

考虑以下存在故障的系统:

$$
\begin{cases}
\dot{x} = (\bar{A} + \Delta A_F)x + (\bar{B} + \Delta B_F)u + E_f f \\
y = (\bar{C} + \Delta C_F)x + (\bar{D} + \Delta D_F)u + F_f f
\end{cases}
\qquad (3-31)
$$

式中,f 为控制系统附加型故障向量。ΔA_F、ΔB_F、ΔC_F、ΔD_F 为控制系统复合型故障,其定义如式(3-32)所示。

$$
\begin{aligned}
\Delta A_F &= \sum_{i=1}^{l_A} A_i \theta_{A_i}, \quad \Delta B_F = \sum_{i=1}^{l_B} B_i \theta_{B_i}, \\
\Delta C_F &= \sum_{i=1}^{l_C} C_i \theta_{C_i}, \quad \Delta D_F = \sum_{i=1}^{l_D} D_i \theta_{D_i}
\end{aligned}
\qquad (3-32)
$$

式中,A_i, $i = 1, \cdots, l_A$、B_i, $i = 1, \cdots, l_B$、C_i, $i = 1, \cdots, l_C$、D_i, $i = 1, \cdots, l_D$ 矩阵为特定维数的已知矩阵;θ_{A_i}, $i = 1, \cdots, l_A$、θ_{B_i}, $i = 1, \cdots, l_B$、θ_{C_i}, $i = 1, \cdots, l_C$、θ_{D_i}, $i = 1, \cdots, l_D$ 为未知的故障信息。

$G_{yu}(s) = C(sI - A)^{-1}B + D$ 表示无故障时系统的传递函数,表征系统的动态性能。复合型故障参数 $\theta_i \in \{\theta_{A_i}, \theta_{B_i}, \theta_{C_i}, \theta_{D_i}\}$ 和 f_i 均可用 ξ_i 统一表示。

对于上述系统,若对于特定输入 u 和故障 ξ_i 满足式(3-33),则称该故障可检测。

$$\frac{\partial y}{\partial \xi_i}\bigg|_{\xi_i = 0} \mathrm{d}\xi_i \neq 0 \tag{3-33}$$

系统故障可测性是一种系统自带的结构特性,该参数与输入变量、干扰量和模型不确定性无关。其次,它表征了故障对系统输出参数的影响,与故障类型和严重程度无关。

2. 故障可检测性判据

对于系统式(3-31),附加型故障可检测充要条件为

$$G_{yf_i}(s) = C(sI - A)^{-1}E_{f_i} + F_{f_i} \neq 0 \tag{3-34}$$

式中, E_{f_i}、F_{f_i} 分别表示矩阵 E_f、F_f 的第 i 列。

复合故障 θ_{A_i} 可检测充要条件为

$$G_{y\theta_{A_i}}(s) = C(sI - A)^{-1}A_i(sI - A)^{-1}B \neq 0 \tag{3-35}$$

复合故障 θ_{B_i} 可检测充要条件为

$$G_{y\theta_{B_i}}(s) = C(sI - A)^{-1}B_i \neq 0 \tag{3-36}$$

复合故障 θ_{C_i} 可检测充要条件为

$$G_{y\theta_{C_i}}(s) = C_i(sI - A)^{-1}B \neq 0 \tag{3-37}$$

复合故障 θ_{D_i} 可检测充要条件为

$$G_{y\theta_{D_i}u}(s) = D_i \neq 0 \tag{3-38}$$

综上,故障可检测性具有以下特点。

(1) 当故障对系统输出之间的传递函数不为零时,附加型故障可测。

(2) 复合故障 θ_{A_i} 的发生会造成系统结构参数改变。

(3) 复合故障 θ_{B_i} 的可测性可以转化为系统的输入可观性。

(4) 复合故障 θ_{C_i} 的可测性可以转化为系统的输出可控性。

(5) 复合故障 θ_{D_i} 必可测。

3. 故障检测所需外部激励信号分析

从故障可检测性判据可知,不同故障类型对于系统输出的影响可进行定量分析。假设系统在 t_0 时刻发生微小故障。

若为附加故障 f_i:

$$\frac{\mathrm{d}\Delta x}{\mathrm{d}t} = A\Delta x + E_{f_i}f_i$$

$$\Delta y = C\Delta x + F_{f_i}f_i \tag{3-39}$$

$$\Delta x(t_0) = 0$$

若为复合故障 θ_{A_i}:

$$\frac{\mathrm{d}}{\mathrm{d}t}\left(\frac{\partial x}{\partial \theta_{A_i}}\right) = A\frac{\partial x}{\partial \theta_{A_i}} + A_i x\bigg|_{\theta_{A_i}} = 0, \quad \frac{\partial x}{\partial \theta_{A_i}}(t_0) = 0$$

$$\Delta y \approx \frac{\partial y}{\partial \theta_{A_i}}\bigg|_{\theta_{A_i}=0}\theta_{A_i} = C\frac{\partial x}{\partial \theta_{A_i}}\theta_{A_i} \tag{3-40}$$

其中，$x\bigg|_{\theta_{A_i}}$ 满足 $\dot{x} = Ax + Bu$。

若为复合故障 θ_{B_i}:

$$\frac{\mathrm{d}}{\mathrm{d}t}\left(\frac{\partial x}{\partial \theta_{B_i}}\right) = A\frac{\partial x}{\partial \theta_{B_i}} + B_i u, \quad \frac{\partial x}{\partial \theta_{B_i}}(t_0) = 0$$

$$\Delta y \approx \frac{\partial y}{\partial \theta_{B_i}}\theta_{B_i} = C\frac{\partial x}{\partial \theta_{B_i}}\theta_{B_i} \tag{3-41}$$

若为复合故障 θ_{C_i}:

$$\Delta y \approx \frac{\partial y}{\partial \theta_{C_i}}\theta_{C_i} = C_i x\theta_{C_i}$$

$$\dot{x} = Ax + Bu \tag{3-42}$$

若为复合故障 θ_{D_i}:

$$\Delta y \approx \frac{\partial y}{\partial \theta_{D_i}}\theta_{D_i} = D_i u(t)\theta_{D_i} \tag{3-43}$$

综上，附加型故障的可检测性与系统的输入无关。而复合故障可定量检测的要求是 $u(t) \neq 0$。也就是说，复合故障的检测需要外部信号激励。

复合型故障 θ_{A_i}、θ_{B_i}、θ_{C_i}、θ_{D_i} 对系统输出的传递函数矩阵如式(3-35)至式(3-38)所示。$G_{y\theta_{A_i}u}(s)$、$G_{y\theta_{B_i}u}(s)$、$G_{y\theta_{C_i}u}(s)$、$G_{y\theta_{D_i}u}(s)$ 统一表示为 G_{ξ_i}。

$$\mathrm{rank}(G_{\xi_i}) = k \tag{3-44}$$

假设存在 k 维故障 ξ_i 的激励子空间 U_{exc,ξ_i}，对于所有激励变量 $u \in U_{exc,\xi_i}$ 均满足：

$$G_{\xi_i}(s)u(s) \neq 0 \tag{3-45}$$

那么，子空间 U_{exc,ξ_i} 包含了所有能够作为故障诊断激励信号的输入向量，即

$$U_{exc,\xi_i} = \{u \mid G_{\xi_i}(s)u(s) \neq 0\} \tag{3-46}$$

从数学理论角度来看，用于检测附加故障的激励信号与故障 ξ_i 本身无关，即

$$U_{exc,\xi_i} = \{u \in R^m\} \tag{3-47}$$

综上，对故障可测性更为准确的定义，若对于 $u \in U_{exc,\xi_i}$，故障 ξ_i 满足：

$$\left.\frac{\partial y}{\partial \xi_i}\right|_{\xi_i=0} \mathrm{d}\xi_i \neq 0 \tag{3-48}$$

则称该故障可检测。

3.5.3　故障可隔离性分析

1. 故障可隔离性定义

在故障可检测的前提下，故障隔离就是区分不同种类故障对系统输出的影响。假设控制系统包含 l 个待隔离的故障 $\xi = [\xi_1, \cdots, \xi_l]^T$，若对于所有的激励信号 $u \in \cap_{i=1}^{l} U_{exc,\xi_i}$，故障向量 ξ 满足如下条件：

$$\left.\frac{\partial y}{\partial \xi_i}\right|_{\xi_i=0} \mathrm{d}\xi_i \neq 0 \tag{3-49}$$

则称 ξ 可隔离。

通常情况下，若一组故障的任意组合都会对系统的输出造成波动，则这组故障可隔离。由故障可隔离性定义可知：附加型的故障可隔离性与系统的输入可观性非常相似，差别仅仅在于输入可观性假设系统初始状态为零。

2. 故障可隔离性判据

判据 1：对于式（3-28）所示系统，两种不同故障的传递矩阵分别为 G_{ξ_i}、$G_{\xi_j}(i \neq j)$，当满足以下条件时，两类故障可隔离。

$$\text{rank}[G_{\xi_i}(s) \quad G_{\xi_j}(s)] = \text{rank}[G_{\xi_i}(s)] + \text{rank}[G_{\xi_j}(s)] \tag{3-50}$$

证明如下：

根据本章 3.5.2 节，对于输入 $u \in U_{exc,\xi_i} \cap U_{exc,\xi_j}$，若为附加型故障 $\xi_i = f_i$ 则

$z_i(s) = L(\mathrm{d}f_i)$。 若为复合型故障 $\xi_i \in \{\theta_{A_i}, \theta_{B_i}, \theta_{C_i}, \theta_{D_i}\}$ 则 $z_i(s) = L[\mathrm{d}\xi_i u(t)]$。 故障 ξ_i、ξ_j 造成的对系统输出的影响分别表示为：$L[G_{\xi_i}(s)z_i(s)]$、$L[G_{\xi_j}(s)z_j(s)]$。 其中，L 为拉氏变换，L^{-1} 为拉氏逆变换。

由于 $\left.\dfrac{\partial y}{\partial \xi}\right|_{\xi=0} \mathrm{d}\xi = \left.\dfrac{\partial y}{\partial \xi_i}\right|_{\xi_i=0} \mathrm{d}\xi_i + \left.\dfrac{\partial y}{\partial \xi_j}\right|_{\xi_j=0} \mathrm{d}\xi_j$，若故障 ξ 不可隔离，那么

$$\forall t, \left.\frac{\partial y}{\partial \xi}\right|_{\xi=0} \mathrm{d}\xi = 0$$

$$\Leftrightarrow L\left(\left.\frac{\partial y}{\partial \xi_i}\right|_{\xi_i=0} \mathrm{d}\xi_i\right) + L\left(\left.\frac{\partial y}{\partial \xi_j}\right|_{\xi_j=0} \mathrm{d}\xi_j\right) \tag{3-51}$$

$$\Leftrightarrow [\,G_{\xi_i}(s) \quad G_{\xi_j}(s)\,] \begin{bmatrix} z_i(s) \\ z_j(s) \end{bmatrix} = 0$$

$$\Leftrightarrow \mathrm{rank}[\,G_{\xi_i}(s) \quad G_{\xi_j}(s)\,] < \mathrm{rank}[\,G_{\xi_i}(s)\,] + \mathrm{rank}[\,G_{\xi_j}(s)\,]$$

证毕。

将上述两种故障隔离判据推广至 l 种故障隔离，有如下结论：

判据 2：对于式（3 – 31）所示系统，传递函数矩阵为 $G_\xi(s) = [\,G_{\xi_1}(s), \cdots, G_{\xi_l}(s)\,]$ 的故障 ξ 满足下列条件时，故障可隔离：

$$\mathrm{rank}[\,G_\xi(s)\,] = \sum_{i=1}^{l} \mathrm{rank}[\,G_{\xi_i}(s)\,] \tag{3-52}$$

根据以上判据可得，对于附加型故障 $\xi = [\xi_1, \cdots, \xi_l]^T$，有如下推论（判据 3）。

判据 3：对于式（3 – 31）所示系统，若 $\xi_i(i=1, \cdots, l)$ 为附加故障，则当且仅当满足下列条件时，这 l 个故障可隔离：

$$\mathrm{rank}[\,G_\xi(s)\,] = l \tag{3-53}$$

该结果表明，故障传递矩阵张成的空间至少应该是 l 维，该空间内的 l 个故障才有可能被隔离。在实际工程应用中，如果 $\mathrm{rank}[\,G_\xi(s)\,] = \min\{s, l\}$，$s$ 是传感器个数，应用如下定理判断这组故障是否可隔离。

$G_\xi(s)$ 最小状态空间定义为

$$G_\xi(s) = C(sI - A)^{-1}E_\xi + F_\xi \tag{3-54}$$

判据 4：对于式（3 – 31）所示系统，假设 $\xi_i(i=1, \cdots, l)$ 为附加故障，则当且仅当满足下列条件时，这 l 个故障可隔离：

$$\mathrm{rank} \begin{bmatrix} A - sI & E_\xi \\ C & F_\xi \end{bmatrix} = n + l \qquad (3-55)$$

判据 2 对于附加故障和复合故障均适用,但复合故障传递函数矩阵的形式决定了故障隔离需要更多传感器这一特性。分析过程如下。

对于复合型故障,故障传递方程可改写为

$$C(sI - A)^{-1}A_i(sI - A)^{-1}B = \begin{bmatrix} A & A_i & 0 \\ 0 & A & B \\ C & 0 & 0 \end{bmatrix} \qquad (3-56)$$

扩展为下列维数的子空间:

$$\mathrm{rank} \big[C(sI - A)^{-1}A_i(sI - A)^{-1}B \big] = \min\{s, m\} := k \qquad (3-57)$$

因此,需要至少 k 个传感器来隔离上述故障。

在工程实践中,存在输入为常数或长时间内变化极为缓慢的系统,比如积分闭环反馈系统。以下基于输入 u 为常向量的假设的基础上,介绍复合故障的弱隔离性。

以式(3-31)所示系统为研究对象,复合故障向量为 $\theta = [\theta_1, \cdots, \theta_l]^\mathrm{T}$,若对于所有常向量输入 $u \in \cap_{i=1}^{l} U_{exc, \xi_i}$,均满足:

$$\frac{\partial y}{\partial \theta} \mathrm{d}\theta \neq 0 \qquad (3-58)$$

则称故障 θ 可弱隔离。

根据上述定义以及判据 2 可推导出复合故障弱隔离判据如下。

判据 5:式(3-31)所示系统,复合故障 $\theta = [\theta_1, \cdots, \theta_l]^\mathrm{T}$ 的传递函数矩阵为 $G_\theta(s) = [G_{\theta_1}(s), \cdots, G_{\theta_l}(s)]$,那么,对于所有常向量输入 $u \in \cap_{i=1}^{l} U_{exc, \xi_i}$,故障 θ 可弱隔离充要条件如下:

$$\mathrm{rank} \big[G_{\theta_1}(s)u \quad \cdots \quad G_{\theta_l}(s)u \big] = l \qquad (3-59)$$

3.5.4　算例分析

以某型发动机 $H = 0\,\mathrm{km}$, $Ma = 0$ 为例,对航空发动机有可能发生的各种故障进行仿真验证。为了使得我们仿真得到的信号更加符合真实情况,随机的高斯白噪声被注入发动机模型的输入信号和输出信号中,对执行机构和传感器故障进行以下的仿真。

（1）无故障时,在稳态点进行仿真,仿真结果如图 3 - 24 所示。

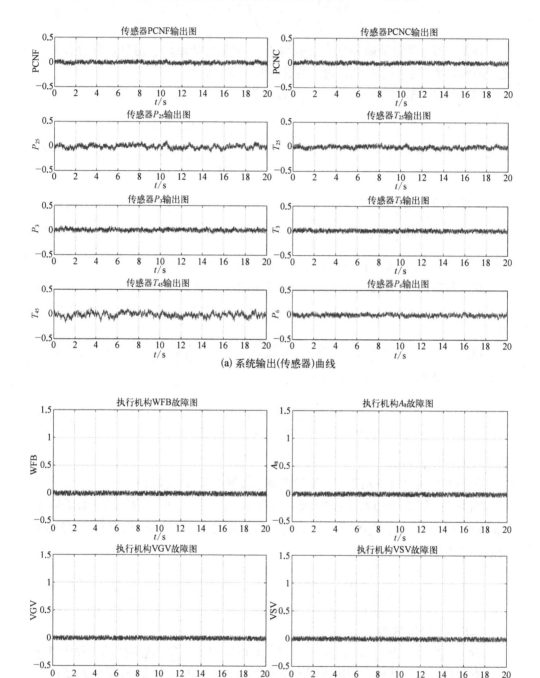

(a) 系统输出(传感器)曲线

(b) 系统输入(执行机构)曲线

图 3 - 24　无故障时系统仿真结果图

（2）在 $t = 5 \sim 15\,\text{s}$ 时，模拟执行机构 1（燃油计量活门 W_f）由于卡滞发生恒偏差硬故障，幅值为 1.2，仿真结果如图 3 - 25 所示。

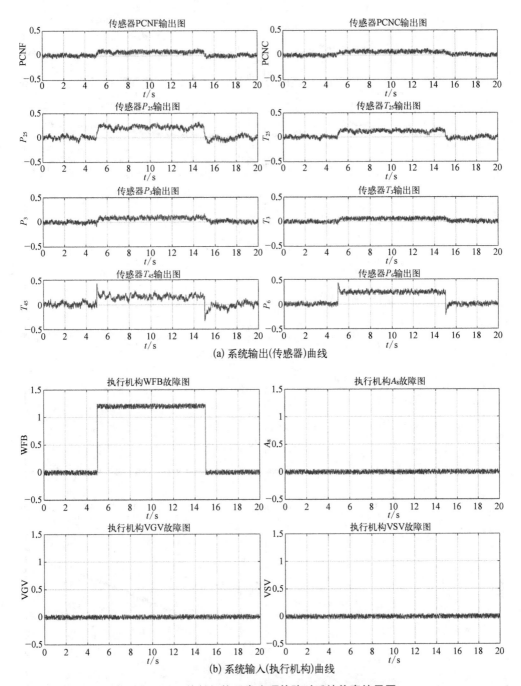

(a) 系统输出(传感器)曲线

(b) 系统输入(执行机构)曲线

图 3 - 25　执行机构 1 发生硬故障时系统仿真结果图

（3）在 $t = 5 \sim 15\ \mathrm{s}$ 时，模拟执行机构 4（高压压气机导叶阀 VSV）由于作动筒缓慢漏油发生渐变软故障，斜率为 0.08/s，仿真结果如图 3-26 所示。

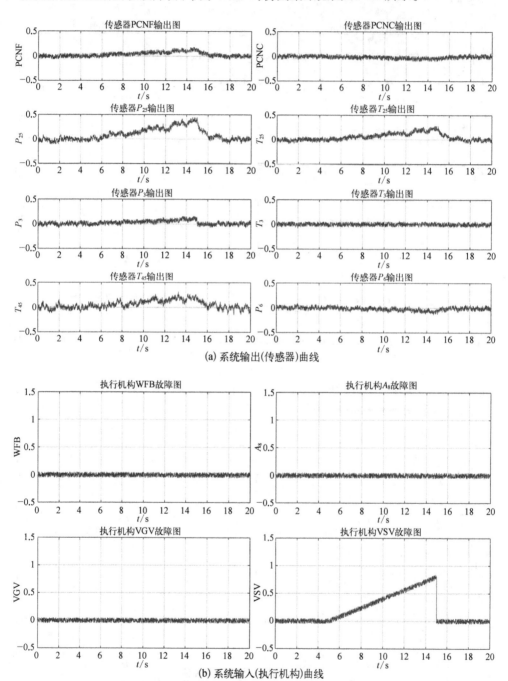

图 3-26 执行机构 4 发生渐变软故障时系统仿真结果图

（4）在 $t = 5 \sim 15\,\mathrm{s}$ 时，模拟执行机构 4（高压压气机导叶阀 VSV）由于作动筒缓慢漏油发生渐变软故障，斜率为 $0.08/\mathrm{s}$，仿真结果如图 3 – 27 所示。

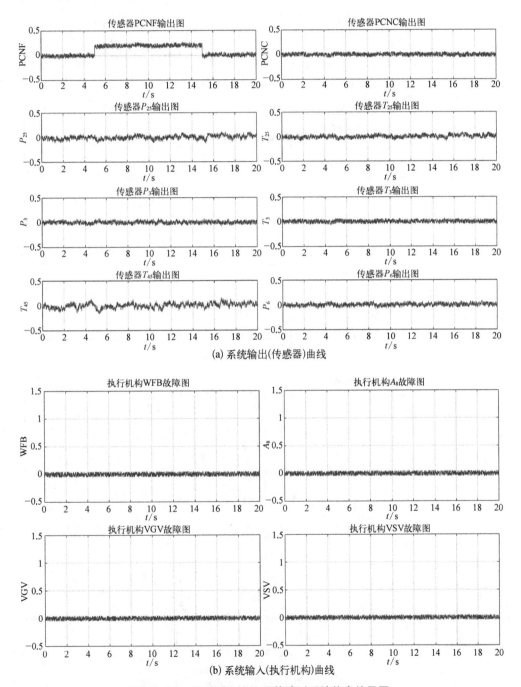

(a) 系统输出（传感器）曲线

(b) 系统输入（执行机构）曲线

图 3 – 27　传感器 1 发生硬故障时系统仿真结果图

（5）在 $t = 5 \sim 15\,\text{s}$ 时,模拟传感器 3(风扇出口总压传感器 P_{21})由于漂移发生的渐变软故障,斜率为 $0.02/\text{s}$,仿真结果如图 3-28 所示。

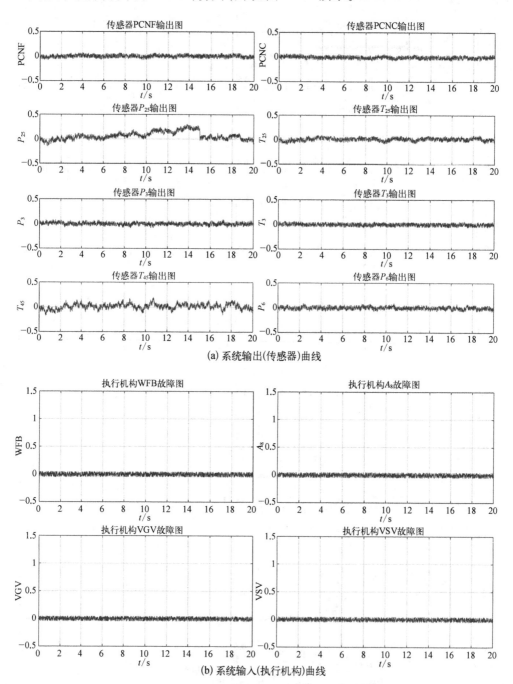

(a) 系统输出(传感器)曲线

(b) 系统输入(执行机构)曲线

图 3-28　传感器 3 发生渐变软故障时系统仿真结果图

（6）在 $t = 5\,\mathrm{s}$ 时，模拟传感器 2（压气机转速传感器 PCNC）由于电源、地线中的随机干扰或浪涌发生的脉冲故障，幅值为 0.2，仿真结果如图 3-29 所示。

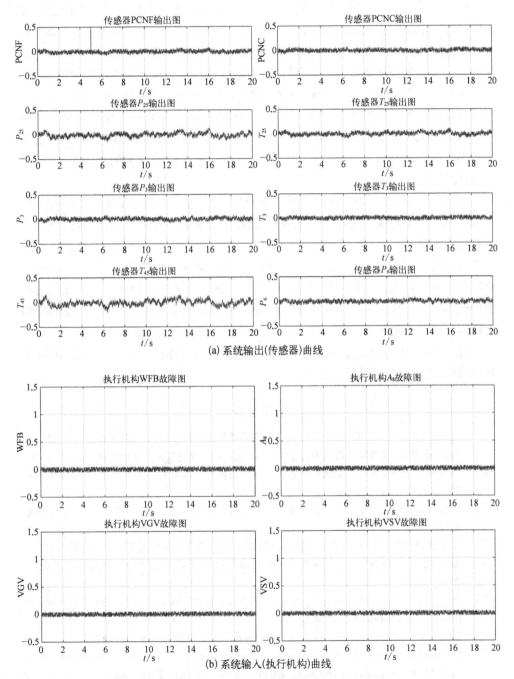

图 3-29　传感器 2 发生脉冲故障时系统仿真结果图

由图 3-24 稳态点仿真结果可知,由于所建立模型为增量模型,当系统中无故障时,系统的输出值(传感器)和输入值(执行机构)应稳定在 0 附近,仿真结果图 3-25(a)至图 3-29(a)中,风扇转速等 8 个传感器的变化曲线均表示当前故障发生时,系统输出相对于稳态点的变化情况。仿真结果图 3-25(b)至图 3-29(b)中,燃油流量、尾喷管喉部面积、风扇导叶阀 VGV 和高压压气机导叶阀 VSV 的变化曲线均表示当前故障发生时,系统的实际输入值相对于输入期望值的变化情况。

由图 3-25 和图 3-26 执行机构故障仿真结果表明:图 3-25 中,当 $t = 5$ s 时,燃油计量活门发生恒偏差硬故障时,8 个系统输出值均发生不同程度的跳变。当 $t = 15$ s 时,故障消失。图 3-26 中,当 $t = 5$ s 时,由于作动筒缓慢漏油,VSV 开度发生缓慢变化。此时,N_L、P_{25}、T_{25}、P_3、T_{45} 均以一定的速率发生偏离。当 $t = 15$ s 时,故障消失。

图 3-27 至图 3-29 传感器故障仿真结果表明:图 3-27 中,当 $t = 5$ s 时,风扇转速传感器发生恒偏差故障,N_L 测量输出曲线发生相应的跳变,其他输出值均稳定在基准点附近。当 $t = 15$ s 时,故障消失。图 3-28 中,当 $t = 5$ s 时,风扇出口总压传感器发生渐变软故障,P_{21} 输出曲线以一定速率偏离了实际值,其他输出值均稳定在基准点附近。当 $t = 15$ s 时,故障消失。图 3-29 中,当 $t = 5$ s 时,压气机转速传感器由于干扰发生脉冲故障,N_H 测量输出曲线发生相应的跳变,其他输出值均稳定在基准点附近。

综上,执行机构和传感器故障能在输出中得到充分体现,证明所建立故障模型是正确的,能够反映出故障特性。

参考文献

[1]　尉询楷,杨立,刘芳,等.航空发动机预测与健康管理[M].北京:国防工业出版社,2014.

[2]　邓明,金业壮.航空发动机故障诊断[M].北京:北京航空航天大学出版社,2012.

[3]　缑林峰,王铺根.航空发动机控制系统故障检测仿真平台研究[J].计算机仿真,2007,12:74-76.

[4]　胡昌华,许华龙.控制系统故障诊断与容错控制的分析和设计[M].北京:国防工业出版社,2000.

[5]　艾延廷.航空发动机状态监测与故障诊断技术[M].北京:北京理工大学出版社,2017.

[6]　姜斌,冒泽慧,杨浩,等.控制系统的故障诊断与故障调节[M].北京:国防工业出版社,2009.

[7]　Frank P M. Analytical and qualitative Model-based fault diagnosis—A survey and some new results[J]. European Journal of Control, 1996, 2(1):6-28.

[8]　Ding S X. Model-based fault diagnosis techniques[M]. Berlin:Springer,2008.

[9]　Commault C, Dion J M, Sename O, et al. Observer-based fault detection for structured systems[J]. IEEE Transaction on Automatic Control, 2002, 47(12):2073-2079.

[10]　何静.基于观测器的非线性系统鲁棒故障检测与重构方法研究[D].长沙:国防科学技术

大学,2009.

[11]　申雅雯.航空发动机控制系统多重故障鲁棒诊断方法[D].西安：西北工业大学,2021.

[12]　郭江维,缑林峰,时培燕,等.基于自适应观测器的故障检测方法研究[J].计算机仿真,2014,2：136-139.

[13]　Henry D, Zolghadri A. Design of fault diagnosis filters：A multi-objective approach[J]. Journal of the Franklin Institute, 2005, 342(4)：421-446.

[14]　钟麦英,Ding S X,汤兵勇,等.一类不确定离散时间系统的鲁棒故障诊断滤波器优化设计方法[J].控制与决策,2003,18(5)：600-603.

[15]　Shen Q, Gou L F, Yang X M. A design approach of Model-Based optimal fault diagnosis[M]. Berlin：Springer, 2011.

[16]　张天宏.航空发动机数字电子控制器的 BIT 技术[J].航空制造技术,2009,18：42-45.

第4章
航空发动机组态化建模

4.1 引　言

　　航空发动机是典型的强非线性、多变量、复杂气动热力学系统,随着飞机飞行条件的变化,发动机的高度特性、速度特性和节流特性也会发生相应的变化。同时,由于航空发动机的工作条件苛刻,结构复杂,研制周期长、耗资多、风险大、难度高,这就使得直接使用发动机本身进行研究难以实现,因此,大部分的研究工作都需要借助模型进行。利用计算机建立发动机数学模型进行研究,可以缩短研制周期、降低经费投入、减少现场试验次数、提高技术更新速度,也可以避免不必要的风险。

　　建立研究对象的数学模型是进行故障诊断的基础,本章主要介绍发动机数学模型的建立。首先详细讨论了基于航空发动机物理组件运行规律的非线性组态化模型,并分别讨论了稳态与动态两种运行模式。由于航空发动机结构的高度复杂化,基于物理规律的非线性模型虽然在精度上具有优势,却不适合控制器设计以及故障诊断任务。因此,本章最后讨论了用于航空发动机的复杂非线性模型线性化方法,以建立合适的发动机线性模型作为控制系统故障诊断的基础。

4.2　航空发动机组态化稳态模型

　　航空发动机系统结构复杂、类型众多,其中混排涡扇发动机推进效率高、油耗低,且内涵道的排气速度和排气噪声小,多用于低涵道比军用飞机。混排涡扇发动机主要由核心机组件(高压压气机、燃烧室、高压涡轮)、低压组件(低压涡轮)、进气系统(外界条件、进气道、风扇)、排气系统(外涵道、混合室、尾喷管)组成[1],其结构及截面编号示意如图4-1、表4-1所示。风扇和低压涡轮同轴相连,而高压压气机和高压涡轮则通过另外一个轴相连,双轴同心且主要通过气动力相联系[2]。目前,该类型发动机在军、民用飞机中都被广泛使用。其工作过程是:空气经进气道减速增压流入风扇,再经风扇压缩后,一部分流入压气机进一步压缩,另一部分流入外涵道。流入压气机的空气经过进一步压缩增压,再进入燃烧室中喷油燃烧成为高温高压燃气,再进入涡轮中膨胀做功,产生的膨胀功一部分通过传动轴传给压气机,用于继续压缩空气;另一部分则对外输出。从涡轮流出的气流与外涵道的气流在混合室混合后经过尾喷管高速喷出,为飞机提供巨大的推力[3]。

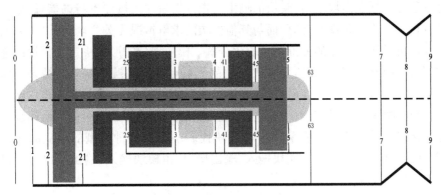

图 4-1　某型发动机结构及截面编号示意图

表 4-1　发动机截面编号及含义表

编　号	截　　　面	编　号	截　　　面
0	进气道前未扰气流	1	进气道进口
2	风扇进口	21	风扇出口
25	压气机进口	3	燃烧室进口
4	燃烧室出口	41	高压涡轮进口
45	低压涡轮进口	5	低压涡轮出口
63	混合室进口	7	尾喷管进口
8	尾喷管喉部	9	尾喷管出口

4.2.1　组态化建模原理

由于发动机是一个极其复杂的非线性时变系统,其机械结构和气体流动均十分复杂,变量和干扰因素众多,要建立精确的发动机数学模型十分困难。因此,本书对发动机的建模过程进行了如下的基本假设[4]:

(1) 发动机内部的气流流动都按准一维流动处理;

(2) 不考虑进气道入口处的气流畸变、燃烧延迟现象;

(3) 忽略容积效应,认为同一瞬间通过部件进出口截面的气体流量守恒、能量守恒,仅考虑转子的转动惯量对动态计算的影响;

（4）假设气流在发动机中的流动是绝热过程,忽略高温气流与发动机结构部件之间、发动机结构部件与外界大气之间的热交换;

（5）忽略外在因素,如空气湿度等对发动机的影响。

除此之外,各部件的假设将在部件建模过程中详细介绍。

组态化建模方法就是把一个系统划分成一些独立的子模块,并将描述模块的所有方程都包括在模块之内,模块的输出能根据模块输入按照本身的能量、质量和动量方程以及边界条件来计算,而与其他模块的求解情况无关[5]。

发动机模块化建模的关键是模块化分解。模块划分的形式决定了模块的连接方式,其往往与研究对象和所要解决问题的侧重点有关。模块划分的结果应保证系统的模块连接组合过程容易进行,并能客观反映真实系统,同时要求模块能独立完成各自的物理功能,具有数学独立性,模块内部与外界的数据通信有明确统一的边界和接口。模块的界定自然用一个模块代表一个或一种类型的独立的物理部件,部件的工质进、出口就是模块输入、输出接口,由模块输入、输出接口可以将各模块连接成整个系统[5]。

根据混排涡扇发动机结构特点,首先将其划分为以下部件:进气道、风扇、压气机、燃烧室、高压涡轮、低压涡轮、混合室、加力燃烧室、尾喷管。将发动机部件进行划分,进气模块、低压模块、核心机模块、排气模块各部分包含的部件及其计算参数如表 4-2 所示。

表 4-2   发动机模块划分

功 能 模 块	部 件	部 件 特 点
进、排气模块	飞行条件	与飞行高度、马赫数相关
	进气道	加入进口畸变影响
	外涵道	双外涵结构
	混合室	—
	尾喷管	A_8 可调
核心机通用模块	压气机	考虑变几何特性
	高压涡轮	考虑变几何特性
	燃烧室	—

图 4-2 展示了发动机组态化建模结构划分原理图,黑色实线表示气路流动方向,红色虚线将压气机与高压涡轮连接在一起,展示了高压转子的功率传递关系,同样的蓝色虚线将风扇与低压涡轮连接在一起,展示了低压转子的功率传递关系;黑色虚线表示将各部件之间匹配所遵循的共同工作关系传递到求解器,通过求解器的计算获得各个部件的参数,使发动机得以稳定工作。

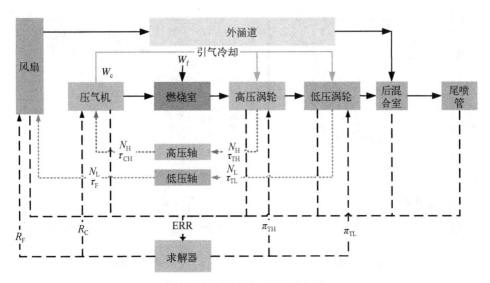

图 4 - 2　发动机组态化建模示意图

4.2.2　核心机通用模块

1. 压气机

在发动机系统中压气机、涡轮等旋转部件具有强非线性的特点[6]，使得设计者难以仅仅通过数学计算公式精确地表述其工作性能，所以设计者需要先进行大量的试验，获取对应部件对应工况的试验数据。在模型程序中合理地对这些特性数据进行插值计算来获取当前工况下的部件性能。所以对于风扇、压气机、涡轮部件而言，其部件特性是整个计算过程的基础。

由进口实际空气流量 W_{in} 计算换算流量 W_{c}：

$$W_{\text{c}} = W_{\text{in}} \sqrt{\frac{T_{t_0}}{288.15}} \times \frac{101\,325}{p_{t_0}} \qquad (4-1)$$

由转子机械转速 N_{m} 计算换算转速 N_{c}：

$$N_{\text{c}} = N_{\text{m}} \sqrt{\frac{288.15}{T_{t_0}}} \qquad (4-2)$$

高压压气机二维特性如图 4-3 所示，红色线表示等转速线，蓝色线表示 R 线。

部件参数表存放于相应的结构体数组中，再通过窗口参数输入形式将结构体传递到部件模块中进行特性插值计算。

下面按照计算程序编制顺序介绍部件运算流程，并在各步骤中说明设计点计算与非设计点计算的区别。压气机特性计算流程如图 4-4 所示。

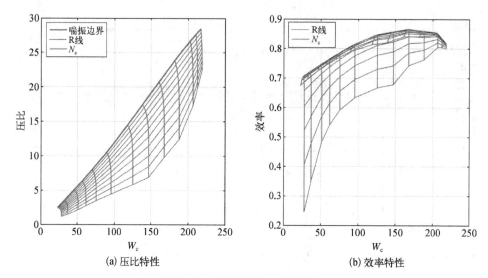

(a) 压比特性 (b) 效率特性

图 4-3 高压压气机二维特性图

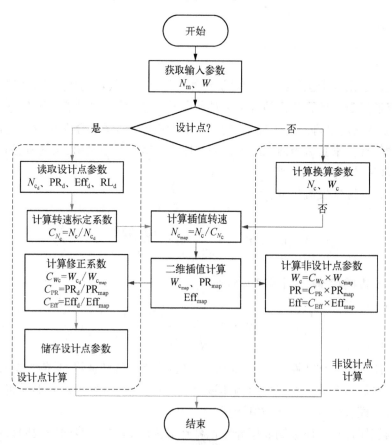

图 4-4 压气机特性计算流程

第一步：计算标定系数

设计点计算中，需要先获取部件参数设计点值，用下标 d 表示，设计点参数包含：设计点换算转速 N_{c_d}、设计点压比 PR_d、设计点效率 Eff_d 和设计点 R 线 RL_d，设计点参数给定。

根据设计点换算转速和计算出的换算转速计算转速标定系数：

$$C_N = \frac{N_c}{N_{c_d}} \tag{4-3}$$

计算用于压气机特性插值的换算转速 $N_{c_{map}}$：

$$N_{c_{map}} = \frac{N_c}{C_N} \tag{4-4}$$

由 $N_{c_{map}}$ 以及 R 线 RL_d 对部件特性图进行二维插值，获取压气机特性数据如压比 π_{map}、换算流量 $W_{c_{map}}$、效率 η_{map}：

$$\begin{cases} W_{c_{map}} = f(N_{c_{map}},\ RL) \\ PR_{map} = f(N_{c_{map}},\ RL) \\ \eta_{map} = f(N_{c_{map}},\ RL) \end{cases} \tag{4-5}$$

计算标定系数，用于非设计点参数计算修正。

压比标定系数 C_{PR}：

$$C_{PR} = \frac{PR_d - 1}{PR_{map} - 1} \tag{4-6}$$

换算流量标定系数 C_{W_c}：

$$C_{W_c} = \frac{W_c}{W_{c_{map}}} \tag{4-7}$$

效率标定系数 C_{Eff}：

$$C_{Eff} = \frac{Eff_d}{Eff_{map}} \tag{4-8}$$

在标定系数计算完成之后，将这些标定系数存储在相应文件中；在非设计点计算时，部件模块会自动读取该文件中存有的标定系数，用于非设计点特性插值数据的修正。

由上述描述可知，特性数据标定参数的功能是对程序给定的压气机部件的特性数据按比例改变，这样即使程序给定的发动机设计点部件数据与部件特性图数据不匹配,也可通过标定系数修正特性图数据,使修正后的特性数据可近似替代该发动机的真实部件特性,使其运行结果匹配当前发动机运行试验数据。

第二步：非设计点计算

根据前面获取的标定系数和插值得出的部件特性数据计算当前部件特性,计算换算流量 W_c、压比 PR、效率 Eff：

$$\begin{cases} W_c = C_{W_c} \cdot W_{c_{map}} \\ PR = C_{PR} \cdot (PR_{map} - 1) + 1 \\ Eff = C_{Eff} \cdot Eff_{map} \end{cases} \quad (4-9)$$

第三步：计算出口气流参数

出口总压 $p_{t_{out}}$：

$$p_{t_{out}} = p_{t_{in}} \cdot PR \quad (4-10)$$

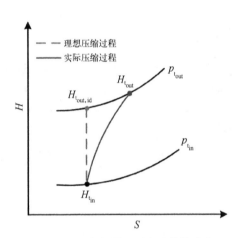

图 4-5　压气机增压过程中焓熵变化

压气机增压过程中焓熵变化如图 4-5 所示,理想的压缩过程是一个等熵压缩的过程[7],理想出口总温、焓值计算如下：

$$\begin{cases} T_{t_{out,id}} = ps2t(p_{t_{out}}, S_{in}) \\ H_{t_{out,id}} = t2h(T_{t_{out,id}}, FAR) \end{cases} \quad (4-11)$$

而在实际循环中,由于流动损失,等熵压缩过程变为多变压缩过程,压缩过程的效率和进出口焓值之间具有以下的关系：

$$Eff = \frac{H_{t_{out,id}} - H_{t_{in}}}{H_{t_{out}} - H_{t_{in}}} \quad (4-12)$$

计算实际的出口焓值 $H_{t_{out}}$：

$$H_{t_{out}} = \frac{H_{t_{out,id}} - H_{t_{in}}}{Eff} + H_{t_{in}} \quad (4-13)$$

调用 h2t 程序计算实际出口总温 $T_{t_{out}}$：

$$T_{t_{out}} = h2t(H_{t_{out}}, FAR) \quad (4-14)$$

第四步：计算引气、放气参数

压气机的引气分为飞机引气和涡轮冷却气引气。两种引气以及放气的计算方法完全相同,这里以涡轮冷却气为例说明计算方法。

计算各个引气端口的气流参数,每个端口引气参数(油气比、焓值、压力、功率 P_m)计算如式 $(4-15)$,引气的总流量 W_{cb} 为各个引气端口的流量之和,引气总功率 P_{mb} 为各个引气端口的功率之和:

$$\begin{cases} \mathrm{FAR}_{b_{out}} = \mathrm{FAR}_{in} \\ H_{tb_{out}} = H_{t_{in}} + B_{ht} \cdot (H_{t_{out}} - H_{t_{in}}) \\ p_{tb_{out}} = p_{t_{in}} + B_{pt} \cdot (p_{t_{out}} - p_{t_{in}}) \\ p_{mb_{out}} = W_{cb_{out}} \cdot (H_{tb_{out}} - H_{t_{out}}) \end{cases} \quad (4-15)$$

式中, B_{ht} 为引气流总焓比例系数; B_{pt} 为引气流总压比例系数。

当知道引气气流的焓值时,进一步可求得引气气流的总温。

第五步: 计算压气机输出参数

出口流量 $W_{c_{out}}$:

$$W_{c_{out}} = W_{in} - W_{bld} \quad (4-16)$$

输出功率 $P_{m_{out}}$:

$$P_{m_{out}} = W_{in} \cdot (H_{t_{in}} - H_{t_{out}}) - P_{m_b} \quad (4-17)$$

输出扭矩 Trq_c :

$$\mathrm{Trq}_c = \frac{P_{out}}{n_m} \cdot \frac{60}{2\pi} \quad (4-18)$$

第六步: 计算喘振裕度

由前面的特性图可知,当前工况对应的喘振点数据可由换算流量插值喘振线数据获取,当前流量条件下发生喘振的临界喘振压比 PR_{SM} 为

$$\mathrm{PR}_{SM} = f(W_c, \mathrm{RL}) \quad (4-19)$$

喘振裕度 SM 为

$$\mathrm{SM} = \frac{\mathrm{PR}_{SM} - \mathrm{PR}}{\mathrm{PR}} \quad (4-20)$$

2. 燃烧室

燃烧室可实现燃油与压气机出口高压空气的混合高效燃烧。

已知设计点油气比 FAR_d 和进口空气流量 W_{in} ,计算燃油流量:

$$W_f = W_{in} \cdot \mathrm{FAR}_d \quad (4-21)$$

出口混合气体流量:

$$W_{\text{out}} = W_{\text{in}} + W_{\text{f}} \qquad (4-22)$$

出口混合气体油气比为

$$\text{FAR}_{\text{m}} = \frac{W_{\text{in}} \times \text{FAR}_{\text{in}} + W_{\text{f}}}{W_{\text{in}} \times (1 - \text{FAR}_{\text{in}})} \qquad (4-23)$$

式中,FAR_{in} 为燃烧室进口实际的油气比。

根据燃烧室能量守恒计算总焓:

$$H_{t_{\text{out}}} = \frac{(W_{\text{in}} \cdot H_{t_{\text{in}}} + W_{\text{f}} \cdot \text{LHV} \cdot \text{Eff}_{\text{b}})}{W_{\text{out}}} \qquad (4-24)$$

式中,LHV 为燃油低热值;Eff_{b} 为燃烧效率。

再求得出口总温 $T_{t_{\text{out}}}$。

d_{pB} 为燃烧室总压损失系数,则出口总压为

$$p_{t_{\text{out}}} = (1 - d_{pB}) \times p_{t_{\text{in}}} \qquad (4-25)$$

3. 涡轮

涡轮的功能是从高温高压气流中提取能量来为压气机和附件提供功率。高压涡轮特性数据包含落压比 PR、转速 $N_{c_{\text{map}}}$、换算流量 $W_{c_{\text{map}}}$、效率 Eff_{map},其关系可用下式表示:

$$\begin{aligned} W_{c_{\text{map}}} &= f(N_{c_{\text{map}}},\ \text{PR}) \\ \text{Eff}_{\text{map}} &= f(N_{c_{\text{map}}},\ \text{PR}) \end{aligned} \qquad (4-26)$$

高压涡轮二维特性如图 4-6 所示。

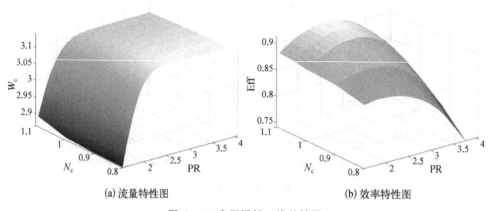

(a) 流量特性图　　　　　　　　(b) 效率特性图

图 4-6　高压涡轮二维特性图

根据进口参数以及冷却气参数计算出口流量、油气比及第一级出口参数。这里假设冷却气全经由涡轮第一级静子叶片流入,则出口总流量 W_{out}:

$$W_{\text{out}} = W_{\text{in}} + W_{\text{cool}_{\text{in}}} \qquad (4-27)$$

式中,$W_{\text{cool}_{\text{in}}}$ 为冷却气总流量。

第一级叶片出口流量的换算流量为

$$W_{\text{c}_{\text{in}}} = W_{\text{out}} \cdot \sqrt{\frac{T_{\text{t}_{\text{in}}}}{T_0} \cdot \frac{p_0}{p_{\text{t}_{\text{in}}}}} \qquad (4-28)$$

出口油气比为

$$\text{FAR}_{\text{out}} = \frac{\dfrac{W_{\text{in}}}{1 + \text{FAR}_{\text{c}_{\text{in}}}} \cdot \text{FAR}_{\text{c}_{\text{in}}} + \dfrac{W_{\text{cool}_{\text{in}}}}{1 + \text{FAR}_{\text{cool}_{\text{in}}}} \cdot \text{FAR}_{\text{cool}_{\text{in}}}}{\dfrac{W_{\text{in}}}{1 + \text{FAR}_{\text{c}_{\text{in}}}} + \dfrac{W_{\text{cool}_{\text{in}}}}{1 + \text{FAR}_{\text{cool}_{\text{in}}}}} \qquad (4-29)$$

式中,$\text{FAR}_{\text{cool}_{\text{in}}}$ 为冷却气油气比。

则第一级出口焓值 $H_{\text{t}'_{\text{in}}}$ 为

$$H_{\text{t}'_{\text{in}}} = \frac{H_{\text{t}_{\text{in}}} \cdot W_{\text{in}} + H_{\text{tcool}_{\text{in}}} \cdot W_{\text{cool}_{\text{in}}}}{W_{\text{in}} + W_{\text{cool}_{\text{in}}}} \qquad (4-30)$$

式中,$H_{\text{tcool}_{\text{in}}}$ 为冷却气焓值。

可计算对应总温 $T_{\text{t}'_{\text{in}}}$,计算熵 S'_{in}。

获取标定系数,并计算部件特性参数。

首先计算换算转速:

$$N_{\text{c}} = \frac{N_{\text{m}}}{\sqrt{T_{\text{t}_{\text{in}}}/T_0}} \qquad (4-31)$$

设计点计算时,获取设计点参数落压比 PR_{d}、换算转速 $N_{\text{c}_{\text{d}}}$、效率 Eff_{d}。

根据设计点换算转速和计算出的换算转速计算转速标定系数,根据输入落压比 PR_{in} 与 PR_{d} 计算落压比标定系数:

$$\begin{cases} C_{N_{\text{c}}} = \dfrac{N_{\text{c}}}{N_{\text{c}_{\text{d}}}} \\[3mm] C_{\text{PR}} = \dfrac{\text{PR}_{\text{in}} - 1}{\text{PR}_{\text{d}} - 1} \end{cases} \qquad (4-32)$$

计算用于涡轮特性插值的换算转速 $N_{c_{map}}$、落压比 PR_{map} :

$$\begin{cases} N_{c_{map}} = \dfrac{N_c}{C_{N_c}} \\ PR_{map} = \dfrac{PR_{in} - 1}{C_{PR}} + 1 \end{cases} \quad (4-33)$$

根据 $N_{c_{map}}$、PR_{map} 插值涡轮特性图,获得换算流量 $W_{c_{map}}$、效率 Eff_{map} :

$$\begin{cases} W_{c_{map}} = f(N_{c_{map}}, PR_{map}) \\ Eff_{map} = f(N_{c_{map}}, PR_{map}) \end{cases} \quad (4-34)$$

计算换算流量标定系数与效率标定系数:

$$\begin{cases} C_{W_c} = W_{c_{in}} / W_{c_{map}} \\ C_{Eff} = Eff_d / Eff_{map} \end{cases} \quad (4-35)$$

在标定系数计算完成之后,将这些标定系数存储在相应文件中;在非设计点计算时,这些标定系数会用于特性插值数据的修正。

根据前面获取的标定系数和插值得出的部件特性数据计算当前部件特性即换算流量 $W_{c_{in}}$、效率 Eff :

$$\begin{cases} W_{c_{in}} = W_{c_{map}} \cdot C_{W_c} \\ Eff = Eff_{map} \cdot C_{Eff} \end{cases} \quad (4-36)$$

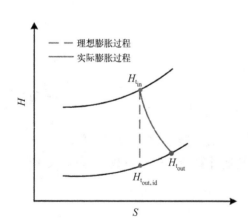

图 4-7   涡轮落压过程中焓熵变化

涡轮的膨胀过程如图 4-7 所示。

出口总压:

$$p_{t_{out}} = \frac{p_{t_{in}}}{PR} \quad (4-37)$$

根据 S'_{in} 以及 $p_{t_{out}}$,可得等熵过程的 $T_{t_{out, id}}$,可求得理想过程的出口总焓 $H_{t_{out, id}}$。

根据涡轮效率的定义:

$$Eff = \frac{H_{t'_{in}} - H_{t_{out}}}{H_{t'_{in}} - H_{t_{out, id}}} \quad (4-38)$$

则出口焓值为 $H_{t_{out}}$:

$$H_{t_{out}} = H_{t'_{in}} - \text{Eff} \cdot (H_{t'_{in}} - H_{t_{out,id}}) \tag{4-39}$$

可求得出口的总温。

涡轮扭矩计算。

先计算涡轮功率:

$$P_{m_{out}} = (H_{t'_{in}} - H_{t_{out}}) \cdot W_{out} \tag{4-40}$$

则扭矩为

$$\text{Trq} = \frac{P_{m_{out}}}{N_m} \cdot \frac{60}{2\pi} \tag{4-41}$$

低压涡轮可进一步提取高温高压气流中的能量,为低压压气机和风扇提供转动功率,其计算方法与高压涡轮相同,此处不再赘述。

4.2.3　进、排气系统模块

1. 外界条件

飞行条件模块主要功能是计算当前飞行工况的气流总参数,该模块根据当前飞行高度 H,静温修正值 $\text{d}T$ 和飞行马赫数 Ma 来求解此时气流的静、总参数。

1) 计算静参数

当前静温 T_s、静压 p_s 计算如下:

$$T_s = \begin{cases} 288.15 - 6.557 \times H, & H \leqslant 11 \text{ km} \\ 216.5, & H > 11 \text{ km} \end{cases} \tag{4-42}$$

$$p_s = \begin{cases} 1.033\,23 \times 9.81 \times 10^4 \times \left[1 - \left(\dfrac{H}{44.308}\right)^{5.255}\right], & H \leqslant 11 \text{ km} \\ 0.230\,61 \times 9.81 \times 10^4 \times e^{\frac{11-H}{6.318}}, & H > 11 \text{ km} \end{cases} \tag{4-43}$$

在本程序中,设计人员可根据当地的静温修正值 $\text{d}T$ 对静温进行修正,提高模型仿真精度。

2) 计算气流总参数

气流从某一状态绝能等熵滞止到速度为零的状态,此状态下的参数为总参数。已知当前气流静温 T_s、静压 p_s,可求得此时的熵 S 与 H_s。

$$\begin{aligned} S &= \text{tp2s}(T_s, p_s) \\ H_s &= \text{t2h}(T_s, \text{FAR}) \end{aligned} \tag{4-44}$$

已知飞行马赫数则可求得总焓 H_t,接着可求出当前总温 T_t。

$$H_t = H_s + \frac{(Ma \cdot \sqrt{kRT_s})^2}{2} \qquad (4-45)$$

$$T_t = f(H_s, \text{FAR}) \qquad (4-46)$$

将等熵作为迭代约束条件,迭代求解总压,此计算过程的本质就是求解一个非线性方程 $\Delta S = f(p_t)$,可采用牛顿割线法进行迭代计算。

2. 进气道

进气道的作用是引导外界空气进入发动机内部,在此过程中产生的流动损失不可避免,在对进气道建模时需要计算总压恢复系数对总压的影响,进气道结构如图 4-8 所示。

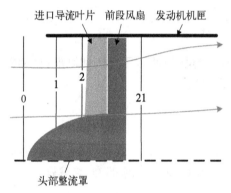

图 4-8 发动机进气道结构

进气道的功用是向风扇提供流量匹配的高质量气流。在给定飞行高度 H、马赫数 Ma,且大气温度为标准大气温度时,进气道进口和出口气流参数的计算如下。

对于未进入进气道的气流即环境大气的参数,根据当前飞行马赫数 Ma 计算进气道常规的总压恢复系数 Δp_t,其计算表达式为

$$\Delta p_t = \begin{cases} 0.989, & Ma \leqslant 1 \\ 1 - 0.075 \times (Ma - 1)^{1.35}, & 1 < Ma \leqslant 5 \\ 800/(Ma^4 + 935), & Ma > 5 \end{cases} \qquad (4-47)$$

由于进口畸变,发动机进口会产生一个不均匀的流场,会产生进气道总压损失,因此进气道出口总压需要根据进口畸变进行修正。

为了定量计算进口畸变的影响,需要选取能够反映畸变大小的畸变指数。参考俄罗斯的综合畸变指数进行稳定性评估及试验研究,忽略总温畸变,只考虑总压畸变的影响。总压畸变主要由三个部分组成:周向总压不均匀度、径向总压不均匀度和面平均紊流度。而大量统计数据表明径向总压不均匀度对各种不同结构形式发动机稳定性影响很小,故不予考虑。因此,总压畸变指数可表示为

$$W = \Delta\sigma_0 + \varepsilon_{av} \qquad (4-48)$$

式中,$\Delta\sigma_0$ 为周向总压不均匀度;ε_{av} 为面平均紊流度。

由畸变形成的低压扇形区的平均总压 $\Delta\bar{\sigma}_0$ 计算表达式如下:

$$\Delta\bar{\sigma}_0 = 1 - \frac{\sigma_0}{\sigma_{av}} \qquad (4-49)$$

总压恢复系数 σ_{av} 表示进气道由进气畸变引起的总压损失：

$$\sigma_{av} = \frac{1}{2\pi}\int_0^{2\pi}\sigma_r(\theta)\,\mathrm{d}\theta \qquad (4-50)$$

其中，$\sigma_r(\theta)$ 表示径向平均总压恢复系数函数：

$$\sigma_r(\theta) = \frac{1}{1-\bar{r}_{hub}^2}\int_{\bar{r}_{hub}}^1 2\sigma(\bar{r},\theta)\bar{r}\,\mathrm{d}\theta \qquad (4-51)$$

式中，$\bar{r}_{hub}$ 为进口截面轮毂相对半径；$\sigma(\bar{r},\theta)$ 为周向角为 θ 时总压恢复系数随相对半径 $\bar{r}$ 的变化函数。

面平均紊流度 ε_{av} 为所有测量点的紊流度 ε 的平均值。紊流度表示总压脉动的定量特性，对于每一个测量点采用脉动总压的均方根表示，即

$$\varepsilon = \frac{(\Delta p)_{RMS}}{p_{av}} \qquad (4-52)$$

$$(\Delta p)_{RMS} = \sqrt{\frac{1}{t_u}\int_0^T\left[p(t)-p_{av}\right]^2\mathrm{d}t} \qquad (4-53)$$

式中，$p(t)$ 为该测量点随时间变化的总压值；t_u 为脉冲气流的采样时间；p_{av} 为该采样时间内的平均值。为了描述方便，本书中的 W 均为百分比量。

对于存在进口畸变的总压恢复系数，其不仅与 Ma 相关，还与 W 相关，本书中的总压恢复系数为

$$\Delta p_t = \begin{cases} 0.989(1-0.01W), & Ma \leqslant 1 \\ \left[1-0.075\times(Ma-1)^{1.35}\right](1-0.01W), & 1 < Ma \leqslant 5 \\ 800(1-0.01W)/(Ma^4+935), & Ma > 5 \end{cases}$$
$$(4-54)$$

气流流经进气道，其热力过程近似为等熵绝热过程，由此可计算进气道出口截面总参数，假设气流总焓不变，即总温不变，调用 tp2s 程序可得当前熵，即得所有气体输出参数：

$$\begin{cases} p_{t_{out}} = \Delta p_t \cdot \sigma_I \cdot p_{t_{in}} \\ T_{t_{out}} = T_{t_{in}} \\ H_{t_{out}} = H_{t_{in}} \\ S = \mathrm{tp2s}(T_{t_{out}}, p_{t_{out}}, \mathrm{FAR}) \end{cases} \qquad (4-55)$$

3. 混合室

1) 设计点计算

已知内涵出口马赫数计算内外涵出口面积及其余静参数。由于混合室模块输入参数只有气流总参数，所以需要事先给定内涵出口马赫数 Ma_{m}，才可计算出当前气流静压和内涵出口截面面积，其计算过程如下。

首先根据内涵出口总压、总温计算熵值 $S = f(T_{\mathrm{t}}, p_{\mathrm{t}}, \mathrm{FAR})$；再假设内涵出口静压 $p_{\mathrm{s_{mg}}}$（下标 g 表示猜值），利用该假设静压与熵计算出口静温 $T_{\mathrm{s_{mg}}} = f(p_{\mathrm{s_{mg}}}, S, \mathrm{FAR})$；计算静焓 $H_{\mathrm{s_{mg}}} = f(T_{\mathrm{s_{mg}}}, \mathrm{FAR})$；当前出口截面马赫数 Ma_{mg} 为：$Ma_{\mathrm{mg}} = \dfrac{V_{\mathrm{mg}}}{\sqrt{kRT_{\mathrm{s_{mg}}}}} = \dfrac{\sqrt{2(H_{\mathrm{t}} - H_{\mathrm{s_{mg}}})}}{\sqrt{kRT_{\mathrm{s_{mg}}}}}$。

由以上推导可知 $\Delta Ma_{\mathrm{m}} = \mid Ma_{\mathrm{m}} - Ma_{\mathrm{mg}} \mid$ 由 $p_{\mathrm{s_{mg}}}$ 决定，即 $\Delta Ma_{\mathrm{m}} = f(p_{\mathrm{s_{mg}}})$，所以可采用牛顿割线法求解 $p_{\mathrm{s_{m}}}(p_{\mathrm{s_{mg}}})$。

内涵出口面积 A_{m} 为

$$A_{\mathrm{m}} = \frac{W_{\mathrm{m}}}{\rho_{\mathrm{m}} \cdot V_{\mathrm{m}}} = \frac{W_{\mathrm{m}} \cdot R \cdot T_{\mathrm{s_{m}}}}{p_{\mathrm{s_{m}}} \cdot V_{\mathrm{m}}} \tag{4-56}$$

根据混合室进口内外涵静压相等 $p_{\mathrm{s_{b}}} = p_{\mathrm{s_{m}}}$ 计算外涵出口面积 A_{b}，计算过程与内涵计算方法一致，只是静压不需迭代，一次计算即可求出截面马赫数 Ma_{b} 和外涵出口面积 A_{b} 为

$$A_{\mathrm{b}} = \frac{W_{\mathrm{b}}}{\rho_{\mathrm{b}} \cdot V_{\mathrm{b}}} = \frac{W_{\mathrm{b}} \cdot R \cdot T_{\mathrm{s_{b}}}}{p_{\mathrm{s_{b}}} \cdot V_{\mathrm{b}}} \tag{4-57}$$

在内外涵出口面积计算完成之后，将这些面积值 A_{m}、A_{b} 存储在相应文件中，在非设计点计算时，程序会自动调用这两个面积进行混合室计算。

2) 非设计点计算

已知内外涵出口面积迭代计算内外涵出口静压，并计算其余静参数。首先从存储文件获取 A_{m}，再根据内涵出口总压、总温计算熵值，并假设当前内涵出口静压为 $p_{\mathrm{s_{mg}}}$（下标 g 表示猜值），利用该假设静压与熵计算出口静温 $t_{\mathrm{s_{mg}}}$，再程序计算静焓 $H_{\mathrm{s_{mg}}}$，所以当前出口截面速度 V_{mg} 为

$$V_{\mathrm{mg}} = \sqrt{2(H_{\mathrm{t}} - H_{\mathrm{s_{mg}}})} \tag{4-58}$$

面积 A_{mg} 为

$$A_{\mathrm{mg}} = \frac{W_{\mathrm{m}}}{\rho_{\mathrm{mg}} \cdot V_{\mathrm{mg}}} = \frac{W_{\mathrm{m}} \cdot R \cdot T_{s_{\mathrm{mg}}}}{p_{s_{\mathrm{mg}}} \cdot V_{\mathrm{mg}}} \qquad (4-59)$$

由上述公式可知面积 A_{mg} 计算值只随 $p_{s_{\mathrm{mg}}}$ 猜值变化,则 $\Delta A_{\mathrm{m}} = | A_{\mathrm{m}} - A_{\mathrm{mg}} |$ 也只与 $p_{s_{\mathrm{m}}}$ 有关,即 $\Delta A_{\mathrm{m}} = f(p_{s_{\mathrm{mg}}})$,所以可采用牛顿割线法求解 $p_{s_{\mathrm{m}}}(p_{s_{\mathrm{mg}}})$;采用同样的计算方法计算外涵出口静压 $p_{s_{\mathrm{b}}}$,并在迭代过程完成后也求解出其余静参数。

3) 混合室出口参数计算

出口总流量:

$$W_{\mathrm{out}} = W_{\mathrm{m}} + W_{\mathrm{b}} \qquad (4-60)$$

出口总面积:

$$A_{\mathrm{out}} = A_{\mathrm{m}} + A_{\mathrm{b}} \qquad (4-61)$$

出口气流油气比:

$$\mathrm{FAR}_{\mathrm{out}} = \frac{\dfrac{\mathrm{FAR}_{\mathrm{m}}}{1 + \mathrm{FAR}_{\mathrm{m}}} \cdot W_{\mathrm{m}} + \dfrac{\mathrm{FAR}_{\mathrm{b}}}{1 + \mathrm{FAR}_{\mathrm{b}}} \cdot W_{\mathrm{b}}}{\dfrac{1}{1 + \mathrm{FAR}_{\mathrm{m}}} \cdot W_{\mathrm{m}} + \dfrac{1}{1 + \mathrm{FAR}_{\mathrm{b}}} \cdot W_{\mathrm{b}}} \qquad (4-62)$$

出口总焓:

$$H_{t_{\mathrm{out}}} = \frac{W_{\mathrm{m}} \cdot H_{t_{\mathrm{m}}} + W_{\mathrm{b}} \cdot H_{t_{\mathrm{b}}}}{W_{\mathrm{out}}} \qquad (4-63)$$

出口总温:

$$T_{t_{\mathrm{out}}} = f(H_{t_{\mathrm{out}}}, \mathrm{FAR}_{\mathrm{out}}) \qquad (4-64)$$

4) 双层迭代求解出口总压和静压,并计算其余出口参数

由于两股气流掺混会导致熵增、总压损失,无法直接计算出口压力,所以根据动量守恒方程和出口面积迭代计算出口总压和静压,计算过程如下。

外层迭代。假设出口总压猜值 $p_{t_{\mathrm{outg}}}$:

$$p_{t_{\mathrm{outg}}} = \frac{W_{\mathrm{m}} \cdot p_{t_{\mathrm{m}}} + W_{\mathrm{b}} \cdot p_{t_{\mathrm{b}}}}{W_{\mathrm{out}}} \qquad (4-65)$$

内层迭代。假设出口马赫数猜值 Ma_{outg} ,并计算静压猜值 $p_{s_{\mathrm{outg}}}$:

$$p_{s_{outg}} = \frac{p_{t_{outg}}}{\left(1 + \dfrac{k-1}{2}Ma_{outg}^2\right)^{\frac{k}{k-1}}} \tag{4-66}$$

根据出口总压猜值 $p_{t_{outg}}$、出口总温调用 tp2s 程序计算出口熵猜值:

$$S_{out} = tp2s(T_{t_{out}}, \ p_{t_{outg}}, \ FAR) \tag{4-67}$$

进而计算出口静压猜值 $p_{s_{outg}}$ 与出静温猜值 $T_{s_{outg}}$:

$$\begin{cases} T_{s_{outg}} = ps2t(p_{s_{outg}}, \ S_{out}, \ FAR) \\ H_{s_{outg}} = t2h(T_{s_{outg}}, \ FAR) \end{cases} \tag{4-68}$$

出口截面速度 V_{outg}:

$$V_{outg} = \sqrt{2(H_{t_{out}} - H_{s_{outg}})} \tag{4-69}$$

面积 A_{outg}:

$$A_{outg} = \frac{W_{out}}{\rho_{outg} \cdot \rho_{outg}} = \frac{W_{out} \cdot R \cdot T_{s_{outg}}}{p_{s_{outg}} \cdot V_{outg}} \tag{4-70}$$

$\Delta A_{out} = |A_{out} - A_{outg}|$ 只与 $p_{s_{outg}}$ 有关,即 $\Delta A_{out} = f(p_{s_{outg}})$,所以可采用牛顿割线法以出口面积误差 ΔA_{out} 为迭代约束条件求解出 $p_{s_{outg}}(p_{s_{outg}})$,此时完成内层迭代,此时求出的静参数如 $p_{s_{outg}}$ 和速度 V_{outg} 仍旧是基于 $p_{t_{outg}}$ 计算的猜值,还不是最终的结果。

根据动量守恒定律,混合室入口冲量等于出口冲量,入口冲量 F_m 为

$$F_m = F_b = W_m \cdot V_m + p_{s_m} \cdot A_m + W_b \cdot V_b + p_{s_b} \cdot A_b \tag{4-71}$$

出口冲量 F_{outg} 猜值为

$$F_{outg} = W_{out} \cdot V'_{outg} + ps'_{outg} \cdot A_{out} \tag{4-72}$$

由内层迭代结果可知, V_{outg} 和 $p_{s_{outg}}$ 是由 $p_{t_{outg}}$ 唯一确定,再代入上式可知 F_{outg} 也由 $p_{t_{outg}}$ 唯一确定,所以 $\Delta F = |F_m - F_{outg}|$ 只随 $p_{t_{outg}}$ 变化而变化,即 $\Delta F = f(p_{t_{outg}})$,可采用牛顿割线法以 ΔF 为约束计算 $p_{t_{out}}(p_{t_{outg}})$,至此,外层迭代完成,出口总压和静压及其余参数全部求解出。

4. 尾喷管

某型发动机的尾喷管为收扩喷管[8],其功能是让气流持续膨胀、减压增速,尽量将气流的可用功转变为动能,然后气流高速喷出,产生推力。尾喷管的重点计算

过程是对喷管中气体流动状态的判断过程,下面对喷管的计算原理及流程进行描述,其中尾喷管入口截面参数用 i 表示,喉部截面参数用 t 表示,出口截面参数用 e 表示,in 表示进入部件的参数,out 表示流出部件的参数,下标 g 表示猜值。

第一步:计算喉部临界参数,判断喉部流动状态

设定喉部马赫数 $Ma_t = 1$,喉部静压猜值为 $p_{s_{tg}}$,熵值 S,静温猜值 $T_{s_{tg}}$,静焓猜值 $H_{s_{tg}}$,计算如下:

$$
\begin{cases}
S = \text{tp2s}(T_{t_{in}}, \, p_{t_{in}}, \, \text{FAR}) \\
T_{s_{tg}} = \text{ps2t}(p_{s_{tg}}, \, S, \, \text{FAR}) \\
H_{s_{tg}} = \text{t2h}(T_{s_{tg}}, \, \text{FAR})
\end{cases}
$$

当前喉部马赫数 Ma_{tg} 为

$$
Ma_{tg} = \frac{V_{tg}}{\sqrt{kRT_{s_{tg}}}} = \frac{\sqrt{2(H_t - H_{s_{tg}})}}{\sqrt{kRT_{s_{tg}}}} \tag{4-73}
$$

$\Delta Ma_t = |Ma_t - Ma_{tg}|$ 由 $p_{s_{tg}}$ 决定,即 $\Delta Ma_t = f(p_{s_{tg}})$,所以可采用牛顿割线法迭代求解 $p_{s_1}(p_{s_{1g}})$,迭代完成后即获得喉部临界参数。如果 $p_{s_1} < p_a$,喉部是处于亚临界状态;否则喉部为临界或超临界状态。

第二步:计算喉部气流参数

(1)如果喉部是亚临界,则气流会完全膨胀到外界静压,那么喉部的气流参数计算如下。

根据气流熵值和外界静压计算静温 T_{s_t},再程序计算静焓 H_{s_t},接着计算当前喉部速度 V_t、马赫数 Ma_t:

$$
V_t = \sqrt{2(H_t - H_{s_t})} \tag{4-74}
$$

$$
Ma_t = \frac{V_t}{\sqrt{kRT_{s_t}}} \tag{4-75}
$$

(2)如果喉部临界或超临界,则喉部参数为上一步计算的喉部临界参数。将喉部参数保存。

根据进口总压与外界静压之比,一维插值获取流量系数 C_W 和热膨胀系数 C_T;设计点计算时,根据进气流量计算喉部面积:

$$
A_t = \frac{W_{in}}{C_T \cdot C_W \cdot \rho_t \cdot V_t} \tag{4-76}
$$

将喉部面积值 A_8 存储在相应文件中；非设计点计算时，程序会自动获取喉部面积 A_8 计算气流流量 W_{out}：

$$W_{out} = A_t \cdot C_T \cdot C_W \cdot \rho_t \cdot V_t \tag{4-77}$$

第三步：计算出口参数

对于收扩喷管其扩张段及出口截面还需进一步计算，如果在喉部流动状态判断中发现收扩喷管的喉部是亚临界，则出口参数为完全膨胀到外界静压的气流参数。

如果喉部临界、且为设计点计算，由于设计点计算要求气流完全膨胀，所以出口参数为完全膨胀到外界静压的气流参数，并且计算出口面积 A_e：

$$A_e = \frac{W_{in}}{C_T \cdot C_W \cdot \rho_s \cdot V_s} \tag{4-78}$$

将出口面积值 A_e 存储在相应文件中。

在非设计点计算时，程序会自动获取该面积 A_e，以此面积为准计算出口静参数。根据进口总压、总温计算熵值，并给定出口静压猜值 $p_{s_{eg}}$ 初值为外界静压，利用该假设静压与熵计算出口静温 $T_{s_{eg}}$，再计算静焓 $H_{s_{eg}}$，所以当前出口截面速度 V_{eg} 为

$$V_{eg} = \sqrt{2(H_t - H_{s_{eg}})} \tag{4-79}$$

出口面积 A_{eg}：

$$A_{eg} = \frac{W_{in}}{\rho_{eg} \cdot V_{eg}} = \frac{W_{in} \cdot R \cdot T_{s_{eg}}}{p_{s_{eg}} \cdot V_{eg}} \tag{4-80}$$

由上述公式可知面积 A_{eg} 计算值只随 $p_{s_{eg}}$ 猜值变化，则 $\Delta A_e = |A_e - A_{eg}|$ 也只与 $p_{s_{eg}}$ 有关，即 $\Delta A_e = f(p_{s_{eg}})$，所以可采用牛顿割线法求解 $p_{s_e}(p_{s_{eg}})$，并在迭代过程完成后求解出口其余静参数。

第四步：计算出口流量及推力

出口流量为进口流量，即

$$W_{out} = W_{in} \tag{4-81}$$

根据进口总压与外界静压之比，一维插值获取推力系数 C_F 和速度系数 C_V，计算推力值 F_g：

$$F_g = [W_{out} \cdot V_e \cdot C_V + (p_{s_e} - p_a) \cdot A_e] \cdot C_F \tag{4-82}$$

式中，p_a 为外界静压。

4.2.4　稳态仿真原理

1. 稳态仿真原理

发动机仿真过程从本质上讲可分解为列方程和解方程两部分。列方程是指发动机满足共同工作时的误差方程,解方程则为利用求解器计算自变量。在给定工况进行由外界条件模块到尾喷管模块的全流程计算的过程中,需要应对这些未知参数先做出假设,为其设定猜值,使得计算能继续进行,并且在计算中找出合适的误差方程,以便于进行迭代求解这些未知参数值。图 4-9 为稳态仿真的工作原理图。

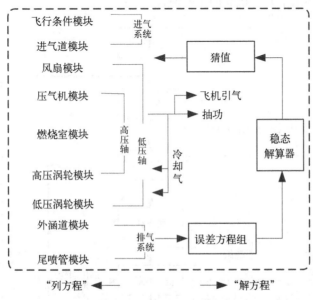

图 4-9　稳态仿真原理

进行仿真前,首先需输入部件特性、变结构参数、当前工况等仿真所需参数;系统运行时,解算器会设置自变量初值并送入发动机部件模块进行计算,获得误差方程组,即列方程过程;再将误差方程组代入稳态解算器迭代求解,直至误差满足要求,求得发动机自变量值,及其余各项发动机参数,即解方程过程,最终获得发动机模型。

下面具体介绍稳态仿真系统的列方程与解方程过程。

2. 稳态共同工作方程

由发动机共同工作原理分析可知,发动机数学模型是基于部件及部件之间的能量守恒关系和质量守恒关系建立的。在发动机系统中,共同工作方程是各部件共同工作的基础,共同工作方程的建立直接影响发动机模型的特性。

发动机部件级模型根据给定的工作模式、飞行条件(高度 H,马赫数 Ma)、供油量(W_f)以及计算所需的初猜值按照发动机结构顺序依次对各部件进行热力学计算,从而得到发动机各截面的气动热力参数以及发动机推力 F、耗油率 sfc 等性能参数,而共同工作方程则反映了发动机各部件间共同工作的情况。

涡扇发动机在稳态部件共同工作分析中,通常考虑:风扇、压气机、高压涡轮和低压涡轮四个转动部件、可调几何部件尾喷管,及内外涵道的共同工作。发动机的共同工作方程要以部件的流量连续与功率平衡为依据建立,保证发动机的共同工作,同时,为了保证平台的组态化,共同工作方程将分布在各个组态化的模块中,仿真时,将各个部件的共同工作方程改写为误差方程的形式,再将误差数据传输到解算器进行迭代计算,能满足方程计算收敛的一组解即为能使发动机共同工作的参数。

图4-10展示了发动机共同工作原理。

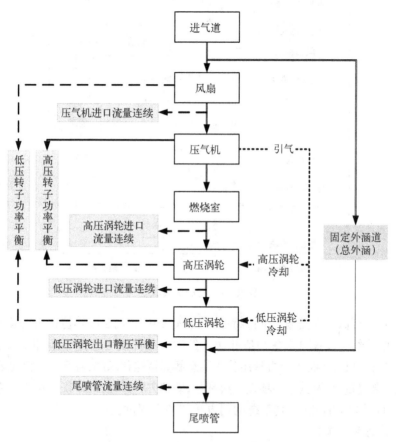

图4-10 发动机共同工作原理图

发动机要满足以下的共同工作条件:

(1) 压气机进口流量连续;

(2) 高压涡轮进口流量连续;

(3) 低压涡轮进口流量连续;

(4) 根据高压涡轮进口流量连续,可得高压涡轮进口截面流量平衡;

（5）发动机气流在混合室掺混，需要满足混合室进口气流静压相等；

（6）高压涡轮输出功率与风扇的消耗功率平衡；

（7）低压涡轮输出功与风扇消耗功率满足功率平衡。

将稳态共同工作方程转化为误差方程形式进行迭代求解，发动机稳态设计点计算迭代自变量和误差方程如表 4－3 所示。为避免病态矩阵对迭代求解产生影响，本书对误差方程进行了归一化。

表 4－3　发动机稳态迭代自变量和误差方程

自　变　量	误　差　方　程
W_{in}	$err_N = \dfrac{W_{in} - W_{out}}{W_{in}}$
RL_c	$err_c = \dfrac{W_{in} - Wc_{in}}{W_{in}}$
PR_{HT}	$err_{HT} = \dfrac{W_{41} - W_{HT}}{W_{HT}}$
PR_{LT}	$err_{LT} = \dfrac{W_{45} - W_{LT}}{W_{LT}}$
$N_{m_{LC}}$	$\dfrac{dN_L}{dt} = (\tau_F + \tau_{LT})\dfrac{60}{J_L \cdot 2\pi}$
$N_{m_{HC}}$	$\dfrac{dN_H}{dt} = (\tau_{CDFS} + \tau_{HC} + \tau_{HT})\dfrac{60}{J_H \cdot 2\pi}$

风扇、压气机、高低压涡轮、尾喷管均是以流量守恒关系为基准选择的，即流过部件的气流流量应与该部件特性所能提供的流量一致；在尾喷管部件中，当前进口流量应与当前喉部面积所能流过的流量一致；在混合室部件中，为了尽量减小气流混合损失，应保证内外涵出口静压相等，所以将内外涵出口静压差作为误差方程；由于功率守恒关系不变，故转子加速度误差方程不变。

3. 共同工作方程求解

非线性方程不能用公式来求解，而需采用数值算法迭代求解，发动机仿真计算中使用最多、应用最为广泛的是牛顿拉夫逊法[9]和 $N + 1$ 残量法。为了保证较好的收敛速度，同时借鉴传统模型的解算器编制方法，缩短开发时间，所以采用牛顿拉夫逊法设计解算器。

为了减小模型计算次数，缩短计算时间，本书采用改进牛顿拉夫逊法求解发动机非线性方程组，其计算步骤如下。

第一步，首先将发动机的共同工作方程写成如下形式的非线性组的形式[10]：

$$\begin{cases} f_1(x_1, x_2, x_3, \cdots, x_n) = 0 \\ f_2(x_1, x_2, x_3, \cdots, x_n) = 0 \\ \qquad\qquad \vdots \\ f_n(x_1, x_2, x_3, \cdots, x_n) = 0 \end{cases} \qquad (4-83)$$

第二步,选取近似解 $x^{(0)} = (x_1^{(0)}, x_2^{(0)}, \cdots, x_n^{(0)})$,定义近似解 $x^{(0)}$ 的误差值 $e^{(0)}$ 为

$$\begin{cases} f_1(x_1^{(0)}, x_2^{(0)}, \cdots, x_n^{(0)}) = e_1^{(0)} \\ f_2(x_1^{(0)}, x_2^{(0)}, \cdots, x_n^{(0)}) = e_2^{(0)} \\ \qquad\qquad \vdots \\ f_n(x_1^{(0)}, x_2^{(0)}, \cdots, x_n^{(0)}) = e_n^{(0)} \end{cases} \qquad (4-84)$$

其中:

$$x_k = [x_1^{(k)}, x_2^{(k)}, \cdots, x_n^{(k)}]^{\mathrm{T}}$$
$$e_k = [e_1^{(k)}, e_2^{(k)}, \cdots, e_n^{(k)}]^{\mathrm{T}} \qquad (4-85)$$

第三步,对各个 x_k 进行小偏离,再计算差分方程得到 $f(x)$ 的偏导数 J_k,本书选取小偏离量 $\Delta_i = 0.03x_i$:

$$J_k = \begin{bmatrix} \dfrac{\partial f_1}{\partial x_1} & \dfrac{\partial f_1}{\partial x_2} & \cdots & \dfrac{\partial f_1}{\partial x_n} \\ \dfrac{\partial f_2}{\partial x_1} & \dfrac{\partial f_2}{\partial x_2} & \cdots & \dfrac{\partial f_n}{\partial x_n} \\ \vdots & \vdots & \ddots & \vdots \\ \dfrac{\partial f_n}{\partial x_1} & \dfrac{\partial f_n}{\partial x_2} & \cdots & \dfrac{\partial f_n}{\partial x_n} \end{bmatrix}_0 \approx \begin{bmatrix} \dfrac{\Delta f_1}{\Delta x_1} & \dfrac{\Delta f_1}{\Delta x_2} & \cdots & \dfrac{\Delta f_1}{\Delta x_n} \\ \dfrac{\Delta f_2}{\Delta x_1} & \dfrac{\Delta f_2}{\Delta x_2} & \cdots & \dfrac{\Delta f_n}{\Delta x_n} \\ \vdots & \vdots & \ddots & \vdots \\ \dfrac{\Delta f_n}{\Delta x_1} & \dfrac{\Delta f_n}{\Delta x_2} & \cdots & \dfrac{\Delta f_n}{\Delta x_n} \end{bmatrix}_0 \qquad (4-86)$$

J_k 即为雅可比矩阵,雅可比矩阵本质是为算法寻求方程最优解提供了一个搜索方向,该搜索方向在一定迭代次数内可认为都是有效的,即 J_k 在一定迭代次数内不必重新计算,如果迭代超过规定次数时方程组仍不收敛,则需要重新计算雅可比矩阵 J_{k+1},给出新的搜索方向,保证算法的收敛性。

第四步,在非线性方程组求解中,采用这一原理来确定各自变量的变化方向。迭代公式为

$$x_{k+1} = x_k - inv(J_k)e_k, \ k = 0, 1, \cdots, n \qquad (4-87)$$

其中, $inv(J_k)$ 为雅可比矩阵的(伪)逆矩阵。

第五步,在计算出新解之后再代入式(4-83)的非线性方程组,判断误差是否

满足规定的精度要求,如果不满足则返回式(4-84),迭代计算新解,直到满足精度,得出非线性方程组的解。

图 4-11 展示了引入迭代因子的牛顿拉夫逊计算流程。

4.2.5 仿真算例

1. 设计点计算

设计点参数的选取对发动机模型十分重要。衡量设计点参数的选取是否合理主要依据两个条件。第一,需要考虑参数数值的选取是否符合实际中发动机的工作参数范围。第二,发动机工作在设计点时必须能够满足共同工作条件,使得稳态误差满足要求。军机通常是短距起飞,起飞时一般在最大推力状态工作,战斗时需要发动机具有高的机动性能,要求发动机具有高推重比和低巡航耗油率。因此通常军机的设计状态都选择最大起飞状态为设计状态,即飞行高度 $H = 0\,\text{km}$、飞行马赫数 $Ma = 0$ 为设计状态。

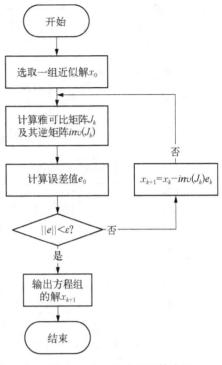

图 4-11 牛顿拉夫逊计算流程

2. 稳态性能分析

为验证建立的发动机非线性模型的准确性,进行仿真验证,仿真过程中保持可调部件几何不变,控制规律为低压转子转速恒定。稳态仿真主要包括高度特性、速度特性和节流特性。

1)高度特性

选取工作点 $H = 0\,\text{km}$, $Ma = 0$,保持低压转子转速不变,增加飞机巡航高度,得到发动机高度特性,如图 4-12 所示。

由高度特性可知,随着飞行高度增加,空气压力和密度降低导致发动机空气流量呈现下降趋势,进而导致发动机推力下降,在此过程中,单位燃油消耗率也随高度升高而降低。

2)速度特性

选取工作点 $H = 0\,\text{km}$, $Ma = 0$,保持低压转子转转速不变,增加飞行马赫数,得到发动机速度特性,如图 4-13 所示。

由速度特性可知,随着马赫数升高压缩部件空气流量升高,此时发动机转子机械负载增加,为维持转子功率平衡,控制器适当提高供油量,导致单位燃油消耗率

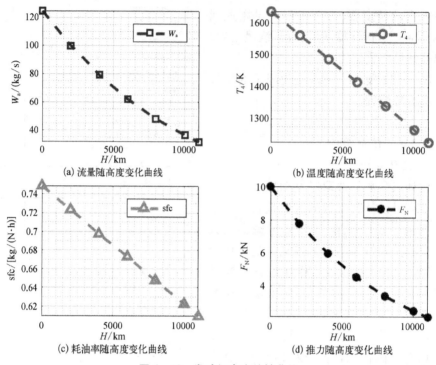

(a) 流量随高度变化曲线 　　(b) 温度随高度变化曲线

(c) 耗油率随高度变化曲线 　　(d) 推力随高度变化曲线

图 4 - 12　发动机高度特性曲线

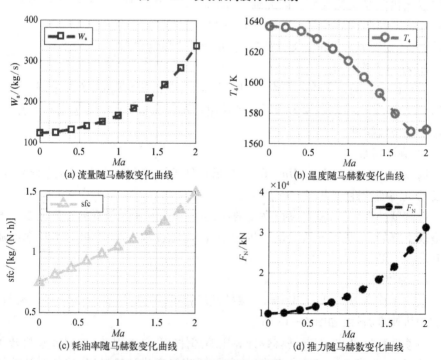

(a) 流量随马赫数变化曲线 　　(b) 温度随马赫数变化曲线

(c) 耗油率随马赫数变化曲线 　　(d) 推力随马赫数变化曲线

图 4 - 13　发动机单外涵模式时速度特性曲线

上升。推力的增加是由于飞行速度增加导致压气机进口总温升高,使发动机转子换算转速减小,共同工作点随着马赫数的改变沿共同工作线不断向左下方移动。同时压气机进口总压增加使尾喷管进口气流总压增大,使喷管压比增加,出口气流速度增大。两者相比,排气速度的增加程度低于进口速度的增加程度,加之发动机涵道比增加,使排气速度与进气速度差值随马赫数增加而迅速减小,因此单位推力随飞行马赫数增加而迅速减小,发动机推力等于单位推力与空气流量的乘积,两者共同作用下推力呈现图示变化。

3) 节流特性

节流特性是指发动机为满足飞行器巡航小推力低耗油率的需求,通过减小主燃烧室供油量,降低发动机推力的同时维持较低的耗油率的特性。

本模型选取 $H = 10\ \mathrm{km}$, $Ma = 10$ 工作点,保持低压转子转速不变,将供油量减小,得到发动机的节流特性,如图 4 - 14 所示。

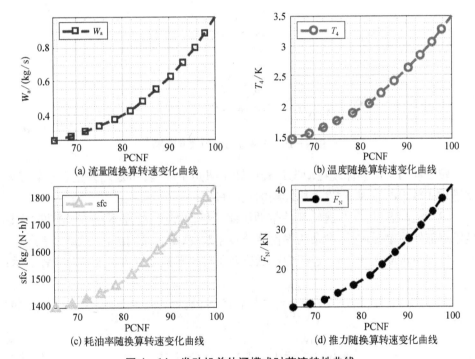

图 4 - 14　发动机单外涵模式时节流特性曲线

由节流特性可知,改变主燃烧室油气比,燃油流量逐渐上升时,根据流量平衡,压气机空气流量上升。压气机空气流量升高,导致高压转子负载增强,转子转速有下降趋势,为维持转速不变,控制器会自动调节燃烧室供油量,导致涡轮前温度升高,使涡轮做功增加,继续维持高压转子功率平衡,在此过程中发动机涡轮前温度、单位燃油消耗量和推力均呈上升趋势。

4.3　航空发动机组态化动态模型

4.3.1　发动机动力学分析

发动机动态工作过程中,不仅要考虑转子动力学对动态的影响,发动机内部包含的空气和燃气的容腔在动态计算中所涉及的容腔动力学及高温部件的传热动力学也应该考虑在内。下面将进行发动机动力学分析,并对转子动力学与容积动力学进行详细介绍。

对于双转子发动机而言,它包含了高低压转子在内的两阶转子动力学、多阶容积动力学以及高低压涡轮带来的两阶传热动力学。实际上,这些动力学对发动机动态特性产生的影响程度并不相同。三种动力学的频响带宽[11]如图4-15所示,其中转子动力学带宽小于6 Hz,容积动力学约为25 Hz,传热动力学带宽小于0.15 Hz。

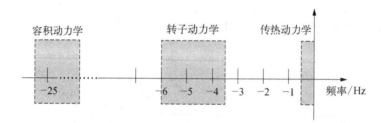

图 4-15　三种动力学的频响带宽

转子动力学影响体现在动态过程中转子扭矩不平衡,扭矩之差是造成转子转速增加或减少的原因,对发动机影响的范围最广。

发动机动态过程中,涡轮部件带动压缩部件做加速、减速运动,涡轮功除了满足压缩部件功率要求外,剩余功率使转子转速改变,稳态共同工作方程中转子功率平衡方程不再成立,则动态过程中高低压转子功率平衡方程由以下微分方程表示:

$$J_{\mathrm{H}} \frac{\mathrm{d}N_{\mathrm{H}}}{\mathrm{d}t} = (\tau_{\mathrm{HC}} + \tau_{\mathrm{HT}}) \frac{60}{2\pi} \qquad (4-88)$$

$$J_{\mathrm{L}} \frac{\mathrm{d}N_{\mathrm{L}}}{\mathrm{d}t} = (\tau_{\mathrm{F}} + \tau_{\mathrm{CDFS}} + \tau_{\mathrm{TL}}) \frac{60}{2\pi} \qquad (4-89)$$

式中,J为转子的转动惯量;τ为旋转部件的扭矩。

容积动力学的影响体现在非定常流动中,容腔内气体密度、温度等性质变化导致容腔对气流质量、能量的存储释放。由于容积动力学带宽远大于其他两种动力学的带宽,在发动机工作中表现为高频特性,在发动机模型中一般可以忽略其对发动机动态特性的影响。

传热动力学体现在高低压涡轮的热传递,由于高压涡轮在动态过程中温度变化较大,所以其产生的影响要大于低压涡轮。传热动力学的频响带宽最小,这表示传热过程比较缓慢,对发动机动态的影响理应最大,但是考虑到传递函数中的零极点对消以及幅值影响,传热动力学对动态特性的影响要小于转子动力学[12],所以在发动机动态模型中必须考虑转子动力学的影响。

综上所述,在发动机模型计算过程中,转子动力学对动态特性的影响最大,在建模过程中必须包含转子动力学。容积动力学产生的影响最小,若要简化动态计算则优先忽略容积动力学。本模型在发动机动态过程中只考虑两阶转子动力学,忽略容积动力学和传热动力学的影响。

4.3.2　动态共同工作方程

发动机动态仿真与稳态仿真的根本差别在于传动部件是否发生了状态改变,即转子上的功率是否平衡。动态计算是为了求解发动机从一个稳态过渡到另一个稳态之间的状态参数,在动态计算过程中不仅转子之间要符合转子动力学原理,部件之间同样要遵循共同工作方程的约束,这样计算结果才能够符合发动机实际的工作状态。

虽然已经有了发动机组件的动态模型,但是由于动态模型是一个随时间变化的模型,描述发动机从一个稳态过渡到另一个稳态的动态过程,所以还需要设定仿真时间序列,在每一个仿真时刻内要完成对发动机模型的求解,获得当前时刻的发动机输出,并根据仿真控制律要求,得出下一时刻的控制输入,以进行下一时刻的计算。

根据以上分析,在进行航空发动机动态仿真时,其实包含了两层计算,首先内层计算要保证除了高低压转子转速之外的误差符合要求,由于存在高低压转子的不平衡,因此需要将高、低压转子转速对时间的导数作为外循环的驱动,内外循环同步工作,直至发动机过渡到所需工作状态。

动态仿真中的发动机组件模型与稳态仿真中发动机组件模型基本一致,但是由于在过渡态过程中,转子扭矩不再平衡,所以误差方程组中不再包含转子加速度平衡方程,自变量中也不包含转子转速。动态仿真的误差方程如表 4-4 所示。

表 4-4　发动机动态迭代自变量和误差方程

自　变　量	误　差　方　程
W_{in}	$err_N = \dfrac{W_{in} - W_{out}}{W_{in}}$
RL_F	$err_F = \dfrac{W_{in} - Wc_{in}}{W_{in}}$
RL_c	$err_c = \dfrac{W_{in} - Wc_{in}}{W_{in}}$

续 表

自 变 量	误 差 方 程
PR_{HT}	$err_{HT} = \dfrac{W_{41} - W_{HT}}{W_{HT}}$
PR_{LT}	$err_{LT} = \dfrac{W_{45} - W_{LT}}{W_{LT}}$

4.3.3　动态仿真模型搭建

由以上分析可知,实现发动机动态建模需要设置两个独立的循环。其中内循环类似稳态计算,包括了由发动机各部件组成的模型和动态解算器,保证模型在每一个工作点计算收敛;外循环通过欧拉法计算下一时刻转速值,并且利用 PI 控制器控制转速变化值,再送至内循环进行下一时刻的发动机部件模型计算,使得发动机输出转速可跟上期望转速的变化。动态仿真原理如图 4 - 16 所示。

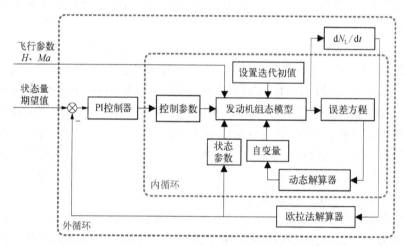

图 4 - 16　动态仿真原理图

1）内循环设置

在稳态计算模型中的基础上加入动态解算器,并控制迭代次数。注意,在动态仿真中转速不再是解算器的一个独立变量,不参与动态解算器的迭代求解,将转子加速度 dN_H/dt、dN_L/dt 输入到模型的外循环,以便计算新时刻转速值。

2）外循环设置

利用欧拉法积分模块计算新时刻的转速值,再将该转速值送入内循环。飞行工况参数输入和燃油指令输入也从外循环进入内循环,便于进行发动机飞行参数的更改和控制器的加入。控制器输入为模型输出转速和期望转速,输出为内循环中燃烧室部件模块的油气比。

在内循环子系统基础上加入期望转速、控制器、欧拉解算器及相应显示模块得到完整的发动机动态仿真系统。

4.3.4　动态求解器

由动态仿真原理图可知,动态解算器是内循环的重要组成部分之一,其主要功能是根据发动机组件模型输出的误差方程对迭代自变量进行修正,多次迭代直至误差方程满足指定要求,完成该时刻的内循环计算。

动态解算器运行流程如图 4 - 17 所示。

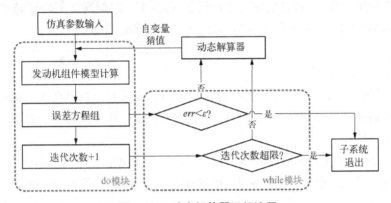

图 4 - 17　动态解算器运行流程

由于在动态仿真中转子扭矩不再平衡,需要考虑转子动力学效应,由转子动力学公式可知,系统需要求解常微分方程,本书采用发动机动态模型中最为常用的欧拉法进行发动机动态仿真过程。

使用欧拉法求解转子动力学公式时,其差分格式如式(4 - 90)所示。

$$\begin{cases} N_{H,k+1} = N_{H,k} + \Delta t \cdot (\mathrm{Trq}_{HC,k} + \mathrm{Trq}_{HT,k}) \dfrac{60}{J_H \cdot 2\pi} \\ N_{L,k+1} = N_{L,k} + \Delta t \cdot (\mathrm{Trq}_{F,k} + \mathrm{Trq}_{LT,k}) \dfrac{60}{J_L \cdot 2\pi} \end{cases} \qquad (4-90)$$

式中, N_H 表示高压转子转速; N_L 表示低压转子转速; Trq_{HC} 表示高压压气机扭矩; Trq_{HT} 表示高压涡轮扭矩; J_H 表示高压转子转动惯量; Trq_F 表示风扇扭矩; Trq_{LT} 表示低压涡轮扭矩; J_L 表示低压转子转动惯量。

在计算下一时刻的转速值 N_{k+1} 时,只用到上一步的计算结果 N_k ,为一步计算格式,其中 $k = 0, 1, \cdots$ 。

4.3.5　动态计算流程

由动态仿真原理可知,动态仿真系统应分为内循环和外循环两部分:内循环中包含发动机组件模型和动态解算器;外循环中包含仿真参数定义、控制器和欧拉法解算器。

首先搭建内循环模块,由于发动机组件模型内部与稳态仿真中一致,这里不再给出其连接图,需要注意的是,在动态仿真中转子加速度 $\dot{N}_H$、$\dot{N}_L$ 不再送入解算器迭代求解,而是输出至外层的欧拉解算器。在该仿真系统中,以低压转子转速为被控制量,采用 PI 控制器对发动机燃烧室油气比进行控制。在任意时刻,首先控制器会根据当前低压转速与期望低压转速值的误差计算需供给的油气比值,将此油气比传入发动机模型,在内循环子系统中完成该时刻的计算;然后,将转速加速度传递至欧拉解算器,对转速加速度进行积分,得到下一时刻高低压转子转速;最后,将该转速值反馈至控制器的输入端,以进行下一时刻的计算。

4.3.6　算例分析

利用搭建好的动态仿真系统对发动机不同状态进行小扰动仿真,即通过对被控量低压转速进行小扰动(反复减小增加同一数值),观察动态运行结果,以验证模型的动态性能。

加、减速仿真条件为 $H = 8\,\mathrm{km}$,$Ma = 0.8$,由于燃油流量 W_f 的变化而引起的高压涡轮前总温 T_4、推力 F_N、耗油率 sfc 的动态变化过程,如图 4-18 所示。

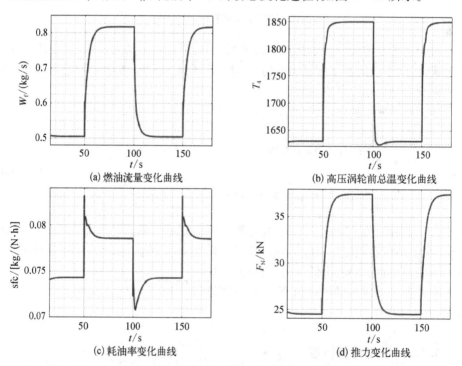

(a) 燃油流量变化曲线　　　　(b) 高压涡轮前总温变化曲线

(c) 耗油率变化曲线　　　　(d) 推力变化曲线

图 4-18　发动机加、减速过程动态仿真曲线

由图 4-18 可知，发动机燃油流量 W_f 增大时，各参数均随之增加，其中 T_4 存在小幅度的超调，这是因为模型中动态计算时忽略了燃烧延迟以及容腔效应的缘故；sfc 也存在超调，这是因为当 W_f 快速变化时，由于存在转子惯性，其他参数如转子转速等存在滞后，导致 F_N 的变化也存在滞后而造成的。在经过短时间波动后，当 W_f 维持不变后，各参数均能较快稳定下来。

动态仿真结果显示，所建立的发动机模型具有良好的动态特性，在不同工作模式和不同飞行状态下，均可实现快速、稳定的发动机调节，可较好地体现发动机小扰动瞬态变化过程，可用于对发动机的实时动态模拟。

4.4　发动机模型线性化方法研究

发动机结构的高度复杂导致直接针对真实发动机设计控制器难度较大，为此需要先进行发动机线性数学模型的研究。同时，由于非线性模型求解困难，所以发动机线性模型是用于控制系统设计与故障诊断研究的重要对象。

4.4.1　模型线性化原理

目前航空发动机的智能控制、故障诊断[13]、智能管理、健康监测等大都是基于线性的控制系统模型而进行的，所以对搭建的发动机非线性模型展开线性化研究尤为必要。

线性化是指在系统工作点处将系统的非线性关系用线性表达近似，系统的非线性越强，线性化所能近似的范围就越小。传统的线性模型是在发动机稳态工作条件下，利用小偏离线性化原理将发动机强非线性近似呈线性关系[14]。通常建立发动机线性模型的方法有偏导数法和拟合法。

偏导数法的思路是将发动机的非线性气动热力学模型在稳态平衡点处通过泰勒级数展开并忽略二阶和二阶以上的高次项，得到初步的线性模型，之后通过对稳态点处发动机的各状态变量取小范围摄动以此来近似获得线性模型中的系数，从而得到该平衡点处的线性模型。这种方法的缺点在于，在对稳态点处各状态变量取小范围摄动时要人为地保证其他状态变量保持不变，但由发动机模型计算可知当某一状态变量出现摄动时，为保证发动机各部件状态平衡，其他状态量也会相应地产生变化。这种人为地保持其他状态变量不变，背离了发动机实际的工作状态，所以利用偏导数法求取发动机的线性模型势必会产生误差。

拟合法利用发动机在某稳态平衡点处的小偏差响应，通过数据拟合的方式求得该稳态点的线性状态变量模型，克服了偏导数法从基本原理上产生的建模误差。线性拟合法利用已知的状态序列来构建系统矩阵与模型响应之间呈线性关系的目标函数，从而使非线性最小二乘问题转化为线性最小二乘问题，避免了非线性最小二乘问题中的初值问题,提高了建模稳定性及可靠性。

　　然而,对于航空发动机这种大工作范围的系统而言,单一的稳态点线性化很难满足整个工作包线内的需求,而在不同的稳态条件下利用小偏离线性化得到的分段线性模型只能模拟真实发动机在稳态点附近的工作情况,一旦发动机远离稳态点,线性模型的效果会越来越差,即线性模型存在置信区域。所以如何就发动机工作状态进行分段设计会直接影响线性模型的效果。此外,分段线性模型还需要合理有效的调度机制,保证在任意时刻都能使调度模型为最优解,这样才能够真正发挥线性模型的优势。

　　总之,由于目前现有的基于小偏离方式得到的稳态点的线性化模型不能准确地描述发动机动态工作状态,所以,本书对发动机模型线性化的研究工作旨在建立具有实时性的精确线性模型,使线性模型准确描述远离平衡位置的非线性动态,对现有发动机模型进行进一步改善。

4.4.2　发动机解析线性化方法

1. 解析线性化原理

　　线性化的一般条件是系统函数在线性化区域内连续且系统在目标工作点小范围内运行,即在线性化的置信范围内,由线性化所带来的对稳态状态描述的误差可以忽略不计。但是随着动态工作线逐渐远离稳态工作线,原本用于稳态点附近的线性估计值将会与非线性状态值产生越来越大的误差。

　　图 4-19 所示为特性图上的稳态工作线(蓝色)与动态工作线(红色),在分段线性模型中通常使用稳态点 B 和稳态点 C 处的斜率的加权和作为 A 点斜率的估计值,当动态工作线上点 A' 远离稳态点时,估计值会与真实值相去甚远。随着系统阶数的增加,这种由稳态工作点线性化得到的线性模型对动态过程的估计将会越来越不可信。

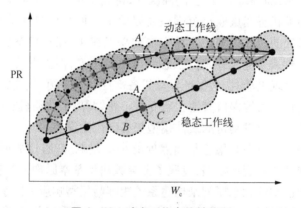

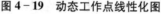

图 4-19　动态工作点线性化图

为了弥补线性模型不能准确描述发动机过渡态过程中的参数变化的不足,本书使用在动态工作线上对动态点进行线性化的方法。与传统的稳态线性化方法相比,沿着动态工作线能得到更加吻合动态点的线性模型,从而得到对动态过程更加准确的估计,此外,这种针对每个动态工作点的实时线性化方案也避免了调度分段线性模型的麻烦。

解析线性化模型是基于其非线性描述建立起来的,该建模方法从非线性模型底层方程着手,紧密贴合发动机工作的物理原理,提供了一个分析发动机动态的全新角度。虽然解析线性化模型可能会因为部分简化造成准确性的降低,但是它依旧提供了一个比数字线性化更加简单的计算方案。此外,由于修改发动机非线性描述方程较为容易,使得结合发动机健康退化或其他外部因素对解析线性模型进行修改变得相对简单。

发动机模型的解析线性化通过两个步骤实现,如图 4-20 所示。第一步是针对发动机非线性模型作简化假设,将发动机的描述方程转化成可解析线性化的代数表达式;第二步是通过对这些代数表达式进行泰勒展开来获得发动机线性模型。只要发动机模型用合适的形式表示,就可以使用解析线性化方法求解其线性模型,比如典型的降阶形式,其代数表达式是关于全部输入与输出之间的关系式。

图 4-20　发动机线性化方法

图 4-21 是线性化过程的示意图,对工作点 (x_0, z_0, u_0) 的线性化会产生一个有效区域,利用该点求得的线性模型对区域内的点 (x', z', u') 进行计算可以得到较为准确的输出估计,但是对于区域外的工作点,仍然用 (x_0, z_0, u_0) 求得的线性

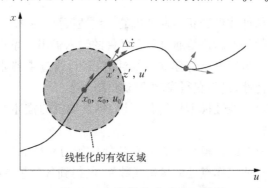

图 4-21　线性化过程释义图

模型对其进行估计则会产生较大误差,导致估计结果不可信。图中箭头表示当前点状态函数的值,曲线表示系统的工作轨迹。

与传统小扰动法直接得到的整机线性模型相比,组态线性化方法相较于目前常用的稳态点线性模型的方法有两方面的优势:① 基于平衡点和动态点的实时线性化能够更加准确地描述发动机动态过程;② 基于泰勒级数展开的解析线性化方法在求解系统线性模型的过程中能够体现系统工作过程的物理学原理,并且具有运算效率高、模型修改灵活等特点。

2. 线性化的简化假设

为了得到发动机关于动态工作点的有效的线性模型[15],在对发动机模型进行线性化的过程中,如何将非线性模型转化成可解析线性化的形式是尤为重要的。因此,本节提出相关简化假设,使上节中建立的非线性模型能够转化成目标形式。对于模型而言,首先对各部件进行简化,然后对部件进行整合,使得简化的内容保留至整机模型。下面提出的简化假设将被应用于发动机各个部件,使部件模型简化成可解析线性化的形式。

(1)假设气体为理想气体,则气体的状态方程可写为

$$p = \rho R T \tag{4-91}$$

由式(4-91)可知,理想气体的焓值只是温度的函数,与压力无关,即

$$dH = C_p(T)dT \tag{4-92}$$

(2)假设气体特性参数 C_p 和 γ 在部件内部计算的单步长与温度无关,即在计算过程中气体特性参数表现为常数。但是,考虑到部件之间由于温度的不同所引起的气体性质的改变,所以假设各部件气体特性参数不同但在部件内部计算时相同。于是,焓值计算公式可进一步简化为如下形式:

$$H = C_p T \tag{4-93}$$

3. 线性化步骤

(1)首先利用部件建模法获得发动机的非线性模型,由4.2节与4.3节可知,发动机部件法建模的基本思路是通过各个部件的输入输出关系和部件之间的气动约束关系建立模型。由约束条件建立非线性方程组,通过求解非线性方程组即可获得发动机的输出特性,进而获得发动机的数学模型。

(2)针对发动机非线性模型作简化假设,将发动机的描述方程转化成可解析线性化的代数表达式。

(3)获得发动机非线性模型后将发动各部件作为简单的静态系统,通过对这些非线性表达式在当前工作点处的泰勒级数展开,得到各分量的线性模型,即通过对各独立分量输入输出的偏导数,实现各分量的线性化。

发动机线性模型是由部件线性模型按照发动机实际结构整合而来,可以将部件线性模型自由地组合成任意目标发动机的状态空间模型。只要发动机模型用合适的形式表示,就可以使用解析线性化方法求解其线性模型。

由于发动机模型线性化原理是在系统工作点处将系统的非线性关系用线性表达近似,系统的非线性性越强,线性化所能近似的范围就越小。线性化的一般条件是系统函数在线性化区域内连续且系统在目标工作点小范围内运行,即在线性化的置信范围内。

综上所述,本书所提出的线性化方法相较于目前常用的获取线性模型方法的优势如下:① 基于平衡点和动态点的实时线性化能够更加准确地描述发动机动态过程;② 以部件法建立的发动机模型从理论上可具有较高的精度;③ 基于泰勒级数展开的解析线性化方法在求解系统线性模型的过程中能够体现系统工作过程的物理学原理,并且具有运算效率高、模型修改灵活等特点。

4.4.3　线性化算法

对于发动机非线性系统,可以由式(4-94)表示。

$$\begin{cases} \dot{x} = f(x, z, u) \\ \dot{z} = m(x, z, u) \\ y = g(x, z, u) \end{cases} \tag{4-94}$$

其中,x 为状态;u 为输入;y 为输出;z 为系统的中间变量;f 表示系统的状态函数;m 为中间变量函数;g 表示系统的输出函数。

系统状态量:

$$x = \begin{bmatrix} N_{\mathrm{H}} & N_{\mathrm{L}} \end{bmatrix}^{\mathrm{T}} \tag{4-95}$$

常规的航空发动机双变量控制系统,控制变量为燃烧室燃油流量及尾喷管喉部面积,即控制量为

$$u = \begin{bmatrix} W_{\mathrm{f}} & A_8 \end{bmatrix}^{\mathrm{T}} \tag{4-96}$$

发动机所选取的输出参数为

$$y = \begin{bmatrix} N_{\mathrm{L}} & N_{\mathrm{H}} & T_{25} & T_{45}^* & P_3^* \end{bmatrix}^{\mathrm{T}} \tag{4-97}$$

由于本书中只考虑两阶转子动力学,忽略容积动力学和传热动力学的影响,所以发动机各容腔内其所涉及的流量、温度和压力参数在进出口处相同,即

$$\dot{z} = g(x, z_0, u) = 0 \tag{4-98}$$

其中,x 表示发动机的转子动力学参数;z 表示容积动力学参数;动态系统非线性模型结构如图 4-22 所示。

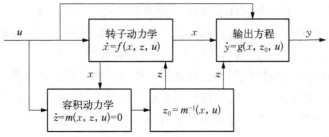

图 4 - 22　发机动态非线性系统

取非线性系统的任一工作点 (x_0, z_0, u_0)，此时系统可表示为

$$\begin{cases} \dot{x}_0 = f(x_0, z_0, u_0) \\ \dot{z}_0 = m(x_0, z_0, u_0) = 0 \\ y_0 = g(x_0, z_0, u_0) \end{cases} \qquad (4-99)$$

对动态函数和中间变量函数在当前选取的工作点附近一点 (x', z', u') 用泰勒级数展开至当前点 (x_0, z_0, u_0)，略去高阶项，可以得到如下表达式：

$$f(x', z', u') = f(x_0 + \Delta x, z_0 + \Delta z, u_0 + \Delta u)$$
$$\approx f(x_0, z_0, u_0) + \frac{\partial f}{\partial x}\bigg|_0 \Delta x + \frac{\partial f}{\partial z}\bigg|_0 \Delta z + \frac{\partial f}{\partial u}\bigg|_0 \Delta u$$
$$= f(x_0, z_0, u_0) + A'\Delta x + F\Delta z + B'\Delta u$$

$$(4-100)$$

$$m(x', z', u') = m(x_0 + \Delta x, z_0 + \Delta z, u_0 + \Delta u)$$
$$\approx m(x_0, z_0, u_0) + \frac{\partial m}{\partial x}\bigg|_0 \Delta x + \frac{\partial m}{\partial z}\bigg|_0 \Delta z + \frac{\partial m}{\partial u}\bigg|_0 \Delta u$$
$$= m(x_0, z_0, u_0) + M\Delta x + K\Delta z + L\Delta u$$

$$(4-101)$$

因为式中 $m(x, z, u) = 0$，所以中间变量函数的展开式可表示成：

$$M\Delta x + K\Delta z + L\Delta u = 0 \qquad (4-102)$$

即

$$\Delta z = -K^{-1}M\Delta x - K^{-1}L\Delta u \qquad (4-103)$$

将式 $(4-103)$ 代入式 $(4-100)$ 可得简化展开式：

$$f(x', z', u') \approx f(x_0, z_0, u_0) + (A' - FK^{-1}M)\Delta x + (B' - FK^{-1}L)\Delta u$$
$$= f(x_0, z_0, u_0) + A\Delta x + B\Delta u$$

$$(4-104)$$

从而得到系统的状态：

$$\Delta \dot{x} = f(\dot{x},\ \dot{z},\ \dot{u}) - f(x_0,\ z_0,\ u_0) = A\Delta x + B\Delta u \qquad (4-105)$$

输出函数在有效区域内对工作点 $(x_0,\ z_0,\ u_0)$ 的泰勒级数展开可以用下式表示，略去高阶项，如下：

$$
\begin{aligned}
g(x',\ z',\ u') &= g(x_0 + \Delta x,\ z_0 + \Delta z,\ u_0 + \Delta u) \\
&\approx g(x_0,\ z_0,\ u_0) + \left.\frac{\partial g}{\partial x}\right|_0 \Delta x + \left.\frac{\partial g}{\partial z}\right|_0 \Delta z + \left.\frac{\partial g}{\partial u}\right|_0 \Delta u \\
&= g(x_0,\ z_0,\ u_0) + C'\Delta x + E\Delta z + D'\Delta u \\
&= g(x_0,\ z_0,\ u_0) + (C' - EK^{-1}M)\Delta x + (D' - EK^{-1}L)\Delta u \\
&= g(x_0,\ z_0,\ u_0) + C\Delta x + D\Delta u
\end{aligned}
$$

$$(4-106)$$

于是有

$$\Delta y = g(x',\ z',\ u') - g(x_0,\ z_0,\ u_0) = C\Delta x + D\Delta u \qquad (4-107)$$

得到发动机系统的状态空间方程：

$$\begin{cases} \Delta \dot{x} = A\Delta x + B\Delta u \\ \Delta y = C\Delta x + D\Delta u \end{cases} \qquad (4-108)$$

建立了部件线性模型后，根据发动机的结构，通过对部件模型的匹配，合理地选择输入、输出及中间状态参数，按照发动机实际结构将部件线性系数矩阵串联起来，可得到发动机的整体线性模型。如图 4-23 所示。

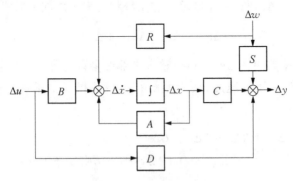

图 4-23　系统线性模型

$$\begin{cases} \Delta \dot{x} = A\Delta x + B\Delta u + R\Delta w \\ \Delta y = C\Delta x + D\Delta u + S\Delta w \end{cases} \qquad (4-109)$$

其中，w 表示发动机系统流入空气参数。

以高低压转子转速为动态的发动机动态模型,其输入输出变量的完整描述如下所示:

$$w = \begin{bmatrix} P_{t2} \\ T_{t2} \end{bmatrix} \quad y = \begin{bmatrix} x \\ z \\ y' \end{bmatrix} \tag{4-110}$$

其中:

$$y'_{(9\times1)} = \begin{bmatrix} \tau_F & \tau_C & \tau_{TH} & \tau_{TL} & v_9 & F \end{bmatrix}^{\mathrm{T}} \tag{4-111}$$

$$z_{(27\times1)}^{\mathrm{T}} = \begin{bmatrix} W_2 & W_{23} & T_{t_{23}} & P_{t_{23}} & RL_F & W_{25} & T_{t_{25}} & P_{t_{25}} & W_3 & T_{t_3} & P_{t_3} & RL_C \end{bmatrix}$$

$$W_4 \quad T_{t_4} \quad P_{t_4} \quad W_{45} \quad T_{t_{45}} \quad P_{t_{45}} \quad \pi_{TH} \quad W_5 \quad T_{t_5} \quad P_{t_5} \quad \pi_{TL} \quad W_9 \big]$$

$$\tag{4-112}$$

系统的输出向量由系统状态量(低压与高压转子转速)、部件参数(功、总温、总压)、联动参数(转子扭矩)及性能参数(推力和排气速度)组成,为了方便起见,将迭代解算器输出的参数如压气机 R 线和涡轮落压比数据加入部件参数中共同组成系统的输出向量。按照输入输出及中间参数的组成可以将部件线性系数矩阵组合成如下形式:

$$K_{(n\times n)} \Delta z_{n\times 1} + M_{(n\times m)} \Delta x_{(m\times 1)} + L_{(n\times m)} \Delta u_{(m\times 1)} = 0 \tag{4-113}$$

因为 K 矩阵的各行元素相互独立,所以 K 矩阵本身可逆。在部件组合的过程中,由于部件间的不相关性会导致矩阵 K 的大量元素为零,基于这一点可以优化矩阵运算的算法来提高整机状态空间模型的求取速度。

部件参数向量 Δz 可以由系统输入和系统状态表示成如下形式:

$$\Delta z = -K^{-1}(L\Delta u + M\Delta x) \tag{4-114}$$

扭矩和性能参数向量 $\Delta y'$ 也可以整合进部件参数向量 Δz 中,但为了降低 K 矩阵的维数,提高矩阵运算速度,便于系统状态空间模型的求解,这里将 $\Delta y'$ 单独列出。

$$\begin{aligned} \Delta y' &= E\Delta z + F\Delta u + G\Delta x \\ &= (-EK^{-1}M + G)\Delta x + (-EK^{-1}L + F)\Delta u \end{aligned} \tag{4-115}$$

结合发动机转子动态方程,整机的状态方程可写成:

$$\begin{aligned} \Delta \dot{x} &= P\Delta y' \\ &= (-PEK^{-1}M + PG)\Delta x + (-PEK^{-1}L + PF)\Delta u \\ &= A\Delta x + B\Delta u \end{aligned} \tag{4-116}$$

系统的输出方程为

$$\Delta y = \begin{bmatrix} \Delta x \\ \Delta z \\ \Delta y' \end{bmatrix} = \begin{bmatrix} E \\ -EK^{-1}M \\ -EK^{-1}M+G \end{bmatrix} \Delta x + \begin{bmatrix} 0 \\ -EK^{-1}L \\ -EK^{-1}L+F \end{bmatrix} \Delta u = C\Delta x + D\Delta u$$

$$(4-117)$$

即得到系统的线性表达式：

$$\begin{cases} \Delta \dot{x} = A\Delta x + B\Delta u \\ \Delta y = C\Delta x + D\Delta u \end{cases} \quad (4-118)$$

4.4.4　线性模型的归一化处理

在 4.4.3 节的线性模型中，由于输入向量 u 和输出向量 y 中的各分量的物理单位均不同，且各物理量的数量级又相差很大，会使求出的矩阵元素在数量级上相差大，导致成为病态矩阵，急剧增大数值计算的误差，对于矩阵求逆而言，后果更为严重。因此，为了消除这种因为物理基准量差别带来的影响，应对模型进行归一化处理。归一化的基本原则是将各参数的绝对变化量转化为基于稳态值的相对变化量。具体步骤如下。

先把状态向量、控制输入向量及输出向量无量纲化。

设 $\dot{X}_i = \dfrac{\dot{x}_i}{x_{iq}}$，$X_i = \dfrac{x_i}{x_{iq}}$，$U_r = \dfrac{u_r}{u_{rq}}$，$Y_m = \dfrac{y_m}{y_{mq}}$，其中 x_{iq}、u_{rq}、y_{mq} 分别为设计点稳态值，x_i、u_r、y_m 为实际值，$i=1,2$，$r=1,2$，$m=1,2,3,4$。由此可知：

$$\begin{aligned} \dot{x}_i &= \dot{X}_i \cdot x_{iq} \\ u_r &= U_r \cdot u_{rq} \\ y_m &= Y_m \cdot y_{mq} \end{aligned} \quad (4-119)$$

将式(4-119)代入状态方程可得

$$\begin{bmatrix} \dot{X}_1 \cdot x_{1q} \\ \dot{X}_2 \cdot x_{2q} \end{bmatrix} = A\begin{bmatrix} X_1 \cdot x_{1q} \\ X_2 \cdot x_{2q} \end{bmatrix} + B\begin{bmatrix} U_1 \cdot u_{1q} \\ U_2 \cdot u_{2q} \end{bmatrix}$$

$$\begin{bmatrix} Y_1 \cdot y_{1q} \\ Y_2 \cdot y_{2q} \\ Y_3 \cdot y_{3q} \\ Y_4 \cdot y_{4q} \end{bmatrix} = C\begin{bmatrix} X_1 \cdot x_{1q} \\ X_2 \cdot x_{2q} \end{bmatrix} + D\begin{bmatrix} U_1 \cdot u_{1q} \\ U_2 \cdot u_{2q} \end{bmatrix} \quad (4-120)$$

上式可改写成如下形式：

$$\begin{bmatrix} x_{1q} & 0 \\ 0 & x_{2q} \end{bmatrix} \begin{bmatrix} \dot{X}_1 \\ \dot{X}_2 \end{bmatrix} = A \begin{bmatrix} x_{1q} & 0 \\ 0 & x_{2q} \end{bmatrix} \begin{bmatrix} X_1 \\ X_2 \end{bmatrix} + B \begin{bmatrix} u_{1q} & 0 \\ 0 & u_{2q} \end{bmatrix} \begin{bmatrix} U_1 \\ U_2 \end{bmatrix}$$

$$\begin{bmatrix} y_{1q} & 0 & 0 & 0 \\ 0 & y_{2q} & 0 & 0 \\ 0 & 0 & y_{3q} & 0 \\ 0 & 0 & 0 & y_{4q} \end{bmatrix} \begin{bmatrix} Y_1 \\ Y_2 \\ Y_3 \\ Y_4 \end{bmatrix} = C \begin{bmatrix} x_{1q} & 0 \\ 0 & x_{2q} \end{bmatrix} \begin{bmatrix} X_1 \\ X_2 \end{bmatrix} + D \begin{bmatrix} u_{1q} & 0 \\ 0 & u_{2q} \end{bmatrix} \begin{bmatrix} U_1 \\ U_2 \end{bmatrix}$$

$$(4-121)$$

因此，

$$\begin{bmatrix} \dot{X}_1 \\ \dot{X}_2 \end{bmatrix} = \begin{bmatrix} x_{1q} & 0 \\ 0 & x_{2q} \end{bmatrix}^{-1} A \begin{bmatrix} x_{1q} & 0 \\ 0 & x_{2q} \end{bmatrix} \begin{bmatrix} X_1 \\ X_2 \end{bmatrix} + \begin{bmatrix} x_{1q} & 0 \\ 0 & x_{2q} \end{bmatrix}^{-1} B \begin{bmatrix} u_{1q} & 0 \\ 0 & u_{2q} \end{bmatrix} \begin{bmatrix} U_1 \\ U_2 \end{bmatrix}$$

$$\begin{bmatrix} Y_1 \\ Y_2 \\ Y_3 \\ Y_4 \end{bmatrix} = \begin{bmatrix} y_{1q} & 0 & 0 & 0 \\ 0 & y_{2q} & 0 & 0 \\ 0 & 0 & y_{3q} & 0 \\ 0 & 0 & 0 & y_{4q} \end{bmatrix}^{-1} C \begin{bmatrix} x_{1q} & 0 \\ 0 & x_{2q} \end{bmatrix} \begin{bmatrix} X_1 \\ X_2 \end{bmatrix}$$

$$+ \begin{bmatrix} y_{1q} & 0 & 0 & 0 \\ 0 & y_{2q} & 0 & 0 \\ 0 & 0 & y_{3q} & 0 \\ 0 & 0 & 0 & y_{4q} \end{bmatrix}^{-1} D \begin{bmatrix} u_{1q} & 0 \\ 0 & u_{2q} \end{bmatrix} \begin{bmatrix} U_1 \\ U_2 \end{bmatrix}$$

由上，令归一化矩阵分别为

$$P_x = \begin{bmatrix} x_{1q} & 0 \\ 0 & x_{2q} \end{bmatrix}, \ P_u = \begin{bmatrix} u_{1q} & 0 \\ 0 & u_{2q} \end{bmatrix}, \ P_y = \begin{bmatrix} y_{1q} & 0 & 0 & 0 \\ 0 & y_{2q} & 0 & 0 \\ 0 & 0 & y_{3q} & 0 \\ 0 & 0 & 0 & y_{4q} \end{bmatrix}$$

则归一化模型：

$$\begin{cases} \dot{X} = A_N X + B_N U \\ Y = C_N X + D_N U \end{cases} \tag{4-122}$$

其中，$A_N = P_x^{-1} A P_x$，$B_N = P_x^{-1} A P_u$，$C_N = P_y^{-1} A P_x$，$D_N = P_y^{-1} A P_u$。

归一化处理相当于对原系统在状态空间进行坐标变换,选择不同的状态变量、输入/输出量描述系统行为。归一化处理对系统内部特性和外部特性的影响分析如下。

原系统的特征方程为

$$| \lambda I - A | = 0 \tag{4-123}$$

传递函数矩阵为

$$G(s) = C(SI - A)^{-1} + DG(s) = C(SI - A)^{-1} + D \tag{4-124}$$

归一化系统的特征方程为

$$| \lambda I - A_N | = | \lambda I - P_x^{-1}AP_x | = 0 \tag{4-125}$$

而

$$| \lambda I - P_x^{-1}AP_x | = | P_x^{-1}(\lambda I - A)P_x | = | P_x^{-1} \| \lambda I - A \| P_x | = | \lambda I - A | = 0$$

传递函数矩阵为

$$\begin{aligned} G_N(s) &= P_y^{-1}CP_x(SI - P_x^{-1}AP_x)^{-1}P_x^{-1}BP_u + P_y^{-1}DP_u \\ &= P_y^{-1}CP_x[P_x^{-1}(SI - A)P_x]^{-1}P_x^{-1}BP_u + P_y^{-1}DP_u \\ &= P_y^{-1}C(SI - A)^{-1}BP_u + P_y^{-1}DP_u \\ &= P_y^{-1}[C(SI - A)^{-1}B + D]P_u \end{aligned} \tag{4-126}$$

归一化处理不改变系统的特征值,但会改变系统的传递函数矩阵。

得出系统的状态空间方程后,因为控制输入已知,故可用 $y(t) = y_0(t) - D(t)u(t)$ 进行变换,系统的状态空间方程可写为

$$\begin{cases} \dot{x}(t) = A(t)x(t) + B(t)u(t) \\ y(t) = C(t)x(t) \end{cases} \tag{4-127}$$

4.4.5　算例分析

仿真验证包括部件级验证以及整机验证,不同级别的验证又包含稳态验证与动态验证。本节对基于传统小偏离线性化方法与分部线性化方法两种线性化分析方法分别对线性化模型进行验证和评估。

1. 验证方法

线性模型的验证分为稳态验证和动态过程验证两部分。稳态精度验证是为了分析线性模型从原稳态点过渡到新稳态点时线性模型与非线性模型之间产生的偏差。

稳态验证一般采用小扰动法,即验证线性模型在原稳态点附近小范围内受扰

后能否与非线性模型计算结果保持一致。对于部件验证而言,着重考虑扰动出现后部件参数在回稳过程中线性模型与非线性模型的差异;而对于整机而言,主要考察在不同状态下线性模型产生的稳态误差情况。两种验证方法从过程到结果对解析线性模型进行了较为全面的验证,使分析结果更加具有说服力。

动态精度验证是分析线性模型在过渡状态下跟随非线性模型的能力。当发动机处于大范围加减速的过渡状态,发动机的状态在特征图上有大跨度的变化。分别对非线性模型和线性模型进行计算,并通过比较各部件的状态参数来评价线性模型的精度。通过计算非线性模型的响应与线性模型估计值的差值,得到线性模型的精度,如图 4 - 24 所示。

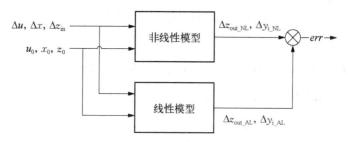

图 4 - 24　线性模型精度验证原理图

高低压转子转速 N_H 和 N_L 是所选模型的两个状态变量,燃油流量 W_f、W_{fa} 为输入变量。即

$$x = \begin{bmatrix} N_H \\ N_L \end{bmatrix}, \ u = \begin{bmatrix} W_f \\ A_8 \\ A_{163} \end{bmatrix} \tag{4-128}$$

为了避免非线性响应增量形式引起的误差波动过大,使误差分析失去意义,采用如下所示的仿真过程中非线性响应的最大变化量对误差进行归一化,形成最终误差。

$$err = \frac{\Delta y_{AL} - \Delta y_{NL}}{\Delta y_{NL}} \tag{4-129}$$

2. 部件验证

1)稳态点阶跃验证

对低压转子加入±0.5%阶跃,仿真结果如图 4 - 25 所示。

由仿真结果可知,除流量外,误差总体能够界定在 5% 以内,其中温度、压力和扭矩的误差除阶跃点外能够界定在 1% 以内,阶跃点处误差不超过 10%,说明线性模型在小范围阶跃输入下拥有较高的精度。

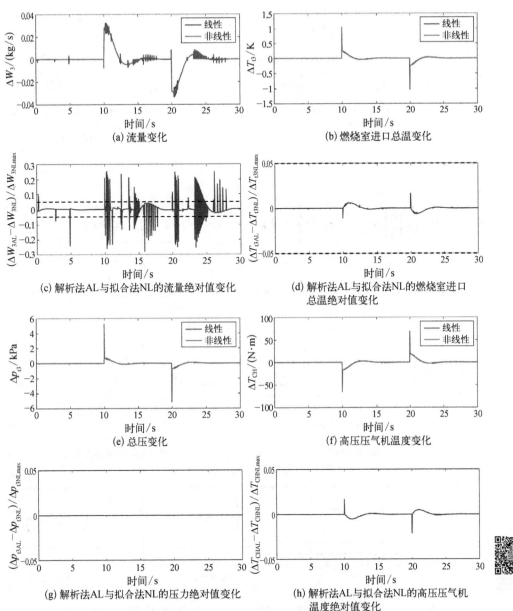

图 4-25　发动机高压压气机稳态模型验证对比图

2）动态验证

大范围加减速过渡状态仿真结果如图 4-26 所示。

从发动机大范围过渡态的整体仿真效果来看,部件线性模型的计算误差基本可以界定在 5% 以内,除振荡段误差较为明显外,数据平滑区域的误差较小,部件线性模型的精度较高。

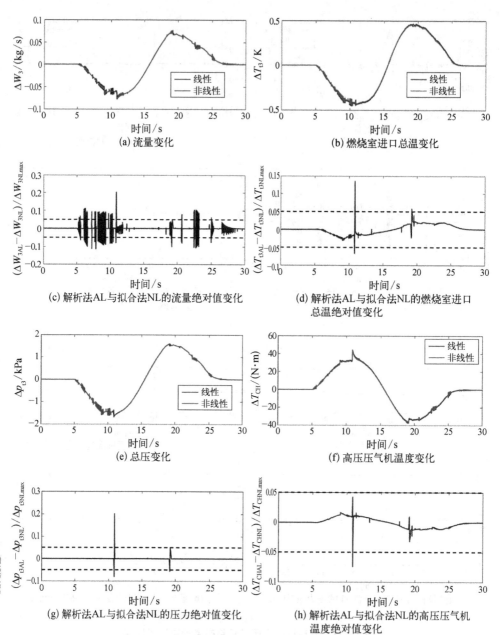

(a) 流量变化

(b) 燃烧室进口总温变化

(c) 解析法AL与拟合法NL的流量绝对值变化

(d) 解析法AL与拟合法NL的燃烧室进口
总温绝对值变化

(e) 总压变化

(f) 高压压气机温度变化

(g) 解析法AL与拟合法NL的压力绝对值变化

(h) 解析法AL与拟合法NL的高压压气机
温度绝对值变化

图 4-26　发动机高压压气机动态模型验证对比图

3. 整机验证

1) 稳态验证

在 $H=0\,\mathrm{km}$，$Ma=0$ 条件下，分别求取了不同稳态条件下的高低压转子转速的稳态误差，结果如表 4-5 所示。

表 4-5　发动机稳态工作点参数及误差

	W_f / (kg/s)	N_{m_L} / (r/min)	N_{m_H} / (r/min)	解 析 法 误 差		拟 合 法 误 差	
				低压转子	高压转子	低压转子	高压转子
1	0.272 16	2 669.125	6 666.020	0.003 4	0.001 9	0.000 2	0.000 7
2	0.317 52	2 789.850	6 765.991	0.002 1	0.022 4	0.002 6	0.009 6
3	0.362 88	2 901.320	6 856.176	0.010 2	0.009 2	0.000 2	0.000 1
4	0.408 24	2 999.701	6 938.191	0.020 1	0.004 5	0.000 4	0.004 4
5	0.453 60	3 090.144	7 012.782	0.000 4	0.008 6	0.000 2	0.001 1
6	0.498 96	3 167.525	7 079.330	0.000 5	0.080 4	0.000 8	0.004 4
7	0.544 32	3 235.881	7 160.294	0.020 0	0.072 7	0.000 1	0.004 3
8	0.589 68	3 300.929	7 238.733	0.035 3	0.002 2	0.000 6	0.002 8
9	0.635 04	3 360.746	7 315.372	0.020 5	0.015 9	0.000 2	0.000 1
10	0.680 40	3 420.198	7 386.443	0.006 8	0.088 0	0.001 1	0.005 5

　　从表中可以看出,在十种不同的发动机稳态工作点处,解析线性模型相比于拟合线性模型稳态误差较大。

　　稳态验证结果表明,解析线性化方法在稳态状态下的性能要逊于拟合法,但依旧在可接受范围内。但是,解析线性化方法拥有的灵活性和原理可见性是拟合法不能比拟的。所以可以用解析法代替传统小扰动线性化方法,在牺牲部分性能的情况下充分体现模型计算机理。

　　2) 动态验证

　　转子在瞬态状态下的动态变化如图 4-27 所示。加速度增量的变化量是发动机线性模型状态方程的输出。整个发动机模型的输出参数中包含了各种截面参数。根据发动机线性模型的推导过程,发动机截面参数的变化不仅受相应部件的影响,还受其他部件参数变化的影响。

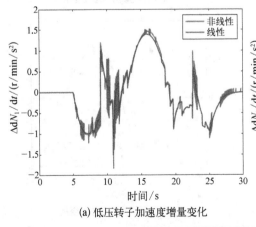

(a) 低压转子加速度增量变化　　　　　(b) 高压转子加速度增量变化

图 4-27　转子在瞬态状态下的动态变化

　　整个发动机可以反映各部件之间耦合对参数的影响,各部件之间的相互作用也反映了发动机是一个完整的系统。在大范围过渡态工作条件下,通过部件计算可以得到每一时刻下发动机的状态空间模型。整机线性模型的仿真验证结果如图4－28和图4－29所示。

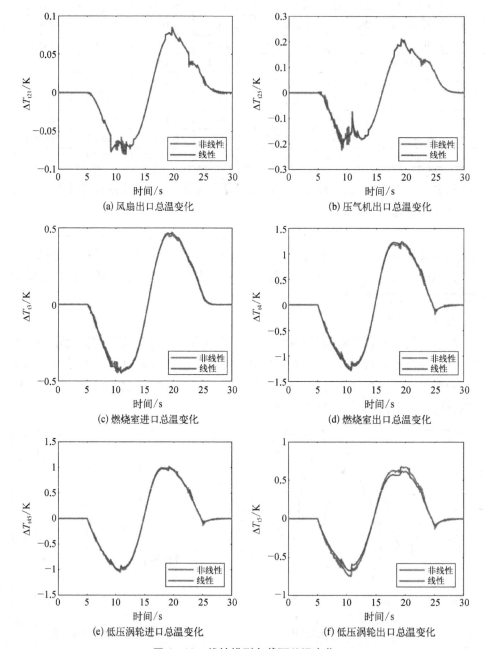

图 4－28　线性模型各截面总温变化

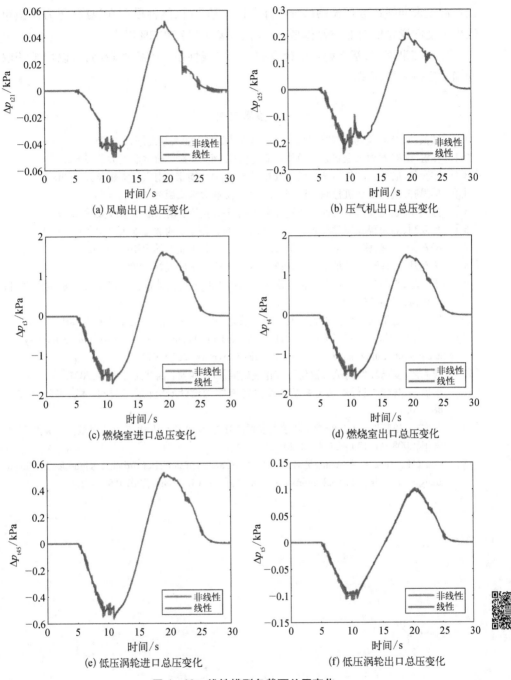

图 4 - 29 线性模型各截面总压变化

从图 4 - 28 和图 4 - 29 可以看出,线性模型输出较非线性模型输出差别不大,说明线性系数矩阵能够较好地对应非线性模型。除燃烧室进出口温度和低压涡轮出口温度及非线性数据振荡部分的计算误差稍大外,线性模型在温度、压力及扭矩输出上能够紧密贴合非线性模型,计算误差基本界定在2%以内。

仿真结果表明,基于解析法计算的发动机线性模型准确性较高,可以用于获取准确的实时线性模型。

参考文献

[1] 廉筱纯,吴虎.航空发动机原理[M].西安:西北工业大学出版社,2005.

[2] 张键.航空发动机全状态建模技术研究[D].南京:南京航空航天大学,2009.

[3] 陶金伟.航空发动机组态建模仿真技术研究[D].南京:南京航空航天大学,2009.

[4] 樊思齐.航空发动机控制[M].西安:西北工业大学出版社,2008.

[5] 孙龙飞.航空发动机组件化建模技术研究[D].南京:南京航空航天大学,2008.

[6] 楚武利,刘前智,胡春波.航空叶片机原理[M].西安:西北工业大学出版社,2009.

[7] 冯青,李世武,张丽.工程热力学[M].西安:西北工业大学出版社,2006.

[8] 王新月.气体动力学基础[M].西安:西北工业大学出版社,2006.

[9] 朱正琛,李秋红,王元,等.基于微分进化算法的航空发动机模型修正[J].航空发动机,2016,42(1):53−58.

[10] 姚华.航空发动机全权限数字电子控制系统[M].北京:航空工业出版社,2014.

[11] Gou L F, Shen Y W, Zheng H, et al. Multi-fault diagnosis of an aero-engine control system using joint sliding mode observers[J]. IEEE Access, 2020(99):1.

[12] 曾宪艺.变循环发动机可视化组态建模研究[D].西安:西北工业大学,2021.

[13] 李硕,缑林峰.飞行器动力系统多变量控制结构设计研究[J].测控技术,2015,34(2):88−90.

[14] 周文祥,单晓明,耿志东,等.自寻优求解法建立涡轴发动机状态变量模型[J].航空动力学报,2008,23(12):2314−2320.

[15] Gou L F, Zeng X Y, Wang Z H, et al. A linearization model of turbofan engine for intelligent analysis towards industrial internet of things[J]. IEEE Access, 2019(99):1.

第5章
航空发动机全寿命大包线数学模型

5.1 引 言

第4章建立了基于小偏离线性化原理的航空发动机线性化模型,能有效用于控制系统设计以及故障诊断任务。然而,这样的数字模型对于实际运行的航空发动机的描述仍有较大的偏差,需要进行一定的修正或替换以满足精度需求。

首先,其没有考虑发动机性能健康的退化问题。随着发动机工作循环次数的增加,由于自然磨损、疲劳、积垢等原因,发动机的部分性能会缓慢偏离额定的状态。因此,基于额定工作状态建立的线性化模型无法满足发动机全寿命过程的拟合精度。本章首先引入发动机的健康参数来模拟发动机性能的健康退化,建立航空发动机自适应数字模型以对其全寿命范围进行拟合。

其次,这样的线性模型只能在所选取的稳态点小范围内满足精度需求,离稳态点越远则误差越大。虽然采用增益调度的方法可以选取多个稳态点并在其间进行插值,在工程应用中也能取得一定的求解精度,然而这样的控制系统无法在理论上满足稳定性的证明要求。因此,建立航空发动机在大包线范围内的数字模型成为控制系统及其故障诊断任务的一项重要技术。线性变参数(linear parameter varying,LPV)系统是一种能够随着时变参数的变化,描述系统非线性特性的线性系统,可以描述非线性系统在整个变参数上的所有特性,其在航空发动机模型研究中有着特殊优势。因此本章以发动机精确的部件级非线性数学模型为基础,建立组合发动机LPV模型以描述组合发动机大偏离动态过程工作特性。

最后,值得注意的是,由于航空发动机的强非线性,复杂的动态特性,并且考虑到时刻存在噪声、干扰的影响,要对其进行精确的数学建模是很困难的。在系统建模时,通常要对模型给定一些必要合理的理想化假设,并在此基础上进行合理简化。因此,在故障诊断中,所应用的模型势必与实际的发动机对象存在着偏差,即模型存在不确定性。不确定因素是影响系统故障诊断性能的重要原因。因此,本章最后系统地针对模型不确定性的成因、数学描述以及其对故障诊断的影响进行分析并给出相应的解决方案。

5.2　航空发动机自适应模型建立

5.2.1　发动机性能健康退化参数

发动机的健康退化是指发动机在工作数个循环之后,由于自然磨损、疲劳、积垢等原因所引发的正常的老化现象,此时发动机的部分性能将会缓慢地偏离额定状态[1]。以涡轮部件为例,当其随发动机服役数个周期之后,其工作效率将会发生缓慢下降,即将具有高温、高压的燃气转换为机械能的能力将会有所降低,但仍能为风扇或压气机部件提供相应的动力,使其工作在一定的平衡状态下,此时由于并不影响发动机正常的工作,因此,并不将这一现象视为故障。

发动机性能的健康退化最终表征在不同转子部件的工作效率和流通量的改变上,即可以从风扇、压气机以及涡轮部件的效率系数或者流量系数的变化来揭示发动机性能的健康退化程度,我们将这些表征发动机性能健康退化能力的参数称为健康参数。

在实际操作中,上述健康参数都难以乃至无法被测量,而发动机各截面的压力、温度、转速等参数则相对比较容易通过测量获得,通常将这些容易获得的压力、温度、转速参数称为测量参数。当发动机工作环境不发生改变时,健康参数的改变会导致测量参数发生相应的变化,且两者之间通过气动热力学关系相互联系。此时,我们可以利用发动机的测量参数来监测发动机的健康参数,从而监视发动机当前的健康程度[2]。

在本书中,定义健康参数向量为 h,其中的健康参数分别为压气机效率变化量 e_{HPC} 和流量的变化量 f_{HPC}、高压涡轮效率变化量 e_{HPT} 和流量的变化量 f_{HPT},即 $h = [e_{HPC}, f_{HPC}, e_{HPT}, f_{HPT}]$。

5.2.2　基于 IHKF 的发动机机载自适应模型

在第 4 章所建立的发动机状态变量模型中,其参数均基于未发生健康退化的发动机额定工作状态,因此该模型只能反映发动机的额定工作过程。在实际工作过程中,当发动机随飞机服役数个航班之后,其气路部件将会不可避免地发生健康退化,此时,所建的基于额定工作状态的发动机状态变量模型将无法满足实际的发动机非额定工作状态[3]。为解决这一问题,本书在考虑健康参数的基础上,同时考虑发动机在实际工作过程中所受的噪声影响,在某个健康稳态基准点 (x_0, u_0, y_0, h_0),建立能反映发动机性能健康退化下增广的线性状态变量模型如式(5 - 1)所示。

$$\Delta \dot{x} = A\Delta x + B\Delta u + L\Delta h + w$$
$$\Delta y = C\Delta x + D\Delta u + M\Delta h + v \tag{5 - 1}$$

式中，A、B、C、D、L、M 为待求的系数矩阵；w 为系统噪声；v 为测量噪声；h 为健康参数向量。

上述 w 与 v 皆为不相关的高斯白噪声，其均值均为 0，协方差矩阵为对角阵 Q 和 R，即满足条件如下：

$$E(w) = 0 \quad E[ww^{\mathrm{T}}] = Q$$
$$E(v) = 0 \quad E[vv^{\mathrm{T}}] = R \tag{5-2}$$

具有增广形式的状态变量模型只能反映当健康参数发生改变时，会引起发动机相应状态变量以及输出量的改变，且在实际测量过程中，只能得到相应传感器的测量参数，而 Δh 不能直接获得，因此，我们需要设计相应的最优估计滤波器，以实现健康参数的最优估计。

鉴于发动机的性能健康退化过程相对较为缓慢，因此可以做如下合理假设，即认为 $\Delta \dot{h} = 0$，此时，将健康参数作为状态变量做出进一步变换，式（5-1）可写作式（5-3）形式。

$$\Delta \dot{x}_{\mathrm{aug}} = A_{\mathrm{aug}} \Delta x_{\mathrm{aug}} + B_{\mathrm{aug}} \Delta u + w$$
$$\Delta y = C_{\mathrm{aug}} \Delta x_{\mathrm{aug}} + D_{\mathrm{aug}} \Delta u + v \tag{5-3}$$

式中，$A_{\mathrm{aug}} = \begin{bmatrix} A & L \\ 0 & 0 \end{bmatrix}$；$B_{\mathrm{aug}} = \begin{bmatrix} B \\ 0 \end{bmatrix}$；$C_{\mathrm{aug}} = \begin{bmatrix} C & M \end{bmatrix}$；$D_{\mathrm{aug}} = D$；$\Delta x_{\mathrm{aug}} = \begin{bmatrix} \Delta x \\ \Delta h \end{bmatrix}$。

针对式（5-3）形式中状态量的最优估计，目前最为经典、有效，且在工程实际中应用最广的方法是由美籍匈牙利数学家 Kalman 于 20 世纪 60 年代后期首次提出的 Kalman 滤波器估计方法[4]。

20 世纪 80 年代末，Luppold 首次将发动机机载模型同 Kalman 滤波器结合起来，建立了某型航空发动机的机载自适应模型[5]。其基本工作原理就是通过利用实际所测量得到的发动机真实数据与线性状态变量模型输出的数据之间的差值，乘以一定的权值，以此来修正所估计的状态变量，使得修正后的状态变量与真实的状态变量误差的方差达到最小，从而实现最小方差意义下的最优滤波。通过将估计的状态变量在稳态或者准稳态情况下用于机载模型的在线修正，从而可以实现对真实发动机的有效在线跟踪。

基于 Kalman 滤波器的机载自适应模型中的稳态基准值通常通过插值的方法得到，但当发动机因在服役过程中所出现的性能健康退化或部件故障等因素，使得当其稳态基准值存在一定幅度的偏差时，Kalman 滤波器针对状态变量的估计效果将会出现偏差，从而使得所建机载自适应模型失去其跟踪真实发动机的有效性。

考虑到上述问题，本书建立基于改进的混合卡尔曼滤波器（IHKF）方法的发动机机载自适应模型[6,7]。在本书采用的 IHKF 中,主要包含两部分结构,一部分为基于性能健康退化所建立的气动热力部件级非线性机载发动机模型(nonlinear on-board engine model ,NOBEM),另一部分为分段线性化模型及其对应稳态点的卡尔曼滤波估计器所构成的分段线性化卡尔曼滤波器(piecewise linear Kalman filter,PLKF)。其基本工作原理为利用 NOBEM 的输出作为 PLKF 的稳态基准值,将健康参数做增广,并通过 PLKF 进行在线实时估计,最终反馈给 NOBEM 进行在线实时更新,使其实现对真实发动机的实时跟踪,以此来构建发动机的机载自适应模型。其中,分段线性化模型主要作用是: 通过插值方式保存不同工作状态下的发动机模型参数及其对应的 Kalman 增益矩阵,并基于调度参数 η 进行调度,从而使得 Kalman 滤波器适应发动机的不同工作状态。在本项目的相关研究中,选取调度参数 η 为高压转子转速 N_{H}。

　　本书所建立的发动机机载自适应模型的基本结构示意如图 5-1 所示。

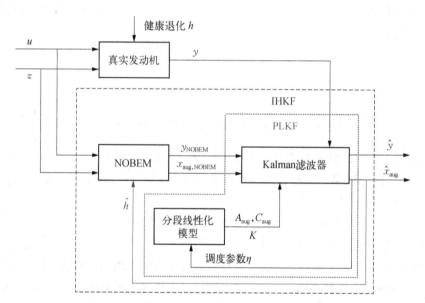

图 5-1　发动机机载自适应模型的基本结构示意图

　　针对式(5-3)的 Kalman 估计方程为

$$\begin{cases} \Delta\dot{\hat{x}}_{\mathrm{aug}} = A_{\mathrm{aug}}\Delta\hat{x}_{\mathrm{aug}} + B_{\mathrm{aug}}\Delta u + K(\Delta y - \Delta\hat{y}) \\ \Delta\hat{y} = C_{\mathrm{aug}}\Delta x_{\mathrm{aug}} + D_{\mathrm{aug}}\Delta u \end{cases} \tag{5-4}$$

式中,K 为 Kalman 滤波增益,且满足方程: $K = PC_{\mathrm{aug}}^{\mathrm{T}}R^{-1}$; P 为 Riccati 方程的解,即有

$$A_{\mathrm{aug}}P + PA_{\mathrm{aug}}^{\mathrm{T}} + Q - PC_{\mathrm{aug}}^{\mathrm{T}}R^{-1}C_{\mathrm{aug}}P = 0 \tag{5-5}$$

通过利用非线性机载模型的健康稳态基准值 (x_{NOBEM}, u, y_{NOBEM}, h_{NOBEM}) 取代式 (5-4) 中的健康稳态基准部分 (x_0, u_0, y_0, h_0), 可以得到 IHKF 计算公式:

$$\begin{cases} \dot{\hat{x}}_{\text{aug}} = A_{\text{aug}}(\hat{x}_{\text{aug}} - x_{\text{aug, NOBEM}}) + K(y - \hat{y}) \\ \hat{y} = C_{\text{aug}}(\hat{x}_{\text{aug}} - x_{\text{aug, NOBEM}}) + y_{\text{NOBEM}} \end{cases} \quad (5-6)$$

式 (5-6) 中并未出现输入向量 u 及其对应的矩阵 B_{aug} 和 D_{aug}, 其原因是, 在机载模型中已经将输入的影响计入其内, 因此不必继续考虑。需要说明的是健康稳态基准部分的 h_0、h_{NOBEM} 为基于发动机性能的健康退化状态下, IHKF 在对应稳态点所估计的健康参数值, 其 IHKF 内部结构如图 5-2 所示。

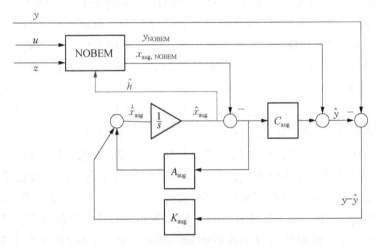

图 5-2　IHKF 内部结构图

5.2.3　机载自适应模型的求解

针对机载自适应模型中的各未知参数, 其中 A_{aug} 与 C_{aug} 可通过求解发动机增广的线性状态变量模型系数矩阵得到, K 为 (A_{aug}, C_{aug}) 对应的 Kalman 增益矩阵, 因此机载自适应模型中各参数的获得重点在于发动机增广的线性状态变量模型系数矩阵的求解。

一般情况下, 发动机线性状态变量模型系数矩阵的求解可以依据其非线性模型进行求解, 其基本方法主要可分为小扰动法[8]和拟合法[9,10]两大类。

小扰动法, 即在建立状态变量模型时, 需要摄动某一个状态变量或输入变量, 并人为地保持其他状态变量或输入变量不变, 以此来求取线性状态变量模型中的系数矩阵中的各个元素, 从而达到求解状态变量模型的目的。但是在发动机实际工作中, 当一个状态变量改变时, 其他的状态变量必然也会发生变化, 所以利用小扰动法建立线性状态变量模型必然会使所建立的模型存在很大误差。

拟合法,即利用发动机在某个稳态平衡点求得的线性状态变量模型的小偏差响应曲线应该与同一点处基于气动热力学的非线性模型的小偏差响应曲线相同的基本原理,通过在各个不同的时刻设置采样点,利用非线性模型的动态响应数据来拟合系统矩阵,使其达到最小二乘意义下的误差最小,该方法能够明显改善建模精度。

$$\begin{cases} \Delta\dot{x} = A'\Delta x + B'\Delta u' + w \\ \Delta y = C'\Delta x + D'\Delta u' + v \end{cases} \tag{5-7}$$

式中,$A' = A$;$B' = \begin{bmatrix} B & L \end{bmatrix}$;$C' = C$;$D' = \begin{bmatrix} D & M \end{bmatrix}$;$\Delta u' = \begin{bmatrix} \Delta u & \Delta h \end{bmatrix}^\mathrm{T}$。

利用拟合法求解发动机线性状态变量模型系数矩阵的基本思路如下。

(1)在某一稳态工作点,取初始的 A'、B'、C'、D',求取式(5-7)在输入量小阶跃作用下的动态响应解析式,即对增广的状态变量模型做每一个输入量的小阶跃,得到非线性发动机模型时间序列响应 $\Delta y(t)$,$t = 0, T, \cdots, nT$,其中,T 为采样周期,n 为采样步长。

(2)在同一稳态工作点处,令非线性模型的输入量与线性状态变量模型输入作同样阶跃变化时,求取发动机的非线性动态响应,得到非线性发动机模型时间序列响应 $\Delta y'(t)$,$t = 0, T, \cdots, nT$,其中,T 为采样周期,n 为采样步长。

(3)以线性状态变量模型应该与非线性模型的动态响应相一致的要求,使用非线性模型所得到的动态响应数据拟合线性状态变量模型的系数矩阵,即分别令步骤(1)中 $t = 0, T, \cdots, nT$,求得相应的输出量相对增量的阶跃响应,应等于步骤(2)中求出的输出量相对增量的阶跃响应。通过利用 MATLAB 优化工具箱中的 lsqnonlin 函数,以系数矩阵中的各元素 A'、B'、C'、D' 为优化变量,以式(5-7)中所得到的阶跃响应与非线性动态响应之间的误差的平方和最小为优化目标,即满足式(5-8),得到最终的线性状态变量模型表达式。

$$\begin{bmatrix} \hat{A}' & \hat{B}' \\ \hat{C}' & \hat{D}' \end{bmatrix} = \arg \min_{\bar{A}, \bar{B}, \bar{C}, \bar{D}} \begin{bmatrix} \Delta y'(t) - \Delta y(t) \end{bmatrix}^\mathrm{T} \begin{bmatrix} \Delta y'(t) - \Delta y(t) \end{bmatrix} \tag{5-8}$$

针对式(5-8)中的非线性关系的最优化求解过程,其初值问题本节考虑如下选取方法。

(1)结合小扰动法,摄动某一个状态变量,并人为地保持其他状态变量和输入量不变,以求取初始的 A'、C'。

(2)基于所求得的 A'、C',利用拟合法步骤(2)中所得到的非线性模型的动态响应的最终稳态值,根据稳态终值响应法求取元素 B'、D' 的初值,以 W_f 为例,其计算公式如式(5-9)所示。

$$\begin{cases} \begin{bmatrix} b_{11} \\ b_{21} \end{bmatrix} = \begin{bmatrix} -a_{22} & a_{12} \\ a_{21} & -a_{11} \end{bmatrix}^{-1} \begin{bmatrix} \Delta \bar{n}_1/\Delta \bar{W}_f \\ \Delta \bar{n}_2/\Delta \bar{W}_f \end{bmatrix} (a_{11}a_{22} - a_{12}a_{21}) \\[6mm] \begin{bmatrix} d_{31} \\ d_{41} \\ d_{51} \\ d_{61} \\ d_{71} \end{bmatrix} = \begin{bmatrix} \Delta \bar{T}_{25}/\Delta \bar{W}_f \\ \Delta \bar{P}_{25}/\Delta \bar{W}_f \\ \Delta \bar{T}_{3}/\Delta \bar{W}_f \\ \Delta \bar{P}s_{3}/\Delta \bar{W}_f \\ \Delta \bar{T}_{45}/\Delta \bar{W}_f \end{bmatrix} + \begin{bmatrix} c_{31} & c_{32} \\ c_{41} & c_{42} \\ c_{51} & c_{52} \\ c_{61} & c_{62} \\ c_{71} & c_{72} \end{bmatrix} \begin{bmatrix} \Delta \bar{n}_1/\Delta \bar{W}_f \\ \Delta \bar{n}_2/\Delta \bar{W}_f \end{bmatrix} \end{cases} \quad (5-9)$$

B'、D' 中其他元素的初值类似 W_f 所对应元素的求取方法,在此不再赘述。

（3）在确定初值以后,基于拟合法选取不同采样时刻,通过上述拟合法中的步骤（1）、（2）、（3）求解得出其系数矩阵中各元素的最优解,从而获得对应的机载自适应模型的解。

5.2.4　算例分析

为验证所建机载自适应模型的精度,在所建某型航空发动机非线性模型后加入高斯白噪声以模拟真实发动机,取参数分别在稳态条件下、开环准稳态条件下对所建机载自适应模型进行仿真验证。

（1）在稳态工作点 $H = 11\,\text{km}$, $Ma = 0.8$,功率为95%的工作状态下,模拟高压压气机效率系数下降0.02,得到机载自适应模型对健康参数的估计结果如图5-3所示,其对于真实发动机的输出的跟踪结果如图5-4所示（限于篇幅,仅以 N_2、T_{45} 为例）。

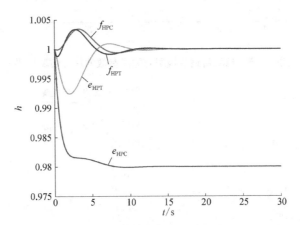

图 5 - 3　机载自适应模型对健康参数的估计仿真结果

（2）在稳态 $H = 11\,\text{km}$, $Ma = 0.8$,功率为95%的工作状态下,同时模拟高压压气机效率系数下降0.02、流量系数下降0.03,得到机载自适应模型对健康参数的估计结果如图5-5所示,其对于真实发动机的输出的跟踪结果如图5-6所示。

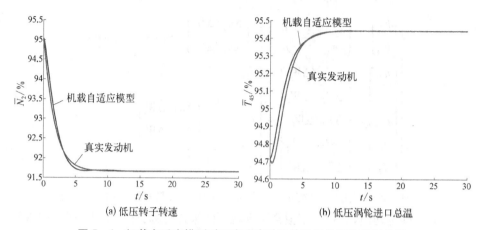

(a) 低压转子转速 (b) 低压涡轮进口总温

图 5-4 机载自适应模型对于真实发动机的输出的跟踪仿真结果

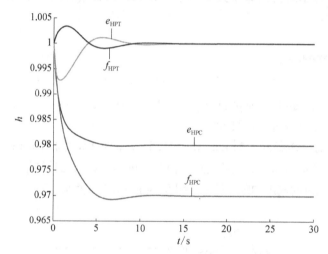

图 5-5 机载自适应模型对健康参数的估计仿真结果

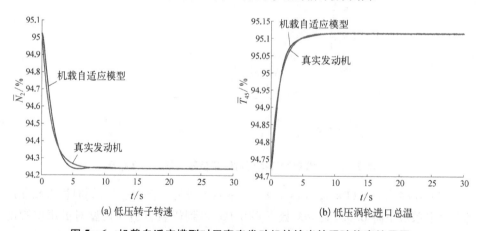

(a) 低压转子转速 (b) 低压涡轮进口总温

图 5-6 机载自适应模型对于真实发动机的输出的跟踪仿真结果图

（3）以 $H = 11\,\mathrm{km}$, $Ma = 0.8$ 条件下为例,在第 5~25 s,缓慢改变燃油流量使得高压转子转速由 85% 增加至最大工作状态,同时模拟高压压气机效率系数、流量系数分别缓慢下降 0.03、0.045,高压涡轮的效率系数缓慢下降 0.02、流量系数缓慢上升 0.016 时,得到机载自适应模型对健康参数的估计结果如图 5-7 所示,其对于真实发动机的输出的跟踪结果如图 5-8 所示。

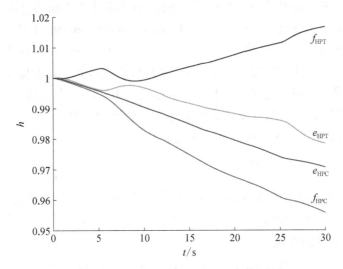

图 5-7　机载自适应模型对健康参数的估计仿真结果图

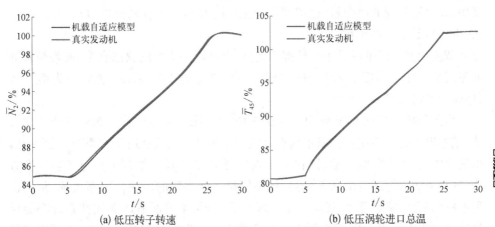

（a）低压转子转速　　　　　　　　　（b）低压涡轮进口总温

图 5-8　机载自适应模型对于真实发动机的输出的跟踪仿真结果图

从图 5-3 至图 5-8 可以看出,无论是在某一稳态工作点,还是在开环准稳态的条件下,当发动机某一性能健康参数发生变化或几个性能健康参数同时发生变化时,其他性能健康参数也会受到扰动,但最终均会恢复到实际值,且当发动机性能发生健康退化时,所建机载自适应模型能够准确估计出健康参数的变化,从而其输出可以准确跟踪真实发动机的输出,其估计的稳态误差为零,进而实现其有效估计。综上所述,本书所建机载自适应模型具有较高的精度。

5.3　航空发动机 LPV 模型建立

航空发动机是典型的强非线性时变系统,且其系统参数随着高度和马赫数在飞行包线内大范围变化。线性变参数(linear parameter varying, LPV)系统是一种能够随着时变参数的变化,描述系统非线性特性的线性系统,可以描述非线性系统在整个变参数上的所有特性[11],其在航空发动机模型研究中有着特殊优势。本节以某型涡扇发动机精确的部件级非线性数学模型为基础,建立组合发动机线性变参数模型(LPV)以描述组合发动机大偏离动态过程工作特性。

一般地,非线性系统由如下微分方程描述:

$$\dot{x}(t) = f[x(t), u(t)], x(t_0) = x_0 \qquad (5-10)$$

其中,$x \in R^n$ 为系统状态变量;$u \in R^n$ 为系统控制输入;$f: R^n \rightarrow R^n$ 为非线性算子;x_0 为系统状态变量的初始值。所谓分析法建立 LPV 模型,就是将上述非线性方程转化为 LPV 系统的形式:

$$\dot{x}(t) = A[\rho(t)]x(t) + B[\rho(t)]u(t) \qquad (5-11)$$

其中,ρ 为随时变参数向量,也即调度参数;A、B 矩阵为 ρ 的函数,可以是线性函数,也可以是非线性函数。

调度变量 ρ 既可以是系统外部的变量,也可以是系统的状态变量,或是两者的向量组合。如果调度变量只包含外部信号,则称为 LPV 系统,否则称为准 LPV(Quasi-LPV)系统。

目前分析法建立 LPV 模型主要有三种[12]。第一种方法称为雅可比线性化方法,基本思想是将系统在一组平衡点处线性化得到一组线性时不变系统,然后插值得到系统的 LPV 模型表示,这种方法被广泛采用。第二种方法称为状态变换方法,这种方法通过适合的状态变换,将不依赖于变参数的非线性因素去掉,从而得到系统的 LPV 模型表示,其缺点是系统形式受限,不是所有的非线性系统都能通过这种方式表示成 LPV 模型形式。第三种方法称为方程替换法,该方法利用变参数及其依赖变参数的微分方程的线性组合作为替换的分解方程。

一个非线性系统的 LPV 表示方法不是唯一的。本书采用在航空航天领域应用相对广泛的雅可比线性化方法建立 LPV 模型。下面首先介绍非线性系统的雅可比线性化方法,然后研究三种常见 LPV 模型的表示形式:多项式依赖模型、仿射参数依赖模型和多胞形。

5.3.1　雅可比线性化方法

雅可比法是目前最为常用的一种非线性系统线性化方法,它对于非线性系统没有特殊的形式要求。在一个非线性系统中可以在整个工作区域的不同工作状态点处进行雅可比线性化处理,得到一组线性时不变系统,这些 LTI 可以描述这组工作点和包含其周围小范围的工作状态。LPV 系统可以通过这组平衡点处的线性化簇插值拟合得到,其基本理论是一阶 Taylor 展开。

考虑一般的非线性系统具有以下结构:

$$\dot{x}_0 = f(x, u, \rho)$$
$$y = g(x, u, \rho) \tag{5-12}$$

式中,$x \in R^n$ 为系统状态变量;$y \in R^m$ 为系统输出变量;$u \in R^r$ 为系统控制输入;f、g 为非线性算子;ρ 为随时变参数向量,也即调度参数。

则在非线性系统某一稳态工作点有下式成立:

$$\dot{x}_0 = f(x_0, u_0, \rho_0)$$
$$y_0 = g(x_0, u_0, \rho_0) \tag{5-13}$$

其中,x_0、y_0、u_0 和 ρ_0 分别为该稳态平衡点处的状态量、输出量、输入量和调度参数向量。

在非线性系统处于稳态时,其状态变量的变化量 $\dot{x}_0 = 0$,在该稳态点处按一阶 Taylor 公式展开得到:

$$\Delta\dot{x} = \frac{\partial f}{\partial x}\bigg|_{(x_0, u_0)} \Delta x + \frac{\partial f}{\partial u}\bigg|_{(x_0, u_0)} \Delta u$$

$$\Delta y = \frac{\partial g}{\partial x}\bigg|_{(x_0, u_0)} \Delta x + \frac{\partial g}{\partial u}\bigg|_{(x_0, u_0)} \Delta u \tag{5-14}$$

式中,$\Delta\dot{x} = \dot{x} - \dot{x}_0$、$\Delta x = x - x_0$、$\Delta u = u - u_0$、$\Delta y = y - y_0$,下标"0"描述非线性系统在该稳态平衡点处的参数。

在此,可令 $A = \dfrac{\partial f}{\partial x}\bigg|_{(x_0, u_0)}$、$B = \dfrac{\partial f}{\partial u}\bigg|_{(x_0, u_0)}$、$C = \dfrac{\partial g}{\partial x}\bigg|_{(x_0, u_0)}$、$D = \dfrac{\partial g}{\partial u}\bigg|_{(x_0, u_0)}$,可得到在上述稳态平衡点处的非线性系统线性化模型如下:

$$\Delta\dot{x} = A\Delta x + B\Delta u$$
$$\Delta y = C\Delta x + D\Delta u \tag{5-15}$$

在此有必要说明的是,在式(5-15)中的系数矩阵 A、B、C、D 的各个元素值的物理单位一般并不同,因此各个物理量在数量级的差别一般也较大,这样很容易导致病态矩阵。为此,有必要对其进行归一化处理,即引入无因次参数 $\Delta\bar{x}$、$\Delta\bar{u}$,将上述计算过程中绝对增量 Δx、Δu 变为相对增量：

$$\begin{cases} \Delta\bar{x} = \dfrac{\Delta x}{x_0} \\[3mm] \Delta\bar{u} = \dfrac{\Delta u}{u_0} \\[3mm] \Delta\bar{y} = \dfrac{\Delta y}{y_0} \end{cases} \tag{5-16}$$

因此,式(5-15)变为

$$\Delta\dot{\bar{x}} = A\Delta\bar{x} + B\Delta\bar{u}$$
$$\Delta\bar{y} = C\Delta\bar{x} + D\Delta\bar{u} \tag{5-17}$$

　　本书中,在不特别说明的情况下,相关参数均为归一化后的相对增量。

　　至此,在单个稳态点的线性化模型已得到,即得到了一个稳态点附近的线性时不变系统。照此做法,在非线性系统工作区域内选取若干个稳态点,进行雅可比线性化,可得到一系列稳态点附近的线性时不变系统簇。将这些结果进行插值拟合或者其他运算便可得到既具有式(5-18)形式的非线性系统的 LPV 模型表达式和图 5-9 所示的模型结构。

$$\dot{x}(t) = A[\rho(t)]x(t) + B[\rho(t)]u(t)$$
$$y(t) = C[\rho(t)]x(t) + D[\rho(t)]u(t) \tag{5-18}$$

其中,$\rho = [\rho_1, \rho_2, \cdots, \rho_n]$ 为 n 个调度参数的向量。下面对调度参数 ρ 进行几点说明。

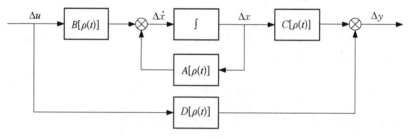

图 5-9　LPV 模型结构图

　　(1) $\rho = \rho(t)$ 属于有界闭集,超出时 ρ 为常数。

　　(2) ρ 可以是系统内部变量或者外部变量,但须是可测参数。对于飞推系统,外部变量可选取飞行高度 H 和飞行马赫数 Ma,内部变量可以是飞机飞行迎角 AOA,发动机转子转速 N_{H}、N_{L} 或者是某一截面压力参数等。

（3）ρ 向量的选取不唯一，基本原则需满足其能反映非线性系统的时变特性。

$A(\rho)$、$B(\rho)$、$C(\rho)$、$D(\rho)$ 矩阵为 ρ 的函数，可以是线性函数，也可以是非线性函数。当系统工作条件或状态变化时，$\rho(t)$ 决定了不同的系数矩阵。

在此有必要指出 LPV 系统和线性时不变系统簇的本质区别：线性时不变系统簇仅仅是非线性系统在一系列平衡点处线性化后的一个线性时不变系统集合，本质上是有一定数量的若干个系统；而 LPV 系统是一个独立的时变系统，它可以近似地描述非线性系统的运动轨迹，如图 5 - 10 所示。

图 5 - 10 中虚线为非线性系统的运动轨迹，圆圈代表在非线性系统运动轨迹或工作区域内选取的若干个线性化后的线性时不变系统，实线代表了 LPV 模型反映的系统时变特性。由图可知雅可比线性化方法建立的 LPV 模型对于非

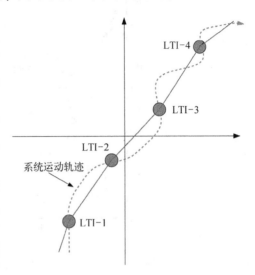

图 5 - 10　LPV 模型的时变特性

线性系统只能近似，而且难以充分描述非线性系统的稳态和动态特性。但由于此方法简单，思路清晰，所以针对一般形式的非线性系统均可以利用此方法得到相应的 LPV 模型。基于此，雅可比线性化仍然被广泛地应用，5.3.2 节、5.3.3 节、5.3.4 节将分别以雅可比线性化方法为基础建立三种常见的 LPV 模型。

5.3.2　多项式依赖模型

得到多个稳态平衡点的状态空间模型后，通过多项式拟合方法获得各个系数关于调度参数的描述。以双转子涡扇航空发动机为例[13]，调度参数选取为高压转子转速 N_H，即 $\rho = N_H$，可以获得多项式依赖形式的 LPV 模型如下：

$$\dot{x} = \begin{bmatrix} a_{11}(N_H) & a_{12}(N_H) \\ a_{21}(N_H) & a_{22}(N_H) \end{bmatrix} x + \begin{bmatrix} b_1(N_H) \\ b_2(N_H) \end{bmatrix} u \qquad (5-19)$$
$$y = \begin{bmatrix} 1 & 0 \end{bmatrix} x$$

假设需要拟合的多项式为二阶，即 $a_{11}(N_H)$、$a_{12}(N_H)$、$a_{21}(N_H)$、$a_{22}(N_H)$、$b_1(N_H)$、$b_2(N_H)$ 均为二次多项式。以 $a_{11}(N_H)$ 为例，其具有如下形式：

$$a_{11}(N_H) = k_1 \cdot N_H^2 + k_2 \cdot N_H + k_3 \qquad (5-20)$$

其中，k_1、k_2、k_3 为未知的待定参数。

在得到一系列高压转子转速恒定时的稳态点处的 a_{11} 后,即可拟合得到多项式描述的系数 $a_{11}(N_H) = 0.0022 \cdot N_H^2 - 0.4248 \cdot N_H + 18.5466$,拟合过程如图 5-11 所示。

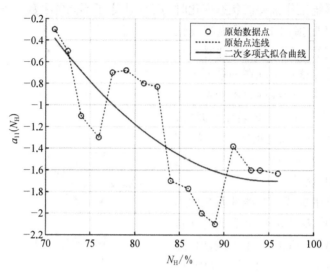

图 5-11 a_{11} 拟合结果图

式(5-19)的其他时变矩阵系数亦可通过相同方法得到,此处不再赘述。至此,多项式依赖的 LPV 模型已建立完毕。当然,这种形式的 LPV 模型参数也可以通过神经网络等先进算法拟合得到更精确的结果。

5.3.3 仿射参数依赖模型

仿射参数依赖模型是一种常见的 LPV 模型形式[14],它常出现在电路、空气动力学等系统中,此类 LPV 模型具有如下形式:

$$\dot{x} = A(\rho)x + B(\rho)u \tag{5-21}$$
$$y = C(\rho)x + D(\rho)u$$

式中,矩阵 $A(\rho)$、$B(\rho)$、$C(\rho)$、$D(\rho)$ 均仿射依赖 ρ:

$$\begin{cases} A(\rho) = A_0 + \rho_1 A_1 + \rho_2 A_2 + \cdots + \rho_n A_n \\ B(\rho) = B_0 + \rho_1 B_1 + \rho_2 B_2 + \cdots + \rho_n B_n \\ C(\rho) = C_0 + \rho_1 C_1 + \rho_2 C_2 + \cdots + \rho_n C_n \\ D(\rho) = D_0 + \rho_1 D_1 + \rho_2 D_2 + \cdots + \rho_n D_n \end{cases} \tag{5-22}$$

其中,$A_0, \cdots, A_n$、$B_0, \cdots, B_n$、$C_0, \cdots, C_n$、$D_0, \cdots, D_n$ 为一组已知的常系数矩阵;$\rho_0, \cdots, \rho_n$ 为调度向量 $\rho = [\rho_1, \rho_2, \cdots, \rho_n]$ 的元素。

式(5-21)的系统矩阵也可以有如下表示:

$$S(\rho) = \begin{bmatrix} A(\rho) & B(\rho) \\ C(\rho) & D(\rho) \end{bmatrix} \qquad (5-23)$$

其仿射模型表示如下：

$$S(\rho) = S_0 + \rho_1 S_1 + \cdots + \rho_n S_n \qquad (5-24)$$

式中：

$$S_i = \begin{bmatrix} A_i & B_i \\ C_i & D_i \end{bmatrix}, \ i = 1, \cdots, n \qquad (5-25)$$

于是，仿射模型完全可以由 $S_0, \cdots, S_n$ 来描述。

此类 LPV 模型的重点在于求取式(5-22)的常系数矩阵 $A_0, \cdots, A_n$、$B_0, \cdots$、B_n、$C_0, \cdots, C_n$、$D_0, \cdots, D_n$，一般可利用矩阵伪逆进行求解。同样利用 3.4.1 节的方法得到在不同调度参数下对应的一组稳态平衡点的状态空间模型 $A[\rho(i)]$、$B[\rho(i)]$、$C[\rho(i)]$、$D[\rho(i)]$，$i = 1, 2, \cdots r$。下面以 $A_0, \cdots, A_n$ 的求解为例，$B_0, \cdots, B_n$、$C_0, \cdots, C_n$、$D_0, \cdots, D_n$ 的解法与 $A_0, \cdots, A_n$ 的解法相同。

由式(5-22)可得到以下线性方程组：

$$\begin{bmatrix} I & \rho_1(1)I & \rho_2(1)I & \cdots & \rho_n(1)I \\ I & \rho_1(2)I & \rho_2(2)I & \cdots & \rho_n(2)I \\ \vdots & \vdots & \vdots & \ddots & \vdots \\ I & \rho_1(r)I & \rho_2(r)I & \cdots & \rho_n(2)I \end{bmatrix} \begin{bmatrix} A_0 \\ A_1 \\ \vdots \\ A_n \end{bmatrix} = \begin{bmatrix} A(\rho_1) \\ A(\rho_2) \\ \vdots \\ A(\rho_r) \end{bmatrix} \qquad (5-26)$$

上式是一个具有 $Ax = b$ 形式的线性方程组，其中 $x = \begin{bmatrix} A_0 & A_1 & \cdots & A_n \end{bmatrix}^{\mathrm{T}}$ 是未知矩阵组成的待求向量。当 $r = n$ 时，上式的解为 $x = A^{-1}b$。由于选取的稳态点越多，LPV 模型越能近似非线性系统的特性，于是为了尽可能多地考虑所选取的多个稳态点的特性，一般地，有 $r > n$，则式(5-26)的解为 $x = A^+ b$。A^+ 为 A 的 Moore-Penrose 伪逆，在 MATLAB 中可利用 Pinv 命令进行计算。

需要指出的是，如果利用式(5-26)描述的模型精度不够，则可以考虑 $A(\rho)$、$B(\rho)$、$C(\rho)$、$D(\rho)$ 的仿射依赖模型具有二次或者更高阶的形式，如式(5-27)所示，当然这样会带来很大的计算复杂度，实际情况下需综合考虑。

$$A(\rho) = A_0 + A_1\rho_1 + A_2\rho_2 + A_3\rho_1^2 + A_4\rho_2^2 + A_5\rho_1\rho_2 \qquad (5-27)$$

5.3.4 多胞形

LPV 模型的多胞形(polytope)表示如下：

$$\dot{x} = A(\rho)x + B(\rho)u \qquad (5-28)$$
$$y = C(\rho)x + D(\rho)u$$

式中,系统矩阵 $S(\rho) = \begin{bmatrix} A(\rho) & B(\rho) \\ C(\rho) & D(\rho) \end{bmatrix}$ 在以下多胞形中取值,记为

$$S(\rho) \in Co\{S_1, \cdots, S_m\} = \left\{ \sum_{i=1}^{m} \alpha_i S_i, \ \alpha_i \geq 0, \ \sum_{i=1}^{m} \alpha_i = 1 \right\} \quad (5-29)$$

其中,$\alpha_1, \cdots, \alpha_m$ 为未知参数,可通过凸分解得到;$S_1, \cdots, S_m$ 为已知的系统矩阵。

上述的多胞形 LPV 模型在 LPV 系统分析和控制器综合中占有重要地位[15],由于多胞形是凸集,即具有凸性质。如此便完美解决了在时变参数轨迹上求解无数个线性矩阵不等式(linear matrix inequation, LMI)的问题。

仿射参数依赖 LPV 模型,采用凸多胞技术,可以通过变参数的极值组合方法转化为 LPV 多胞形表示,下面给出系统矩阵 $A(\rho)$ 的转化过程:

$$\begin{bmatrix} \hat{A}_1 \\ \hat{A}_2 \\ \hat{A}_3 \\ \vdots \\ \hat{A}_m \end{bmatrix} = \begin{bmatrix} 1 & \varrho_1 & \varrho_2 & \cdots & \varrho_{n-1} & \varrho_n \\ 1 & \varrho_1 & \varrho_2 & \cdots & \varrho_{n-1} & \varrho_n \\ 1 & \varrho_1 & \varrho_2 & \cdots & \varrho_{n-1} & \varrho_n \\ \vdots & \vdots & \vdots & \ddots & \vdots & \vdots \\ 1 & \varrho_1 & \varrho_2 & \cdots & \varrho_{n-1} & \varrho_n \end{bmatrix} \begin{bmatrix} A_0 \\ A_1 \\ \vdots \\ A_n \end{bmatrix} \quad (5-30)$$

其中,$\rho \in [\underline{\varrho}, \bar{\varrho}]$,$\underline{\varrho}$、$\bar{\varrho}$ 分别为变参数的上下界,$m = 2^n$ 为多胞形顶点个数。

按照式(5-30)的方法同样可得到 $B(\rho)$、$C(\rho)$、$D(\rho)$ 的多胞形表示,此时,式(5-24)转化为式(5-31)。

$$\begin{aligned} S(\rho) &= S_0 + \rho_1 S_1 + \cdots + \rho_n S_n \\ &= Co\{\hat{S}_1, \hat{S}_2, \cdots, \hat{S}_m\} \\ &= \left\{ \sum_{i=1}^{m} \alpha_i \hat{S}_i, \ \alpha_i \geq 0, \ \sum_{i=1}^{m} \alpha_i = 1 \right\} \end{aligned} \quad (5-31)$$

5.3.5　发动机多胞 LPV 建模及算例分析

对于航空发动机 LPV 建模,选取飞行高度和马赫数作为调度参数,即 $\rho = [H, Ma]$。在飞行包线内不同的 (H, Ma) 下,对选取的若干点分别在其高压转子转速为 80% 下进行雅可比线性化,得到式(5-32)形式的状态空间模型:

$$\begin{bmatrix} \dot{N}_H \\ \dot{N}_L \end{bmatrix} = \begin{bmatrix} a_{11}(\rho) & a_{12}(\rho) \\ a_{21}(\rho) & a_{22}(\rho) \end{bmatrix} \begin{bmatrix} N_H \\ N_L \end{bmatrix} + \begin{bmatrix} b_{11}(\rho) \\ b_{21}(\rho) \end{bmatrix} W_f$$

$$N_H = \begin{bmatrix} 1 & 0 \end{bmatrix} \begin{bmatrix} N_H \\ N_L \end{bmatrix} \quad (5-32)$$

式中,状态量选取为高低压转子转速 N_H、N_L;控制量选取为燃油流量 W_f;输出量选取为高压转子转速 N_H。

为了便于转化为多胞形,所选取的若干点需要在高度-马赫数的坐标系内尽可能覆盖较大的包线,图 5-12 显示了选取的平衡点在飞行包线内的分布。

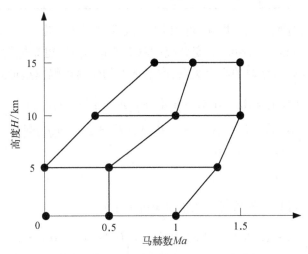

图 5-12　飞行包线划分及平衡点选择

以图 5-12 为例,选取的平衡点为 $(0,0)$,$(0,0.5)$,$(0,1)$,$(5,0)$,$(5,0.5)$,$(5,1.3)$,$(10,0.4)$,$(10,1)$,$(10,1.5)$,$(15,0.8)$,$(15,1.1)$,$(15,1.5)$。将上述平衡点列表如表 5-1 所示。

表 5-1　选取的平衡点列表

序　号	调度参数(H/km,Ma)	高压转速 N_H/%
1	$(0,0)$	80
2	$(0,0.5)$	80
3	$(0,1)$	80
4	$(5,0)$	80
5	$(5,0.5)$	80
6	$(5,1.3)$	80
7	$(10,0.4)$	80
8	$(10,1)$	80
9	$(10,1.5)$	80
10	$(15,0.8)$	80

序　　号	调度参数（H/km, Ma）	高压转速 N_H/%
11	(15, 1.1)	80
12	(15, 1.5)	80

分别对其进行雅可比线性化,得到 12 个线性时不变系统。

接下来,针对以上线性时不变系统的状态空间模型,建立仿射参数依赖 LPV 模型。考虑高度和马赫数的耦合关系,本书选取的仿射依赖模型形式如下:

$$\begin{cases} A(\rho) = A_0 + \rho_1 A_1 + \rho_1^2 A_2 + \rho_2 A_3 + \rho_2^2 A_4 + \rho_1 \rho_2 A_5 \\ B(\rho) = B_0 + \rho_1 B_1 + \rho_1^2 B_2 + \rho_2 B_3 + \rho_2^2 B_4 + \rho_1 \rho_2 B_5 \\ C(\rho) = \begin{bmatrix} 1 & 0 \end{bmatrix} \\ D(\rho) = 0 \end{cases} \quad (5-33)$$

进一步可求得其中的仿射参数依赖矩阵如下:

$$\begin{aligned} A(\rho) =\ & \begin{bmatrix} -0.884\,0 & 0.801\,9 \\ -0.209\,7 & -0.539\,7 \end{bmatrix} + \rho_1 \begin{bmatrix} 0.031\,9 & -0.028\,2 \\ 0.008\,0 & 0.030\,3 \end{bmatrix} \\ & + \rho_1^2 \begin{bmatrix} 0.000\,0 & -0.000\,9 \\ -0.000\,0 & -0.000\,0 \end{bmatrix} + \rho_2 \begin{bmatrix} -0.295\,5 & 0.032\,0 \\ -0.048\,8 & 0.028\,3 \end{bmatrix} \\ & + \rho_2^2 \begin{bmatrix} -0.167\,2 & 0.137\,8 \\ -0.025\,7 & -0.048\,5 \end{bmatrix} + \rho_1 \rho_2 \begin{bmatrix} 0.040\,1 & -0.007\,7 \\ 0.006\,1 & -0.002\,2 \end{bmatrix} \end{aligned} \quad (5-34)$$

$$\begin{aligned} B(\rho) =\ & \begin{bmatrix} 20.432\,1 \\ 19.845\,8 \end{bmatrix} + \rho_1 \begin{bmatrix} 0.556\,5 \\ 0.090\,0 \end{bmatrix} + \rho_1^2 \begin{bmatrix} -0.011\,3 \\ 0.000\,8 \end{bmatrix} \\ & + \rho_2 \begin{bmatrix} -0.630\,5 \\ -0.276\,4 \end{bmatrix} + \rho_2^2 \begin{bmatrix} -1.137\,1 \\ -0.182\,2 \end{bmatrix} + \rho_1 \rho_2 \begin{bmatrix} -0.173\,1 \\ -0.047\,8 \end{bmatrix} \end{aligned} \quad (5-35)$$

至此,航空发动机的仿射参数依赖 LPV 模型已建立完毕,下面对其进行误差分析。以上述 12 个线性时不变系统的系数矩阵为参考,求取这 12 个点所对应的仿射 LPV 模型矩阵。接着分别求其与参考矩阵各系数之差的平方和,将此值记为建模误差,进一步计算可以得到 A 矩阵的建模误差平均值为 0.007 4,B 矩阵的建模误差平均值为 0.071 5。可见,仿射参数依赖 LPV 模型较准确。

按照基于变参数极值组合的方法和凸分解方法,将上述仿射参数依赖模型转化为多胞 LPV 模型。至此,航空发动机的多胞形 LPV 模型已建立完毕。

在图 5-12 包线划分的 6 个子区域内任意各选取一个点,利用所建立的多胞 LPV 模型,输入这 6 个点的(高度,马赫数),即可由凸分解得到其状态空间矩阵。

对以上 6 个点的多胞 LPV 模型和非线性模型,分别给定一燃油阶跃信号,仿真对比航空发动机高压转子转速响应,结果如图 5 - 13 所示。

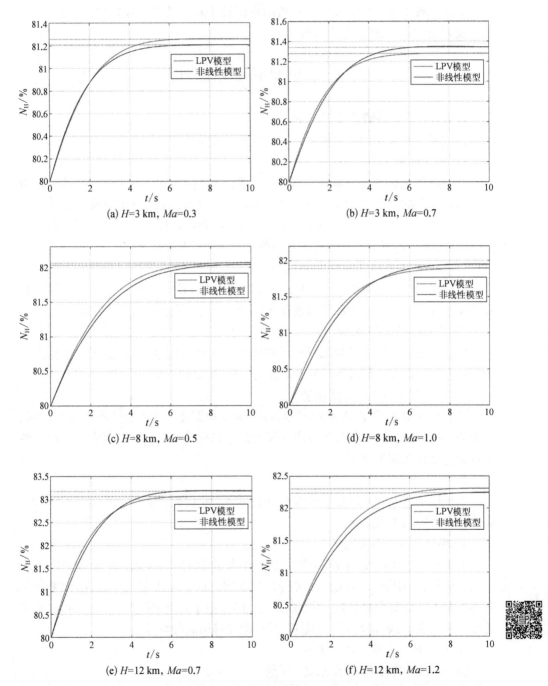

图 5 - 13　航空发动机多胞 LPV 模型和非线性模型的高压转子转速阶跃响应对比图

仿真结果表明,所建立的多胞形 LPV 模型和航空发动机非线性模型符合较好,能很好地反映航空发动机的特性。在相同的燃油阶跃输入下,多胞 LPV 模型的计算高压转子转速对非线性发动机的高压转子转速跟踪效果较好,转速响应的稳态误差较小,动态过程基本重合。

5.4　模型不确定性分析

5.4.1　模型不确定性的成因

造成模型不确定性的主要原因有以下几个方面[16]。

1. 模型的简化

航空发动机是一个强非线性、多变量、复杂的气动热力学系统,完全精确地对它进行建模和描述它的动态特性是非常困难的。因此往往会使用模型简化的方法,通过所构建的模型描述实际系统的主要特性,而忽略掉某些相对较不重要的因素,从而造成所建模型与实际系统之间存在一定的不匹配。

1)线性模型代替非线性模型

在控制系统的执行机构中,电液类、液压类伺服阀的流量-压力非线性特性、相对运动过程中的摩擦非线性等因素在建模过程中通常会简化为线性模型。

2)低阶模型代替高阶模型

航空发动机高压转子和低压转子转速存在惯性等因素,其动态数学模型为一个高阶系统。而在建模过程中通常简化为一阶或二阶模型。

3)非时滞模型代替时滞模型

控制系统中 A/D 和 D/A 的转换时间、驱动电路中 PWM 变换器的开关时间、电机的磁滞、减速器的齿隙、燃烧延迟等因素存在时滞现象。这些因素在系统建模中经常忽略或者简化处理。

2. 模型参数的不精确

系统模型的参数无论是基于理论分析还是实验辨识,都不可能做到绝对准确,必然存在一定的不确定性。

3. 模型结构与参数变化

由于系统工作状况、工作环境等的改变,导致原有模型的结构、参数与发生变化的实际状态不匹配。如飞机在飞行包线范围内以不同姿态飞行,发动机工作在多种工况下的模型参数也有一定的不同。此外,由于实际系统部件劳损,使得系统的参数发生变动,如放大器零点漂移、元件老化等引起的增益改变等。

4. 对各种干扰难以精确建模

控制系统中存在各种干扰,如下所示。

负载扰动:如飞机飞行高度发生变化或发射导弹引起的空气流量变化。

热噪声：如环境温度的变化引起元件参数的变化。

电噪声：如放大器零点漂移和元器件老化引起的增益变化。

测量噪声：如传感器、变送器、信号调理模块的测量原理误差和信号转换传输过程中受到外界的电磁干扰。

对于以上这些干扰因素，往往难以精确建模，在构建系统模型时或将其忽略，或以随机噪声、有界干扰的形式加入系统模型中。为了处理问题的简便，一般假设噪声为白噪声信号且服从高斯分布。然而在很多情况下，这种假设并不满足。

由此可见，在基于模型的故障诊断中，模型不确定性是客观存在的。它将对故障诊断和容错控制造成不利影响，如引发误报和漏报，降低诊断准确度。鉴于很多系统难以精确建模，因此，更为重要的是通过增强故障诊断系统自身的鲁棒性，使其在模型存在不确定性的情况下，仍能够正确完成故障诊断任务。

5.4.2　模型不确定性的数学描述

模型不确定的数学描述形式主要包括以下三种形式：集合模型、随机模型和系统未知输入模型。集合模型可用于描述模型参数的摄动、无明显统计规律的噪声或干扰等。随机模型可用于描述具有统计规律的不确定性信息。此外，系统的未知输入形式也可描述模型不确定性。这几种描述方法在现有的鲁棒故障诊断方法中，均有一定应用。

1. 集合模型

集合模型是将不确定性通过一个集合进行描述。可用集合模型描述的不确定性主要包括：可参数化不确定性模型、非参数化不确定性模型和噪声有界模型。

1）可参数化不确定性模型

当不确定性的影响可通过模型参数摄动来表示时，称为可参数化不确定性模型。在工程实际中，例如各类参数的测量误差、老化等因素导致的参数变化，均可通过模型中参数摄动来体现。

对于线性系统，可参数化不确定性模型可表示为

$$\begin{cases} \dot{x} = [A_0 + \Delta A(\theta)]x + [B_0 + \Delta B(\theta)]u \\ y = [C_0 + \Delta C(\theta)]x + [D_0 + \Delta D(\theta)]u \end{cases} \quad (5-36)$$

式中，$\theta = [\theta_1, \theta_2, \cdots, \theta_i]^{\mathrm{T}}$ 为未知参数向量，θ_i 表示误差或未知摄动因素的参数；A_0、B_0、C_0、D_0 为模型标称值；$\Delta A(\theta)$、$\Delta B(\theta)$、$\Delta C(\theta)$、$\Delta D(\theta)$ 为模型的摄动值。

$$\begin{bmatrix} \Delta A(\theta) & \Delta B(\theta) \\ \Delta C(\theta) & \Delta D(\theta) \end{bmatrix} = \begin{bmatrix} E \\ F \end{bmatrix} \Delta\theta [G \quad H] \quad (5-37)$$

式中，E、F、G、H 为已知矩阵；$\Delta\theta$ 反映摄动程度。

2）非参数化不确定性模型

非参数化的不确定性描述需通过未知的摄动函数或者未知的动态方程来表示。线性系统的非参数不确定模型可描述为

$$
\begin{cases}
\dot{x} = Ax + \Delta f(x) + [B + \Delta g(x)]u \\
y = Cx + \Delta h(x) + [D + \Delta d(x)]u
\end{cases}
\tag{5-38}
$$

式中，$\Delta f(x)$、$\Delta g(x)$、$\Delta h(x)$、$\Delta d(x)$ 为未知的摄动函数。

3）噪声有界模型

对于噪声和干扰，假设其服从高斯分布条件过于理想化，更一般可假设其能量有界。此时，这类噪声和干扰属于集合模型。

线性系统的噪声有界模型可描述为

$$
\begin{cases}
\dot{x}(t) = Ax(t) + Bu(t) + H_1\omega(t) \\
y(t) = Cx(t) + Du(t) + H_1\omega(t)
\end{cases}
\tag{5-39}
$$

式中，$\omega(t)$ 为噪声或干扰信号。假设 $\omega(t)$ 平方可积，那么其能量有界可表示为

$$
\| \omega(t) \|_2 = \left(\int_0^\infty | \omega(t) | \, \mathrm{d}t \right)^{\frac{1}{2}} < \infty
\tag{5-40}
$$

2. 随机模型

当不确定性具有一定的统计规律时，可基于概率和随机过程理论进行研究。当不确定性服从某种随机过程时，那么其特征可用概率分布函数来描述。也可用均值、均方值、方差以及相关函数、协方差函数等对模型不确定性的统计特性进行描述。

（1）不确定性服从某种随机分布，其具体特征可以用概率分布函数来描述。如高斯正态分布的概率密度函数为

$$
f(x) = \frac{1}{\sqrt{2\pi}\sigma} e^{\frac{(x-\mu)^2}{2\sigma^2}}, \quad -\infty < x < \infty
\tag{5-41}
$$

其中，μ、$\sigma(\sigma > 0)$ 为常数。

（2）利用有关数据的统计特性对模型不确定信息进行描述，主要的统计量有均值、均方值、方差以及相关函数、协方差函数等。

3. 系统未知输入模型

考虑各种建模不确定性，系统的状态空间模型可描述为

$$
\begin{cases}
\dot{x}(t) = Ax(t) + Bu(t) + E_1 d(t) \\
y(t) = Cx(t) + Du(t) + E_2 d(t)
\end{cases}
\tag{5-42}
$$

式中, $d(t)$ 是未知输入(干扰)向量; E 是干扰分布矩阵。系统的不确定性可以分成两类,结构不确定性和非结构不确定性。其中, $E_1 d(t)$ 和 $E_2 d(t)$ 是用来表示作用于系统的不确定性, $d(t)$ 是未知的。一般来说,分布矩阵 E_1 和 E_2 是范数有界的。

如果其分布矩阵 E_1 和 E_2 是已知的常矩阵,具有这种形式的不确定性就是结构不确定性,否则分布矩阵 E_1 和 E_2 是未知的或是随时间变化的,这种情况的不确定性就是非结构不确定性。针对这两种不同类型的不确定性,可采用不同的方法进行故障的检测,如利用干扰解耦思想处理结构不确定性存在情况下的故障检测;利用自适应阈值的方法来解决含非结构不确定性的故障检测问题。

系统的传递函数可表示为

$$y(s) = G_u(s)u(s) + G_d(s)d(s) + G_f(s)f(s) \qquad (5-43)$$

其中, $G_d(s)d(s)$ 描述干扰项作用。

5.4.3　模型不确定性转化为未知输入

为了设计出具有较好鲁棒性的故障诊断方案,需要对模型不确定性问题做出必要的假设。这里我们将模型不确定性问题描述成系统动态方程中的干扰项。在绝大多数情况下,要获得这些干扰的分布矩阵都是非常困难的,然而有些却可以根据先验知识确定。以一般发动机控制系统为例,在实际工作中发动机的动态特性是非常复杂的,这样的非线性特性是无法用具体的模型来进行表述的。因此在建模过程中无法避免要进行一些简化处理,如认为系统模型中变量与阶次足够完备,忽略掉发动机的一些动态特性,用线性模型代替非线性系统,或者忽略噪声影响,认为噪声具有某些理想化的统计特性等等。对于系统中存在的模型降阶、非线性、参数摄动和噪声等不确定性,都可以转化为系统未知输入模型来描述。以下给出相应的推导过程。

1) 模型降阶的未知输入描述形式

对于以下高阶模型系统:

$$\begin{bmatrix} \dot{x}(t) \\ \dot{x}_h(t) \end{bmatrix} = \begin{bmatrix} A_1 & A_2 \\ A_3 & A_4 \end{bmatrix} \begin{bmatrix} x(t) \\ x_h(t) \end{bmatrix} + \begin{bmatrix} B_1 \\ B_2 \end{bmatrix} u(t) \qquad (5-44)$$

式中, $x(t)$ 是描述系统主要特性的状态向量; $x_h(t)$ 为系统被忽略的高阶部分。上式可转化为

$$\begin{aligned} \dot{x}(t) &= Ax(t) + Bu(t) + (A_1 - A)x(t) + (B_1 - B)u(t) + A_2 x_h(t) \\ &= Ax(t) + Bu(t) + Ed(t) \end{aligned}$$

$$(5-45)$$

式中, $Ed(t)$ 为未知输入部分,表示为

$$Ed(t) = \begin{bmatrix} A_1 - A & B_1 - B & A_2 \end{bmatrix} \begin{bmatrix} x(t) \\ u(t) \\ x_h(t) \end{bmatrix} \qquad (5-46)$$

2）参数变化引起的不确定性

系统模型存在由于动态系统物理参数的变化而引起的不确定性。一般而言，基于模型故障诊断的好坏与描述动态系统的数学模型的精确性有很大关系，因此，这种方法极大地依赖于动态系统各种物理特征，如质量、转动惯量、电路参数、气动力（力矩）、流体动力（力矩）以及热传递特性等。如果能够精确地知道这些物理参数，那么残差也就能够精确地显示出故障从而避免了误报现象。然而，在大部分的系统中，只能近似地知道某些物理参数，其结果是状态或参数估计器只能利用这些不确定性参数的标称值来进行设计或是利用某些调节装置来补偿不确定性。

当存在参数变化时，系统的状态方程如式（5-47）所示：

$$\begin{cases} \dot{x} = (A + \Delta A)x(t) + (B + \Delta B)u(t) \\ y = (C + \Delta C)x(t) + (D + \Delta D)u(t) \end{cases} \qquad (5-47)$$

其中，ΔA、ΔB、ΔC、ΔD 表示模型的误差，经常表示为

$$\Delta A(t) \approx \sum_{i=1}^{N} a_i(t)A_i, \quad \Delta B(t) \approx \sum_{i=1}^{N} b_i(t)B_i \qquad (5-48)$$

其中，A_i、B_i 为给定维数的已知矩阵；$a_i(t)$、$b_i(t)$ 是未知的时变因子。

它可以表示为如下未知输入的形式：

$$\begin{aligned} Ed(t) &= \Delta A(t)x(t) + \Delta B(t)u(t) \\ &= \begin{bmatrix} A_1 & \cdots & A_N & B_1 & \cdots & B_N \end{bmatrix} \begin{bmatrix} a_1(t)x(t) \\ \vdots \\ a_N(t)x(t) \\ b_1(t)u(t) \\ \vdots \\ b_x(t)u(t) \end{bmatrix} \end{aligned} \qquad (5-49)$$

当扰动矩阵表示为如下形式：

$$\begin{bmatrix} \Delta A & \Delta B \end{bmatrix} = E \sum (t) \begin{bmatrix} G & H \end{bmatrix} \qquad (5-50)$$

式中，E、G、H 为已知的适当维数矩阵；$\sum(t)$ 是时变的对角阵，用来体现参数不确定性。那么，其未知输入描述形式为

$$Ed(t) = E \sum (t) \left[Gx(t) + Hu(t) \right] \tag{5-51}$$

对于系统矩阵表示为某一个参数向量的函数的系统：

$$\dot{x}(t) = A(q)x(t) + B(q)u(t) \tag{5-52}$$

若参数向量 q 在标称值 q_0 附近发生摄动，根据 Taylor 展开定理，上式可转换为

$$\dot{x}(t) = A(q_0)x(t) + B(q_0)u(t) + \sum_{i=1}^{k} \left\{ \frac{\partial A}{\partial q_i} \delta q_i x + \frac{\partial B}{\partial q_i} \delta q_i u \right\} \tag{5-53}$$

那么，其未知输入描述形式为

$$E = \left[\frac{\partial A}{\partial q_1} \quad \frac{\partial B}{\partial q_1} \quad \cdots \quad \frac{\partial A}{\partial q_k} \quad \frac{\partial B}{\partial q_k} \right] \tag{5-54}$$

$$d(t) = \left[\delta q_1 x^{\mathrm{T}} \quad \delta q_1 u^{\mathrm{T}} \quad \cdots \quad \delta q_k x^{\mathrm{T}} \quad \delta q_k u^{\mathrm{T}} \right] \tag{5-55}$$

3）非线性的未知输入描述形式

对于以下包含非线性的系统：

$$\dot{x}(t) = Ax(t) + Bu(t) + Ag(x, u, t) \tag{5-56}$$

式中，$Ag(x, u, t)$ 为非线性项，其未知输入描述形式为

$$Ed(t) = Ag(x, u, t) \tag{5-57}$$

4）噪声引起的不确定性

对于以下包含噪声的系统：

$$\dot{x}(t) = Ax(t) + Bu(t) + H\omega(t) \tag{5-58}$$

式中，$\omega(t)$ 为干扰或噪声信号，其未知输入描述形式为

$$Ed(t) = H\omega(t) \tag{5-59}$$

值得注意的是，将模型不确定性建模作为未知输入向量可能会使残差发生器的设计较为保守，这是因为没有考虑模型不确定性结构的有价值的信息。

5.4.4　干扰分布矩阵的确定

在基于模型的鲁棒故障诊断方法中，首先要解决系统未知扰动解耦的问题，即如何使设计的系统不受这些干扰因素的影响。在众多解决方案中，都假定未知扰动分布矩阵是已知的。但在绝大多数实际系统中，不确定性的表现形式多种多样，因此，分布矩阵通常是未知的。为了将鲁棒残差生成技术应用到各种不确定性的系统中，需要用分布矩阵 E 的近似矩阵来表示不确定性的效应，这里采用增广矩阵

观测器的方法进行估计。

假设某型发动机的状态方程可写出如下的不变确定性系统形式:

$$\begin{cases} \dot{x}(t) = Ax(t) + Bu(t) + Ed(t) \\ y(t) = Cx(t) + Du(t) \end{cases} \quad (5-60)$$

进行离散化后可得

$$\begin{cases} x(k+1) = Ax(k) + Bu(k) + Ed(k) \\ y(k) = Cx(k) + Du(k) \end{cases} \quad (5-61)$$

在 k 时刻,可将 $Ed(k)$ 看作向量 $d_1(k)$,将线性系统方程扩展为

$$\begin{bmatrix} x(k+1) \\ D(k) \end{bmatrix} = \begin{bmatrix} A & I \\ 0 & I \end{bmatrix} \begin{bmatrix} x(k) \\ D(k) \end{bmatrix} + \begin{bmatrix} B \\ 0 \end{bmatrix} u(k) \quad (5-62)$$

$d_1(k)$ 为一个 2×1 维的向量,定义 N 为总采样点数。通过观测器得到 $d_1(k)$ 后,再进行结构化分解 E 为 $Ed(k)$。此时要求增广系统是能观的,即

$$W = \begin{bmatrix} C & 0 \\ CA & C \\ CA^2 & CA \\ \vdots & \vdots \\ CA^n & CA^{n-1} \end{bmatrix} = \begin{bmatrix} C & 0 \\ 0 & C \\ 0 & CA \\ \vdots & \vdots \\ 0 & CA^{n-1} \end{bmatrix} \begin{bmatrix} I_n & 0 \\ A & I_n \end{bmatrix} \quad (5-63)$$

因为上式等号右边第二个矩阵是满秩矩阵,因此可得

$$\mathrm{rank}(W) = \mathrm{rank}(C) + \mathrm{rank} \begin{bmatrix} 0 \\ C \\ CA \\ \vdots \\ CA^{n-1} \end{bmatrix} \quad (5-64)$$

由于当且仅当 $\mathrm{rank}(W) = 2n$ 时,即 $\mathrm{rank}(C) = n$ 且矩阵对 (C, A) 可观时,增广系统是可观的。

假设 d 是标量函数,E 是矩阵,则矩阵 E 和 d 可近似为

$$E = \frac{1}{N} \sum_{k=1}^{k=N} d_1(k) \quad (5-65)$$

由于实际系统设备通常运行在不同的工作点上,按照不同的工作条件,系统的工作点在变化。特别是针对非线性系统分析时更是如此,因为它们通常要在工作点大范围变化中进行线性化处理。在基于模型 FDI 方案设计中,研究者为了便于

实现常常只用单个模型。基于模型 FDI 设计的成功依赖于 FDI 方案的鲁棒性。在以这种方式使用单模型时,相当于不同的工作点有不同的建模误差,甚至这些误差或扰动的结构也有很大的差别。也就是说,不同的工作点对应着不同干扰分布矩阵。获得好的鲁棒性的一条途径就是针对所有干扰分布矩阵,使干扰解耦条件对它们都成立(在最优化意义上)。这可以通过用单个最优化干扰分布矩阵去近似所有干扰分布矩阵来达到。定义 $Q = [D(0), D(1), \cdots, D(m)]$,设法求一个 Q^* 使其尽可能接近 Q,即

$$
\begin{cases}
\min \parallel P - P^* \parallel \\
\text{s. t. } \mathrm{rank}(P^*) \leqslant m
\end{cases}
\tag{5-66}
$$

求解此优化问题可通过奇异值分解(SVD)达到。

$$
Q = U \sum V^{\mathrm{T}}
\tag{5-67}
$$

其中, $\sum = \begin{bmatrix} \mathrm{diag}(\sigma_1, \cdots \sigma_k) & 0 \\ 0 & 0 \end{bmatrix}$; U、V 是正交矩阵; k 是矩阵 Q 的秩,则

$$
Q^* = S \overset{\wedge}{\sum} T^{\mathrm{T}}, \quad \overset{\wedge}{\sum} = \begin{bmatrix} \mathrm{diag}(0, 0, \cdots, \sigma_{k-q}, \cdots \sigma_k) & 0 \\ 0 & 0 \end{bmatrix}
\tag{5-68}
$$

其中, q 是矩阵 Q^* 的秩。

5.4.5　模型不确定性对故障诊断的影响分析与解决办法

1. 残差生成部分

残差用来反映被诊断系统的状态,它应具有这样的性质:当系统无故障时,残差为零或接近于零,当有故障时,残差显著地偏离零值。根据 Patton 和 Chen 给出的残差生成算法的一般结构如图 5-14 所示。

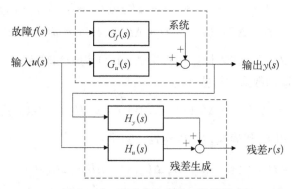

图 5-14　残差生成算法一般结构

图中，$u(s)$ 为系统输入，$f(s)$ 为故障，$y(s)$ 为系统输出，$r(s)$ 为残差，$G_u(s)$、$G_f(s)$ 为系统输出 $y(s)$ 相应于系统输入 $u(s)$ 和故障 $f(s)$ 的传递函数，$H_u(s)$、$H_y(s)$ 为残差相应于系统输入 $u(s)$ 和输出 $y(s)$ 的传递函数。

$$r(s) = \begin{bmatrix} H_u(s) & H_y(s) \end{bmatrix} \begin{bmatrix} u(s) \\ y(s) \end{bmatrix} = H_u(s)u(s) + H_y(s)y(s) \quad (5-69)$$

残差满足以下基本要求：

$$r(s) = 0 \text{ 当且仅当 } f(s) = 0$$

则 $H_u(s)$、$H_y(s)$ 应满足条件：

$$H_u(s) + H_y(s)G_u(s) = 0 \quad (5-70)$$

当得到残差序列后，通过适当的决策函数（或决策规则）进行故障的诊断。

通过比较选择的决策函数 $J[r(t)]$ 和阈值函数 $J_{th}(t)$，即可检测出系统的故障，如式(5-71)所示。

$$\begin{aligned} J[r(t)] &\leq J_{th}(t), f(t) = 0 \\ J[r(t)] &> J_{th}(t), f(t) \neq 0 \end{aligned} \quad (5-71)$$

理想情况下 $J_{th}(t) = 0$，但是由于系统中不确定性的存在，使得实际中 $J_{th}(t)$ 的选择要大于零。

残差评价函数 $J[r(t)]$ 和阈值函数 $J_{th}(t)$ 有多种设计方法，例如可以取 $J[r(t)]$ 为残差 $r(t)$ 的某种形式的范数，$J_{th}(t)$ 为一固定的正数。当残差为一随机过程时，可基于统计理论进行故障的检测诊断，如残差序列加权平方和方法（WSSR）、序列概率比方法（SPRT）、广义似然比方法（GLR）、χ^2 检验方法等。

但当模型不确定性的存在，对于残差生成和诊断决策都将产生影响。考虑以下包含不确定性的系统：

$$\begin{cases} \dot{x}(t) = (A + \Delta A)x(t) + (B + \Delta B)u(t) + E_d d(t) + E_f f(t) \\ y(t) = (C + \Delta C)x(t) + (D + \Delta D)u(t) + E_d d(t) + E_f f(t) \end{cases} \quad (5-72)$$

式中，ΔA、ΔB、ΔC、ΔD 代表模型参数摄动；$d(t)$ 为未知输入；$f(t)$ 为故障。

上述系统传递函数形式可描述为

$$y(s) = [G_u(s) + \Delta G_u(s)]u(s) + G_d(s)d(s) + G_f(s)f(s) \quad (5-73)$$

式中，$\Delta G_u(s)$ 和 $d(s)$ 代表模型不确定性。其中：

$$\begin{aligned} G_u(s) &= D + C(sI - A)^{-1}B, \quad \Delta G_u(s) = \Delta D + \Delta C(sI - A)^{-1}\Delta B \\ G_d(s) &= F_d + C(sI - A)^{-1}E_d, \quad G_f(s) = F_f + C(sI - A)^{-1}E_f \end{aligned} \quad (5-74)$$

可改写为

$$y(s) = G_u(s)u(s) + G_f(s)f(s) + \Delta y(s) \qquad (5-75)$$

式中，$\Delta y(s)$ 代表模型不确定性。

$$\Delta y(s) = \Delta G_u(s)u(s) + G_d(s)d(s) \qquad (5-76)$$

在故障诊断过程中，残差 $r(t)$ 作为指示故障的信号具有以下重要两个特性：

- 对于任意的输入 $u(t)$、初始状态 $x(0)$ 和不确定因素，满足 $\lim\limits_{t\to\infty} r(t) = 0$；
- $r(s) = G_{rf}(s)f(s)$，$G_{rf}(s) \neq 0$。

可改写为

$$r(s) = H_u(s)u(s) + H_y(s)\left[G_u(s)u(s) + G_f(s)f(s) + \Delta y(s)G_u(s)\right]$$
$$(5-77)$$

为满足残差的设计要求：

$$H_u(s) + H_y(s)G_u(s) = 0 \qquad (5-78)$$

可得

$$r(s) = H_y(s)G_f(s)f(s) + H_y(s)\Delta y(s) \qquad (5-79)$$

由 $\Delta y(s)$ 的形式，可推得

$$r(s) = H_y(s)G_f(s)f(s) + H_y(s)\Delta G_u(s)u(s) + H_y(s)G_d(s)d(s) \quad (5-80)$$

式(5-79)中表明：在模型存在不确定性的情况下，残差的生成不仅与故障信号 $f(s)$ 有关，还受模型不确定性 $\Delta y(s)$ 的影响，这两者均为未知因素。且当基于式(5-71)所描述的决策规则进行诊断决策时，在阈值函数 $J_{th}(t)$ 固定的情况下，如果模型不确定性 $\Delta G_u(s)$、$d(s)$ 使得残差评价函数 $J[r(t)]$ 较不存在模型不确定性时的影响大，就有可能产生虚警，反之，当它使得残差评价函数 $J[r(t)]$ 较不存在模型不确定性时的影响小，就有可能产生漏报。

针对不确定系统，将模型不确定部分 $\Delta G_u(s)u(s)$ 转化为系统的未知输入形式，即 $G_{d1}(s)d_1(s) = \Delta G_u(s)u(s)$。与原有的未知输入部分 $G_d(s)d(s)$ 合并为 $\hat{G}_d(s)\hat{d}(s)$。那么残差可表示为

$$r(s) = H(s)G_f(s)f(s) + H(s)\hat{G}_d(s)\hat{d}(s) \qquad (5-81)$$

为使残差对于广义的未知输入 $G_d(s)d(s)$ 不敏感而对故障 $f(s)$ 敏感，这类问题可转化为如下的优化问题。

已知 $r(s)$ 转化为

$$r(s) = H_y(s) G_f(s) f(s) + H_y(s) \bar{G}_d(s) \bar{d}(s) \tag{5-82}$$

（1）完全解耦问题：

$$H_y(s) \bar{G}_d(s) = 0 \tag{5-83}$$

即在残差中完全消除未知输入的影响，使得故障诊断系统具有好的鲁棒性能。

（2）优化问题 I（H_∞ / H_∞ 优化问题）：

$$\min J = \min \frac{\| H_y(s) \bar{G}_d(s) \|_\infty}{\| H_y(s) G_f(s) \|_\infty} \tag{5-84}$$

式中，$\| H_y(s) \bar{G}_d(s) \|_\infty$、$\| H_y(s) G_f(s) \|_\infty$ 分别反映了由未知输入所描述的模型不确定性和故障对残差的最大影响。最小化 J，意味着尽量增大故障 f 的影响，提高故障的灵敏度，同时减少未知输入 d 的影响，增强对未知输入的鲁棒性。

（3）优化问题 II（H_∞ / H_- 优化问题）：

$$\min J = \min \frac{\| H_y(s) \bar{G}_d(s) \|_\infty}{\| H_y(s) G_f(s) \|_-} \tag{5-85}$$

式中，$\| H_y(s) \bar{G}_d(s) \|_\infty$ 反映了由未知输入所描述的模型不确定性和故障对残差的最大影响，$\| H_y(s) G_f(s) \|_-$ 反故障对残差的最小影响。最小化 J，意味着尽量减少未知输入 d 的影响，同时确保对故障足够的灵敏度。

（4）H_∞ / H_i 优化问题：

$$\min J_{i,w} = \min \frac{\| H_y(s) \hat{G}_d(s) \|_\infty}{\sigma_i [H(jw) \hat{G}_f(jw)]} \tag{5-86}$$

式中，$\sigma_i [H(jw) \hat{G}_f(jw)]$，$i = 1, 2, \cdots, k$ 为 $H(jw) G_f(jw)$ 的奇异值。$\| \cdot \|_\infty$ 和 $\| \cdot \|_-$ 指标分别体现了对残差的最大影响程度和最小影响程度。而 $\| HG_f \|_- \leq \sigma_i [H(jw) \hat{G}_f(jw)] \leq \| HG_f \|_\infty$，采用 $\sigma_i [H(jw) \hat{G}_f(jw)]$ 更能体现故障对残差在所有频域内和测量子空间中各方向的影响。

（5）多指标约束问题：

$$\begin{cases} \| H_y(s) \bar{G}_d(s) \|_\infty < \gamma \\ \| H_y(s) G_f(s) \|_- > \beta \end{cases} \tag{5-87}$$

第一个不等式约束模型存在不确定性时对残差的最大影响，第二个不等式确保对故障足够的灵敏度。

在上述优化问题中，H_∞ / H_i 优化包括了 k 个优化函数，H_∞ / H_∞ 优化和 H_∞ / H_- 优化问题可视为其中两个特例。选取 H_∞ / H_i 优化指标作为评价故障诊断系统鲁棒性和故障灵敏性比较合适。而多指标约束问题具有清晰的物理意义。

除了选用 $\| \cdot \|_\infty$ 和 $\| \cdot \|_-$ 指标用来评价模型不确定性和故障对于残差的影响程度外,还可选用 $\| \cdot \|_2$ 指标,由此可转化为 H_2/H_2、H_2/H_- 和 H_2/H_i 优化问题。

2. 残差决策部分

由于模型不确定性的影响,使得在没有故障时,残差也不会是理想的零值,仅依靠固定的阈值进行诊断决策,可能会得出错误的结论。因此,有必要研究使得阈值对模型不确定性影响具有一定适应能力的方法,这是提高故障诊断系统鲁棒性的另一个重要手段。

以一种简单的情况为例,设其中的未知输入 $G_d(s)d(s)$ 满足完全解耦条件:

$$H_y(s)G_d(s) = 0 \qquad (5-88)$$

则在无故障情况下的残差为

$$r(s) = H_y(s)\Delta G_u(s)u(s) \qquad (5-89)$$

设模型参数误差 $\Delta G_u(s)$ 是范数有界的,即

$$\| \Delta G_u(s) \| \leqslant \delta \qquad (5-90)$$

式中,δ 是一个有限正有理数。则有

$$\begin{aligned}
\| r(s) \| &= \| H_y(s)\Delta G_u(s)u(s) \| \\
&\leqslant \| H_y(s)u(s) \| \| \Delta G_u(s) \| \leqslant \delta \| H_y(s)u(s) \|
\end{aligned} \qquad (5-91)$$

因此可以设置这样一个自适应阈值 $T(s)$:

$$T(s) = \delta H_y(s)u(s) \qquad (5-92)$$

式中的阈值不再是固定的,通过对系统的输入的反映,一定程度上实现了对系统及其模型不确定性的适应性,可以起到抑制模型误差对故障检测诊断影响的作用。此外,还可结合统计方法、信号处理和模糊理论、专家知识的方法进行阈值的设计。

此外,由文献可知,故障决策的准确性和残差的类条件概率密度分布有关[17]。如要确保故障决策的准确性,残差应具有良好的类条件概率密度分布。残差分布的方差越小,残差在有故障和无故障时均值的差值越大,则虚警率越小,检测率越大,故障检测的准确性越高。这就要求在设计中,应设法减少残差分布的方差,同时保证对故障足够的增益。状态估计精度越高,故障诊断的不确定性就越小,相应的诊断准确率就越高。

综上,在将模型不确定性转化为未知输入形式后,通过不确定因素和残差解耦的方式或者以各类优化方法,实现对模型不确定性的充分抑制和对故障保持足够灵敏度的综合兼顾。由于将不确定因素转化为未知输入的过程中,可能忽视了模

型不确定因素有价值的信息,因此该方法可能造成残差的设计存在一定保守性。

参考文献

[1] 王施,王荣桥,陈志英,等.航空发动机健康管理综述[J].燃气涡轮试验与研究,2009,
22(1):51 − 58.

[2] Volponi A J. Gas turbine engine health management: past, present, and future trends[J].
Journal of Engineering for Gas Turbines and Power, 2014, 136(5): 1 − 20.

[3] Wang H Q, Ouyang L, Huang J. Research on airborne real-time adaptive model of aero-engine
and performance degenerate estimate [J]. Computer Simulation, 2012, 29(10): 76 − 79.

[4] Kalman R E. A new approach to linear filtering and prediction problems[J]. Journal of Fluids
Engineering, 1959, 82: 35 − 45.

[5] Luppold R, Roman J, Gallops G, et al. Estimating in-flight engine performance variations
using Kalman filter concepts[C]. Monterey: 25th Joint Propulsion Conference, 1989.

[6] 陆军,郭迎清,张书刚.基于改进混合卡尔曼滤波器的航空发动机机载自适应模型[J].航
空动力学报,2011,26(11):2593 − 2600.

[7] Pang S, Li Q, Feng H. A hybrid onboard adaptive model for aero-engine parameter prediction
[J]. Aerospace Science and Technology, 2020, 105: 105951.

[8] 黄伟斌,张鹏,黄金泉.航空发动机状态变量模型建模方法研究[C].贵阳:中国航空学会
第十三届发动机自动控制学术交流会,2006.

[9] 冯正平,孙健国,黄金泉,等.一种建立航空发动机状态变量模型的新方法[J].航空动力
学报,1998(4):435 − 438.

[10] 陆军,郭迎清,陈小磊.线性拟合法建立航空发动机状态变量模型[J].航空动力学报,
2011,26(5):1172 − 1177.

[11] 姜锐.航空发动机线性变参数控制方法研究[D].南京:南京航空航天大学,2015.

[12] Tóth R. Modeling and identification of linear parameter-varying systems [M]. Berlin:
Springer, 2010.

[13] Gilbert W, Henrion D, Bernussou J, et al. Polynomial LPV synthesis applied to turbofan
engines[J]. Control Engineering Practice, 2010, 18(9): 1077 − 1083.

[14] Cox P B, Weiland S, Tóth R. Affine parameter-dependent Lyapunov functions for LPV systems
with affine dependence[J]. IEEE Transactions on Automatic Control, 2018, 63(11): 3865 −
3872.

[15] 韩小宝,王仲生,芦玉华.基于凸多面体构造的多项式 LPV 系统性能分析[J].计算机仿
真,2009,26(8):92 − 95.

[16] Chen J, Patton R J.动态系统基于模型的鲁棒故障诊断[M].吴建军,译.北京:国防工业
出版社,2009.

[17] 张学峰.针对航空发动机模型不确定性的故障检测、隔离与调整[D].西安:西北工业大
学,1996.

第三部分

基于模型的控制系统故障诊断

第6章
基于卡尔曼滤波器的航空发动机控制系统故障诊断

6.1 引　言

　　发动机的故障诊断,是指借助一定的有效方式对与发动机各系统紧密相关的各种参数实施检测,根据监测的数据对各系统的工作状态极其发展趋势做出有价值的判断,即做出故障诊断的结论。故障诊断主要包括故障建模、故障检测、故障隔离和评价故障四方面内容。目前应用最广泛的故障诊断方法是基于模型的诊断方法,其中最常见方法是状态估计法。基于模型的状态估计法是利用系统的标称模型和可测信息,由观测器/滤波器的输出与实际系统输出的差值生成残差,再利用观测器/滤波器进行状态重构。由于卡尔曼滤波对突发性故障(硬故障)和渐变性故障(软故障)始终具有强跟踪能力,可更好地实现故障检测和隔离,被广泛应用于故障诊断中。基于卡尔曼滤波原理,针对发动机控制系统传感器故障检测、隔离、重构问题提出的先进检测、隔离和调节(advanced detection, isolation, and accommodation, ADIA)算法,经过几十年的不断完善和验证,是目前已进入工程应用阶段的较为成功的故障诊断方法。

　　第5章介绍了航空发动机全寿命大包线范围数字模型的建立和线性化,并进行了不确定性分析,本章围绕卡尔曼滤波器开展基于模型的 FADEC 系统故障诊断,综合考虑传感器故障和执行机构故障,深入研究了基于卡尔曼滤波器的故障诊断方法,设计了多重故障匹配卡尔曼滤波器,实现对传感器和执行机构的故障诊断[1,2]。此外,针对性能退化的发动机,通过建立卡尔曼自适应机载模型实现在线故障诊断,能及时估计部件的性能退化并准确检测传感器和执行机构故障。最后,针对实际系统中不可避免存在的参数不确定性、干扰及噪声对故障诊断系统残差鲁棒性的要求,借鉴满意滤波方法并利用线性矩阵不等式(LMI)设计最优自适应阈值,使得阈值具有一定的自适应能力,以此增强发动机故障诊断系统诊断决策的鲁棒性,同时保证了故障检测的准确率。

6.2 基于模型的故障诊断概述

6.2.1 基于模型故障诊断的基本原理

基于模型的故障诊断方法,是最早发展起来的诊断方法,同时也是研究、应用最广泛的诊断方法,它可以更加充分利用系统内部的深层知识,更有利于系统的故障诊断。所以在故障诊断领域具有重要的地位,在今后的发展中依然会是故障诊断方法的主要研究方向。基于模型的故障诊断方法通过将被诊断对象的可测信息和由模型表达的系统先验信息进行比较,产生残差,并对残差进行分析和处理从而实现故障诊断。这类方法需要建立被诊断对象的精确数学模型,优点是充分利用了系统内部的深层知识,有利于系统的故障诊断。一般而言,基于数学模型的故障诊断包括残差产生和残差评价两个阶段。根据残差产生形式的不同,这类方法又可分为状态估计方法、参数估计方法和等价空间方法。

状态估计方法依赖对象精确的数学模型,利用系统的定量模型和可测信号重建某一可测量的变量,将估计值与测量值进行比较,构成残差序列,再从残差中提取故障特征参数并根据特征参数实现故障诊断。基于状态估计的故障诊断方法主要包括观测器方法和故障检测滤波器方法。观测器方法主要包括 Luenberger 观测器法[3]、滑模观测器法[4]、未知输入观测器法[5]、自适应观测器法[6]等。故障检测滤波器方法主要包括多目标优化的滤波器法[7]、Kalman 滤波器法、传递函数迹最小化的最优随机滤波法[8]。

参数估计方法也基于对象精确的数学模型,通过对系统机理分析,确定系统模型参数和物理元件参数之间的关联方程,利用已有的参数辨识方法来检测故障信息,根据参数的估计值与标称值的偏差情况,就可以确定出系统中是否发生了故障以及发生故障的程度[9]。参数估计方法主要包括 H_∞ 优化法[10]、LMI 方法[11]和针对含有未知输入的时滞系统的鲁棒 H_∞ 优化控制技术[12]。

对比基于状态估计和基于参数估计的两种故障诊断方法,可以看出:基于状态估计的方法具有较好的实时性,并且对输入信号的要求不是很严格,设计的观测器和滤波器都是呈指数型收敛,而参数估计方法的收敛性要差一些,但是更易于故障的定位与故障幅值的估计。近几年结合状态估计与参数估计优点的自适应观测器故障诊断方法得到快速发展。

等价空间方法是利用系统输入输出的实际测量值检验与系统数学模型的一致性(即等价性),以检测和隔离故障。等价空间方法主要有:奇偶方程的方法、基于约束优化的等价方程方法、基于具有方向的残差序列方法等。目前,研究最多的是奇偶方程故障诊断方法,其主要成果还集中在线性系统和一些特殊的非线性系统中。

　　基于模型诊断的这三种方法虽然是独立发展起来的,但它们之间存在着一定的联系。文献[13]证明了基于观测器的状态估计方法与奇偶空间方法是等价的。文献[14]讨论了参数估计方法和观测器方法之间的联系,指出参数估计方法得到的残差包含在观测器方法得到的残差中,两种方法本质上是互补的。文献[15]指出了奇偶空间方法和参数估计方法之间的关系。目前,基于模型的状态估计方法应用最广泛,下面对其进行简单介绍。

　　对于一般的非线性系统:

$$\begin{cases} \dot{x} = g(x, u, t, d, f) \\ y = h(x, u, t, d, f) \end{cases} \tag{6-1}$$

其中,x、y、u、t 分别是系统的状态变量、输出变量、输入变量和时间;d 是系统的不确定量(如建模误差、外部干扰等);f 是故障。

　　对于系统(6-1),其故障诊断系统形式如下:

$$\begin{cases} \dot{z} = d(z, y, u, t) \\ r = e(z, y, u, t) \end{cases} \tag{6-2}$$

其中,z 是辅助状态变量(如观测器中的状态估计 $\hat{x}$ 和故障估计 $\hat{f}$);r 是测量值与期望值形成的残差(residual)信号,正常情况 $(f(t) = 0)$ 下,$r(t) = 0$;故障情况 $(f(t) \neq 0)$ 下,$r(t) \neq 0$。得到残差序列后,通过残差估计策略将时序列残差信号转化为布尔数学体系的决断函数表示。如利用残差 $r(s)$ 的评价函数 $J(r)$ 与选定的阈值函数 T_h 进行比较,来判断故障是否发生:

$$\begin{cases} J(r) \leqslant T_h : 无故障发生 \\ J(r) > T_h : 有故障发生 \end{cases} \tag{6-3}$$

　　在残差生成设计中,可以使其中每个残差对系统中某个位置发生的故障具备特殊的敏感性,即故障匹配。这样在对每个残差的分析中,一旦阈值被超出,则可直接得到故障隔离。

　　基于模型的故障诊断可以定义为:通过比较系统可获得的测量值与其相应的由系统数学模型所描述的先验信息,结合已有的经验规律进行检测处理,隔离与表征系统组件发生的故障。图 6-1 给出了基于模型故障诊断与控制回路的通用结构。

　　基于模型的故障诊断过程主要分为四个部分,基本过程如图 6-2 所示。

　　(1) 故障建模:按照先验信息和输入输出关系,建立系统故障和残差生成的数学模型,确保 g、h、d、e 函数的准确度和可实现性,作为故障诊断的依据。

　　(2) 故障检测:利用可测变量的测量值或不可测变量的估计值等信息,与期望模型输出比较产生残差信号 $r(t)$,并根据设置(固定或可变的)故障阈值处理残

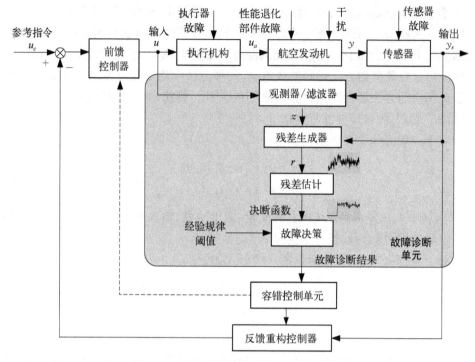

图6-1　基于模型的故障诊断与控制回路

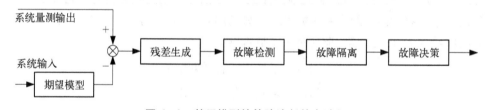

图6-2　基于模型的故障诊断基本过程

差信号,判断系统在什么时间发生故障。

(3)故障隔离:在检测出故障后,判断故障类型是执行机构故障还是传感器或系统部件故障,判断故障是单一故障还是多重故障,确定故障源位置。

(4)故障决策:根据故障大小和发展趋势,判断故障的严重程度及其对系统的影响,针对不同情况采取相应措施。

6.2.2　基于模型故障诊断的鲁棒性问题

实际系统中会存在非线性、噪声、干扰和参数时变等不确定性,在基于模型的故障诊断方法中,绝大多数利用的是线性模型,相比实际系统不可避免地存在模型误差,如何确保故障诊断系统在上述因素影响下的准确性,使得故障诊断系统具有好的鲁棒性,是基于模型的故障诊断中的一个关键问题。线性不确定动态系统的鲁棒故障诊断是目前故障诊断领域中一个研究热点,已经开展了许多研究工作,基本的方法可归纳为以下两类:一类是鲁棒残差生成,即生成对各种不确定与干扰因素不敏感而对故障敏感的残差;另一类是鲁棒诊断决策,即通过决策规则来增强故障诊断的鲁棒性。

1)线性不确定系统的鲁棒残差生成方法

鲁棒残差生成方法是使得残差对各种不确定因素不敏感,而对故障敏感。对于线性不确定系统的主要方法有:基于未知输入观测器的方法、基于特征结构配置的方法、鲁棒等价(奇偶)空间的方法、基于鲁棒观测器/滤波器的方法和优化方法等。

以上的鲁棒残差生成方法,各自有相应的条件要求和应用范围,如未知输入观测器只有在独立的可测输出维数大于未知输入的维数时才存在;等价空间方法适用于拥有较多冗余测量信息的系统。在鲁棒故障诊断中,如何引入对残差协方差的约束来抑制随机噪声等不确定因素的影响,是一个值得关注的问题。此外,在如何具体确定反映对模型不确定性的鲁棒性和对故障的灵敏度的优化指标,如何对优化问题进行有效求解等几个方面,也有待开展进一步的研究。

2)线性不确定系统的鲁棒诊断决策方法

诊断决策是基于模型的故障诊断中的另一个基本阶段,通过设置故障阈值等决策规则,对残差进行合适的评价,从而在不确定因素的影响下得到对故障发生与否、发生情况的准确判断。残差评价与阈值选择的方法主要有:基于统计的方法、基于知识的方法和基于模型的方法。

以上的鲁棒诊断决策方法中:基于统计的方法简单直接容易实现,但是需要有系统故障的先验知识和大量的残差数据,才能得到好的统计特性;基于知识的方法不需要系统的精确模型,但如何全面获取相关的知识,如何进行学习训练和推理等在实际应用中仍存在一定的困难;基于解析模型的方法利用了系统数学模型等信息,可以实现阈值的在线调节,但大都是基于模型偏差、未知干扰等的上界进行设计,尽管能够使得虚警最小,却带来了漏报的问题。如何优化选取阈值,使得故障诊断系统对故障的误报和漏报都达到最小或者同时满足给定的要求这一问题,还需开展进一步的研究。

6.2.3　基于模型故障诊断的故障重构

正如 6.2.2 节所述,基于模型的故障诊断方法通过构造对未知输入解耦或近似解耦的残差来提高诊断系统的鲁棒性,并利用这个残差进行故障诊断。这种根据生成残差进行故障检测与分离的技术是一种间接的故障诊断技术,不能够直接对故障估计。对于慢变或初始故障的检测能力很低的情况,如果门限选择不合适,则很有可能对微小的故障信号忽略不计,发生故障漏报的问题。针对这种情况,近年来故障重构技术逐渐成为基于模型的故障诊断技术研究中的一个热点。通过故障重构可以估计出故障的严重程度,以及辨别故障的种类,从而采取有效的措施以消除故障对生产过程的影响。此外,故障重构方法还可以作为故障容错技术的一个基础。

在20世纪90年代,传统系统的故障重构和估计方法受到了广泛关注。针对线性系统的传感器故障估计问题,给出了广义观测器设计方法,在此基础上,将广义观测器方法扩展到具有状态时滞和输入时滞的线性系统的传感器故障重构问题[16]。上述方法有一个共同的特点,仅能处理传感器故障,不能处理执行器故障。文献[17]针对同时具有传感器和执行器故障的不确定线性系统,通过使用滑模滤波器解决了传感器故障、执行器故障重构问题,并使扰动到故障重构误差满足一定的 H_2 性能要求。在应用方面,文献[18]采用滑模观测器方法实现传感器的故障重构,并应用于航空发动机非线性控制系统中;滑模观测器也应用到民用飞机控制系统[19]。

6.3 发动机离散模型的卡尔曼滤波器原理

6.3.1 离散卡尔曼滤波器原理

卡尔曼滤波方法是一种递推的状态空间方法,其基本特征是利用状态方程描述状态的转移过程,使用观测方程获得对状态的观测信息。它只用状态的前一个估计值和最近一个观察值就可以在线性无偏最小方差估计准则下对当前状态做出最优估计。

设离散化后的系统状态方程和量测方程分别为

$$\begin{cases} X_k = \Phi X_{k-1} + \Gamma_{k-1} W_{k-1} \\ Z_k = H_k X_k + V_k \end{cases} \quad (6-4)$$

式中, X_k 为 k 时刻的 n 维状态向量(被估计量); Φ 为 $k-1$ 到 k 时刻的系统一步状态转移矩阵($n \times n$ 阶); Γ_{k-1} 为系统噪声矩阵($n \times r$ 阶); W_{k-1} 为 $k-1$ 时刻的系统噪声(r 维); Z_k 为 k 时刻的 m 维量测向量; H_k 为 k 时刻系统量测矩阵($m \times n$ 阶); V_k 为 k 时刻 m 维量测噪声。

卡尔曼滤波要求 $\{W_k\}$ 和 $\{V_k\}$ 是互不相关的零均值的白噪声序列,有

$$E\{W_k W_j^T\} = Q_k \delta_{kj}$$
$$E\{V_k V_j^T\} = R_k \delta_{kj} \quad (6-5)$$

Q_k 和 R_k 分别称为系统噪声和量测噪声的方差矩阵,在卡尔曼滤波中要求它们分别是已知值的非负定阵和正定阵; δ_{kj} 是 Kronecker - δ 函数,即

$$\delta_{kj} = \begin{cases} 0, & k \neq j \\ 1, & k = j \end{cases} \quad\quad (6-6)$$

在滤波开始时必须有初值 $\hat{X}_0$ 和 P_0 才能进行迭代计算,初始状态的一、二阶统计特性为

$$\hat{X} = E\{X_0\} = m_{x0} \quad\quad (6-7)$$

$$P_0 = E\{(X_0 - \hat{X}_0)(X_0 - \hat{X}_0)^{\mathrm{T}}\} \quad\quad (6-8)$$

$$= E\{(X_0 - m_{x0})(X_0 - m_{x0})^{\mathrm{T}}\} = Var\{X_0\} = C_{x0}$$

式中,$Var\{\cdot\}$ 为对 $\{\cdot\}$ 求方差的符号,卡尔曼滤波要求 m_{x0} 和 C_{x0} 为已知量,且要求 X_0 与 $\{W_k\}$ 和 $\{V_k\}$ 都不相关;这样才能保证估计均方差阵 P_k 始终最小。

离散卡尔曼滤波方程如下。

（1）状态一步预测方程:

$$\hat{X}_{k/k-1} = \varphi_{k, k-1}\hat{X}_{k-1} \quad\quad (6-9)$$

式中,$\hat{X}_{k-1}$ 为 X_{k-1} 的卡尔曼滤波估值;$\hat{X}_{k/k-1}$ 为利用 X_{k-1} 计算得到的一步预测,是利用 $k-1$ 时刻和以前时刻的量测值得到的 X_k 的一步预测。

（2）状态 X_k 估值计算方程:

$$\hat{X}_k = \hat{X}_{k/k-1} + K_k(Z_k - H_k\hat{X}_{k/k-1}) \quad\quad (6-10)$$

式（6-10）为计算估值 X_k 的方程,是在一步预测 $X_{k/k-1}$ 的基础上,根据量测值 Z_k 计算出来的。

$$Z_k - H_k\hat{X}_{k/k-1} = H_kX_k + V_k - H_k\hat{X}_{k/k-1} = H_k\tilde{X}_{k/k-1} + V_k \quad\quad (6-11)$$

式中,$\tilde{X}_{k/k-1}$ 为一步预测误差,$\tilde{X}_{k/k-1} = X_k - \hat{X}_{k/k-1}$;$Z_k - H_k\hat{X}_{k/k-1}$ 由两部分组成:$\tilde{X}_{k/k-1}$ 和 V_k,$\tilde{X}_{k/k-1}$ 正是在 $\hat{X}_{k/k-1}$ 基础上估计 X_k 所需信息,因此 $(Z_k - H_k\hat{X}_{k/k-1})$ 又称为新息;若把 $H_k\hat{X}_{k/k-1}$ 看作是量测 Z_k 的一步预测,则 $(Z_k - H_k\hat{X}_{k/k-1})$ 就是量测的一步预测误差。式（6-11）就是通过计算新息,把 $\tilde{X}_{k/k-1}$ 估计出来,并左乘一个系数矩阵 K_k 加到 $\hat{X}_{k/k-1}$ 中,从而得到估值 $\hat{X}_k$,K_k 称为滤波增益矩阵。

（3）滤波增益方程:

$$K_k = P_{k/k-1}H_k^{\mathrm{T}}(H_kP_{k/k-1}H_k^{\mathrm{T}} + R_k)^{-1} \quad\quad (6-12)$$

式中,$P_{k/k-1}$ 为一步预测均方差阵,即 $Z_k - H_kP_{k/k-1} = E\{\tilde{X}_{k/k-1}, \tilde{X}_{k/k-1}^{\mathrm{T}}\}$。

由于 $\hat{X}_{k/k-1}$ 也具有无偏性,即 $\tilde{X}_{k/k-1}$ 的均值为零,所以 $P_{k/k-1}$ 也称为一步预测误差方差阵。式（6-12）中的 $H_kP_{k/k-1}H_k^{\mathrm{T}}$ 和 R_k 分别就是新息中的两部分内容。如

果 R_k 大，K_k 就小；R_k 小，K_k 就大。K_k 选取的标准就是卡尔曼滤波的估计准则，也就是使得 $\hat{X}_k$ 均方误差阵最小。

（4）一步预测均方误差方程：

$$P_{k/k-1} = \varphi_{k,k-1} P_{k-1} \varphi_{k,k-1}^{\mathrm{T}} + \Gamma_{k-1} Q_{k-1} \Gamma_{k-1}^{\mathrm{T}} \qquad (6-13)$$

式中，$\tilde{X}_{k-1} = \hat{X}_{k-1} - X_{k-1}$，为 $\hat{X}_{k-1}$ 的估计误差，可以看出一步预测均方误差阵 $P_{k/k-1}$ 是从估计均方误差阵 P_{k-1} 转移过来的，并且再加上系统噪声方差的影响。从式（6-13）可以看出，求 K_k 必须先求出 $P_{k/k-1}$。

（5）估计均方误差方程：

$$P_k = (I - K_k H_k) P_{k/k-1} (I - K_k H_k)^{\mathrm{T}} + K_k R_k K_k^{\mathrm{T}} \ 或 \ P_k = (I - K_k H_k) P_{k/k-1}$$
$$(6-14)$$

即 $P_k^{-1} = P_{k/k-1}^{-1} + H_k^{T} R_k^{-1} H_k$。

总结以上计算方程，卡尔曼滤波的计算流程如图 6-3 所示。

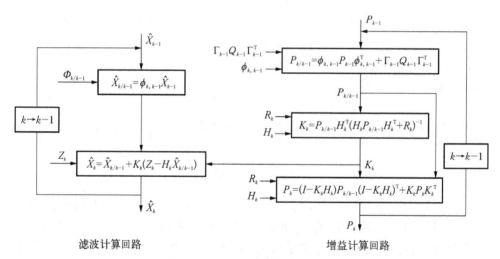

滤波计算回路　　　　　　　　　　　增益计算回路

图 6-3　卡尔曼滤波的计算流程

6.3.2　发动机离散模型的卡尔曼滤波器

由于航空发动机控制系统的动态特性复杂且存在噪声、干扰等作用，考虑白噪声作用下一般离散线性随机系统：

$$\begin{cases} X_k = \phi_{k,k-1} X_{k-1} + B_{k-1} U_{k-1} + \Gamma_k W_k \\ Y_k = H_k X_k + D_k U_k + V_k \\ Z_k = H_k X_k + D_k U_k \end{cases} \qquad (6-15)$$

式中，$U_k \in R^r$、$X_k \in R^n$、$Y_k \in R^m$ 和 $Z_k \in R^q$ 分别为系统输入、状态向量、传感器测量输出及系统标称输出。W 和 V 分别为系统噪声阵和测量噪声阵，其协方差分别是状态变量模型精度的度量以及发动机传感器测量精度的度量，需要有足够的工程经验才能确定。在此假设系统噪声和测量噪声均是零均值的白噪声信号，满足：

$$\begin{cases} E[W_k] = E[V_k] = 0 \\ E[W_k, V_j^T] = S_k \delta_{kj} \\ E[W_k, W_j^T] = Q_k \delta_{kj} \\ E[V_k, V_j^T] = R_k \delta_{kj} \end{cases} \qquad (6-16)$$

其中，$\delta_{kj} = \begin{cases} 1, & k = j \\ 0, & k \neq j \end{cases}$；$Q_k$ 为系统噪声的方差阵，非负定；R_k 为测量噪声方差阵，正定。

系统的卡尔曼滤波方程如下。

预测方程：

$$\hat{X}_{k, k-1} = \phi_{k, k-1}^* \hat{X}_{k-1} + B_{k-1} U_{k-1} + J_{k-1}(Y_{k-1} - D_{k-1} U_{k-1}) \qquad (6-17)$$

滤波方程：

$$\hat{X}_k = \hat{X}_{k, k-1} + K_k[Y_k - (H_k \hat{X}_{k, k-1} + D_k U_k)] \qquad (6-18)$$

增益方程：

$$N = [-C(A - BK)^{-1}B]^{-1} \qquad (6-19)$$

预测均方误差阵：

$$P_{k, k-1} = E[\bar{X}_{k, k-1} \cdot \bar{X}_{k, k-1}^T] = \phi_{k, k-1}^* P_{k-1} \phi_{k, k-1}^{*T} + \Gamma_{k-1} Q_{k-1} \Gamma_{k-1}^T - J_{k-1} S_{k-1}^T \Gamma_{k-1}^T \qquad (6-20)$$

误差均方误差阵：

$$P_k = E[\bar{X}_k \cdot \bar{X}_k] = (I - K_k H_k) P_{k, k-1}(I - K_k^T H_k^T) + K_k R_k K_k^T \qquad (6-21)$$

其中，$J_{k-1} = \Gamma_{k-1} S_{k-1} R_{k-1}^{-1}$；$\phi_{k, k-1}^* = \phi_{k, k-1} - J_k H_{k-1}$。

6.4　基于故障匹配卡尔曼滤波器的故障诊断方法

6.4.1　故障匹配卡尔曼滤波器组设计

为了准确进行故障定位与隔离，设计多重故障匹配卡尔曼滤波器，每一个滤波器都对应一个可能的故障源。设有 $m+r$ 个降阶卡尔曼滤波器，前 m 个滤波器是为某传感器故障设置的故障匹配卡尔曼滤波器，后 r 个滤波器是为某执行机构故障设置的故障匹配卡尔曼滤波器。

1）传感器故障

为保证发动机安全运行不超温、超转、喘振，实现发动机控制如稳态过渡态控制、全飞行包线寻优控制、新模式控制、状态监控等需要相应的传感器。这里选择常用的四个传感器，分别测量风扇转速（N_1）、高压转子转速（N_2）、压气机出口总压力（p_3^*）、低压涡轮出口总温度（T_{45}^*）。

当传感器故障时，所描述的系统可写为

$$\begin{cases} X_k = \phi_{k,\,k-1} X_{k-1} + B_{k-1} U_{k-1} + \Gamma W_{k-1} \\ \begin{bmatrix} Y_k^{incl\_s} \\ Y_k^{excl\_s} \end{bmatrix} = \begin{bmatrix} H_k^{incl\_s} \\ H_k^{excl\_s} \end{bmatrix} X_k + \begin{bmatrix} D_k^{incl\_s} \\ D_k^{excl\_s} \end{bmatrix} U_k + \begin{bmatrix} V_k^{incl\_s} \\ V_k^{excl\_s} \end{bmatrix} \end{cases} \quad (6-22)$$

式中，要检测隔离第 i 个传感器的故障，$H_k^{excl\_s}$ 为矩阵 H 的第 i 行，$H_k^{incl\_s}$ 为矩阵 H 余下的各行，同理 $D_k^{incl\_s}$、$D_k^{excl\_s}$、$Y_k^{incl\_s}$、$Y_k^{excl\_s}$、$V_k^{incl\_s}$、$V_k^{excl\_s}$ 有相应的定义。

定义每一个传感器故障为一种故障模式，设计 m 个降阶卡尔曼滤波器，m 为传感器数目。每一个卡尔曼滤波器都监测某个特定传感器的故障模式，而将除去被监测传感器后剩余传感器的输出子集作为滤波器输入，即针对第 i 个传感器故障设置的故障匹配卡尔曼滤波器将 $Y_k^{incl\_s}$ 作为输入，$K_k^{incl\_s}$ 和 $D_k^{incl\_s}$ 为系数矩阵，S_k、R_k 即为减去相应故障传感器维数的方差阵。

其状态估计误差为

$$\begin{aligned} \bar{X}_k &= X_k - \hat{X}_k \\ &= (I - K_k H_k^{incl\_s}) \phi_{k,\,k-1}^* \bar{X}_{k-1} + (I - K_k H_k^{incl\_s}) W_k^* - K_k V_k^{incl\_s} \end{aligned} \quad (6-23)$$

滤波输出残差为

$$\begin{aligned} r_k &= Y_k - \hat{Y}_k \\ &= (I - H_k^{incl\_s} K_k) Y_k^{incl\_s} + (H_k^{incl\_s} K_k - I) H_k^{incl\_s} \phi_{k,\,k-1}^* \hat{X}_{k-1} \\ &\quad + (H_k^{incl\_s} K_k - I) H_k^{incl\_s} B_{k-1} U_{k-1} + (H_k^{incl\_s} K_k - I) H_{k-1}^{incl\_s} J_{k-1}^{incl\_s} Y_{k-1}^{incl\_s} \\ &\quad + (I - H_k^{incl\_s} K_k) H_k^{incl\_s} J_{k-1}^{incl\_s} D_{k-1}^{incl\_s} U_{k-1} + (H_k^{incl\_s} K_k - I) D_k^{incl\_s} U_k \end{aligned} \quad (6-24)$$

当第 i 个传感器发生故障时，第 i 个卡尔曼滤波器其系数阵中故障信息恰好被除去，状态估计和残差生成均不受影响。而其他滤波器包括故障传感器所得测量值与卡尔曼滤波器估计值必然不符，滤波残差也将发生变化，并且这些滤波残差包含第 i 个传感器的故障信息。

2) 执行机构故障

书中模型输入量为供油量(WFM)和喷口喉部面积(A_8),分别由燃油计量装置和喷口面积可调装置执行机构给定。供油量是发动机能量输入,喷口面积会影响发动机气动特性和推力,两者出现故障会严重影响发动机的正常工作。

当执行机构故障时,故障变化可通过输入向量 U_k 和输入阵 B_k 来描述为

$$\begin{cases} X_k = \phi_{k,\,k-1} X_{k-1} + \begin{bmatrix} B_{k-1}^{incl\_a} & B_{k-1}^{excl\_a} \end{bmatrix} \begin{bmatrix} U_{k-1}^{incl\_a} \\ U_{k-1}^{excl\_a} \end{bmatrix} + \Gamma W_{k-1} \\ Y_k = H_k X_k + \begin{bmatrix} D_k^{incl\_a} & D_k^{excl\_a} \end{bmatrix} \begin{bmatrix} U_k^{incl\_a} \\ U_k^{excl\_a} \end{bmatrix} + V_k \end{cases} \tag{6-25}$$

式中,要检测隔离第 j 个执行机构的故障,$U_{k-1}^{excl\_a}$ 为相应的输入即输入 U_{k-1} 的第 j 行,$U_{k-1}^{incl\_a}$ 为余下的各行;$B_{k-1}^{incl\_a}$ 为输入矩阵 B_{k-1} 的第 j 列,$B_{k-1}^{excl\_a}$ 为矩阵 B_{k-1} 余下的各列,同理 $D_k^{incl\_a}$、$D_k^{excl\_a}$ 有相应的定义。

定义每一个执行机构故障为一种故障模式,设计 r 个降阶卡尔曼滤波器,r 为执行机构数目。每一个卡尔曼滤波器都监测某个特定执行机构的故障模式,而将除去被监测执行机构后剩余执行机构的输入子集作为滤波器输入,即滤波器将 $U_{k-1}^{incl\_a}$ 作为输入,$B_{k-1}^{incl\_a}$ 和 $D_{k-1}^{incl\_a}$ 为系数矩阵。

其状态估计误差为

$$\begin{aligned} \bar{X}_k &= X_k - \hat{X}_k \\ &= (I - K_k H_k) \phi_{k,\,k-1}^* \bar{X}_{k-1} + (I - K_k H_k) B_{k-1}^{excl\_a} U_{k-1}^{excl\_a} + (I - K_k H_k) W_k^* - K_k V_k \end{aligned} \tag{6-26}$$

当第 j 个执行机构发生故障时,欲使状态估计误差对故障源 U_{k-1}^{excl} 不敏感,以实现对故障的隔离,需要满足:

$$(I - K_k H_k) B_{k-1}^{excl\_a} = 0 \tag{6-27}$$

其中,增益阵 K_k 有解的充要条件是

$$\text{rank}(H_k) \geqslant \text{rank}(B_{k-1}^{excl\_a}) \tag{6-28}$$

即故障诊断系统中的滤波器引入的传感器有足够的自由度(指传感器分布在不同物理位置上)提供信息以抵消故障输入 U_{k-1}^{excl} 的影响。

当第 j 个执行机构故障时,第 j 个卡尔曼滤波器由于只用到其余 $r-1$ 无故障执行机构的输入,所以滤波估计误差无影响,而其他卡尔曼滤波器均用到第 j 个故障执行机构的输入,滤波估计误差也随之变化并包含第 j 个执行机构故障信息。

显然,在这样的一组 $m+r$ 个卡尔曼滤波器中,不同卡尔曼滤波器所包含的待优化的增益矩阵 K_k 不同,且可以是时变的。

6.4.2　残差平方加权和法处理故障信息

对 $m+r$ 个被检测的部件(传感器、执行机构),应有 $m+r$ 个卡尔曼滤波器。其故障诊断系统结构如图 6-4 所示。

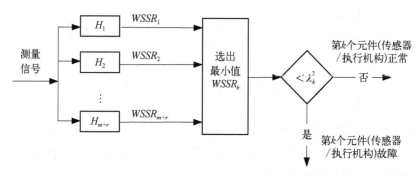

图 6-4　基于多重故障匹配卡尔曼滤波器的故障诊断系统结构图

第 k 个滤波器产生残差向量 r_k,计算 r_k 的加权平方和 $WSSR_k$。不失一般性,假设传感器噪声为高斯分布,则

$$WSSR_k = r_k^{\mathrm{T}} \sum{}^{-1} r_k \qquad (6-29)$$

其中, $\sum = \mathrm{diag}(\sigma_k^2)$, $k = 1, 2, \cdots, m+r$, σ_k^2 为第 k 个元件(传感器、执行机构)的标准方差,可调整各部件性能变化对残差的影响,有效提高故障检测准确率。$WSSR_0$ 对应于原始系统,选择滤波残差加权平方和 $WSSR_k$ 作为指示故障的系统残差。

工作过程为:在每个采样点,将发动机控制输入向量和传感器测量值作为卡尔曼滤波器组的输入,由卡尔曼滤波器组获得输出估计值以及系统残差 $WSSR$,通过对系统残差信号的分析,进行在线故障检测和隔离。

在系统正常工作情况下,状态估计误差 $\bar{X}_k$ 较小,所有的残差加权平方和 $WSSR$ 稳定在零值附近。当某一部件(传感器、执行机构)发生故障时,除了与该路对应的故障匹配滤波器不受影响以外,其余各路滤波器均包含故障信息,致使 $\bar{X}_k$ 变大,且 $WSSR$ 会受到影响。因此设定合理的检测阈值,如果

$$\min_k WSSR_k < \lambda_k^2, \ k = 1, 2, \cdots, m+r \qquad (6-30)$$

其他系统残差 $WSSR$ 均超过阈值,则第 k 个部件(传感器、执行机构)发生故障,否则无故障。其中 λ_k^2 为第 k 个部件(传感器、执行机构)的故障阈值。软故障检测的

故障阈值选取依据是残差 r 服从高斯分布,统计量 LR 服从 γ^2 分布,给定虚警率 α,查 γ^2 分布表即得。

6.4.3　多重故障的诊断逻辑原理

当存在多个元件(传感器、执行机构)故障时,需扩展设计故障诊断系统,以双重传感器故障为例,其原理如图 6-5 所示。

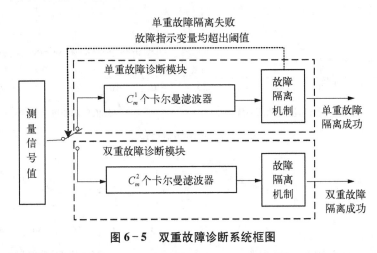

图 6-5　双重故障诊断系统框图

当发生传感器机构故障时,单重故障诊断模块中所有卡尔曼滤波器都会接收故障输入,必然导致全部指示故障的系统残差信号超出阈值。此时系统发出的故障隔离失败信号,切换到双重故障诊断模块。双重故障诊断模块采用组合方法,每个降阶卡尔曼滤波器排除两个控制输入信号再进行滤波计算,故障诊断逻辑与单重故障相似。具体实现时,降阶卡尔曼滤波器计算模块应注意软件设计的通用性,以减少滤波器数目和计算量。

6.4.4　仿真验证

选取某型航空发动机高空稳态点状态方程进行离散化,采样周期 20 ms。发动机工况点为 $H = 18$ km, $Ma = 1.8$, $n_1 = 96\%$。状态估计误差初始值 $P(0) = 0.5^2 I_{2\times2}$,系统噪声 $w(k)$ 和测量噪声 $v(k)$ 均为高斯白噪声,协方差取值 $R_{vv} = \mathrm{diag}[\,0.2^2\quad 0.2^2\quad 0.2^2\quad 0.2^2\,]$, $Q_{ww} = \mathrm{diag}[\,0.06^2\quad 0.06^2\,]$,考虑如下故障。

(1) $t = 10$ s 时,模拟风扇转速传感器跳变硬故障,幅值为 0.3;随后 $t = 20$ s 时,模拟高压压气机出口温度传感器 0.5% 渐变软故障,如图 6-6 和图 6-7 所示。

图 6-6 中 $t = 10 \sim 20$ s,单重故障诊断模块的滤波残差中只有表示风扇转速

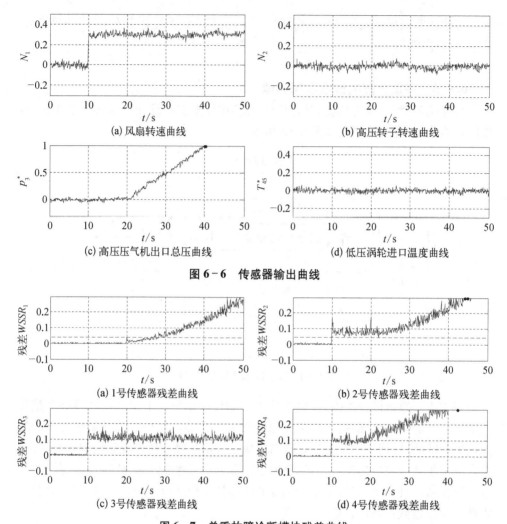

图 6-6　传感器输出曲线

图 6-7　单重故障诊断模块残差曲线

N_1 的 1 号传感器残差 $WSSR_1$ 基本稳定在零值附近,其他由于受到故障影响均跳变并超过阈值,说明此时风扇转速 N_1 的 1 号传感器故障。随后 $t = 20$ s 时,表示高压压气机出口总压 p_3^* 的 3 号传感器也发生故障,所有单重故障诊断系统的滤波残差均变大超过检测阈值,不能完成故障诊断,因此,切换到双重故障诊断模块。

在图 6-8 中,双重故障诊断模块的滤波残差只有表示风扇转速 N_1、高压压气机出口总压 p_3^* 的 1、3 号传感器残差 $WSSR_{13}$ 基本稳定在零值附近,其他由于受到故障影响跳变并超过阈值,说明表示风扇转速 N_1 的 1 号传感器和表示高压压气机出口总压 p_3^* 的 3 号传感器故障。因此,可以准确快速地检测和隔离故障。

(2) $t = 10$ s 时,模拟由于液压油泄露导致喷口面积缩小的喷口作动筒发生跳变的硬故障,幅值为 0.2,如图 6-9 所示。

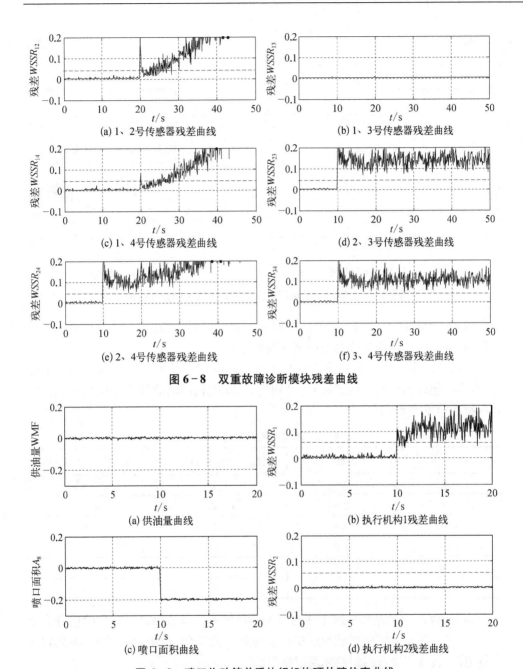

图 6 - 8　双重故障诊断模块残差曲线

图 6 - 9　喷口作动筒单重执行机构硬故障仿真曲线

（3）$t = 10\ \mathrm{s}$ 时，模拟受扰导致流通面积渐变的燃油计量活门软故障，斜率为
0.5%，如图 6 - 10 所示。

由图 6 - 9 和图 6 - 10 可以看出，当某一执行机构发生故障时，该执行机构对
应的降阶卡尔曼滤波器输出残差 WSSR 基本稳定在零值附近，而其他执行机构对

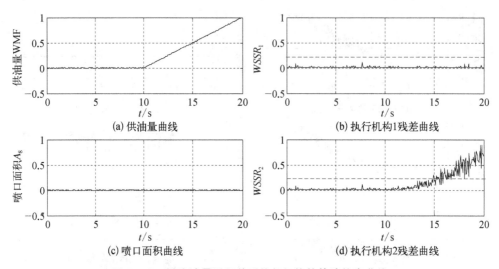

图 6 - 10 燃油计量活门单重执行机构软故障仿真曲线

应的残差 WSSR 由于受输入故障影响而变大超过检测阈值,且残差对故障的反应时间短。因此,可以准确快速地检测和隔离故障。

为对比采用多重卡尔曼滤波器与常规滤波器组在故障检测算法准确率的差异,在飞行包线内选取不同工况点,分别进行 20 次相同的故障类型组合测试。统计误报次数见表 6 - 1。

表 6 - 1 故障检测误报次数统计表

高度/km	马 赫 数	误报次数(常规滤波器组)	误报次数(本节方法)
0.0	0.0	1	0
3.0	0.6	2	1
8.0	0.8	1	0
10.0	1.0	3	1
12.0	1.1	1	0
15.0	1.6	2	0

验证表明:多重故障匹配卡尔曼滤波器组的不同滤波器之间对故障信号完全解耦,其滤波残差能够快速准确地反映故障状态的变化,设定合适的软、硬故障检测阈值后,较常规滤波器组故障误报率很低。

6.5 基于卡尔曼滤波器的机载自适应模型的故障诊断

6.5.1 发动机部件性能退化对故障诊断的影响

航空发动机随着使用次数、使用时间的增加各部件会有磨损,导致各部件性能退化,从而给故障诊断过程带来困扰。当性能退化到一定程度,发动机输出会发生变化,此时一般的故障诊断系统由于没有考虑到退化情况的影响,将不易判断出是部件故障还是性能退化引起的。下面通过发动机某工况点的仿真说明性能退化对故障诊断的影响。

在无故障无退化的情况下,故障指示信号 $WSSR_{1-4}$ 的值没有超过门限值,如仿真图 6-11 所示。

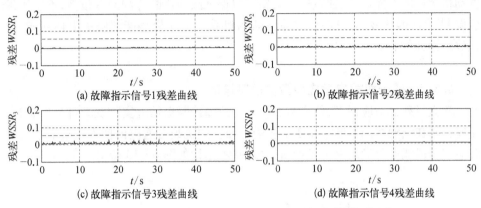

图 6-11　无退化无故障情况下的故障指示信号 $WSSR_{1-4}$

然而,在无故障但是存在发动机部件退化的情况下,如果不更新模型,故障诊断系统会误将退化认为是故障,从而发生误判。如图 6-12 所示,当高压涡轮效率降低 2% 后,$WSSR_{1-4}$ 的值迅速增大。导致 $WSSR_{1-4}$ 值变大的原因并不是故障所致而是未考虑退化,从而产生了误报。

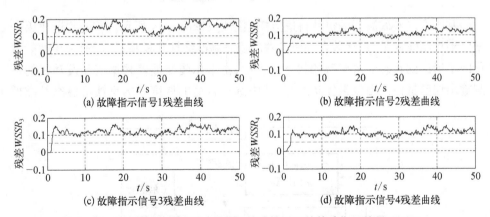

图 6-12　当 HPT 效率退化 2% 且无故障情况下的故障指示信号 $WSSR_{1-4}$

发动机健康退化主要是通过风扇效率、压气机效率、高压涡轮效率、低压涡轮效率来反映的,这些能反映零部件性能的参数就称为健康参数,健康参数的退化量可表示为:$\Delta h = [\text{defan}\quad \text{dehpc}\quad \text{delpt}\quad \text{dehpt}]$。对于额定设计点的发动机 $\Delta h =$

0。在发动机的整个服役期内性能退化很缓慢,它对发动机的性能影响表现在发动机稳态测量参数的变化,即 $\Delta \dot{h} = 0$。

　　从对故障诊断的影响来说,发动机部件健康状态的退化使得发动机输出偏离了额定值,故障诊断系统根据发生退化下的传感器测量值进行诊断很有可能产生误报。改进发动机故障诊断的线性状态空间模型,使之实时更新且能够反映实际发动机部件的性能退化,通过这一更新可以保证故障诊断算法的有效性,不至于发生误判[20]。因此,建立发动机故障诊断的机载自适应模型能够解决上述问题,保证故障诊断的有效性。

6.5.2　基于机载自适应模型的故障诊断

　　建立机载自适应模型,使得基于模型的故障诊断更贴近实际发动机工作状态,完成实时在线的故障诊断。基于卡尔曼滤波器的机载自适应模型主要由卡尔曼滤波器与分段线性化稳态基准模型所组成,基本结构如图 6-13 所示。

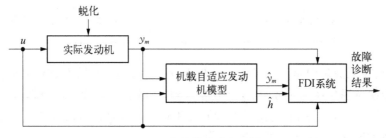

图 6-13　在线故障诊断结构图

　　基于卡尔曼滤波器的机载自适应模型结构如图 6-14 所示。首先将退化因子增广到控制输入量,建立包含健康参数的稳态基准线性化模型;然后通过将性能退化因子增广到状态变量模型的状态向量中,由卡尔曼滤波器根据实际发动机的可测输出偏离量估计出该最优状态量,从中选择合适的调度量的反馈给稳态基准模

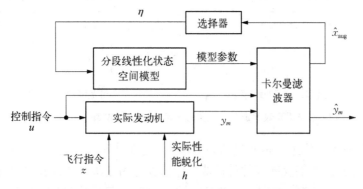

图 6-14　基于卡尔曼滤波器的机载自适应模型结构图

型,使得稳态基准模型的插值输出也得以修正并输入到卡尔曼滤波器中,从而模型构成闭环;最终,卡尔曼滤波器可估计出退化因子的参数值,其输出与实际发动机的输出保持一致,可用于故障匹配卡尔曼滤波器的故障诊断。

基于卡尔曼滤波器原理应注意所估计的状态数量不大于传感器所测量的个数,所以,为了能够估计退化量 Δh,发动机状态方程中各参量选择如表 6-2 所示。

表 6-2　状态变量、健康参数、控制量、传感器测量输出及不可测参数的选取

状态变量 x	健康参数 h	控制变量 u	可测量输出 y_m	不可测量参数 y_{um}
N_1	FAN 效率	WFM	N_1	推力 F_N
N_2	HPC 效率	A_8	N_2	风扇稳定裕度 SMF
	LPT 效率		p_3^*	压气机稳定裕度 MFC
	HPT 效率		T_{45}^*	
			压气机进口总温 T_{25}^*	
			压气机进口总压 p_{25}^*	
			低压涡轮出口总温 T_5^*	
			低压涡轮出口总压 p_5^*	

6.5.3　结构机理与公式推导

考虑发动机性能退化因素的影响,新的状态变量模型应表示为

$$\begin{cases} \Delta \dot{x} = A\Delta x + B\Delta u + L\Delta h + w \\ \Delta y_m = C_m \Delta x + D_m \Delta u + M_m \Delta h + v \\ \Delta y_u = C_u \Delta x + D_u \Delta u + M_u \Delta h \end{cases} \quad (6-31)$$

式中,A、B、C、D、M 分别为上述状态方程中对应的系数矩阵;Δ 表示相对偏离量,$\Delta x = x - x_q$,$\Delta u = u - u_q$,$\Delta y = y - y_q$,$\Delta h = h - h_{ref}$,下标 q 表示稳态值,下标 m 表示可测量值,下标 u 表示不可测量值,h_{ref} 为基准健康状况,通常选取出厂时的效率为基准健康状态。

为了建模方便,在建立状态变量模型时,由于退化是缓慢过程,假设 Δh 产生了变化,并重点关注在 Δh 作用下的稳态特性。健康参数对发动机的影响类似执行机构的变化,然而,并不完全类似执行机构,健康参数不是客观存在且可以看出来的,仅从数学意义上来说,Δh 的作用和 Δu 的作用是相同的,都可以把它们当成控制输入,因此可以转化为下面的标准形式。

$$\begin{cases} \Delta \dot{x} = A'\Delta x + B'\Delta u' + w \\ \Delta y_m = C'_m \Delta x + D'_m \Delta u' + v \\ \Delta y_u = C'_u \Delta x + D'_u \Delta u' \end{cases} \quad (6-32)$$

其中，$u' = \begin{bmatrix} \Delta u & \Delta h \end{bmatrix}^{\mathrm{T}}$；$A' = A$；$B' = \begin{bmatrix} B & L \end{bmatrix}$；$C'_m = C_m$；$D'_m = \begin{bmatrix} D_m & M_m \end{bmatrix}$；$C'_u = C_u$；$D'_u = \begin{bmatrix} D_u & M_u \end{bmatrix}$。

得到上述发动机模型后需要求取其系数矩阵，对于求取式(6-32)中的系数矩阵，在发动机不同稳定工作状态下，得到分段线性模型：

$$
\begin{cases}
\dot{x} - \dot{x}_q(\eta) = A(\eta)\begin{bmatrix} x - x_q(\eta) \end{bmatrix} + B(\eta)\begin{bmatrix} u - u_q(\eta) \end{bmatrix} + L(\eta)\begin{bmatrix} h - h_q(\eta) \end{bmatrix} + w \\
y_m - y_m(\eta) = C_m(\eta)\begin{bmatrix} x - x_q(\eta) \end{bmatrix} + D_m(\eta)\begin{bmatrix} u - u_q(\eta) \end{bmatrix} + M_m(\eta)\begin{bmatrix} h - h_q(\eta) \end{bmatrix} + v \\
y_u - y_u(\eta) = C_u(\eta)\begin{bmatrix} x - x_q(\eta) \end{bmatrix} + D_u(\eta)\begin{bmatrix} u - u_q(\eta) \end{bmatrix} + M_u(\eta)\begin{bmatrix} h - h_q(\eta) \end{bmatrix}
\end{cases}
$$

$$(6-33)$$

式中，η 为调度量，本书选择为 N_1；$A(\eta)$、$B(\eta)$、$L(\eta)$、$C_m(\eta)$、$D_m(\eta)$、$M_m(\eta)$、$C_u(\eta)$、$D_u(\eta)$、$M_u(\eta)$ 为某个稳态工作点处状态变量模型的系数矩阵，其值由调度量在状态变量模型集合中确定；$x_q(\eta)$、$u_q(\eta)$、$y_q(\eta)$、$h_q(\eta)$ 分别为某个稳态工作点的状态向量、输入向量、输出向量、健康参数，其值由调度向量在稳态工作点集合中确定。在以下表示中将省略 η。

卡尔曼滤波器通过含有测量噪声的发动机可测输出偏差量 Δy_m、估计退化偏差量 Δh，从式(6-30)无法直接得到 Δh 估计值，需先将其作为状态量进行增广，从而得到如下增广状态变量模型：

$$
\begin{cases}
\Delta \dot{x}_{\mathrm{aug}} = A_{\mathrm{aug}} \cdot \Delta x_{\mathrm{aug}} + B_{\mathrm{aug}} \cdot \Delta u + w \\
\Delta y_m = C_{\mathrm{aug}, m} \cdot \Delta x_{\mathrm{aug}} + D_{\mathrm{aug}, m} \cdot \Delta u + v \\
\Delta y_u = C_{\mathrm{aug}, u} \cdot \Delta x_{\mathrm{aug}} + D_{\mathrm{aug}, u} \cdot \Delta u
\end{cases}
\qquad (6-34)
$$

式中，$\Delta x_{\mathrm{aug}} = \begin{pmatrix} \Delta x \\ \Delta h \end{pmatrix}$；$A_{\mathrm{aug}} = \begin{pmatrix} A & L \\ 0 & 0 \end{pmatrix}$；$B_{\mathrm{aug}} = \begin{pmatrix} B \\ 0 \end{pmatrix}$；$C_{\mathrm{aug}, m} = \begin{pmatrix} C_m & M_m \end{pmatrix}$；$D_{\mathrm{aug}, m} = D_m$；$C_{\mathrm{aug}, u} = \begin{pmatrix} C_u & M_u \end{pmatrix}$；$D_{\mathrm{aug}, u} = D_u$。

经卡尔曼滤波器估计后可得

$$
\begin{cases}
\Delta \dot{\hat{x}}_{\mathrm{aug}} = A_{\mathrm{aug}} \cdot \Delta \hat{x}_{\mathrm{aug}} + B_{\mathrm{aug}} \cdot \Delta u + K \cdot (\Delta y_m - \Delta \hat{y}_m) \\
\Delta \hat{y}_m = C_{\mathrm{aug}, m} \cdot \Delta \hat{x}_{\mathrm{aug}} + D_{\mathrm{aug}, m} \cdot \Delta u \\
\Delta \hat{y}_u = C_{\mathrm{aug}, u} \cdot \Delta \hat{x}_{\mathrm{aug}} + D_{\mathrm{aug}, u} \cdot \Delta u
\end{cases}
\qquad (6-35)
$$

式中，K 为卡尔曼滤波器增益阵，为了计算 K 时能够收敛，系统矩阵对 $(A_{\mathrm{aug}}, C_{\mathrm{aug}, m})$ 应满足可观测性。

通过卡尔曼滤波器的估计值 $\hat{x}_{\mathrm{aug}}$、$\hat{y}_{\mathrm{aug}, m}$ 反映了当前发动机的实际情况，从中选择合适的调度量 η 反馈并修正式(6-32)的线性状态模型，得到新的稳态模型参数。将自适应模型用于基于模型的故障诊断方法中，不但避免了由于发动机部件性能退化引起输出变化造成的传感器故障的误诊，而且还能估计健康参数的退化值。

6.5.4　仿真验证

选取某型航空发动机在地面工况 $H = 0\,\mathrm{km}$, $Ma = 0$ 的分段线性化状态方程进行离散化,采样周期为 20 ms。状态估计误差初始值 $P(0) = 0.5^2 I_{2\times2}$,系统噪声 $w(k)$ 和测量噪声 $v(k)$ 均为高斯白噪声,协方差取值 $R_{vv} = \mathrm{diag}[\,0.2^2\quad 0.2^2\quad 0.2^2\quad 0.2^2\,]$, $Q_{ww} = \mathrm{diag}[\,0.06^2\quad 0.06^2\,]$。在高压涡轮效率降低 2% 的情况下进行故障诊断。

首先通过卡尔曼滤波器准确估计出高压涡轮效率的变化情况,如图 6 - 15 所示。将估计出的结果用于更新机载模型,使得高压涡轮效率降低 2% 不会对故障诊断输出残差产生影响,残差只对故障信号敏感,进而保证诊断系统的有效性。

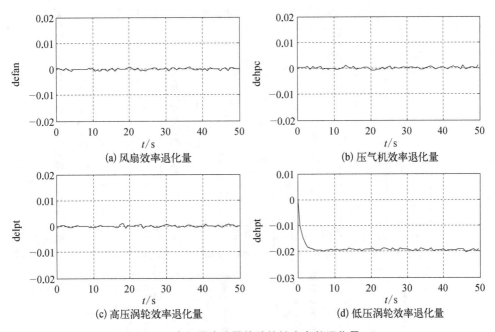

图 6 - 15　卡尔曼滤波器估计的健康参数退化量 Δh

分别考虑如下故障。

(1) 模拟第 20 秒给高压涡轮出口温度传感器加上 0.5% 渐变软故障。

图 6 - 16 中 $WSSR_1 \sim WSSR_8$ 依次为表 6 - 2 中发动机可测量输出传感器对应的故障匹配滤波器输出的残差。由图 6 - 16 可知,只有表示高压涡轮出口温度 T_{45}^* 的 4 号传感器残差 $WSSR_4$ 基本稳定在零值附近,其他残差由于受故障影响而变大超过检测阈值。因此,可以准确快速地检测和隔离 T_{45}^* 传感器故障。

(2) 模拟第 10 秒燃油计量活门受扰导致主燃油流通面积跳变 0.2 硬故障。

由图 6 - 17 可见,只有表示主燃油计量活门的 1 号执行机构残差 $WSSR_1$ 基本

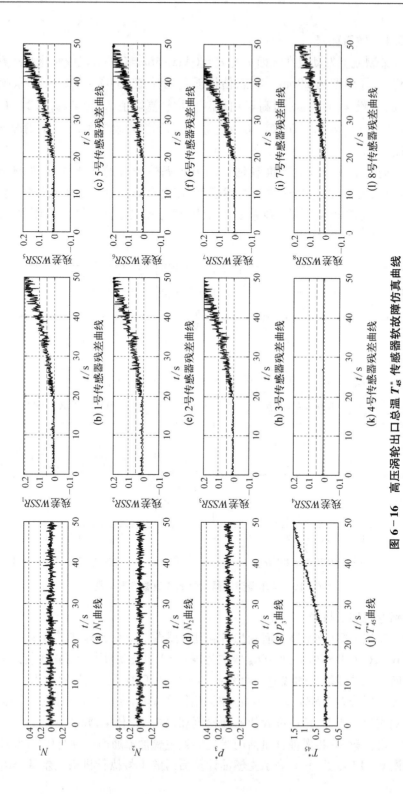

图 6-16　高压涡轮出口总温 T_{45}^* 传感器软故障仿真曲线

稳定在零值附近,其他残差由于受故障影响而变大超过检测阈值。因此,可以准确
快速地检测和隔离 WFM 执行机构故障。

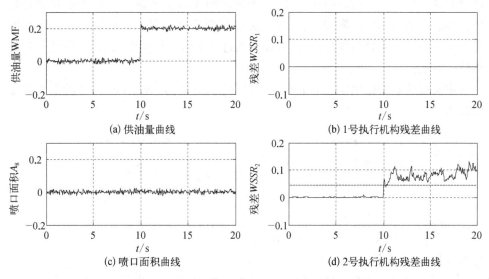

图 6 - 17　主燃油流量 WFM 执行机构硬故障仿真曲线

6.6　面向航空发动机的自适应最优阈值设计

6.6.1　参数摄动"软边界"的航空发动机线性概率模型
针对发动机小偏离线性化模型的不确定性,建立如下的线性不确定系统:

$$\begin{cases} x(t) = (A + \Delta A)x(t) + (B + \Delta B)u(t) + (E_d + \Delta E_d)d(t) + E_f f(t) \\ y(t) = (C + \Delta C)x(t) + (D + \Delta D)u(t) + (F_d + \Delta F_d)d(t) + F_f f(t) \end{cases}$$

$$(6 - 36)$$

其中, $u(t) \in R^r$ 为系统输入向量; $x(t) \in R^n$ 为状态向量; $y(t) \in R^m$ 为输出向量;
$d(t) \in R^k$ 为有界干扰(满足 $\| d(t) \|_2 < \delta, \delta$ 已知); $f(t) \in R^l$ 为故障向量; A、
B、D、E_d、F_d、E_f、F_f 为适维已知常数矩阵; ΔA、ΔB、ΔC、ΔD、ΔE_d、ΔF_d 表示参
数扰动:

$$\begin{bmatrix} \Delta A & \Delta B & \Delta E_d \\ \Delta C & \Delta D & \Delta F_d \end{bmatrix} = \begin{bmatrix} E \\ F \end{bmatrix} \Delta(t) \begin{bmatrix} G & H & J \end{bmatrix} \qquad (6 - 37)$$

其中, E、F、G、H、J 为已知的适维常数矩阵; $\Delta(t)$ 表示有界的模型不确定性,由
给定集合来描述, $\Delta := \{ \Delta : \bar{\sigma}(\Delta) \leq \eta \}$,式中 $\bar{\sigma}(\cdot)$ 为矩阵的最大奇异值,并且其

统计概率服从双侧截尾正态分布,记作 $\Delta \sim N[\mu, \sigma^2, (a, b)]$。

正态分布是"软边界"鲁棒性研究中使用最普遍的一种随机分布[21]。标准正态分布变量在无穷大的区间内变化,容易在分布尾部引入没有实际物理意义的取值。为适应实际问题的需要,这里对正态分布变量进行双侧截尾处理。截尾处理考虑了实际过程参数的物理意义,可以引入过程参数变化范围的信息;同时也为鲁棒性的研究提供了方便。

定义服从双侧截尾伪正态分布的随机变量 $x \sim N[\mu, \sigma^2, (a, b)]$ 的概率密度函数为

$$P(x) = \begin{cases} 0, & x < a, x > b \\ \dfrac{k}{\sqrt{2\pi}\sigma}\exp\left[-\dfrac{1}{2}\left(\dfrac{x-\mu}{\sigma}\right)\right], & a \leqslant x \leqslant b \end{cases} \quad (6-38)$$

其中,系数 $k = \left[\Phi\left(\dfrac{b-\mu}{\sigma}\right) - \Phi\left(\dfrac{a-\mu}{\sigma}\right)\right]^{-1}$,$\Phi(\cdot)$ 为标准正态分布 $N(0, 1)$ 的分布函数,μ 为均值,σ^2 为方差。

该模型用随机分布区域近似不确定性参数的变化,强调了参数在取值范围内不同点出现的可能性之间的差异,在设计过程中,经常发生的影响起主导作用,而发生概率低的影响将被弱化,其结果的保守性会降低,减少故障漏报。

6.6.2　基于满意滤波的自适应阈值设计

满意滤波[22,23]是事先指定一个上界,然后设计滤波器保证估计误差的协方差在这个指定的上界内。这种方法的优点是由于没有最优性要求,满足条件的滤波器不唯一,因此适用于多目标设计,如同时满足稳态或暂态性能限制等。本节借鉴满意滤波的思想,研究了一种基于满意滤波的自适应阈值设计,通过引入信号的 L_2 范数和故障检测滤波器相应传递函数的 H_∞ 范数,将故障检测差描述为模型参数偏差的界限、噪声的界限、控制输入等的函数,利用线性矩阵不等式(linear matrix inequality, LMI)法求解最优的残差上界。最终通过残差分布的概率模型结合目标虚警率确定阈值,使得阈值具有一定的自适应能力,以此增强发动机故障诊断系统诊断决策的鲁棒性,同时保证了故障检测的准确率。

基于滤波器生成残差:

$$\begin{cases} \dot{\hat{x}}(t) = A\hat{x}(t) + Bu(t) + K[y(t) - \hat{y}(t)] \\ \hat{y}(t) = C\hat{x}(t) + Du(t) \\ r(t) = y(t) - \hat{y}(t) \end{cases} \quad (6-39)$$

状态估计误差满足:

$$\dot{e}(t) = (A - KC)e(t) + (E_d - KF_d)d(t) + (E - KF)\Delta(t)\big[Gx(t) + Hu(t) + Jd(t)\big]$$
$$+ (E_f - KF_f)f(t)$$

$$(6-40)$$

故障检测的残差为

$$r(t) = Ce(t) + F\Delta(t)\big[Gx(t) + Hu(t) + Jd(t)\big] + F_d d(t) + F_f f(t)$$

$$(6-41)$$

记 $\Delta Y_{u,d} = \Delta(t)\big[Gx(t) + Hu(t) + Jd(t)\big]$,可以看作是系统 $\Delta_{u,d}$ 的输出,如下:

$$\text{系统 } \Delta_{u,d} \text{ 为} \begin{cases} \dot{x}(t) = (A + \Delta A)x(t) + (B + \Delta B)u(t) + (E_d + \Delta E_d)d(t) \\ \Delta Y_{u,d} = \Delta(t)\big[Gx(t) + Hu(t) + Jd(t)\big] \end{cases}$$

$$(6-42)$$

将其分为由 $u(t)$、$d(t)$ 分别单独作用的两部分 $\Delta_{u,d} = \Delta_u + \Delta_d$:

$$\text{系统 } \Delta_u \text{ 为} \begin{cases} \dot{x}(t) = (A + \Delta A)x(t) + (B + \Delta B)u(t) \\ \Delta Y_u = \Delta(t)\big[Gx(t) + Hu(t)\big] \end{cases} \quad (6-43)$$

$$\text{系统 } \Delta_d \text{ 为} \begin{cases} \dot{x}(t) = (A + \Delta A)x(t) + (E_d + \Delta E_d)d(t) \\ \Delta Y_d = \Delta(t)\big[Gx(t) + Jd(t)\big] \end{cases} \quad (6-44)$$

所以,拉氏变换后的残差传递函数为

$$r(s) = G_{r\Delta}(s)\Delta Y_{u,d}(s) + G_{rd}(s)d(s) + G_{rf}(s)f(s) \quad (6-45)$$

其中:

$$G_{r\Delta}(s) = F + C(sI - (A - KC))^{-1}(E - KF) \quad (6-46)$$

$$G_{rd}(s) = F_d + C(sI - (A - KC))^{-1}(E_d - KF_d) \quad (6-47)$$

$$G_{rf}(s) = F_f + C(sI - (A - KC))^{-1}(E_f - KF_f) \quad (6-48)$$

由式(6-44)可见,除了故障在残差中有反映外,模型参数偏差、未知输入噪声以及控制输入信号都对残差产生影响。我们的目标就是设计合适的阈值,以减少故障外的其他因素对诊断决策的影响。

通过引入残差信号的 L_2 范数和故障检测滤波器相应传递函数的 H_∞ 范数,求取残差的上界。该上界依赖于模型偏差的界限、噪声的界限、控制输入信号。

由有关的概念与定理,一个时域信号 $s(t)$ 的 L_2 范数为

$$\|s\|_2 = \left[\int_0^\infty s^{\mathrm{T}}(\tau)s(\tau)\mathrm{d}\tau\right]^{1/2} \quad (6-49)$$

对于系统 $\xi = \psi\omega$，有

$$\| \psi \|_\infty = \sup_{\omega \neq 0} \frac{\| \xi \|_2}{\| \omega \|_2} \tag{6-50}$$

可得

$$\sup \| r \|_2 = \| R_1 \|_\infty \sup \| \Delta\psi_{u,d} \|_2 + \| R_2 \|_\infty \sup \| d \|_2 + \| R_3 \|_\infty \sup \| f \|_2 \tag{6-51}$$

记 $\sup \| d \|_2 = \delta_d$，$\sup \| f \|_2 = \delta_f$，有

$$\sup \| r \|_2 = \| R_1 \|_\infty \sup \| \psi_{u,d} \|_2 + \| R_2 \|_\infty \delta_d + \| R_3 \|_\infty \delta_f \tag{6-52}$$

式中：

$$\sup \| \psi \|_{u,d} = \| \psi_u \|_\infty \| u \|_2 + \| \psi_d \|_\infty \delta_d \tag{6-53}$$

利用线性矩阵不等式进行求解。

对于传递函数 $G(s) = C(sI - A)^{-1}B + D$，通过求解优化问题：

$$\begin{aligned} &\min\gamma \\ &\text{s.t.} \begin{bmatrix} A^{\mathrm{T}}X + XA & XB & C^{\mathrm{T}} \\ B^{\mathrm{T}}X & -\gamma I & D^{\mathrm{T}} \\ C & D & -\gamma I \end{bmatrix} \end{aligned} \tag{6-54}$$

可以得到 $\| G(s) \|_\infty$ 的最优解。

$\| R_1 \|_\infty$、$\| R_2 \|_\infty$ 通过求解以下的优化问题得到：

$$\| R_i \|_\infty = \min\beta_i, \quad i = 1, 2$$
$$\begin{bmatrix} A_r^{\mathrm{T}}X + XA_r & XB_n & C_r^{\mathrm{T}} \\ B_n^{\mathrm{T}}X & -\beta_i I & D_n^{\mathrm{T}} \\ C_r & D_{ri} & -\beta_i I \end{bmatrix} \tag{6-55}$$

$\| \psi_u \|_\infty$、$\| \psi_d \|_\infty$ 通过求解以下的优化问题得到：

$$\| \psi_u \|_\infty = \min\gamma_1$$
$$\begin{bmatrix} (A + E\Delta(t)G)^{\mathrm{T}}X + X(A + E\Delta(t)G) & X(B + E\Delta(t)H) & (\Delta(t)G)^{\mathrm{T}} \\ (B + E\Delta(t)H)^{\mathrm{T}}X & -\gamma_1 I & (\Delta(t)H)^{\mathrm{T}} \\ \Delta(t)G & \Delta(t)H & -\gamma_1 I \end{bmatrix} < 0, \; X > 0 \tag{6-56}$$

$$\| \psi_d \|_\infty = \min \gamma_2$$

$$\text{s.t.} \begin{bmatrix} (A + E\Delta(t)G)^\mathrm{T}X + X(A + E\Delta(t)G) & X(E_d + E\Delta(t)J) & (\Delta(t)G)^\mathrm{T} \\ (E_d + E\Delta(t)J)^\mathrm{T}X & -\gamma_2 I & (\Delta(t)J)^\mathrm{T} \\ \Delta(t)G & \Delta(t)J & -\gamma_2 I \end{bmatrix} < 0, \ X > 0 \tag{6-57}$$

这样可以求得无故障时的残差上界：

$$\sup_{f=0,\,\Sigma,\,d} \| r \|_2 = \| R_1 \|_\infty \sup \| \psi_{u,\,d} \|_2 + \| R_2 \|_\infty \delta_d \tag{6-58}$$

如确保故障检测的虚警率最小，则可选择无故障时的残差上界作为阈值，即

$$J_\mathrm{th} = \sup_{f=0,\,\Sigma,\,d} \| r \|_2 \tag{6-59}$$

因此可得

$$\sup \| r \|_2 = \| G_{r\Delta}(s) \|_\infty \sup \| \Delta Y_{u,\,d} \|_2 + \| G_{rd}(s) \|_\infty \sup \| d \|_2 \\ + \| G_{rf}(s) \|_\infty \sup \| f \|_2 \tag{6-60}$$

其中：

$$\sup \| \Delta Y_{u,\,d} \|_2 = \| \Delta_u \|_\infty \| u \|_2 + \| \Delta_d \|_\infty \sup \| d \|_2 \tag{6-61}$$

这样可以求得无故障时的残差上界：

$$\sup_{f=0,\,\Delta,\,d} \| r \|_2 = \| G_{r\Delta}(s) \|_\infty \sup \| \Delta Y_{u,\,d} \|_2 + \| G_{rd}(s) \|_\infty \sup \| d \|_2 \tag{6-62}$$

考虑残差生成过程为线性变换的情况，则残差也服从双侧截尾正态分布。则残差在无故障时，其截尾的双边界 a、b 由下式给出：

$$\begin{cases} b = \left(\sup\limits_{f=0,\,\Delta,\,d} \| r \|_2 \right) \\ a = -b \end{cases} \tag{6-63}$$

取虚警率为 ε，由：

$$\int_{J_\mathrm{th}}^{b} P(x)\,\mathrm{d}x = \varepsilon \tag{6-64}$$

求得阈值 J_th。

6.6.3　基于 LMI 的问题求解

利用线性矩阵不等式（LMI）进行最优问题的求解。最优解 $\parallel G_{r\Delta}(s) \parallel_\infty = \min\alpha_1$，满足：存在对称矩阵 $X > 0$，

$$\text{s.t.} \begin{bmatrix} (A - KC)^\mathrm{T}X + X(A - KC) & X(E - KF) & C^\mathrm{T} \\ (E - KF)^\mathrm{T}X & -\alpha_1 I & F^\mathrm{T} \\ C & F & -\alpha_1 I \end{bmatrix} < 0 \quad (6-65)$$

最优解 $\parallel G_{rd}(s) \parallel_\infty = \min\alpha_2$，满足：存在对称矩阵 $X > 0$，

$$\text{s.t.} \begin{bmatrix} (A - KC)^\mathrm{T}X + X(A - KC) & X(E_d - KF_d) & C^\mathrm{T} \\ (E_d - KF_d)^\mathrm{T}X & -\alpha_2 I & F_d^\mathrm{T} \\ C & F_d & -I\alpha_2 \end{bmatrix} < 0 \quad (6-66)$$

最优解 $\parallel \Delta_u \parallel_\infty = \min\beta_1$，满足：存在对称矩阵 $X > 0$，

$$\text{s.t.} \begin{bmatrix} (A + E\Delta(t)G)^\mathrm{T}X + X(A + E\Delta(t)G) & X(B + E\Delta(t)H) & (\Delta(t)G)^\mathrm{T} \\ (B + E\Delta(t)H)^\mathrm{T}X & -\beta_1 I & (\Delta(t)H)^\mathrm{T} \\ \Delta(t)G & \Delta(t)H & -\beta_1 I \end{bmatrix} < 0$$

$$(6-67)$$

最优解 $\parallel \Delta_d \parallel_\infty = \min\beta_2$，满足：存在对称矩阵 $X > 0$，

$$\text{s.t.} \begin{bmatrix} (A + E\Delta(t)G)^\mathrm{T}X + X(A + E\Delta(t)G) & X(E_d + E\Delta(t)J) & (\Delta(t)G)^\mathrm{T} \\ (E_d + E\Delta(t)J)^\mathrm{T}X & -\beta_2 I & (\Delta(t)J)^\mathrm{T} \\ \Delta(t)G & \Delta(t)J & -\beta_2 I \end{bmatrix} < 0$$

$$(6-68)$$

求解式（6-65）、式（6-66）、式（6-67）、式（6-68），将最优结果代入式（6-63），最后，由式（6-64）查概率分布表得到阈值。

6.6.4　算例分析

选取某型航空发动机归一化状态方程，为分别选取发动机地面工况点 $H = 0\,\mathrm{km}$，$Ma = 0$，$n_1 = 98\%$，高空工况点 $H = 11\,\mathrm{km}$，$Ma = 0.8$，$n_1 = 96\%$。选择发动机系统的状态变量为：风扇转速 N_1、高压压气机转子转速 N_2；输出变量为：风扇转速 N_1、高压压气机转子转速 N_2、高压压气机的出口总压 p_3^* 和涡轮后总温 T_{45}^*；控制量输入：主燃烧室供油量 WFM、尾喷口面积 A_8。模拟在 $t = 5\,\mathrm{s}$ 时，输入外界有界干扰 $\parallel d(t) \parallel_2 < 0.1$，在 $t = 10\,\mathrm{s}$ 时，控制输入供油量加大 0.2，当 $t = 15\,\mathrm{s}$ 时，

高压转速传感器跳变硬故障,幅值 0.2。取虚警率 $\varepsilon \le 0.01$, 系统模型参数摄动 $\Delta(t) \sim N[0, 0.005^2, (-0.03, 0.03)]$。以高压压气机转子转速传感器残差为例,验证本自适应故障阈值算法,图 6-18、图 6-19 分别给出了发动机在两种工况点上的故障检测阈值的结果。

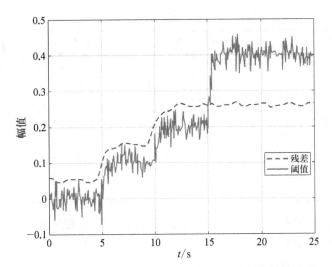

图 6-18　地面工况点的高压转子转速 N_2 残差与阈值曲线

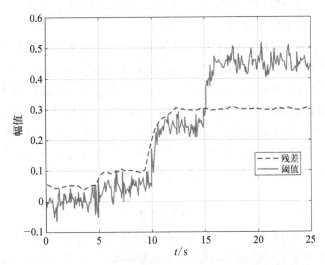

图 6-19　高空工况点的高压转子转速 N_2 残差与阈值曲线

由图 6-18、图 6-19 可看出,在发动机不同工况点,阈值均能较好地适应由未知输入和控制输入通过系统模型参数摄动引起的残差跳变,同时对故障敏感,在 $t = 4$ s 时残差越过故障阈值,产生故障报警。

依照本章方法设计的阈值对于模型参数偏差、噪声、控制输入信号变化等因素的影响具有适应能力。若采用无故障残差的上界作为阈值,容易引起一定的漏报;而采用零值作为阈值,会引起较多的虚警。为对比这三种方法在故障检测准确率的差异,在飞行包线内选取不同工况点,分别进行 20 次相同的故障类型组合测试。统计虚警、漏报次数见表 6 - 3。

表 6 - 3　故障检测误报次数统计表

高度/km	马赫数	虚警/漏报次数 (0 阈值)	虚警/漏报次数 (无故障残差上界阈值)	虚警/漏报次数 (本章方法)
0.0	0.0	6/0	0/5	1/0
3.0	0.6	8/0	0/2	0/0
8.0	0.8	4/0	1/3	0/0
0	1.0	10/1	0/3	0/1
12.0	1.1	7/0	1/4	0/0
15.0	1.6	5/1	0/2	0/0

可以看出,利用本章方法设置的故障阈值,通过高斯截尾统计规律的处理,平衡了故障的漏报、虚警率,能够保证很少的故障误检、漏检,在工程上能够实现对故障检测率和虚警率的综合兼顾。

本章综合考虑传感器故障和执行机构故障,深入研究了基于卡尔曼滤波器故障诊断方法。主要工作以及得到的结论包括:

(1) 设计了多重故障匹配卡尔曼滤波器,实现对传感器和执行机构的故障诊断,同时不同滤波器之间对故障信号完全解耦,并能够实现多重故障的检测;

(2) 针对性能退化的发动机,通过建立卡尔曼自适应机载模型实现在线故障诊断,能及时估计部件的性能退化并准确检测传感器和执行机构故障;

(3) 从故障决策阶段改善故障诊断的鲁棒性,设计了基于模型故障诊断的自适应阈值算法,这种阈值对模型参数偏差、噪声、控制输入信号的变化具有一定的自适应能力,使阈值决策方案只对故障敏感。

参考文献

[1]　韩冰洁. 基于模型的航空发动机数控系统故障诊断[D]. 西安: 西北工业大学, 2013.

[2]　史东烨. 基于模型的高涵道比涡扇发动机控制器故障诊断研究[D]. 西安: 西北工业大学, 2018.

[3]　Commault C, Dion J M, Sename O, et al. Observer based fault detection and isolation for structured systems[J]. IEEE Transaction on Automatic Control, 2002, 47(12): 2074 - 2079.

[4]　Edwards C, Spurgeon S K, Patton R J. Sliding mode observers for fault detection and isolation [J]. Automatica, 2000, 36(4): 541 - 553.

[5]　张萍, 王桂增, 周东华. 动态系统的故障诊断方法[J]. 控制理论与应用, 2000, 17(2):

153 - 158.

[6] Wang H, Huang Z J, Daley S. On the use of adaptive updating rules for actuator and sensor fault diagnosis[J]. Automatica, 1997, 33(2): 217 - 225.

[7] Henry D, Zolghadri A. Design of fault diagnosis filters: A multi-objective approach[J]. Journal of the Franklin Institute, 2005, 342(4): 421 - 446.

[8] 钟麦英,Ding S X,汤兵勇,等.一类不确定离散时间系统的鲁棒故障诊断滤波器优化设计方法[J].控制与决策,2003,18(5): 600 - 603.

[9] 曹松银.基于解析模型的故障检测和诊断[D].扬州: 扬州大学,2006.

[10] Niernann H, Stoustrup J. Design of fault detectors using H_∞ optimization [C]. Sydney: Proeeedings of the 39th IEEE Conference on Decision and Control, 2000.

[11] Koenig D, Mammar S, Marx B. Hoo fault detection and isolation for descriptor systems: A matrix inequalities approach [C]. Anchorage: Proceedings of the 2002 American Control Conference, 2002.

[12] Gao Z, Ding S X. State and disturbance estimator for Time-delay system with application to fault estimation and signal compensation[J]. IEEE Transactions on Signal Processing, 2007, 55(12): 5541 - 5551.

[13] Magni J F, Mouyon P. On residual generation by observer and parity space approaches[J]. IEEE Transactions on Automatic Control, 1994, 39(2): 441 - 447.

[14] Garcia E A. Frank P M. On the relationship between observer and parameter identification based approaches to fault detection[J]. IFAC Proceedings, 1996, 29(1): 6349 - 6353.

[15] Gertler J. Diagnosing parametric faults from parameter estimation to parity relations [C]. Seattle: American Control Conference, 1995.

[16] Gao Z W, Breikin T, Wang H. Sensor fault estimator and its application for linear Multi-variable dynamic systems with delayed state and input[C]. Kunming: 2006 IEEE International Conference on Robotics and Bionics, 2006.

[17] Tan C P, Edwards C. Sliding mode observers for reconstruction of simultaneous actuator and sensor faults[C]. Maui: Proceedings of the IEEE Conference on Decision and Control, 2003.

[18] Tan C P, Edwards C. A robust sensor fault reconstruction scheme using sliding mode observers applied to a nonlinear aero-engine model[C]. Anchorage: Proceeding of the American Control Conference, 2002.

[19] Alwi H, Edwards C. Fault detection and fault-tolerant control of a civil aircraft using a sliding-mode-based scheme[J]. IEEE Transactions on Control Systems Technology, 2008, 16(3): 499 - 510.

[20] 薛薇.航空推进系统状态监视、故障诊断研究及仿真验证[D].西安: 西北工业大学,2010.

[21] 刘诗娜,费树岷,冯纯伯.线性不确定系统鲁棒滤波器设计[J].自动化学报,2002,28(1): 50 - 55.

[22] 刘世前,王远钢,郭治.不确定线性周期系统的满意滤波[J].自动化学报,2004,30(3): 345 - 350.

[23] 缑林峰,牛瑞芳,韩冰洁.基于满意滤波的自适应阈值算法[J].科学技术与工程,2012, 12(30): 7813 - 7816.

第7章

基于滑模观测器的航空发动机控制系统故障诊断

7.1 引　言

故障检测和隔离系统只能检测故障是否发生、故障发生的位置。而故障特性估计可挖掘出更多的故障信息,比如故障的幅值大小、故障的类型、故障持续时间等。这对于小幅值故障,例如早期故障和缓慢漂移故障的诊断具有重要意义[1]。故障估计也是进行容错控制的重要前提[2,3]。由滑模观测器设计及特性可知,当系统在滑模面上发生滑动运动时,其等效输出误差注入项包含未知信号的信息,可实现无故障时对干扰的准确估计[4-6]。当系统存在故障时,等效输出误差注入项包含故障信息。

针对航空发动机控制系统中的执行机构和传感器故障,本章考虑系统存在的不确定性和非线性特性,采用基于滑模观测器的方法进行故障特性估计研究。

7.2　执行机构故障特性估计

7.2.1　数学描述

在发生执行机构故障时,考虑系统存在的不确定因素和未知非线性特性,航空发动机控制系统数学模型描述为

$$\begin{cases} \dot{x}(t) = Ax(t) + Bu(t) + g(x, t) + \xi(t) + Ef_a(t) \\ y(t) = Cx(t) \end{cases} \tag{7-1}$$

式中,状态 $x \in R^n$;输入 $u \in R^m$;输出 $y \in R^p$;$f_a \in R^h$ 表示未知的执行机构故障;$\xi(t)$ 为包含模型误差、参数变化、外界干扰等的不确定因素;$g(x, t)$ 表示系统存在的非线性因素;矩阵 A、B、C、E 为适当维数矩阵,其中 E 和 C 均满秩。当 (A, C) 可观时,存在线性变换使得新坐标系下矩阵 C 满足 $C = [0 \quad I_p]$。为此,不妨假定 $C = [0 \quad I_p]$。

在所考虑的系统式(7-1)中,假定不确定性因素是非结构化的。而在故障检测和隔离所考虑的系统式(7-1)假定不确定因素是结构化的,即存在不确定性分布矩阵 Q,当 Q 的秩满足某些特定条件时,故障与不确定性能完全解耦。本章所考虑的非结构化的不确定性更为普遍[7,8]。

假设 7.1:系统 (A, C) 可观。

假设 7.2:存在矩阵 $M \in R^{h \times p}$ 满足 $E^{\mathrm{T}} P = MC$。

假设 7.3:故障 f_a 和不确定性 $\xi(t)$ 范数有界,即存在 $\beta_a > 0$ 和 $\beta_{\xi} > 0$ 使得

$$\| f_a \| \leqslant \beta_a \text{ 且 } \| \xi(t) \| \leqslant \beta_{\xi} \tag{7-2}$$

假设 7.4:非线性项 $g(x, t)$,满足 Lipschitz 条件,即存在常数 $\gamma > 0$,使得

$$\| g(x, t) - g(\tilde{x}, t) \| \leqslant \gamma \| x - \tilde{x} \| \tag{7-3}$$

当系统满足假设 7.1 和 7.2 时,存在坐标变换 $q = Tx$,使得原系统经坐标变换后具有以下形式:

$$\begin{cases} \dot{q}_1 = A'_1 q_1 + A'_2 q_2 + B'_1 u + T_1 g(T^{-1} q, t) + T_1 \xi \\ \dot{q}_2 = A'_3 q_1 + A'_4 q_2 + B'_2 u + T_2 g(T^{-1} q, t) + T_2 \xi + E_2 f_a \\ y = q_2 \end{cases} \tag{7-4}$$

式中,$q_1 \in R^{n-p}$,$q_2 \in R^p$,$E_2 \in R^{p \times h}$,其他矩阵为适当维数矩阵;A'_1 为稳定矩阵;$T_1 = [I_{n-p} \quad P_1^{-1} P_2]$;$T_2 = [0 \quad I_p]$。

证明过程如下。

如果系统满足假设 7.1,那么存在反馈阵 L 使得 $A - LC$ 稳定。即对于任意 $Q > 0$,Lyapunov 方程:

$$(A - LC)^{\mathrm{T}} P + P(A - LC) = -Q \tag{7-5}$$

存在唯一的解 $P > 0$。

对矩阵进行分块如下:

$$P = \begin{bmatrix} P_1 & P_2 \\ P_2^{\mathrm{T}} & P_3 \end{bmatrix}, \quad Q = \begin{bmatrix} Q_1 & Q_2 \\ Q_2^{\mathrm{T}} & Q_3 \end{bmatrix}, \quad A = \begin{bmatrix} A_1 & A_2 \\ A_3 & A_4 \end{bmatrix}, \quad E = \begin{bmatrix} E_1 \\ E_2 \end{bmatrix} \tag{7-6}$$

式中,$P_1 \in R^{(n-p) \times (n-p)}$;$P_3 \in R^{p \times p}$;$Q_1 \in R^{(n-p) \times (n-p)}$;$Q_3 \in R^{p \times p}$;$A_1 \in R^{(n-p) \times (n-p)}$;$A_4 \in R^{p \times p}$;$E_1 \in R^{(n-p) \times h}$;$E_2 \in R^{p \times h}$。

将式(7-6)代入式(7-5)可得

$$A_1^{\mathrm{T}} P_1 + P_1 A_1 + A_3^{\mathrm{T}} P_2^{\mathrm{T}} + P_2 A_3 = -Q_1 \tag{7-7}$$

上式可化简为

$$(A_1 + P_1^{-1} P_2 A_3)^T P_1 + P_1 (A_1 + P_1^{-1} P_2 A_3) = - Q_1 \qquad (7-8)$$

因此，$A_1 + P_1^{-1} P_2 A_3$ 是稳定的。

假设 7.2 可改写为

$$
\begin{aligned}
E^T P &= \begin{bmatrix} E_1^T & E_2^T \end{bmatrix} \begin{bmatrix} P_1 & P_2 \\ P_2^T & P_3 \end{bmatrix} = \begin{bmatrix} E_1^T P_1 + E_2^T P_2^T & E_1^T P_2 + E_2^T P_3 \end{bmatrix} \\
&= \begin{bmatrix} P_1 (E_1 + P_1^{-1} P_2 E_2)^T & E_1^T P_2 + E_2^T P_3 \end{bmatrix} \\
&= MC = \begin{bmatrix} 0 & M \end{bmatrix}
\end{aligned}
\qquad (7-9)
$$

故 $E_1 + P_1^{-1} P_2 E_2 = 0$，即 $P_1 E_1 + P_2 E_2 = 0$。

综上，当线性变化矩阵 T 选取为

$$T = \begin{bmatrix} I_{n-p} & P_1^{-1} P_2 \\ 0 & I_p \end{bmatrix} \qquad (7-10)$$

对原系统进行 $q = Tx$ 的坐标变换后，系统系数矩阵满足：

$$TAT^{-1} = \begin{bmatrix} A_1' & A_2' \\ A_3' & A_4' \end{bmatrix}, \quad TB = \begin{bmatrix} B_1' \\ B_2' \end{bmatrix}, \quad TE = \begin{bmatrix} 0 \\ E_2 \end{bmatrix}, \quad C = \begin{bmatrix} 0 & I_p \end{bmatrix} \qquad (7-11)$$

式中，$A_1' = A_1 + P_1^{-1} P_2 A_3$。

原系统可表示为

$$
\begin{cases}
\begin{bmatrix} \dot{q}_1 \\ \dot{q}_2 \end{bmatrix} = \begin{bmatrix} A_1' & A_2' \\ A_3' & A_4' \end{bmatrix} \begin{bmatrix} q_1 \\ q_2 \end{bmatrix} + \begin{bmatrix} B_1' \\ B_2' \end{bmatrix} u + \begin{bmatrix} T_1 g(T^{-1} q, t) \\ T_2 g(T^{-1} q, t) \end{bmatrix} + \begin{bmatrix} T_1 \xi \\ T_2 \xi \end{bmatrix} + \begin{bmatrix} 0 \\ E_2 \end{bmatrix} f_a \\
y = \begin{bmatrix} 0 & I_p \end{bmatrix} \begin{bmatrix} q_1 \\ q_2 \end{bmatrix}
\end{cases}
$$

$$(7-12)$$

进一步可化简为式(7-4)形式。证明完成。

7.2.2　滑模观测器和 H_∞ 设计

1）滑模观测器设计

由式(7-12)可知，经坐标变换后执行机构故障仅对第二维状态 q_2 产生影响。设计如下滑模观测器：

$$
\begin{cases}
\dot{\hat{q}}_1 = A_1' \hat{q}_1 + A_2' y + B_1' u + T_1 g(T^{-1} \hat{q}, t) \\
\dot{\hat{q}}_2 = A_3' \hat{q}_1 + A_4' \hat{q}_2 + B_2' u + T_2 g(T^{-1} \hat{q}, t) + L(y - \hat{y}) + v_1 \\
\hat{y} = \hat{q}_2
\end{cases}
\qquad (7-13)
$$

式中，$\hat{q}_1$、$\hat{q}_2$ 为状态 q_1、q_2 的估计值；$\hat{y}$ 为输出 y 的估计值；L 是滑模观测器中线性修正项的增益矩阵，记 $A_4^s = A_4' - L$；$\hat{q} = \text{col}(\hat{q}_1, y)$；非线性切换项 v_1 为

$$v_1 = \begin{cases} \rho \dfrac{P_4(y - \hat{y})}{\parallel P_4(y - \hat{y}) \parallel}, & \text{若 } y - \hat{y} \neq 0 \\ 0, & \text{其他} \end{cases} \qquad (7-14)$$

式中，$\rho = \parallel E_2 \parallel \beta_a + \eta_1$，其中 η_1 为正标量。综上，滑模观测器中待设计的参数包括 L、P_4、ρ。

状态估计误差 $e_1 = q_1 - \hat{q}_1$、$e_2 = q_2 - \hat{q}_2$ 的动态方程如下：

$$\dot{e}_1 = A_1' e_1 + \Delta g_1 + T_1 \xi \qquad (7-15)$$

$$\dot{e}_2 = A_3' e_1 + A_4^s e_2 + \Delta g_2 + E_2 f_a + T_2 \xi - v \qquad (7-16)$$

式中，$\Delta g_1 = T_1 [g(T^{-1}q, t) - g(T^{-1}\hat{q}, t)]$；$\Delta g_2 = T_2 [g(T^{-1}q, t) - g(T^{-1}\hat{q}, t)]$。

由式(7-16)可知，不确定因素的存在将会影响观测器的状态估计误差。为此，通过预先设计以下 H_∞，抑制不确定因素对误差的影响。

$$\parallel H \parallel_\infty = \sup_{\parallel \xi \parallel_2 \neq 0} \frac{\parallel e \parallel_2}{\parallel \xi \parallel_2} \leqslant \sqrt{\mu} \qquad (7-17)$$

式中，$e = \text{col}(e_1, e_2)$；$\mu > 0$；$\parallel \cdot \parallel_2$ 表示 2-范数，代表能量大小。

上述 H_∞ 将不确定因素到状态估计误差之间的能量增益限制在 μ 以内。μ 越小，代表不确定因素对于系统状态估计误差的影响越小。因此，可通过减小 μ 值来增强系统的鲁棒性。

2）稳定性分析

对状态估计误差的稳定性进行分析。选取 Lyapunov 候选函数为[7-9]

$$V(e) = V_1(e_1) + V_2(e_2) = e_1^T P_1 e_1 + e_2^T P_4 e_2 \qquad (7-18)$$

可得

$$\begin{aligned} \dot{V}_1(e_1) &= e_1^T \Omega_1 e_1 + 2e_1^T P \Delta g_1 + 2e_1^T P_1 T_1 \xi \\ &\leqslant e_1^T \left(\Omega_1 + \frac{1}{c_1} P_1 T_1 T_1^T P_1^T + c_1 \gamma I_{n-p} \right) e_1 + 2e_1^T P_1 T_1 \xi \end{aligned} \qquad (7-19)$$

$$\begin{aligned} \dot{V}_2(e_2) &= e_2^T \Omega_2 e_2 + 2e_2^T P_4 \Delta g_2 + 2e_2^T P_4 T_2 \xi + 2e_2^T P_4 A_3' e_1 - 2e_2^T P_4 v \\ &\leqslant e_2^T \left(\Omega_2 + \frac{1}{c_2} P_4 T_2 T_2^T P_4^T \right) e_2 + 2e_2^T P_4 A_3' e_1 + 2e_2^T P_4 T_2 \xi + c_2 \gamma^2 \parallel e_1 \parallel^2 \end{aligned}$$

$$(7-20)$$

式中，$\Omega_1 = P_1 A_1' + A_1'^{\mathrm{T}} P_1$；$\Omega_2 = P_4 A_4^s + A_4^{s\mathrm{T}} P_4$。

可知：

$$
\begin{aligned}
\dot{V}(e) = & \dot{V}_1(e_1) + \dot{V}_2(e_2) \\
\leqslant & e_1^{\mathrm{T}} \Big[\Omega_1 + \frac{1}{c_1} P_1 T_1 T_1^{\mathrm{T}} P_1^{\mathrm{T}} + (c_1 + c_2) \gamma^2 I_{n-p} \Big] e_1 \\
& + e_2^{\mathrm{T}} \Big(\Omega_2 + \frac{1}{c_2} P_4 T_2 T_2^{\mathrm{T}} P_4^{\mathrm{T}} \Big) e_2 + 2 e_2^{\mathrm{T}} P_4 A_3' e_1 + 2 e_1^{\mathrm{T}} P_1 T_1 \xi + 2 e_2^{\mathrm{T}} P_4 T_2 \xi
\end{aligned}
\tag{7-21}
$$

当系统不包含不确定因素，即 $\xi = 0$ 时，式(7-21)可改写为

$$
\begin{aligned}
\dot{V}(e) = & \dot{V}_1(e_1) + \dot{V}_2(e_2) \\
\leqslant & \begin{bmatrix} e_1 \\ e_2 \end{bmatrix}^{\mathrm{T}} \begin{bmatrix} \Phi_1 & A_3'^{\mathrm{T}} P_4 \\ P_4 A_3' & \Phi_2 \end{bmatrix} \begin{bmatrix} e_1 \\ e_2 \end{bmatrix}
\end{aligned}
\tag{7-22}
$$

式中，$\Phi_1 = \Omega_1 + \frac{1}{c_1} P_1 T_1 T_1^{\mathrm{T}} P_1^{\mathrm{T}} + (c_1 + c_2) \gamma^2 I_{n-p}$；$\Phi_2 = \Omega_2 + \frac{1}{c_2} P_4 T_2 T_2^{\mathrm{T}} P_4^{\mathrm{T}}$。

由式(7-22)可知，若满足：

$$
\begin{bmatrix} \Phi_1 & A_3'^{\mathrm{T}} P_4 \\ P_4 A_3' & \Phi_2 \end{bmatrix} < 0
\tag{7-23}
$$

那么系统的状态估计误差将在有限时间内趋于零，即误差动态过程是渐近稳定的。

当 $\xi \neq 0$，从2-范数角度考虑，选取如下函数衡量不确定因素 ξ 对状态估计误差的影响。

$$
\omega = \int_0^\infty (\parallel e \parallel^2 - \mu \parallel \xi \parallel^2) \mathrm{d}t
\tag{7-24}
$$

当 $\omega < 0$，意味着 $\sqrt{\int_0^\infty e^{\mathrm{T}} e \mathrm{d}t} \leqslant \sqrt{\mu} \sqrt{\int_0^\infty \xi^{\mathrm{T}} \xi \mathrm{d}t}$，即 $\parallel e \parallel_2 \leqslant \sqrt{\mu} \parallel \xi \parallel_2$，满足 H_∞ 抑制不确定因素的目标。

$$
\begin{aligned}
\omega = & \int_0^\infty (\parallel e \parallel^2 - \mu \parallel \xi \parallel^2 + \dot{V}) \mathrm{d}t - \int_0^\infty \dot{V} \mathrm{d}t \\
= & \int_0^\infty (\parallel e \parallel^2 - \mu \parallel \xi \parallel^2 + \dot{V}) \mathrm{d}t - V(\infty) + V(0)
\end{aligned}
\tag{7-25}
$$

因为 $V(\infty) > 0$，所以在零初始条件下：

$$\omega = \int_0^\infty (\ \|\ e\ \|^2 - \mu\ \|\ \xi\ \|^2 + \dot{V})\,\mathrm{d}t$$

$$\leqslant \int_0^\infty \left(\begin{bmatrix} e_1 \\ e_2 \\ \cdots \\ \xi \end{bmatrix}^{\mathrm{T}} \left[\begin{array}{cc|cc} \varPhi_1 + I_{n-p} & A_3'^{\mathrm{T}}P_4 & P_1 & P_2 \\ P_4 A_3' & \varPhi_2 + I_p & 0 & P_4 \\ \hline P_1 & 0 & -\mu I_{n-p} & 0 \\ P_2^{\mathrm{T}} & P_4 & 0 & -\mu I_p \end{array} \right] \begin{bmatrix} e_1 \\ e_2 \\ \cdots \\ \xi \end{bmatrix} \right) \mathrm{d}t \qquad (7-26)$$

若满足以下条件：

$$\left[\begin{array}{cc|cc} \varPhi_1 + I_{n-p} & A_3'^{\mathrm{T}}P_4 & P_1 & P_2 \\ P_4 A_3' & \varPhi_2 + I_p & 0 & P_4 \\ \hline P_1 & 0 & -\mu I_{n-p} & 0 \\ P_2^{\mathrm{T}} & P_4 & 0 & -\mu I_p \end{array} \right] < 0 \qquad (7-27)$$

那么 $\omega < 0$，即满足 H_∞ 设计目标。同时，式（7-27）可推导得状态估计误差渐近稳定的条件式（7-18）成立。

综上所述，滑模观测器和 H_∞ 设计问题可转化为：对于给定的 μ，寻找合理的 $P_1 = P_1^{\mathrm{T}} > 0$、$P_2$、$P_4 = P_4^{\mathrm{T}} > 0$、$A_4$ 以及正系数 c_1、c_2 使得式（7-27）和 $P_1 E_1 + P_2 E_2 = 0$ 成立。

3）滑模面可达性分析[10,11]

选取滑模面为

$$s = \{(e_1, e_2)\ |\ e_2 = 0\} \qquad (7-28)$$

当非线性切换项 $\rho = \|\ E_2\ \|\beta_a + \eta_1$ 中 η_1 选取满足：

$$\eta_1 = \|\ A_3\ \|\varepsilon + \gamma\varepsilon + \xi + \eta_2 \qquad (7-29)$$

式中，ε 为 $\|\ e\ \|$ 的上界；η_2 为一正常数。那么，在非线性切换项的作用下，系统状态从任意初始点都能进入滑动模态并将其稳定可靠地保持在滑动模态上。

7.2.3　执行机构故障特性估计方法

当系统到达滑模面，此时 $\dot{e}_2 = 0$，$e_2 = 0$。式（7-29）可改写为

$$0 = A_3' e_1 + \Delta g_2 + E_2 f_a + T_2 \xi - v_{eq} \qquad (7-30)$$

式中，v_{eq} 为维持滑模运动所需的等效输出误差注入项。

为减小滑模运动过程中的抖振，非线性切换性通常采用伪滑动形式：

$$v_1 = \rho \frac{P_4(y - \hat{y})}{\|\ P_4(y - \hat{y})\ \| + \delta} \qquad (7-31)$$

式中，δ 为小的正标量。

根据等效输出误差注入的概念，执行机构的故障估计表示为

$$\hat{f}_a = E_2^+ v_{eq} \tag{7-32}$$

式中，E_2^+ 为 E_2 的左伪逆。

可得故障估计误差为

$$f_a - \hat{f}_a = - E_2^+ A_3' e_1 - E_2^+ \Delta g_2 - E_2^+ T_2 \xi \tag{7-33}$$

式（7-33）的 2-范数形式为

$$\begin{aligned}
\| f_a - \hat{f}_a \|_2 &= \| E_2^+ A_3' e_1 + E_2^+ \Delta g_2 + E_2^+ T_2 \xi \| \\
&\leq \sigma_{\max}(E_2^+ A_3) \| e_1 \|_2 + \gamma \sigma_{\max}(E_2^+) \| e_1 \|_2 + \sigma_{\max}(E_2^+) \| \xi \|_2 \\
&\leq \sigma_{\max}(E_2^+ A_3) \| e \|_2 + \gamma \sigma_{\max}(E_2^+) \| e \|_2 + \sigma_{\max}(E_2^+) \| \xi \|_2
\end{aligned} \tag{7-34}$$

根据 H_∞ 的设计目标，$\| e \|_2 \leq \sqrt{\mu} \| \xi \|_2$，故式（7-34）改写为

$$\| f_a - \hat{f}_a \|_2 \leq \left[\sqrt{\mu} \sigma_{\max}(E_2^+ A_3) + \sqrt{\mu} \gamma \sigma_{\max}(E_2^+) + \sigma_{\max}(E_2^+) \right] \| \xi \|_2 \tag{7-35}$$

由式（7-35）可知，故障估计的误差和系统不确定因素相关[12]。由于系统不确定性 ξ 的存在，无法实现精确的故障估计。但是，若设计的 μ 足够小，所设计的滑模观测器仍可以有效地保留故障信息[13-15]。

综上，在故障估计误差允许范围内时，执行机构故障估计近似为

$$\hat{f}_a = \rho \frac{P_4 E_2^+ (y - \hat{y})}{\| P_4 (y - \hat{y}) \| + \delta} \tag{7-36}$$

7.2.4　仿真验证

以某型涡扇发动机为例，工况点选取为 $H = 0 \text{ km}$，$Ma = 0$，$N_F = 3\,600 \text{ r/min}$，以燃油计量装置故障为例，对基于滑模观测器的故障估计方法进行仿真验证。对系统存在的非线性项和模型不确定因素作如下假设：$g(x, t) = [\sin x_3 \ \ 0 \ \ \sin x_3 \ \ \sin x_3 \ \ 0 \ \ 0 \ \ 0]^T$，$\xi(t) = [(\sin 0.5t)^2 \ \ 0 \ \ 0.6(\sin t)^2 \ \ 0.5 (\cos t)^2 \ \ 0 \ \ 0 \ \ 0]^T$。

考虑以下几种故障情形。

（1）在 $t = 10 \text{ s}$ 时，模拟燃油计量活门由于卡滞发生恒偏差硬故障，幅值为 0.1。在 $t = 20 \text{ s}$ 时，故障情形消失。仿真结果如图 7-1 所示。

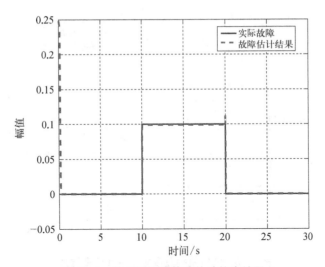

图 7 - 1　执行机构硬故障估计仿真结果

（2）在 $t = 10 \sim 20\,\mathrm{s}$ 时，模拟燃油计量活门渐变软故障，斜率为 $0.01/\mathrm{s}$。故障估计仿真结果如图 7 - 2 所示。

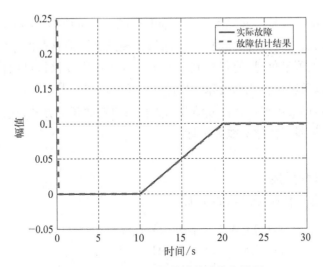

图 7 - 2　执行机构软故障估计仿真结果

（3）在 $t = 7\,\mathrm{s}$ 时，燃油计量活门由于卡滞发生幅值为 0.05 的恒偏差硬故障；在 $t = 15\,\mathrm{s}$ 时，发生斜率为 $0.007\,1/\mathrm{s}$。故障估计仿真结果如图 7 - 3 所示。

由以上仿真结果图 7 - 1 至图 7 - 3 可知：在 $t = 0 \sim 1\,\mathrm{s}$ 内，故障估计误差能迅速收敛到零值附近。在 $t = 1\,\mathrm{s}$ 之后，执行机构故障估计结果能准确复现实际故障情形。因此，此故障估计方案能够对执行机构硬故障和软故障进行有效的估计，故障估计时间短、估计准确性高。

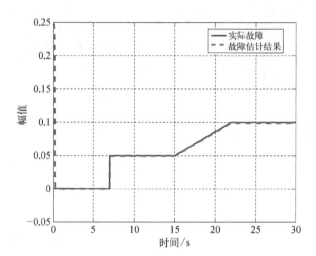

图 7 - 3 执行机构复杂故障估计仿真结果

7.3 传感器故障特性估计

在传感器的故障检测和隔离中,利用积分观测器,将传感器的故障改写成执行机构的故障形式,这种改写方式具有实际的物理意义。传感器的故障将会导致控制器接收有误的测量信息,使得控制器产生误控制作用经执行机构作用于被控对象。因此,可以通过执行机构故障间接诊断传感器故障[16-18]。

因此,本节仍采用将传感器故障改写为执行机构故障的方式,进而将执行机构故障估计方法拓展至传感器故障估计。

7.3.1 数学描述
考虑以下包含传感器故障的系统:

$$\begin{cases} \dot{x}(t) = Ax(t) + Bu(t) + g(x, t) + \xi(t) \\ y(t) = Cx(t) + Ff_s(t) \end{cases} \quad (7-37)$$

式中,状态 $x \in R^n$;输入 $u \in R^m$;输出 $y \in R^p$;$g(x, t)$ 为系统非线性项,满足 Lipschitz 条件;$\xi(t)$ 代表系统存在的不确定因素;$f_s \in R^q$ 为传感器故障;$F \in R^{p \times q}$ 为已知的列满秩矩阵;假定 $f_s(t)$、$\xi(t)$ 均为未知但有界;假定系统 (A, C) 可观。

为将传感器故障改写成执行机构故障形式,引入以下积分观测器:

$$\varphi = \int_0^t y(\tau) \, d\tau \quad (7-38)$$

即

$$\dot{\varphi} = Cx + Ff_s \qquad (7-39)$$

那么

$$\begin{cases} \begin{bmatrix} \dot{x} \\ \dot{\varphi} \end{bmatrix} = \begin{bmatrix} A & 0 \\ C & 0 \end{bmatrix} \begin{bmatrix} x \\ \varphi \end{bmatrix} + \begin{bmatrix} B \\ 0 \end{bmatrix} u + \begin{bmatrix} g(x,\ t) \\ 0 \end{bmatrix} + \begin{bmatrix} \xi \\ 0 \end{bmatrix} + \begin{bmatrix} 0 \\ F \end{bmatrix} f_s \\ w = \begin{bmatrix} 0 & I_p \end{bmatrix} \begin{bmatrix} x \\ \varphi \end{bmatrix} \end{cases} \qquad (7-40)$$

选取新的系统状态 $\tilde{x} = \begin{bmatrix} x \\ \varphi \end{bmatrix}$。记 $\tilde{A} = \begin{bmatrix} A & 0 \\ C & 0 \end{bmatrix}$，$\tilde{B} = \begin{bmatrix} B \\ 0 \end{bmatrix}$，$\tilde{g}(\begin{bmatrix} I_n & 0 \end{bmatrix}\tilde{x},\ t) = \begin{bmatrix} g(x,\ t) \\ 0 \end{bmatrix}$，$\tilde{\xi} = \begin{bmatrix} \xi \\ 0 \end{bmatrix}$，$\tilde{F} = \begin{bmatrix} 0 \\ F \end{bmatrix}$，$\tilde{C} = \begin{bmatrix} 0 & I_p \end{bmatrix}$。

$$\begin{cases} \dot{\tilde{x}} = \tilde{A}\tilde{x} + \tilde{B}u + \tilde{g}(\begin{bmatrix} I_n & 0 \end{bmatrix}\tilde{x},\ t) + \tilde{\xi} + \tilde{F}f_s \\ w = \tilde{C}\tilde{x} \end{cases} \qquad (7-41)$$

可知：在新的系统状态下，传感器故障与执行机构故障具有相同的形式。

引理： 若系统 $(A,\ C)$ 可观，那么 $(\tilde{A},\ \tilde{C})$ 可观。

证明：

$$\text{rank}\begin{bmatrix} sI_{n+p} - \tilde{A} \\ \tilde{C} \end{bmatrix} = \text{rank}\begin{bmatrix} sI_n - A & 0 \\ -C & sI_p \\ 0 & I_p \end{bmatrix} = \text{rank}\begin{bmatrix} sI_n - A \\ C \end{bmatrix} + p \qquad (7-42)$$

若系统 $(A,\ C)$ 可观，由 PHB 判据可知：

$$\text{rank}\begin{bmatrix} sI_n - A \\ C \end{bmatrix} = n \qquad (7-43)$$

进而

$$\text{rank}\begin{bmatrix} sI_{n+p} - \tilde{A} \\ \tilde{C} \end{bmatrix} = n + p \qquad (7-44)$$

由 PBH 秩判据可知，这等价于 $(\tilde{A},\ \tilde{C})$ 可观。证明完成。

若系统 $(\tilde{A},\ \tilde{C})$ 可观，那么存在反馈阵 $\tilde{L} \in R^{(n+p)\times p}$ 使得 $\tilde{A} - \tilde{L}\tilde{C}$ 稳定，即对于任意 $\tilde{Q} > 0$，Lyapunov 方程：

$$(\tilde{A} - \tilde{L}\tilde{C})^{\text{T}}\tilde{P} + \tilde{P}(\tilde{A} - \tilde{L}\tilde{C}) = -\tilde{Q} \qquad (7-45)$$

存在唯一的解 $\tilde{P} > 0$。

矩阵 $\tilde{P}$ 分块可表示为

$$\tilde{P} = \begin{bmatrix} \tilde{P}_1 & \tilde{P}_2 \\ \tilde{P}_2^{\mathrm{T}} & \tilde{P}_3 \end{bmatrix} \tag{7-46}$$

式中, $\tilde{P}_1 = \tilde{P}_1^{\mathrm{T}} \in R^{n \times n}$; $\tilde{P}_3 = \tilde{P}_3^{\mathrm{T}} \in R^{p \times p}$。

将矩阵分块代入式(7-45),可得 $A + \tilde{P}_1^{-1}\tilde{P}_2 C$ 稳定。

进一步假定系统满足假设 7.4: 存在矩阵 $\tilde{M} \in R^{q \times p}$, 满足 $\tilde{F}^{\mathrm{T}}\tilde{P} = \tilde{M}\tilde{C}$。 至此,传感器故障估计问题可完全转换为执行机构故障估计问题。

7.3.2　滑模观测器和 H_∞ 设计

当系统满足假设 7.4 时,可推导出 $\tilde{P}_2 F = 0$。 基于此,对于式(7-46)所示的系统引入以下坐标变换:

$$\tilde{q} = \tilde{T}\tilde{x} = \begin{bmatrix} I_n & \tilde{P}_1^{-1}\tilde{P}_2 \\ 0 & I_p \end{bmatrix}\tilde{x} \tag{7-47}$$

那么

$$\begin{cases} \dot{\tilde{q}} = \tilde{A}_q\tilde{q} + \tilde{B}_q u + \tilde{T}\tilde{g}([I_n \quad 0]\tilde{T}^{-1}\tilde{q}, t) + \tilde{T}\tilde{\xi} + \tilde{F}_q f_s \\ w = \tilde{C}_q\tilde{q} \end{cases} \tag{7-48}$$

式中:

$$\tilde{A}_q = \begin{bmatrix} \tilde{A}_1 & \tilde{A}_2 \\ \tilde{A}_3 & \tilde{A}_4 \end{bmatrix} = \begin{bmatrix} A + \tilde{P}_1^{-1}\tilde{P}_2 C & -A\tilde{P}_1^{-1}\tilde{P}_2 - \tilde{P}_1^{-1}\tilde{P}_2 C\tilde{P}_1^{-1}\tilde{P}_2 \\ C & -C\tilde{P}_1^{-1}\tilde{P}_2 \end{bmatrix} \tag{7-49}$$

$$\tilde{B}_q = \begin{bmatrix} B \\ 0 \end{bmatrix}, \ \tilde{F}_q = \begin{bmatrix} \tilde{P}_1^{-1}\tilde{P}_2 F \\ F \end{bmatrix} = \begin{bmatrix} 0 \\ F \end{bmatrix}, \ \tilde{C}_q = [0 \quad I_p]$$

进而可表示为

$$\begin{cases} \dot{\tilde{q}}_1 = \tilde{A}_1\tilde{q}_1 + \tilde{A}_2\tilde{q}_2 + Bu + g([I_n \quad 0]\tilde{T}^{-1}\tilde{q}, t) + \xi \\ \dot{\tilde{q}}_2 = \tilde{A}_3\tilde{q}_1 + \tilde{A}_4\tilde{q}_2 + Ff_s \\ w = \tilde{q}_2 \end{cases} \tag{7-50}$$

式中, $\tilde{q} = \mathrm{col}(\tilde{q}_1, \tilde{q}_2)$, $\tilde{q}_1 \in R^n$, $\tilde{q}_2 \in R^p$。

由式(7-50)可知,经坐标变化后,传感器的故障仅出现在第二维状态向量 $\tilde{q}_2$。 设计以下滑模观测器:

$$\begin{cases} \dot{\hat{\tilde{q}}}_1 = \tilde{A}_1 \hat{\tilde{q}}_1 + \tilde{A}_2 w + Bu + g([I_n \quad 0]\tilde{T}^{-1}\hat{\tilde{q}}, t) \\ \dot{\hat{\tilde{q}}}_2 = \tilde{A}_3 \hat{\tilde{q}}_1 + \tilde{A}_4 \hat{\tilde{q}}_2 + \tilde{L}(w - \hat{w}) + v_2 \\ \hat{w} = \hat{\tilde{q}}_2 \end{cases} \quad (7-51)$$

式中，$\hat{\tilde{q}}_1$、$\hat{\tilde{q}}_2$ 为状态 $\tilde{q}_1$、$\tilde{q}_2$ 的估计值；$\hat{w}$ 为输出 w 的估计值；$\tilde{L}$ 是滑模观测器中线性修正项的增益矩阵，记 $\tilde{A}_0 = \tilde{A}_4 - L$；$\hat{\tilde{q}} = \text{col}(\hat{\tilde{q}}_1, y)$。其中，非线性切换项 v_2 为

$$v_2 = \begin{cases} \tilde{k} \dfrac{\tilde{P}_0(w - \hat{w})}{\| \tilde{P}_0(w - \hat{w}) \|}, & 若 w - \hat{w} \neq 0 \\ 0, & 其他 \end{cases} \quad (7-52)$$

式中，$\tilde{k} = \| F \| \beta_s + \tilde{\eta}_1$，其中 η_1 为正标量，β_s 为传感器故障 f_s 的范数上界。综上，滑模观测器中待设计的参数包括 $\tilde{L}$、$\tilde{P}_0$、$\tilde{k}$。

状态估计误差 $\tilde{e}_1 = \tilde{q}_1 - \hat{\tilde{q}}_1$，$\tilde{e}_2 = \tilde{q}_2 - \hat{\tilde{q}}_2$ 的动态方程如下：

$$\dot{\tilde{e}}_1 = \tilde{A}_1 \tilde{e}_1 + [g([I_n, 0]\tilde{T}^{-1}\tilde{q}, t) - g([I_n, 0]\tilde{T}^{-1}\hat{\tilde{q}}, t)] + \xi \quad (7-53)$$
$$\dot{\tilde{e}}_2 = \tilde{A}_3 \tilde{e}_1 + \tilde{A}_0 \tilde{e}_2 + F f_s - v_2$$

为抑制模型不确定性 ξ 对于状态估计误差 $\tilde{e} = \text{col}(\tilde{e}_1, \tilde{e}_2)$ 的影响，预先设计以下 H_∞：$\| \tilde{e} \|_2 \leq \sqrt{\mu} \| \xi \|_2$。上述 H_∞ 将不确定因素 ξ 到状态估计误差 $\tilde{e}$ 之间的能量增益限制在 μ 以内。μ 越小，系统鲁棒性越强。

以上滑模观测器的设计问题可转化为线性矩阵不等式求解问题[19,20]。

7.3.3　传感器故障特性估计方法

参照执行机构故障特性估计方法，可推导得：若 $\sqrt{\mu}\sigma_{\max}(F^+ C) \| \xi \|_2$ 在误差允许范围内，传感器故障估计近似为

$$\hat{f}_s = \tilde{k} \dfrac{F^+ \tilde{P}_0(w - \hat{w})}{\| \tilde{P}_0(w - \hat{w}) \| + \tilde{\delta}} \quad (7-54)$$

式中，F^+ 为 F 的伪逆；$\tilde{\delta}$ 为小的正标量，用以减少滑模运动过程中的抖振问题。

7.3.4　仿真验证

以某型涡扇发动机风扇转速传感器故障和涡轮出口温度传感器故障为例，对基于滑模观测器的故障估计方法进行仿真验证。系统工况点选取、非线性项和不确定因素假设与执行机构故障估计仿真验证时的假设相同。

考虑以下几种故障情形。

（1）在 $t = 10 \sim 30\,\mathrm{s}$ 时，模拟仅传感器 1（风扇转速传感器）发生恒偏差硬故障，幅值为 0.1。仿真结果如图 7-4 所示。

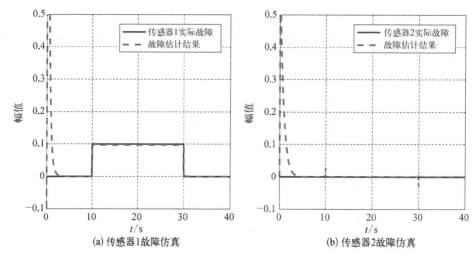

(a) 传感器1故障仿真　　　　　　(b) 传感器2故障仿真

图 7-4　传感器 1 恒偏差硬故障估计仿真结果

（2）在 $t = 10 \sim 30\,\mathrm{s}$ 时，模拟仅传感器 2（涡轮出口温度传感器）由于漂移发生的渐变软故障，斜率为 0.04/s。仿真结果如图 7-5 所示。

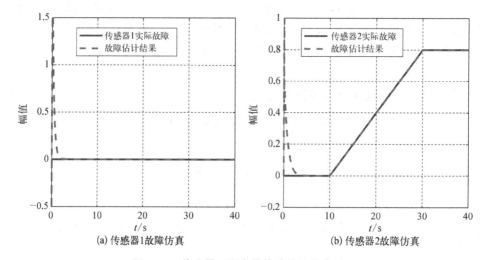

(a) 传感器1故障仿真　　　　　　(b) 传感器2故障仿真

图 7-5　传感器 2 渐变软故障估计仿真结果

（3）在 $t = 10\,\mathrm{s}$ 时，模拟仅传感器 2 由于周期性干扰发生正弦故障，幅值为 0.8，频率为 1 rad/s。仿真结果如图 7-6 所示。

（4）在 $t = 10 \sim 30\,\mathrm{s}$ 时，传感器 1 发生幅值为 0.1 的恒偏差硬故障。传感器 2 发生斜率为 0.04/s 的渐变软故障。仿真结果如图 7-7 所示。

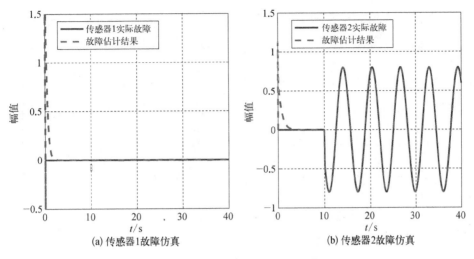

(a) 传感器1故障仿真　　　　　　　(b) 传感器2故障仿真

图 7-6　传感器 2 正弦故障估计仿真结果

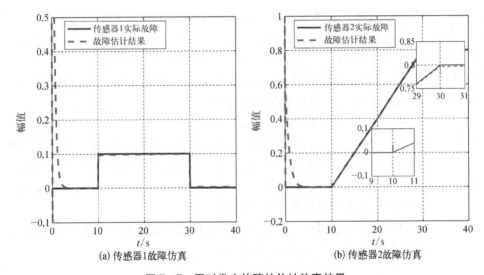

(a) 传感器1故障仿真　　　　　　　(b) 传感器2故障仿真

图 7-7　同时发生故障的估计仿真结果

（5）在 $t = 10 \sim 20\,\mathrm{s}$ 时，传感器 1 发生幅值为 0.1 的恒偏差硬故障。在 $t = 20 \sim 30\,\mathrm{s}$ 时，传感器 2 发生斜率为 0.04/s 的渐变软故障。仿真结果如图 7-8 所示。

仿真结果分析如下。

由图 7-4 传感器 1 恒偏差故障估计仿真结果可知：传感器 1 和传感器 2 故障估计误差在 $t = 0 \sim 3\,\mathrm{s}$ 内收敛至零值附近。在 $t = 3\,\mathrm{s}$ 后，传感器 1 故障估计结果能准确复现恒偏差故障情形。传感器 1 故障在 $t = 10\,\mathrm{s}$ 和 $t = 20\,\mathrm{s}$ 的跳变过程，使得传感器 2 故障估计过程受到影响，在 $t = 10\,\mathrm{s}$ 和 $t = 20\,\mathrm{s}$ 存在幅值约为 0.02 小波动。这是由于在故障估计信道间存在某种耦合造成。除这两个时刻的小波动，传感

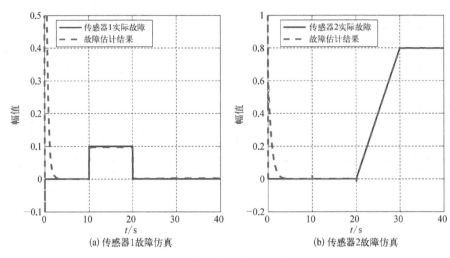

(a) 传感器1故障仿真   (b) 传感器2故障仿真

图 7-8　多重故障估计仿真结果

2 故障估计结果仍能稳定在零值附近,与实际传感器 2 无故障情形一致。

　　由图 7-5 传感器 2 渐变软故障估计和图 7-6 传感器 2 正弦故障估计仿真结果可知:两个传感器故障估计误差在 $t = 0 \sim 3\,\text{s}$ 内收敛至零值附近。传感器 1 故障估计值 $t = 3\,\text{s}$ 后始终稳定在零值,符合实际无故障发生情形。传感器 2 在 $t = 10\,\text{s}$ 后能准确复现渐变软故障和正弦故障情形。

　　由图 7-6 同时发生故障的估计仿真结果和图 7-8 多重故障估计仿真结果可知:在 $t = 0 \sim 3\,\text{s}$ 内传感器故障估计误差收敛至零值附近。对于发生两种故障的情形,无论是同时发生还是随后发生的故障,故障估计曲线和实际故障曲线能良好吻合。传感器 1 发生的跳变故障会造成传感器 2 故障估计在相应时刻发生细微波动,最终传感器 2 仍能准确复现所发生的故障。

　　综上,本章所设计的故障估计方案能够对不同传感器各种类型故障进行有效的估计,故障估计误差收敛时间短,估计精度高。

7.4　基于滑模观测器的故障检测与隔离

7.4.1　控制函数选取

　　对于一个理想的滑模观测器而言,在实现变结构的过程中具有理想开关特性,即不存在滞后、惯性等问题,此时当系统状态到达滑模面后,沿滑模面进行滑模运动,其轨迹是光滑的。但是在实际应用中,由于开关器件时间滞后、系统存在惯性等问题,当系统状态到达滑模面后,通常难以严格沿滑模面运动,而是在滑模面两边振荡,形成抖振现象,其轨迹是"锯齿形"的,经过一定的抖振过程之后保持滑动模态,这导致滑模变结构控制的精度受到影响[20,21]。

抖振的存在是必然的。在一定程度上,抖振是变结构控制抗干扰能力的体现,因此想要完全消除抖振是不可能的,只能将抖振削弱到可接受的范围,兼顾滑模变结构控制的精度及鲁棒性[22]。本节的研究对象为控制函数 $u^{\pm}$,通过选取合适的控制函数削弱抖振作用,以保证滑模变结构控制的精度及鲁棒性。传统的滑模观测器通常选择符号函数 sgn(x) 作为观测器的控制函数。它是一个不连续的分段函数,在状态变量 $x=0$ 时会发生阶跃性突变,引起抖振现象。

在设计滑模观测器时使用 S 型函数作为控制函数来实现控制率的切换,一定程度上弱化了传统滑模观测器易引发抖振的缺点。S 型函数是一种单调的阈值函数,基于 S 型函数的控制函数表达式为

$$\mathrm{sigmoid}(x) = \frac{2}{1+e^{-wx}} - 1 \qquad (7-55)$$

式中,w 为可调参数,w 值越小,曲线更加光滑,系统抖动也随之变小,但若 w 值过小,则会引起响应速度慢、抗干扰能力弱等问题。因此,需要通过调节寻求最优的 w 值,获得最佳抑制抖振效果。

7.4.2　多重故障检测与隔离

为了实现对多重故障的检测与隔离,本节采用奉献观测器的思想,分别针对可能同时发生的 $\alpha+\beta$ 个不同故障类型设计滑模观测器,最终形成一组观测器,以实现多重故障检测与隔离[23,24]。

在系统模型(7-37)的基础上,考虑系统非线性,多重故障控制系统可以表示为

$$\begin{cases} \dot{\bar{x}}(t) = \bar{A}\bar{x}(t) + \bar{f}(x,t) + \bar{B}u(t) + \bar{X}f(t) + \bar{E}d(t) \\ \bar{y}(t) = \bar{C}\bar{x}(t) \end{cases} \qquad (7-56)$$

式中,$\bar{f}(x,t)$ 为满足 Lipschitz 条件的已知非线性项,即 $\forall \bar{x}, \bar{x} \in R^{n+p}$,有

$$\| \bar{f}(x,t) - \bar{f}(\hat{x},t) \| \leqslant L_{f2} \| x - \hat{x} \|$$

式中,L_{f2} 是 Lipschitz 常数。

为设计满足要求的故障检测与隔离方案,作出如下假设。

假设 7.5: $(\bar{A}, \bar{C})$ 是可观的,存在矩阵 L,使得 $\bar{A}_0 = \bar{A} - L\bar{C}$ 为稳定矩阵。

假设 7.6: 非线性函数 $\bar{f}(x,t)$ 是关于 x 的符合 Lipschitz 条件的函数,即 $\forall x$, $x \in R^n$,有

$$\| \bar{f}(x,t) - \bar{f}(\hat{x},t) \| \leqslant L_{f2} \| x - \hat{x} \| \qquad (7-57)$$

式中,L_{f2} 是 Lipschitz 常数。

假设 7.7: 存在实对称正定矩阵 P 和 Q,满足 Lyapunov 方程 $\bar{A}_0^\mathrm{T}P + P\bar{A}_0 = -Q$。

假设 7.8: 存在矩阵 F_1 和 F_2，满足 $P\bar{X} = \bar{C}^{\mathrm{T}}F_1^{\mathrm{T}}$，$P\bar{E} = \bar{C}^{\mathrm{T}}F_2^{\mathrm{T}}$。

当控制系统发生故障时，基于以上假设对系统(7-37)中第 l 个 $(l = 1, 2, \cdots, \alpha + \beta)$ 故障设计滑模观测器：

$$
\begin{cases}
\dot{\hat{\bar{x}}}_l = \bar{A}\hat{\bar{x}} + \bar{f}(\hat{x}, t) + \bar{B}u + L(\bar{y} - \hat{\bar{y}}) + \displaystyle\sum_{\substack{k=1 \\ k \neq l}}^{a+b} \bar{X}_{(m+q)k}v_{1k} + \bar{E}v_2 \\
\hat{\bar{y}} = \bar{C}\hat{\bar{x}}
\end{cases}
\tag{7-58}
$$

式中，$\hat{\bar{x}}$ 和 $\hat{\bar{y}}$ 分别表示 $\bar{x}$ 和 $\bar{y}$ 的估计值；L 是滑模观测器的增益矩阵；v_{1k} 和 v_2 为非线性切换项，可以对故障进行解耦：v_{1k} 可以在故障 f_l 发生时，切断其余可能发生的故障 $f_k(k = 1, 2, \cdots, \alpha + \beta, k \neq l)$ 对系统的影响，v_2 可以在控制系统有故障发生时，切断不确定性带来的扰动对系统的影响。将 v_{1k} 及 v_2 定义如下：

$$
v_{1k} = \begin{cases}
\rho_{1k} \dfrac{F_{1(m+q)k}(\bar{y} - \hat{\bar{y}})_k}{\| F_{1(m+q)k}(\bar{y} - \hat{\bar{y}})_k \|}, & (\bar{y} - \hat{\bar{y}})_k \neq 0 \\
0, & (\bar{y} - \hat{\bar{y}})_k = 0
\end{cases}
\tag{7-59}
$$

式中，ρ_{1k} 为滑模变结构参数，$\rho_{1k} > 0$；$(\bar{y} - \hat{\bar{y}})_k$ 是 $\bar{y} - \hat{\bar{y}}$ 的第 k 个列向量；$F_{1(m+q)k}$ 是矩阵 F_1 的第 k 个 $(k = 1, 2, \cdots, a+b, k \neq l)$ 行向量。

$$
v_2 = \begin{cases}
\rho_2 \dfrac{F_2(\bar{y} - \hat{\bar{y}})}{\| F_2(\bar{y} - \hat{\bar{y}}) \|}, & (\bar{y} - \hat{\bar{y}}) \neq 0 \\
0, & (\bar{y} - \hat{\bar{y}}) = 0
\end{cases}
\tag{7-60}
$$

式中，ρ_2 为滑模变结构参数，$\rho_2 > 0$。

当控制系统发生多重故障时，需设计若干个滑模观测器，每个滑模观测器针对一种特定故障类型，因而会产生特定故障类型的残差。在某一时刻对所有观测器产生的残差进行逻辑判断，可以检测故障是否发生及确定故障发生的具体部位。定义状态估计误差为 $\bar{e} = \hat{\bar{x}} - \bar{x}$，输出误差 $\bar{e}_y = \hat{\bar{y}} - \bar{y}$，当航空发动机控制系统发生多重故障时，故障 f_l 对应的状态估计误差方程可表示为

$$
\begin{aligned}
\dot{\bar{e}}_l &= \dot{\hat{\bar{x}}}_l - \dot{\bar{x}} \\
&= \bar{A}\hat{\bar{x}} + \bar{f}(\hat{x}, t) + \bar{B}u + L(\bar{y} - \hat{\bar{y}}) + \sum_{\substack{k=1 \\ k \neq l}}^{a+b} \bar{X}_{(m+q)k}v_{1k} + \bar{E}v_2 \\
&\quad - \bar{A}\bar{x} - \bar{f}(x, t) - \bar{B}u - \sum_{k=1}^{a+b} \bar{X}_{(m+q)k}f_k - \bar{E}d \\
&= (\bar{A} - L\bar{C})\bar{e}_l + \bar{f}(\hat{x}, t) - \bar{f}(x, t) \\
&\quad + \sum_{\substack{k=1 \\ k \neq l}}^{a+b} \bar{X}_{(m+q)k}(v_{1k} - f_k) + \bar{X}_{(m+q)l}f_l + \bar{E}(v_2 - d)
\end{aligned}
\tag{7-61}
$$

基于前面的假设,选取 Lyapunov 函数:

$$V = \bar{e}^{\mathrm{T}} P \bar{e} \tag{7-62}$$

(1) 假设当有故障发生时,故障 $f_g(g = 1, 2, \cdots, \alpha + \beta)$ 不发生,根据式 (7-61) 可得

$$\dot{\bar{e}}_g = \bar{A}_0 \bar{e}_g + \bar{f}(x, t) - \bar{f}(\hat{x}, t) + \sum_{\substack{k=1 \\ k \neq g}}^{a+b} \bar{X}_{(m+q)k}(v_{1k} - f_k) + \bar{E}(v_2 - d) \tag{7-63}$$

引理 7.1　如果 $f(x, t)$ 满足 Lipschitz 条件,则存在对称正定矩阵 P 满足:

$$2e^{\mathrm{T}} P(f(x_1, t) - f(x_2, t)) \leqslant L_{f2} e^{\mathrm{T}} PPe + e^{\mathrm{T}} e \tag{7-64}$$

式中, $e = x_1 - x_2$; L_{f2} 是 Lipschtiz 常数。

对 Lyapunov 函数求导得

$$
\begin{aligned}
\dot{V} &= \bar{e}_g^{\mathrm{T}}(-Q)\bar{e}_g + 2\bar{e}_g^{\mathrm{T}} P(\bar{f}(x, t) - \bar{f}(\hat{x}, t)) \\
&\quad + 2\bar{e}_g^{\mathrm{T}} P\bar{E}(v_2 - d) + 2\bar{e}_g^{\mathrm{T}} P \sum_{\substack{k=1 \\ k \neq g}}^{a+b} \bar{X}_{(m+q)g}(v_{1k} - f_k) \\
&\leqslant \bar{e}_g^{\mathrm{T}}(-Q)\bar{e}_g + L_{f2}^2 \| \bar{e}_g P \|^2 + \| \bar{e}_g \|^2 + 2\| \bar{E} \| \| P\bar{e}_g \| \lambda_d \\
&\quad + 2\bar{e}_g^{\mathrm{T}} \Big(\sum_{\substack{k=1 \\ k \neq g}}^{a+b} \| F_{1(m+q)k}(\bar{y} - \hat{\bar{y}})_k \| (\rho_{1k} - \max\{\lambda_i, \lambda_j\}) \Big) \\
&\leqslant \bar{e}_g^{\mathrm{T}}(-Q + L_{f2}^2 PP + I + 2\bar{E}P\lambda_d)\bar{e}_g
\end{aligned} \tag{7-65}
$$

当满足 $\rho_r > \max\{\lambda_i, \lambda_j\}$ 与 $\begin{bmatrix} -Q + I + 2\bar{E}P\lambda_d & P \\ P & -\dfrac{1}{L_{f2}^2} \end{bmatrix} < 0$ 时,有 $\dot{V} < 0$,故 $\lim\limits_{t \to \infty} \bar{e}_g = 0$。

(2) 假设当有故障发生时,故障 $f_z(z = 1, 2, \cdots, \alpha + \beta)$ 发生,根据式(7-61) 可得

$$
\begin{aligned}
\dot{\bar{e}}_z &= (\bar{A} - L\bar{C})\bar{e}_z + \bar{f}(x, t) - \bar{f}(\hat{x}, t) \\
&\quad + \sum_{\substack{k=1 \\ k \neq z}}^{a+b} \bar{X}_{(m+q)k}(v_{1k} - f_k) + \bar{X}_{(m+q)z} f_z + \bar{E}(v_2 - d)
\end{aligned} \tag{7-66}
$$

由于矩阵 $\bar{X}$ 满秩, $\bar{X}_{(m+q)k}$ 与 $\bar{X}_{(m+q)z}$ 线性无关,所以 $\lim\limits_{t \to \infty} \bar{e}_z \neq 0$。

由此可得,当控制系统有 k 个 ($k \leqslant \alpha + \beta$) 故障发生时,与之相对应的 k 个状态估计误差 $\bar{e}_{(k)}$ 无法收敛至阈值范围内,其余 $\alpha + \beta - k$ 个状态估计误差 $\bar{e}_{(\alpha+\beta-k)}$ 可

快速收敛至阈值范围内。

当控制系统中第 l 个 $(l = 1, 2, \cdots, a + b)$ 故障 f_l 发生时,对应观测器所测得残差如下:

$$r_l = \| \bar{e}_{yl} \| \qquad (7-67)$$

式中,$\bar{e}_{yl}$ 为第 l 个故障对应的输出误差。

k 个故障同时发生时,对应的残差为

$$r_{(k)} = \| \bar{e}_{y(k)} \| \qquad (7-68)$$

式中,$\bar{e}_{y(k)}$ 为 k 个故障同时发生时对应的输出误差。

此时系统的残差可以表示为

$$r = \sum_{k=1}^{\alpha+\beta} \| \bar{e}_{y(k)} \| \qquad (7-69)$$

通过系统残差 r 与阈值 ε 的关系可以检测故障是否发生:

$$\begin{cases} r < \varepsilon, & \text{系统无故障} \\ r \geqslant \varepsilon, & \text{系统有故障} \end{cases} \qquad (7-70)$$

通过第 l 个故障 f_l 对应的残差 r_l 与阈值 ε_l 的关系可以对故障 f_l 进行隔离:

$$\begin{cases} r_l < \varepsilon_l, & \text{故障} f_l \text{ 未发生} \\ r_l \geqslant \varepsilon_l, & \text{故障} f_l \text{ 发生} \end{cases} \qquad (7-71)$$

通过以上分析,本节设计的基于滑模观测器的故障检测与隔离方案如图 7-9

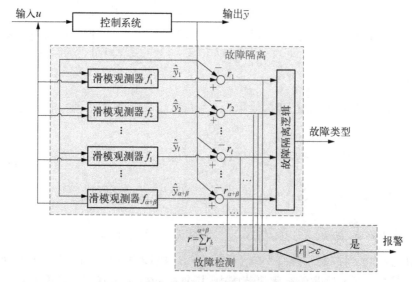

图 7-9 基于滑模观测器的故障检测与隔离

所示,方法描述为:采用奉献观测器思想,针对各种类型的控制系统故障设计滑模观测器,通过残差和阈值的关系实现故障检测与隔离。当有故障发生时,所测得的系统残差 r 不收敛到阈值范围内,由此可检测故障发生。当有 k 个($k \leqslant \alpha + \beta$)故障同时发生时,$k$ 个故障对应的残差 $r_{(k)}$ 对故障敏感且不收敛到对应阈值范围,其余 $\alpha + \beta - k$ 个未发生故障的残差对故障不敏感且分别收敛到对应阈值,从而可以通过残差幅值与阈值的关系进行故障隔离[25]。控制系统 FDI 决策规则如表 7-1 所示[25-28],由此可实现航空发动机控制系统多重故障检测与隔离。

表 7-1　故障检测与隔离决策规则

残差	r_1	r_2	...	r_a	r_{a+1}	r_{a+2}	...	r_{a+b}	FDI 决策
故障	f_{am1}	f_{am2}	...	f_{ama}	f_{sq1}	f_{sq2}	...	f_{sqb}	
	0	0	...	0	0	0	...	0	无故障
	1	0	...	0	0	0	...	0	仅 f_{am1}
	⋮	⋮	⋮	⋮	⋮	⋮	⋮	⋮	⋮
	1	1	...	0	0	0	...	0	f_{am1} 至 $f_{am(a-1)}$
	1	1	...	1	0	0	...	0	所有 f_a
	1	1	...	1	1	0	...	0	所有 f_a 及 f_{sq1}
	⋮	⋮	⋮	⋮	⋮	⋮	⋮	⋮	⋮
残差与零域关系	1	1	...	1	1	1	...	0	仅 f_{sqb} 无故障
	1	1	...	1	1	1	...	1	所有故障
	0	1	...	1	1	1	...	1	仅 f_{am1} 无故障
	⋮	⋮	⋮	⋮	⋮	⋮	⋮	⋮	⋮
	0	0	...	1	1	1	...	1	所有 f_s 及 f_{ama}
	0	0	...	0	1	1	...	1	所有 f_s
	0	0	...	0	0	1	...	1	f_{sq2} 至 f_{sqb}
	⋮	⋮	⋮	⋮	⋮	⋮	⋮	⋮	⋮
	0	0	...	0	0	0	...	1	仅 f_{sqb}

7.4.3　仿真算例

以某型涡扇发动机为例,选取以下工况点:$H = 0 \text{ km}$, $Ma = 0$, $N_F = 2\,000 \text{ r/min}$。假设系统非线性项为 $\bar{f}(x, t) = [\sin x_2 \ \ 0 \ \ 0 \ \ 0 \ \ 0 \ \ 0]^{\text{T}}$,对本节设计的多重故障检测及隔离方案进行验证。在该工况下选择矩阵 L 来满足假设 7.5,并且求得矩阵 $\bar{A}_0$:

$$L = \begin{bmatrix} 1.456\ 4 & 0 & 0 & 0 \\ 0.722\ 5 & -0.056\ 1 & 0 & 0 \\ 0.976\ 8 & 1.326\ 4 & 1.546\ 3 & 0 \\ 2.204\ 5 & -0.144\ 3 & -0.217\ 6 & 0.547\ 4 \\ -0.045\ 8 & 0.779\ 5 & -0.789\ 6 & -1.258\ 3 \\ 0.343\ 2 & 1.028\ 7 & 1.251\ 4 & 0.052\ 1 \end{bmatrix}$$

$$\bar{A}_0 = \begin{bmatrix} -3.454\ 6 & -0.542\ 8 & -1.456\ 4 & 0 & 0 & 0 \\ 4.091\ 1 & -2.907\ 3 & 0 & 0.056\ 1 & 0 & 0 \\ 1 & 0 & 0 & 0 & -1.546\ 3 & 0 \\ 0 & 1 & 0 & 0 & 0 & -0.547\ 4 \\ 1.557\ 8 & 0.461\ 2 & 0.045\ 8 & -0.779\ 5 & 0.789\ 6 & 1.258\ 3 \\ -0.660\ 9 & 0.231\ 5 & -0.343\ 2 & -1.028\ 7 & -1.251\ 4 & -0.052\ 1 \end{bmatrix}$$

选取 Q 为单位矩阵,由假设 7.7 求解得

$$P = \begin{bmatrix} 0.437\ 3 & 0.659\ 3 & -0.939\ 6 & -0.174\ 4 & 0.524\ 9 & 0.724\ 3 \\ 0.659\ 3 & 1.102\ 2 & -2.069\ 4 & 0.127\ 6 & 1.851\ 1 & 0.374\ 8 \\ -0.939\ 6 & -2.069\ 4 & 2.742\ 9 & 0.546\ 5 & -0.284\ 3 & -2.083\ 6 \\ -0.174\ 4 & 0.127\ 6 & 0.546\ 5 & 3.340\ 6 & -0.713\ 4 & 1.146\ 6 \\ 0.524\ 9 & 1.851\ 1 & -0.284\ 3 & -0.713\ 4 & -3.259\ 3 & -0.111\ 9 \\ 0.724\ 3 & 0.374\ 8 & -2.083\ 6 & 1.146\ 6 & -0.111\ 9 & -4.149\ 5 \end{bmatrix}$$

由假设 7.8 求解矩阵 F_1 和 F_2 得

$$F_1 = \begin{bmatrix} -1.865\ 8 & -0.043\ 2 & 1.454\ 0 & 0.715\ 5 \\ -4.625\ 5 & 0.088\ 4 & 3.870\ 1 & 1.307\ 4 \\ -1.206\ 4 & 0.564\ 5 & -0.435\ 3 & -2.350\ 6 \\ -0.324\ 0 & 0.933\ 2 & 2.797\ 8 & -1.039\ 4 \end{bmatrix}, \quad F_2 = \begin{bmatrix} -0.939\ 6 \\ -0.174\ 4 \\ 0.524\ 9 \\ 0.724\ 3 \end{bmatrix}^{\mathrm{T}}$$

在无故障的情况下,故障检测及隔离残差如图 7 - 10 所示。由图可知,在 $t = 0 \sim 5\,\mathrm{s}$ 内,故障检测和隔离残差存在波动,这是由控制系统实际初值和观测器初值估计值之间存在偏差所导致,在进行故障分析时可忽略。在 $t = 5\,\mathrm{s}$ 之后,控制系统的故障检测残差及四种故障分别对应的隔离残差稳定于相应阈值范围之内,由于系统非线性及未知干扰,残差有轻微波动,但对故障诊断的影响可忽略不计。

考虑以下四种故障。

(1) 故障 f_1:模拟执行机构故障 1,在 $t = 8\,\mathrm{s}$ 时,燃油计量活门发生恒偏差硬故障,幅值为 0.1。

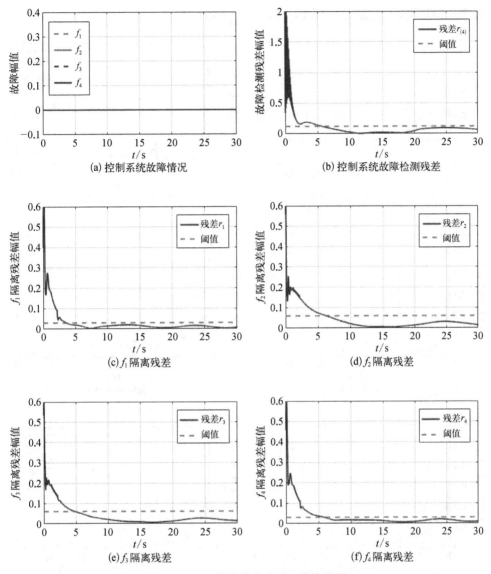

图 7 - 10　无故障发生时 FDI 仿真结果

（2）故障 f_2：模拟执行机构故障 2，在 $t = 15 \sim 25\,\mathrm{s}$ 时，尾喷口作动筒发生渐变软故障，斜率为 $0.03/\mathrm{s}$；在 $t \geqslant 25\,\mathrm{s}$ 时，故障幅值维持在 0.3。

（3）故障 f_3：模拟传感器故障 1，在 $t = 10\,\mathrm{s}$ 时，风扇转速传感器发生恒偏差硬故障，幅值为 0.2。

（4）故障 f_4：模拟传感器故障 2，在 $t = 18 \sim 28\,\mathrm{s}$ 内，高压涡轮出口总温传感器发生渐变软故障，斜率为 $0.01/\mathrm{s}$；在 $t \geqslant 28\,\mathrm{s}$ 时，故障幅度维持在 0.1。

首先对单故障发生时故障检测与隔离结果进行仿真，f_1、f_2、f_3 和 f_4 四种单一故障分别发生时,仿真结果如图 7 - 11 至 7 - 14 所示。

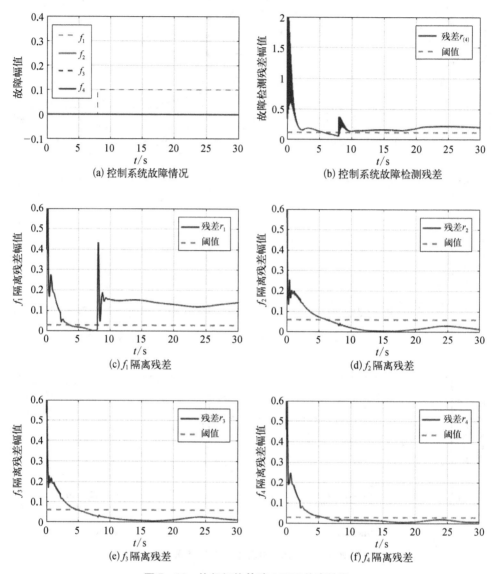

图 7 - 11　执行机构故障 1 FDI 仿真结果

对单一故障检测与隔离仿真结果进行分析。

由图 7 - 11 和图 7 - 13 可知:在执行机构及传感器发生单一恒偏差硬故障时,控制系统故障检测残差发生跳变,超过阈值报警,由此实现故障检测,判定系统发生故障。在故障隔离过程中,发生故障对应的隔离残差在故障发生时跳变超出阈值,其余未发生故障分别对应的隔离残差始终保持在阈值范围内,由此实现对故障的隔离。

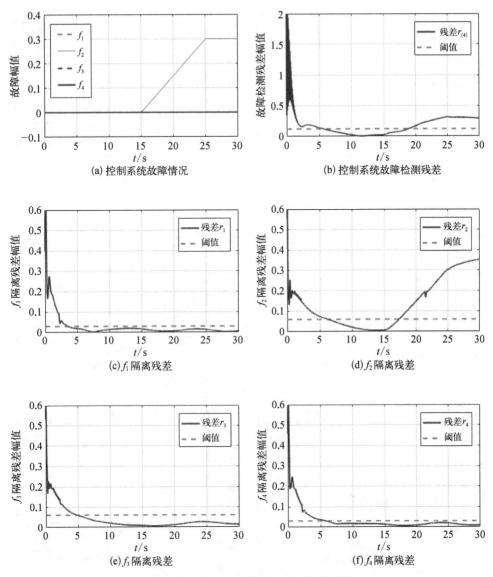

图 7-12　执行机构故障 2 FDI 仿真结果

由图 7-12 和图 7-14 可知：在执行机构及传感器发生单一渐变软故障时，控制系统故障检测残差开始增大，经过 2~3 s 后超过阈值报警，由此实现故障检测，判定系统发生故障。在故障隔离过程中，发生故障对应的隔离残差在故障发生后逐渐增大，经过 2~3 s 后超出阈值，其余未发生故障分别对应的隔离残差始终保持在阈值范围内，由此实现对故障的隔离。

下面考虑多重故障情形，对执行机构多重故障、传感器多重故障及控制系统多重复杂故障进行 FDI 仿真，仿真结果如图 7-15 至图 7-17 所示。

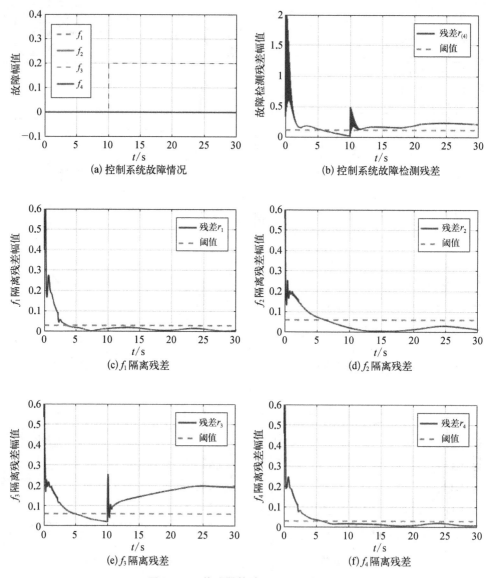

图 7-13　传感器故障 1 FDI 仿真结果

对多重故障检测与隔离仿真结果进行分析。

由图 7-15 可知:当执行机构发生多重故障时,控制系统故障检测残差于 $t = 8\,s$ 时发生跳变,超过阈值报警,由此实现故障检测,判定系统发生故障。在故障隔离过程中,执行机构故障 1 对应的隔离残差于 $t = 8\,s$ 时跳变超出阈值,执行机构故障 2 对应的隔离残差因 $t = 15\,s$ 故障发生而不断增大,约 2 s 后超出阈值,传感器故障对应的隔离残差始终保持在阈值范围内,由此实现对执行机构多重故障的隔离。在 $t = 8\,s$ 时,执行机构 1 故障引起执行机构 2 隔离残差微小波动,但波动幅

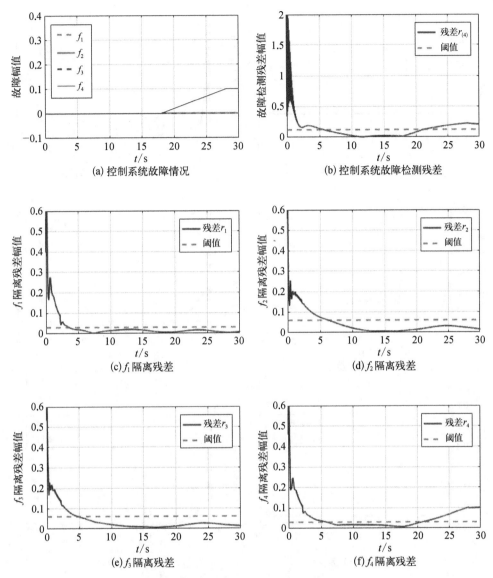

(a) 控制系统故障情况

(b) 控制系统故障检测残差

(c) f_1 隔离残差

(d) f_2 隔离残差

(e) f_3 隔离残差

(f) f_4 隔离残差

图 7 - 14　传感器故障 2 FDI 仿真结果

度不超过阈值,故对故障诊断基本无影响。

由图 7 - 16 可知:当传感器发生多重故障时,控制系统故障检测残差于 $t =$ 10 s 时发生跳变,超过阈值报警,由此实现故障检测,判定系统发生故障。在故障隔离过程中,传感器故障 1 对应的隔离残差于 $t = 8$ s 时跳变超出阈值,传感器故障 2 对应的隔离残差因 $t = 18$ s 故障发生而不断增大,约 2 s 后超出阈值,执行机构故障对应的隔离残差始终保持在阈值范围内,由此实现对传感器多重故障的隔离。

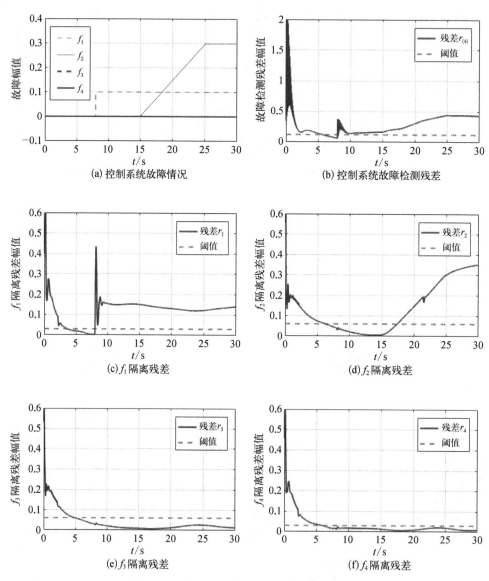

图 7 − 15   执行机构故障 1 和 2 FDI 仿真结果

由图 7 − 17 可知：当控制系统发生多重复杂故障时,本节设计的 FDI 方案在约 $t = 8\,\mathrm{s}$ 时报警检测出故障,且对不同类型故障进行有效隔离,并未发生漏报、误报等不良现象。

综上所述,本节设计的方案可以有效实现控制系统多重故障检测与隔离,体现出以下优点：

（1）无故障时,系统非线性及未知干扰导致残差有一定波动,但残差始终保持在阈值范围内,体现出较强的鲁棒性；

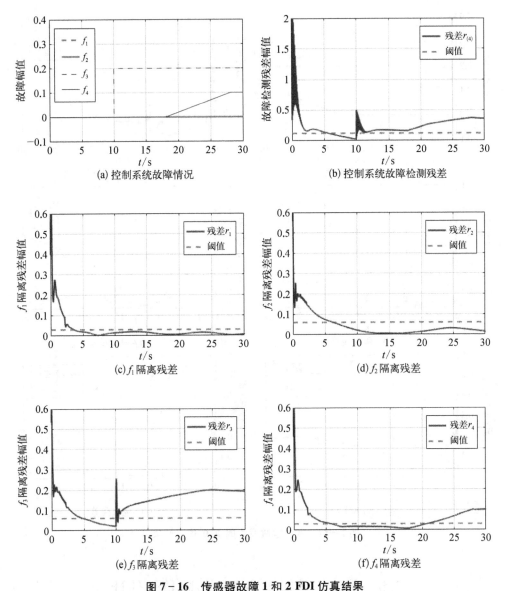

图 7－16　传感器故障 1 和 2 FDI 仿真结果

（2）考虑到系统具有鲁棒性,本次仿真的故障均为小幅值故障,且故障检测与隔离的阈值均设置较小,使得对小幅值故障诊断的灵敏度得以验证;

（3）对于恒偏差硬故障及渐变软故障,系统残差及故障隔离残差均可在短时间内增大超出阈值,体现出故障诊断的快速性;

（4）在进行多重故障隔离时,不同故障之间干扰较小,对故障诊断基本无影响,且未发生漏报、误报等现象,说明不同类型故障已充分解耦,体现出故障诊断的准确性。

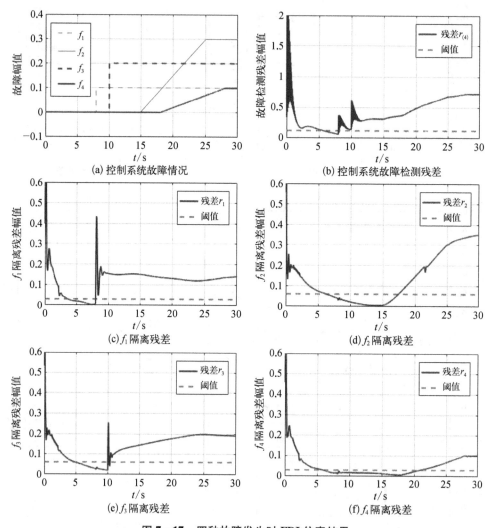

图 7 - 17　四种故障发生时 FDI 仿真结果

7.5　基于等效输出注入的故障特性估计

为了实现对故障特性的估计,本节将在滑模观测器的基础上,采用伪滑动形式减少抖振现象,通过设计 H_∞ 抑制干扰带来的影响,利用等效输出误差注入项 v_{eq} 来实现故障诊断,该方法具有响应速度快、鲁棒性强、估计精度高等优点。

7.5.1　问题描述

对于包含故障的系统(7 - 37),假设 7.5 至假设 7.7 仍适用,此外做出以下假设。

假设 7.9：存在矩阵 M，使得 $\bar{X}^{\mathrm{T}}P = M\bar{C}$ 成立。

将以下矩阵分块：

$$P = \begin{bmatrix} P_1 & P_2 \\ P_2^{\mathrm{T}} & P_4 \end{bmatrix}, \ Q = \begin{bmatrix} Q_1 & Q_2 \\ Q_3 & Q_4 \end{bmatrix}, \ \bar{A} = \begin{bmatrix} \bar{A}_1 & \bar{A}_2 \\ \bar{A}_3 & \bar{A}_4 \end{bmatrix}, \ \bar{X} = \begin{bmatrix} \bar{X}_1 \\ \bar{X}_2 \end{bmatrix} \quad (7-72)$$

将式 $(7-72)$ 代入假设 7.7 中 Lyapunov 方程 $\bar{A}_0^{\mathrm{T}}P + P\bar{A}_0 = -Q$ 可得

$$\bar{A}_1^{\mathrm{T}}P_1 + P_1\bar{A}_1 + \bar{A}_3^{\mathrm{T}}P_2^{\mathrm{T}} + P_2\bar{A}_3 = -Q_1 \quad (7-73)$$

化简可得

$$(\bar{A}_1 + P_1^{-1}P_2\bar{A}_3)^{\mathrm{T}}P_1 + P_1(\bar{A}_1 + P_1^{-1}P_2\bar{A}_3) = -Q_1 \quad (7-74)$$

所以 $\bar{A}_1 + P_1^{-1}P_2\bar{A}_3$ 为稳定矩阵。

由建模过程已知 $\bar{C} = \begin{bmatrix} 0 & I \end{bmatrix}$，假设 7.9 可等效为

$$\bar{X}^{\mathrm{T}}P = \begin{bmatrix} \bar{X}_1^{\mathrm{T}} & \bar{X}_2^{\mathrm{T}} \end{bmatrix}\begin{bmatrix} P_1 & P_2 \\ P_2^{\mathrm{T}} & P_3 \end{bmatrix} = \begin{bmatrix} \bar{X}_1^{\mathrm{T}}P_1 + \bar{X}_2^{\mathrm{T}}P_2^{\mathrm{T}} & \bar{X}_1^{\mathrm{T}}P_2 + \bar{X}_2^{\mathrm{T}}P_3 \end{bmatrix} \quad (7-75)$$

$$= \begin{bmatrix} P_1(\bar{X}_1 + P_1^{-1}P_2\bar{X}_2)^{\mathrm{T}} & \bar{X}_1^{\mathrm{T}}P_2 + \bar{X}_2^{\mathrm{T}}P_3 \end{bmatrix} = M\bar{C} = \begin{bmatrix} 0 & M \end{bmatrix}$$

所以 $\bar{X}_1 + P_1^{-1}P_2\bar{X}_2 = 0$，即 $P_1\bar{X}_1 + P_2\bar{X}_2 = 0$。

取线性变换矩阵：

$$T = \begin{bmatrix} T_1 \\ T_2 \end{bmatrix}\begin{bmatrix} I & P_1^{-1}P_2 \\ 0 & I \end{bmatrix} \quad (7-76)$$

采用 $q = Tx$ 对原系统进行坐标变换，有

$$T\bar{A}T^{-1} = \begin{bmatrix} \bar{A}_1' & \bar{A}_2' \\ \bar{A}_3' & \bar{A}_4' \end{bmatrix}, \ T\bar{B} = \begin{bmatrix} \bar{B}_1' \\ \bar{B}_2' \end{bmatrix}, \ T\bar{X} = \begin{bmatrix} 0 \\ \bar{X}_2 \end{bmatrix}, \ \bar{C} = \begin{bmatrix} 0 & I \end{bmatrix} \quad (7-77)$$

式中，$\bar{A}_1' = \bar{A}_1 + P_1^{-1}P_2\bar{A}_3$。

原系统等效为

$$\begin{cases} \dot{q}_1 = \bar{A}_1'q_1 + \bar{A}_2'q_2 + \bar{B}_1'u + T_1\bar{f}(T^{-1}q, \ t) + T_1 d \\ \dot{q}_2 = \bar{A}_3'q_1 + \bar{A}_4'q_2 + \bar{B}_2'u + T_2\bar{f}(T^{-1}q, \ t) + T_2 d + \bar{X}_2 f \\ \bar{y} = q_2 \end{cases} \quad (7-78)$$

7.5.2　观测器设计

对系统 $(7-37)$ 设计滑模观测器：

$$\begin{cases} \dot{\hat{q}}_1 = \bar{A}'_1\hat{q}_1 + \bar{A}'_2 q_2 + \bar{B}'_1 u + T_1\bar{f}(T^{-1}\hat{q},\ t) \\ \dot{\hat{q}}_2 = \bar{A}'_3 q_1 + \bar{A}'_4\hat{q}_2 + \bar{B}'_2 u + T_2\bar{f}(T^{-1}\hat{q},\ t) + L(\bar{y} - \hat{\bar{y}}) + v_1 \\ \hat{\bar{y}} = \hat{q}_2 \end{cases} \quad (7-79)$$

式中，$\hat{q}_1$ 和 $\hat{q}_2$ 分别表示 q_1 和 q_2 的估计值；L 为线性修正项的增益矩阵。记 $\bar{A}_4^s = \bar{A}'_4 - L$，定义非线性切换项 v：

$$v_1 = \begin{cases} \rho_1\dfrac{P_4(\bar{y} - \hat{\bar{y}})}{\parallel P_4(\bar{y} - \hat{\bar{y}}) \parallel},\ & \bar{y} - \hat{\bar{y}} \neq 0 \\ 0,\ & \bar{y} - \hat{\bar{y}} = 0 \end{cases} \quad (7-80)$$

式中，$\rho_1 = \parallel \bar{X}_2 \parallel \lambda_i + \eta_1$ 为滑模变结构参数，$\eta_1 > 0$。

定义状态估计误差为 $\bar{e}_1 = q_1 - \hat{q}_1$ 和 $\bar{e}_2 = q_2 - \hat{q}_2$，有

$$\dot{\bar{e}}_1 = \bar{A}'_1 e_1 + T_1[\bar{f}(T^{-1}q,\ t) - \bar{f}(T^{-1}\hat{q},\ t)] + T_1 d \quad (7-81)$$

$$\dot{\bar{e}}_2 = -\bar{A}'_3\bar{e}_1 + \bar{A}_4^s\bar{e}_2 + T_2[\bar{f}(T^{-1}q,\ t) - \bar{f}(T^{-1}\hat{q},\ t)] + \bar{X}_2 f + T_2 d + v_1 \quad (7-82)$$

不确定项 $d(t)$ 会影响状态估计误差，因此设计以下 H_∞ 来抑制不确定因素对误差的影响：

$$\parallel H \parallel_\infty = \sup_{\parallel d \parallel_2 \neq 0}\frac{\parallel \bar{e} \parallel_2}{\parallel d \parallel_2} \leqslant \sqrt{\mu} \quad (7-83)$$

式中，$\bar{e} = \mathrm{col}(\bar{e}_1,\ \bar{e}_2)$；$\mu > 0$；$\parallel \cdot \parallel_2$ 表示 2-范数。

下面分析状态估计误差稳定性。选取 Lyapunov 函数：

$$V(\bar{e}) = V_1(\bar{e}_1) + V_2(\bar{e}_2) = \bar{e}_1^{\mathrm{T}}P_1\bar{e}_1 + \bar{e}_2^{\mathrm{T}}P_4\bar{e}_2 \quad (7-84)$$

对 Lyapunov 函数进行求导，由于不等式 $2X^{\mathrm{T}}Y \leqslant \dfrac{1}{\alpha}X^{\mathrm{T}}X + \alpha$ 对任意 $\alpha > 0$ 都成立，因此有

$$\dot{V}_1 = \dot{\bar{e}}_1^{\mathrm{T}}P_1\bar{e}_1 + \bar{e}_1^{\mathrm{T}}P_1\dot{\bar{e}}_1 = \bar{e}_1^{\mathrm{T}}\Gamma_1\bar{e}_1 + 2\bar{e}_1^{\mathrm{T}}P_1\Delta\bar{f}_1 + 2\bar{e}_1^{\mathrm{T}}P_1T_1 d$$
$$\leqslant \bar{e}_1^{\mathrm{T}}\left(\Gamma_1 + \frac{1}{\alpha_1}P_1T_1T_1^{\mathrm{T}}P_1^{\mathrm{T}} + \alpha_1 L_{f2}^2 I\right)\bar{e}_1 + 2\bar{e}_1^{\mathrm{T}}P_1T_1 d \quad (7-85)$$

$$\dot{V}_2 = \bar{e}_1^{\mathrm{T}}\Gamma_1\bar{e}_1 + 2\bar{e}_1^{\mathrm{T}}P_4\Delta\bar{f}_2 + 2\bar{e}_2^{\mathrm{T}}P_4T_2 d + 2\bar{e}_2^{\mathrm{T}}P_4\bar{A}'_3\bar{e}_1 + 2\bar{e}_2^{\mathrm{T}}P_4 v$$
$$\leqslant \bar{e}_2^{\mathrm{T}}\left(\Gamma_2 + \frac{1}{\alpha_2}P_4T_2T_2^{\mathrm{T}}P_4^{\mathrm{T}}\right)\bar{e}_2 + 2\bar{e}_2^{\mathrm{T}}P_4T_2 d + 2\bar{e}_2^{\mathrm{T}}P_4\bar{A}'_3\bar{e}_1 + \alpha_2 L_{f2}\parallel \bar{e}_1 \parallel^2$$

$$(7-86)$$

$$\dot{V} = \dot{V}_1 + \dot{V}_2$$

$$\leqslant \bar{e}_1^{\mathrm{T}}\left(\Gamma_1 + \frac{1}{\alpha_1}P_1 T_1 T_1^{\mathrm{T}} P_1^{\mathrm{T}} + (\alpha_1 + \alpha_2)L_{f2}^2 I\right)\bar{e}_1$$

$$+ \bar{e}_2^{\mathrm{T}}\left(\Gamma_2 + \frac{1}{\alpha_2}P_4 T_2 T_2^{\mathrm{T}} P_4^{\mathrm{T}}\right)\bar{e}_2 + 2\bar{e}_1^{\mathrm{T}} P_1 T_1 d + 2\bar{e}_2^{\mathrm{T}} P_4 T_2 d + 2\bar{e}_2^{\mathrm{T}} P_4 \bar{A}_3' \bar{e}_1$$

$$(7-87)$$

式中：

$$\begin{cases} \Delta \bar{f}_1 = T_1[\bar{f}(T^{-1}q,\ t) - \bar{f}(T^{-1}\hat{q},\ t)] \\ \Delta \bar{f}_2 = T_2[\bar{f}(T^{-1}q,\ t) - \bar{f}(T^{-1}\hat{q},\ t)] \\ \Gamma_1 = P_4 \bar{A}_1' + \bar{A}_1'^{\mathrm{T}} P_4 \\ \Gamma_2 = P_4 \bar{A}_4^s + \bar{A}_4^{s\mathrm{T}} P_4 \end{cases} \qquad (7-88)$$

当 $d(t) = 0$ 时，式（7-87）可改写为

$$\dot{V} = \dot{V}_1 + \dot{V}_2$$

$$\leqslant \begin{bmatrix} \bar{e}_1 \\ \bar{e}_2 \end{bmatrix}^{\mathrm{T}} \begin{bmatrix} \Gamma_1 + \dfrac{1}{\alpha_1}P_1 T_1 T_1^{\mathrm{T}} P_1^{\mathrm{T}} + (\alpha_1 + \alpha_2)L_{f2}^2 I & \bar{A}_3' P_4 \\ \\ P_4 \bar{A}' & \Gamma_2 + \dfrac{1}{\alpha_2}P_4 T_2 T_2^{\mathrm{T}} P_4^{\mathrm{T}} \end{bmatrix} \begin{bmatrix} \bar{e}_1 \\ \bar{e}_2 \end{bmatrix}$$

$$(7-89)$$

若想要系统渐近稳定，$\dot{V}(t) < 0$，即需满足状态估计误差在有限时间内趋于零，即 $\lim\limits_{t \to \infty} \bar{e} = 0$，则

$$\begin{bmatrix} \Gamma_1 + \dfrac{1}{\alpha_1}P_1 T_1 T_1^{\mathrm{T}} P_1^{\mathrm{T}} + (\alpha_1 + \alpha_2)L_{f2}^2 I & \bar{A}_3' P_4 \\ \\ P_4 \bar{A}' & \Gamma_2 + \dfrac{1}{\alpha_2}P_4 T_2 T_2^{\mathrm{T}} P_4^{\mathrm{T}} \end{bmatrix} < 0 \quad (7-90)$$

当 $d(t) \neq 0$ 时，需要判定不确定项对状态估计的影响，选取以下函数：

$$\omega = \int_0^\infty (\parallel \bar{e} \parallel^2 - \mu \parallel d \parallel^2)\,\mathrm{d}t$$

$$= \int_0^\infty (\parallel \bar{e} \parallel^2 - \mu \parallel d \parallel^2 + \dot{V})\,\mathrm{d}t - \int_0^\infty \dot{V}\mathrm{d}t \qquad (7-91)$$

$$= \int_0^\infty (\parallel \bar{e} \parallel^2 - \mu \parallel d \parallel^2 + \dot{V})\,\mathrm{d}t - V(\infty) + V(0)$$

由 $V(\infty) > 0$，则零初始条件下有

$$\omega \leqslant \int_0^\infty (\parallel \bar{e} \parallel^2 - \mu \parallel d \parallel^2 + \dot{V}) \mathrm{d}t$$

$$\leqslant \int_0^\infty \left(\begin{bmatrix} \bar{e}_1 \\ \bar{e}_2 \\ d \end{bmatrix}^{\mathrm{T}} \begin{bmatrix} \Pi_1 & \bar{A}'_3{}^{\mathrm{T}}P_4 & P_1 & P_2 \\ P_4\bar{A}'_3 & \Pi_2 & 0 & P_4 \\ P_1 & 0 & -\mu I & 0 \\ P_2^{\mathrm{T}} & P_4 & 0 & -\mu I \end{bmatrix} \begin{bmatrix} \bar{e}_1 \\ \bar{e}_2 \\ d \end{bmatrix} \right) \mathrm{d}t \qquad (7-92)$$

式中，$\Pi_1 = \Gamma_1 + \dfrac{1}{\alpha_1} P_1 T_1 T_1^{\mathrm{T}} P_1^{\mathrm{T}} + (\alpha_1 + \alpha_2) L_{f2}^2 I$；$\Pi_2 = \Gamma_2 + \dfrac{1}{\alpha_2} P_4 T_2 T_2^{\mathrm{T}} P_4^{\mathrm{T}}$。

若满足：

$$\begin{bmatrix} \Pi_1 & \bar{A}'_3{}^{\mathrm{T}}P_4 & P_1 & P_2 \\ P_4\bar{A}'_3 & \Pi_2 & 0 & P_4 \\ P_1 & 0 & -\mu I & 0 \\ P_2^{\mathrm{T}} & P_4 & 0 & -\mu I \end{bmatrix} < 0 \qquad (7-93)$$

则有 $\omega < 0$，满足 H_∞ 设计要求，状态估计误差是渐近稳定的。

选取滑模面为

$$s = \{(\bar{e}_1,\ \bar{e}_2) \mid \bar{e}_2 = 0\} \qquad (7-94)$$

下面对滑模面 $s = \{(\bar{e}_1,\ \bar{e}_2) \mid \bar{e}_2 = 0\}$ 的可达性进行证明。

选取合适的 ρ_1 值：

$$\rho_1 = \parallel \bar{X}_2 \parallel \lambda_i + \eta_1 \geqslant \parallel \bar{X}_2 \parallel \lambda_i + \parallel \bar{A}'_3 \parallel \varepsilon + L_{f2}\varepsilon + d + \eta_2$$

式中，ε 为 $\parallel \bar{e} \parallel$ 的上界；η_2 为一正标量。

如图 7-18 所示，误差动态方程式(7-81)、式(7-82)将在有限时间内运动至滑模面，在一定的抖振过程之后一直保持滑动模态，保证系统的鲁棒性。

选取 $V'_2 = \bar{e}_2^{\mathrm{T}} P_4 \bar{e}_2$ 为 Lyapunov 函数，其动态方程如下：

$$\dot{V}'_2(\bar{e}_2) = \bar{e}_2^{\mathrm{T}}(\bar{A}'_4{}^{\mathrm{T}}P_4 + P_4\bar{A}'_4)\bar{e}_2 + 2\bar{e}_2^{\mathrm{T}}P_4\bar{A}'_3\bar{e}_1 + 2\bar{e}_2^{\mathrm{T}}P_4 T_2\Delta f_2 + 2\bar{e}_2^{\mathrm{T}}P_4 T_2 d - 2\bar{e}_2^{\mathrm{T}}P_4 v_1$$

显然 $\bar{A}'_4{}^{\mathrm{T}}P_4 + P_4\bar{A}'_4 < 0$，基于不确定性项有界的假设和非线性切换性 v_1 的定义，可推导出：

$$\dot{V}'_2(\bar{e}_2) \leqslant 2\parallel P_4\bar{e}_2 \parallel (\parallel \bar{A}'_3 \parallel \parallel \bar{e}_1 \parallel + \parallel \Delta f_2 \parallel + \parallel \bar{X}_2 \parallel \parallel f \parallel + \parallel T_2 \parallel \parallel d \parallel - k)$$

$$\leqslant 2\parallel P_4\bar{e}_2 \parallel (\parallel \bar{A}'_3 \parallel \parallel \bar{e}_1 \parallel + L_{f2} \parallel \bar{e}_1 \parallel + \parallel \bar{X}_2 \parallel \rho_1 + d - k)$$

$$= 2\parallel P_4\bar{e}_2 \parallel (\parallel \bar{A}'_3 \parallel \varepsilon + L_{f2}\varepsilon + d - \eta_1)$$

$$(7-95)$$

无故障发生时，$\lim\limits_{t\to\infty}\bar{e}_2(t)=0$。其最大值由初始状态 $\bar{e}_2(0)$ 决定，故 $\|\bar{e}_2(t)\|$ 有上界。

当滑模变结构参数 ρ_1 中 η_1 的选取满足：

$$\eta_1 \geqslant \|\bar{A}_3'\|\varepsilon + L_{f2}\varepsilon + d + \eta_2, \ \eta_2 > 0 \tag{7-96}$$

有

$$\begin{aligned}\dot{V}_2'(\bar{e}_2) &\leqslant -2\eta_2\|P_4\bar{e}_2\| \\ &\leqslant -2\eta_2\sqrt{\lambda_{\min}(P_4)}\sqrt{V_2'}\end{aligned} \tag{7-97}$$

式中，$\lambda_{\min}(P_4)$ 为 P_4 的最小特征值。

式(7-97)表明，当 η_1 的选取满足式(7-96)时，系统的可达性得到保证。如图 7-18 所示，系统状态从任意初始点都能进入滑动模态并将其稳定可靠地保持在滑动模态上。

证毕。

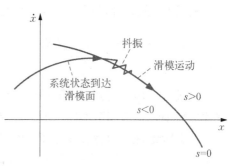

图 7-18　滑模运动示意图

7.5.3　故障特性估计

当系统到达滑模面后，在有限时间内做理想滑动运动，有 $\dot{\bar{e}}_2 = 0$，$\bar{e}_2 = 0$。式(7-96)可改写为

$$0 = -\bar{A}_3'\bar{e}_1 + \Delta\bar{f}_2 + \bar{X}_2 f + T_2 d + v_{eq} \tag{7-98}$$

式中，v_{eq} 为维持滑模运动所需的等效输出误差注入项。

采用非线性切换项伪滑动形式减小抖振：

$$v_1 \approx \rho_1 \frac{P_4(\bar{y}-\hat{\bar{y}})}{\|P_4(\bar{y}-\hat{\bar{y}})\|+\delta} \tag{7-99}$$

式中，δ 为一个绝对值很小的正标量，用来减少抖振给估计结果带来的影响。

根据等效输出误差注入的概念，控制系统故障的估计值可表示为

$$\hat{f} = \bar{X}_2^+ v_{eq} \tag{7-100}$$

式中，$\bar{X}_2^+$ 为 $\bar{X}_2$ 的伪逆矩阵。

式(7-100)可改写为

$$\hat{f} - f = -\bar{X}_2^+\bar{A}_3'\bar{e}_1 + X_2^+\Delta\bar{f}_2 - \bar{X}_2^+ T_2 d \tag{7-101}$$

计算式(7-101)的2-范数:

$$\| \hat{f} - f \|_2 = \| -\bar{X}_2^+ \bar{A}_3' \bar{e}_1 + \bar{X}_2^+ \Delta \bar{f}_2 - \bar{X}_2^+ T_2 d \|$$

$$\leqslant \sigma_{\max}(\bar{X}_2^+ A_3) \| \bar{e}_1 \|_2 + L_{f2} \sigma_{\max}(\bar{X}_2^+) \| \bar{e}_1 \|_2 + \sigma_{\max}(\bar{X}_2^+) \| d \|_2$$

$$\leqslant \sigma_{\max}(\bar{X}_2^+ A_3) \| \bar{e} \|_2 + L_{f2} \sigma_{\max}(\bar{X}_2^+) \| \bar{e} \|_2 + \sigma_{\max}(\bar{X}_2^+) \| d \|_2$$

$$(7-102)$$

根据 H_∞ 的设计目标,$\| \bar{e} \|_2 \leqslant \sqrt{\mu} \| d \|_2$,故式(7-102)改写为

$$\| \hat{f} - f \|_2 \leqslant (\sqrt{\mu} \sigma_{\max}(\bar{X}_2^+ \bar{A}_3) + \sqrt{\mu} L_{f2} \sigma_{\max}(\bar{X}_2^+) + \sigma_{\max}(\bar{X}_2^+)) \| d \|_2$$

$$(7-103)$$

由式(7-101)可知,故障估计误差会受到系统不确定项 $d(t)$ 的影响。因此需设计足够小的 μ 来抑制不确定因素,使滑模观测器能够有效保留故障信息。

综上所述,在误差允许范围内,控制系统故障估计近似为

$$\hat{f} \approx \rho_1 \frac{\bar{X}_2^+ P_4 (\bar{y} - \hat{\bar{y}})}{\| P_4 (\bar{y} - \hat{\bar{y}}) \| + \delta} \tag{7-104}$$

7.5.4 仿真算例

以某型涡扇发动机为例,选取以下工况点:$H = 0 \, \text{km}$,$Ma = 0$,$N_F = 2\,000 \, \text{r/min}$。假设系统非线性项为 $\bar{f}(x, t) = [\sin(x_2) \quad 0 \quad 0 \quad 0 \quad 0 \quad 0]^\mathrm{T}$,对本节设计的故障诊断进行验证。

考虑以下四种故障。

(1)故障 f_1:模拟执行机构故障1,在 $t = 8 \, \text{s}$ 时,燃油计量活门发生恒偏差硬故障,幅值为 0.1。

(2)故障 f_2:模拟执行机构故障2,在 $t = 8 \, \text{s}$ 时,燃油计量活门发生恒偏差硬故障,幅值为 0.1;在 $t = 15 \sim 25 \, \text{s}$ 时,发生渐变软故障,斜率为 0.04/s;在 $t \geqslant 25 \, \text{s}$ 时,故障幅值维持在 0.5。

(3)故障 f_3:模拟传感器故障1,在 $t = 10 \, \text{s}$ 时,风扇转速传感器发生恒偏差硬故障,幅值为 0.2。

(4)故障 f_4:模拟传感器故障2,在 $t = 10 \, \text{s}$ 时,风扇转速传感器发生恒偏差硬故障,幅值为 0.2;在 $t = 12 \sim 22 \, \text{s}$ 时,发生渐变软故障,斜率为 0.02/s;在 $t \geqslant 22 \, \text{s}$ 时,故障幅度维持在 0.4。

四种故障 f_1、f_2、f_3 和 f_4 对应的故障特性估计的仿真结果如图 7-19 至图 7-22 所示。对仿真结果进行分析。

由图 7-19 至图 7-22 可知:在控制系统发生故障时,故障估计值均可在 2 s

内收敛至故障实际值,在 $t = 2\,\text{s}$ 之后,故障估计曲线与实际故障曲线基本重合,可对故障特性进行精准估计,并且未出现明显的抖振现象。

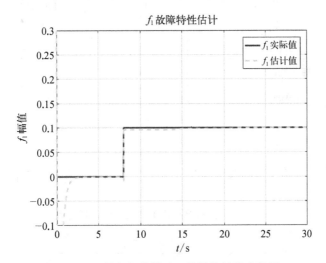

图 7-19 执行机构故障 1 特性估计仿真结果

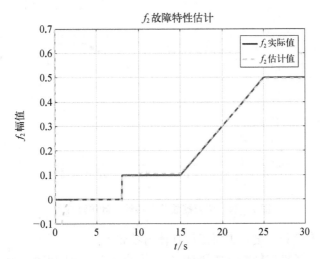

图 7-20 执行机构故障 2 特性估计仿真结果

本节设计的方案可以有效实现故障特性估计,体现出以下优点:

(1)当系统中有故障发生时,故障估计值可快速收敛至故障实际值,体现出故障估计的灵敏度;

(2)待故障估计值稳定后,能准确反映实际故障情况,体现出较高的估计精度及观测器的较强鲁棒性。

综上所述,本章针对存在不确定性和非线性项的系统,建立了基于滑模观测器

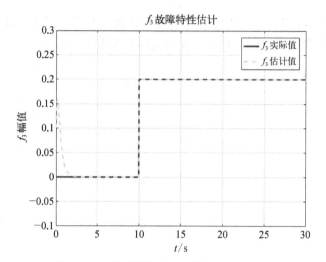

图 7 - 21　传感器故障 1 特性估计仿真结果

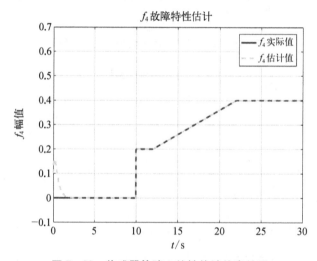

图 7 - 22　传感器故障 2 特性估计仿真结果

的控制系统故障诊断方案。主要工作具体内容如下。

（1）阐述了滑模变结构基本原理,分析了非线性系统的滑模观测器设计方法。

（2）基于滑模观测器的鲁棒残差生成原理,给出系统有无故障与残差幅值之间关系。

（3）设计故障检测与隔离方案:选择 S 型函数作为控制函数减少抖振现象;针对不同类型故障设计一组观测器,对不同故障充分解耦;利用残差和阈值的关系实现多重故障的检测与隔离。该方案具有鲁棒性强、响应快速,准确性强等优点。

（4）设计故障估计方案:对系统进行坐标变换,通过 H_∞ 抑制不确定因素对状态估计误差影响,并利用等效输出误差注入项实现高精度的故障估计,具有灵敏度高及较强的鲁棒性。

参考文献

[1]　王璐璐.基于滑模观测器的故障诊断方法研究[D].西安:西北工业大学,2019.

[2]　郭江维.航空发动机控制系统鲁棒故障诊断及容错控制[D].西安:西北工业大学,2014.

[3]　杨振兴.基于快速原型的航空发动机健康管理系统研究[D].南京:南京航空航天大学,2012.

[4]　Zhang J, Swain A K, Nguang S K. Robust observer-based fault diagnosis for nonlinear systems using MATLAB® [M]. Cham: Springer, 2016.

[5]　胡昌华,许华龙.控制系统故障诊断与容错控制的分析和设计[M].北京:国防工业出版社,2000.

[6]　张建,李艳军,曹愈远,等.免疫支持向量机用于航空发动机磨损故障诊断研究[J].北京航空航天大学学报,2017,43(7):1419-1425.

[7]　Mehra R K, Peschon J. An innovation approach of fault detection and diagnosis in dynamics [J]. Automatica, 1971, 7(5): 637-640.

[8]　Willsky A S. A survey of design methods for failure detection in dynamic systems [J]. Automatica, 1976, 12(6): 601-611.

[9]　Himmelblau D M. Fault detection and diagnosis in chemical and petrochemical process [M]. Amsterdam: Elsevier Press, 1978.

[10]　姜云春.基于模型的控制系统鲁棒故障诊断技术研究[D].长沙:国防科学技术大学,2006.

[11]　宋汉.基于信息融合技术的航空发动机故障诊断研究[D].长沙:中南大学,2013.

[12]　Gao Z W, Breikin T, Wang H. Sensor fault estimator and its application for linear Multi-variable dynamic systems with delayed state and input[C]. Kunming: 2006 IEEE International Conference on Robotics and Bionics, 2006.

[13]　Tan C P, Edwards C. Sliding mode observers for reconstruction of simultaneous actuator and sensor faults[C]. Maui: Proceedings of the IEEE Conference on Decision and Control, 2003.

[14]　Tan C P, Edwards C. A robust sensor fault reconstruction scheme using sliding mode observers applied to a nonlinear aero-engine model[C]. Anchorage: Proceeding of the American Control Conference, 2002.

[15]　Alwi H, Edwards C. Fault detection and fault-tolerant control of a civil aircraft using a sliding-mode-based scheme[J]. IEEE Transactions on Control Systems Technology, 2008, 16(3): 499-510.

[16]　蔡光耀,高晶,苗学问.航空发动机健康管理系统发展现状及其指标体系研究[J].测控技术,2016,35(4):1-5.

[17]　Wallhagen R E, Arpasi D J. Self-teaching digital-computer program for fail-operational control of a turbojet engine in a Sea-Level test stand[R], NASA TM-X-3043, 1974.

[18]　Spang H A, Corley R C. Failure detection and correction for turbofan engine[R]. NAS3-18021, 1977.

[19] Merrill W C. Sensor failure detection for jet engines using analytical redundancy [J]. Guidance, 1985, 8(6): 673 – 682.

[20] Emami-Naeini A, Akhter M M, Rock S M. Robust detection isolation and accommodation for sensor failures[C]. Boston: 1985 American Control Conference, 1985.

[21] Swan J A, Vizzini R W. Analytical redundancy design for improved engine control reliability [C]. Boston: 24th Joint Propulsion Conference, 1988.

[22] 缑林峰. 航空发动机控制系统传感器与执行机构故障检测[D]. 西安: 西北工业大学, 2000.

[23] 徐清诗, 郭迎清. 基于自适应滑模观测器的航空发动机故障诊断[J]. 航空计算技术, 2016,46(4): 83 – 86.

[24] 申雅雯. 基于滑模理论的航空发动机控制系统容错控制[D]. 西安: 西北工业大学,2021.

[25] 何皑, 覃道亮, 孔祥兴, 等. 基于 UIO 的航空发动机执行机构故障诊断[J]. 推进技术, 2012,33(1): 98 – 104.

[26] 柳迎春, 李洪伟, 李明. 军用航空发动机状态监控与故障诊断技术[M]. 北京: 国防工业出版社,2015.

[27] 张经璞. 航空发动机状态监控与典型故障分析[D]. 沈阳: 沈阳航空航天大学,2017.

[28] 薛薇, 郭迎清, 李睿. 航空发动机状态监视、故障诊断研究及验证[J]. 推进技术,2011, 32(2): 271 – 275.

第四部分

基于数据驱动的控制系统故障诊断

第8章

基于云/雾智能计算的航空发动机
控制系统故障诊断方法

8.1 引　言

航空发动机作为飞机的重要部件,延长发动机的剩余使用寿命可以最大化地提高发动机的使用价值,对航空发动机进行准确的余寿预测可以提前对发动机进行预防维修,有效地降低停机时间,同时也可以在为航空系统提供及时且准确的失效预警,在发动机使用寿命到期之前对其进行维修,预防和减少灾难性事故的发生。故障预测与健康管理(prognostics and health management, PHM)是提高航空发动机安全性和可靠性的重要手段。PHM是指利用传感器获取系统的数据信息,借助各种智能模型和算法来评估系统自身的健康状态,在系统故障发生前进行预测,并结合可利用的信息资源,提供一系列的维修保障建议以实现系统的视情维修。本章在云/雾混合模式计算的背景下,详细介绍了发动机故障诊断和剩余寿命预测研究方法类型和具体过程;为了提高剩余寿命的预测精度,提出了特征提取与机器学习模型相结合的预测方法,通过实验表明,该方法可以提高预测的实时性,对提高发动机的可靠性有一定实用价值。

8.2 基于云/雾混合模式的航空发动机监控与计算平台

8.2.1 云/雾混合计算模型

航空发动机作为飞机的"心脏",它的可靠性对于飞行效率极其重要。然而航空发动机结构十分复杂,零部件众多,很多零部件工作在高温、高压、高速旋转、强振动等恶劣环境下,承受着高负荷和热冲击,因而很容易发生故障,而且具有故障模式多、多模式复合失效等显著特点。此时,对发动机的运行状态及时进行监测并对相关数据进行分析对提高发动机运行的可靠性非常重要。但是,发动机监控数据的增多会给相关存储系统造成负担和计算压力。

云计算作为一种利用互联网实现便捷地使用共享计算设施、存储设备、应用程序等资源的计算模式,融合了网格计算、分布式计算、服务计算以及虚拟化等技术。但是,由于传统云计算模型的网络规模很大,网络中节点设备的增删变得更加复杂。随着物联网的出现,雾计算被引入作为对云的强大补充,雾计算通过使用在地理位置上离终端设备更近的雾节点将部分任务卸载到雾计算中间节点上,不仅在有限的时间内减少了数据传输,同时避免了大型云服务器和多跳网络带来的传输延迟问题,提高了模型的稳定性。因此,雾计算和云计算之间的相互作用和协作最近受到了相当大的关注。目前许多应用程序也非常需要雾计算和云计算之间的作用与协作,特别是对于物联网和大数据分析[1]。从这个角度来看,雾计算的目的不是替代云计算,而是在一种新的计算范式云雾计算中进行补充,以满足用户日益增长的复杂应用程序的需求。云雾协同处理可进一步实现降低计算成本的目标。

Deng 等[2]提出了一种云雾混合系统,该系统已分为四个子系统,具体框架如图 8-1 所示。

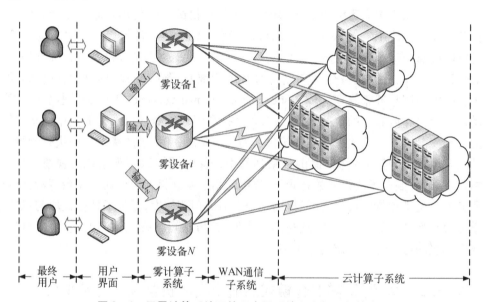

图 8-1 云雾计算系统下的四个子系统和它们之间的交互

(1)前端层:充当用户界面,用于接收来自最终用户的服务请求。这些请求通过局域网(local area network, LAN)分别输入到 N 个雾设备。

(2)雾层:由于雾设备通常位于最终用户附近,因此可以忽略局域网通信延迟。雾计算可以处理一些对延迟敏感的请求,并将其他请求转发给云服务器。

(3)广域网(wide area network, WAN)通信系统:未处理的请求通过 WAN 从每个雾设备分派到每个云服务器。由于 WAN 从边缘到核心都覆盖较大的地理区域,因此应考虑通信延迟和带宽受限。

(4)云层:有一组 M 个云服务器,每个云服务器中有许多同类计算机。

通过牺牲适度的计算资源来节省通信带宽并减少传输延迟,雾计算可以显著提高云计算的性能。对于大规模环境,如云计算系统,也有许多调度方法被提出,其目标是实现更好的应用程序执行和节省云资源的成本。

因此,结合云计算和雾计算的优点,可以将云/雾混合计算模型运用在航空发动机监控与计算平台中,具体结构如图 8-2 所示。

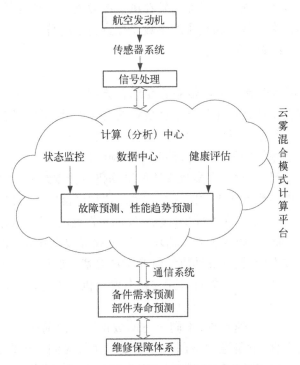

图 8-2　云/雾混合计算下的发动机监控结构

使用传感器系统收集发动机运行过程中的状态数据,构成发动机状态数据的样本库,将其存储在云雾混合模式计算中心。此外,在飞机运行期间的发动机实时监控性能参数也可以同步传输到云雾端数据中心,以此进行故障预测和状态评估,为后续维修决策、寿命预测提供数据参考,最终建立起云雾混合计算模式下的航空发动机监控与计算平台。云雾协同处理可以理解为雾节点的计算能力不足以满足当前任务量需求时,将多余的任务上传至云计算中心进行处理。在这种计算方式下,利用雾计算时延优势的同时,也为利用云计算中心的计算资源的雾计算节点提供了保护,减轻了它们的计算压力,增强了系统的稳定性。在云/雾混合计算模型中,雾计算可根据端节点上载的数据快速提供决策信息和临时存储,云计算则负责长期数据的分析和挖掘以及状态预测,弥补了单个雾计算服务节点的计算资源不足的缺陷。这样,云计算和雾计算可以共同形成互惠互利的计算模型,为应用终端服务,集成环境可以更有效地实现资源整合,从而改善用户体验。此外,云计算模型在促进可持续发展方面具有一定作用。从绿色计算的角度来看,云数据中心的功耗可被视为巨大的成本。雾计算节点由于其地理位置分散的特性而不会产生大量热量,也就不需要专门的冷却系统。

云雾混合计算模型不仅是资源的有效整合,而且有利于降低成本消耗,实现可持续发展。这不仅可以减轻负责存储发动机监控数据的容量限制压力,还可以更高效地对发动机的衰退状态和相关的参数变化进行实时分析,有利于提高发动机的使用寿命,进一步降低维修成本。

8.2.2　多模态信息感知与信息安全通信方案

随着现代科技工业技术尤其是信息技术的迅速发展,航空、航天、通信等诸多领域中的系统日趋复杂,各种大型复杂系统的系统化、智能化程度不断提高,随之而来的是这些复杂系统的可靠性、故障诊断和预测以及维修保障等问题也越来越受到人们的重视。目前,对于大多数系统的维修仍以计划维修、事后维修为主,主要采用多、勤、细的维修方式来预防系统故障。这种维修方式不仅耗费资源、效率低下,而且费用居高不下。在大幅提升航空发动机性能的同时,其结构也越加复杂化,一些重要的零部件故障发生频率越来越高,直接导致维修成本的增加。我国航空公司飞机维修成本中,航空发动机维修成本占总费用的近一半。一台发动机每次维修的费用,往往需要花费数百万元。航空发动机的安全性同样也是一个必须要考虑的因素。

此外,由于科技的迅速发展,不同模态的数据正在以前所未有的速度迅速涌现。所谓多模态数据,就是通过不同的方法或视角针对同一个事物收集的数据。通过感知多模态数据,我们可以获得更全面准确的信息。多模态感知数据是一种类似人类感知学习的信息形式,并且易于大量获取。与单模态数据相比,这些数据中的模态之间包含的概念同步提供了用于解开每种模态的潜在解释因素的监督信息。近年来,从多模式数据中学习表示法引起了人们的极大兴趣。许多工作都采用文本、语音、音频、图像或视频的某种组合,旨在学习组合中的情态不变语义表示。Harwath 等[3]基于 VGG16 模型提出了一个学习框架,从图像和语音字幕描述两个方面对数据进行学习。该方法跨越了多种模态,学习了模态间的相似性度量。其中一个专门用于对图像进行建模,而另一个专门用于对音频字幕的声谱图进行建模。每个分支的最后一层输出激活向量,并使用这些向量的点积来表示图像和标题之间的相似性。如果字幕与图像相关,则得分应为高,否则为低。

发动机的监控数据一般是由多个传感器测量值组成,对于结构复杂的航空发动机来说,单个模态的数据难以满足实际的诊断要求。在综合考虑成本、性能等指标的情况下,不存在某种特征能在所有方面都优于其他特征,也不存在某种可以完全被其他特征所替代的特征。虽然多模态数据可以为发动机的相关分析与监测提供更有价值的信息,但是在处理感知到的数据时,可能会遇到数据表达方法或者格式的不同。此时需要对数据进行预处理,比如归一化技术。对航空发动机控制系统中存在的多模态故障数据进行采集和分析是实现对航空发动机控制系统故障诊断和动态响应的基础,在智能控制系统中,各种智能实体需要实时信息交互,包括大量的航空发动机设备健康状态、控制过程状态等数据,这些数据具备复杂和异构特征。

8.2.3　系统资源需求预测及调度优化方案

对于航空发动机的监控与计算,我们一般有如下目标。

首先,准确的余寿预测能够提前知道发动机的故障发生时间,从而对地面系统提供一些决策支持,辅助地面维修人员对发动机进行一些维修工作,避免“过度维护”造成的人力和物力方面的浪费。

此外,根据给出的发动机余寿预测信息,可以对发动机进行运行规划,决定航空飞机是否执行任务、执行什么类型的任务、任务的大小和任务时间的长短等。

最后,在飞行安全方面,如果发动机的故障位置比较隐蔽,维修人员无法通过正常的方式发现它并启动维修计划,那么这个故障有可能引发非常严重的灾难性事故,而准确的余寿预测可以为航空系统提供及时且准确的失效预警,预防和减少这类故障的出现,从而避免灾难性事故的发生。

为了实现以上目标,我们需要使用基于云/雾混合计算模型对航空发动机的系统资源进行需求预测和调度优化。为了实现资源的高效分配与调度,完成实时监控信息交互与智能诊断决策,需要量化工业物联网中的资源,并分析故障诊断业务的通信与计算资源开销;此外,依靠单一资源无法提供高可靠、低时延的故障诊断服务。云/雾计算资源的高效利用,使得在满足业务需求的同时,降低对计算资源的整体消耗。在云雾混合环境下,随着资源类型与用户资源需求的进一步扩大,云雾端应用集成的资源调度优化问题比传统资源调度问题更为复杂。由于物联网技术的普及和终端设备数量的急剧增长,极其庞大的数据传输不仅给通信带宽带来了沉重负担,而且导致了无法忍受的传输延迟和最终用户的服务质量下降。云雾应用集成需要实现云雾环境下资源的集中控制,从而将计算资源、存储资源以及网络资源进行有效管理,实现云环境业务与雾环境业务的资源有效整合。云计算环境和雾计算环境都需要同时应对来自多用户的资源请求。面对资源数量有限的情况,云雾混合计算模型需要提供有效的资源调度方案以平衡系统负载,并在提升资源利用率的前提下兼顾多用户操作进度。

Pham 等[4]基于云雾混合计算系统提出了一种任务调度方案,其中雾提供商可以利用其自身的雾节点与租用的云节点之间的协作来有效执行用户的大型卸载应用程序。该文的云雾计算系统在层次结构网络中具有三层,分别为前端层、雾层和云层,如图 8-3 所示。

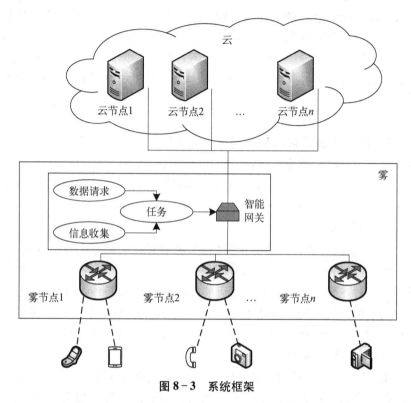

图 8-3　系统框架

（1）前端层由物联网设备组成,它们用来作为发送用户请求的用户界面。

（2）雾层由一组雾节点组成的,主要用于接收并处理用户请求的部分工作负载。

（3）云层则包含了许多计算机或云节点,该层主要提供外包资源,以此执行从雾层分派的工作负载。

由于该系统的计算资源分散在云节点和雾节点中,因此存在一个智能网关或代理,它是集中式管理组件和任务调度程序。在执行任务调度过程中,首先任务 v_i 的优先级 $\mathrm{pri}(v_i)$ 由公式（8-1）确定:

$$\mathrm{pri}(v_i) = \begin{cases} \overline{w(v_i)} + \max\limits_{v_j}\left[\overline{c(e_{ij})} + \mathrm{pri}(v_j)\right], & \text{若 } v_i \neq v_{\mathrm{exit}} \\ \overline{w(v_i)}, & \text{若 } v_i \equiv v_{\mathrm{exit}} \end{cases} \tag{8-1}$$

其中, $\overline{w(v_i)}$ 表示任务 v_i 的平均执行时间; $\overline{c(e_{ij})}$ 表示是任务 v_i 和 v_j 之间的平均数据传输时间; v_{exit} 表示退出任务。

然后确定最合适执行任务的节点。该节点主要根据任务的最早完成时间 $\mathrm{EFT}(v_i, P_n)$ 和在节点执行该任务需要消耗的资源 $\mathrm{cost}(v_i, P_n)$ 综合判断,具体如公式(8-2)所示:

$$U(v_i, P_n) = \frac{\min\limits_{P_k \in N}[\,\mathrm{cost}(v_i, P_k)\,]}{\mathrm{cost}(v_i, P_n)} \cdot \frac{\min\limits_{P_k \in N}[\,\mathrm{EFT}(v_i, P_k)\,]}{\mathrm{EFT}(v_i, P_n)} \qquad (8-2)$$

其中,不同类型的节点所消耗的资源数量不同,具体如公式(8-3)所示:

$$\mathrm{cost}(v_i, P_n) = \begin{cases} c_{\mathrm{proc}}^{(v_i, P_n)} + \sum\limits_{P_m \in N_{\mathrm{cloud}}} c_{\mathrm{comm}}^{(v_i, P_m)}, & P_n \text{ 属于云节点 } N_{\mathrm{cloud}} \\[2ex] \sum\limits_{P_m \in N_{\mathrm{cloud}}} c_{\mathrm{comm}}^{(v_i, P_m)}, & P_n \text{ 属于雾节点 } N_{\mathrm{fog}} \end{cases} \qquad (8-3)$$

其中,$c_{\mathrm{proc}}^{(v_i, P_n)}$ 表示任务 v_i 被节点 P_n 处理需要花费的成本;$c_{\mathrm{comm}}^{(v_i, P_m)}$ 表示云节点域目标节点之间需要的通信成本。该算法不仅可以保证应用程序执行的性能,还可以减少使用云资源的强制性成本。

对基于云/雾计算的航空发动机故障诊断系统资源需求预测及调度优化,确保航空发动机设备状态信息高实时性、高可靠性、高安全性传输。通过通信资源和计算资源的协同优化与均衡、故障采集数据通信与计算融合,提高通信网络的服务能力,有效支持航空发动机控制系统故障诊断。

8.3　面向航空发动机的智能故障诊断方案

故障被定义为系统的至少一个特征特性或参数与可接受/常规/标准条件的不允许偏差。此类故障的示例包括传感器的丢失(例如,传感器卡在特定值或传感器标量因数有变化)或系统组件断开连接。因此,故障通常被分类为执行器故障、传感器故障和工厂故障(或称为组件故障或参数故障)。

故障诊断包括三个任务,即故障检测、故障隔离和故障识别。故障检测是故障诊断的最基本任务,用于检查系统中是否存在故障,并确定故障发生的时间。此外,故障隔离是确定故障组件的位置,故障识别是确定故障的类型、形状和大小。显然,故障组件的位置及其故障的严重程度(由故障的类型、形状和大小所描述)对于系统及时适当地采取容错响应和一定的维护措施至关重要。

8.3.1　基于物理模型的故障诊断方案

基于模型的故障诊断是由 Beard[5] 于 1971 年发起的,目的是通过分析冗余取代硬件冗余。在基于模型的方法中,需要提供工业过程或实际系统的模型,这可以通过使用物理原理或系统识别技术来获得。基于该模型,开发了故障诊断算法以监控实际系统的测量输出与模型预测输出之间的一致性。这里,主要介绍基于模型的故障诊断方法中的两类:确定性故障诊断方法和随机故障诊断方法,它们按照下方所用模型的类型进行分类。

1. 确定性故障诊断方法

在基于模型的故障诊断中发挥关键作用的是观测器,用于以确定性模型为特征的受监控系统/过程。基于观测器的故障诊断包括故障检测、故障隔离和故障识别。

故障隔离通常由一组基于观测量的残差来实现。一个自然的想法是使单个残差对相关故障敏感,但对其他故障,干扰和建模误差具有鲁棒性,这称为结构残差故障隔离。备选故障隔离是使每个残余信号对除一个故障外的所有故障敏感,并且对建模误差和干扰具有鲁棒性,这称为广义残差故障隔离。

故障识别(或称为故障重建/故障估计)是确定相关故障的类型、大小和形状,这是容错操作的重要信息。先进的观测技术,如比例和积分观测器、比例多重积分观测器、自适应观测器等通常用于故障识别。上述先进的观测器技术在重建缓慢变化的附加故障、慢变参数故障、具有正弦波形的执行器故障和高频中处于有利位置。

另一个众所周知的基于模型的故障诊断是奇偶校验关系方法,它是在 20 世纪 80 年代早期开发的。奇偶校验关系方法是生成残差(奇偶校验向量),用于检查模型和过程输出之间的一致性。奇偶校验关系方法可以应用于时域状态空间模型或频域输入输出模型。现在,奇偶校验关系方法已经扩展到更复杂模型的故障诊断,如 TS 模糊非线性系统和模糊树模型。

稳定因子分解方法是频域故障诊断方法,由 1987 年启动[6],并在 1990 年进一步扩展[7]。基本思想是基于传递函数矩阵的稳定互质因子分解产生残差。通过选择最佳加权因子,使得监控系统对故障敏感。

2. 随机故障诊断方法

在确定性系统故障诊断发展的同时,在 20 世纪 70 年代早期还开发了用于故障诊断的随机方法。在文献[8]中首次提出了一般故障检测和诊断程序,使用卡尔曼滤波器产生的残差,其结构与观测器类似,其中故障通过残差的白度、平均值和协方差的统计检验来诊断。为了检查基于卡尔曼滤波器的残差,进一步开发了各种统计工具,如广义似然、X^2 检验、累积和算法和多假设检验。之后又出现了改进的卡尔曼滤波器技术,例如扩展卡尔曼滤波器(extended Kalman filters, EKF)、无迹卡尔曼滤波器(unscented Kalman filters, UKF)、自适应卡尔曼滤波器和增强状态卡尔曼滤波器。与传统的卡尔曼滤波器不同,EKF 可用于诊断非线性工业过程中的故障。UKF 取决于更准确的随机近似,即无味变换,可以更好地捕获真实均值和协方差,从而获得更好的诊断性能。自适应卡尔曼滤波器可用于调整过程噪声协方差矩阵或测量噪声协方差矩阵,以获得满意的故障诊断。增强状态卡尔曼滤波器可用于同时估计系统状态和故障信号。

另一种重要的随机故障诊断方法是基于系统识别技术(例如,最小平方误差及其导出方法)的参数估计。在这种方法中,假设故障反映在系统参数中,并且只需要知道模型结构。检测方法的基本思想是在线识别实际过程的参数,并将其与最初在健康条件下获得的参考参数进行比较。如果模型参数具有物理系数的显式映射,则基于参数估计的故障诊断方法非常简单。

8.3.2　基于数据驱动的故障诊断方法

故障诊断在追求检测数据与机器健康状态之间的关系中起着重要作用,这已成为机器健康管理中广泛关注的问题。传统而言,这种关系是由丰富的经验和丰富的工程师专业知识来抓取的。例如,经验丰富的工程师能够通过使用异常的信号处理方法来分析振动信号,从而根据异常声音诊断或定位发动机故障。但是这些基于模型的方法严重依赖于专家的先验知识,也需要实验验证,在故障发生或退化变得明显之前应用基于模型的方法存在局限性。此外,对于复杂的关键部件,建立有效的物理模型不太可行。所以在工程场景中,机器用户希望采用一种自动方法来缩短维护周期并提高诊断准确性。尤其是在人工智能的帮助下,故障诊断的过程有望变得足够智能,以自动检测和识别机器的健康状态。

智能故障诊断(intelligent fault diagnosis, IFD)是指机器学习理论(如人工神经网络(artificial neural networks, ANN)、支持向量机(support vector machine, SVM)和深度神经网络(deep neural networks, DNN)在机器故障诊断中的应用。这些方法利用机器学习理论从收集的数据中自适应地学习机器的诊断知识,而不是利用工程师的经验和知识。具体而言,IFD 旨在构建诊断模型,该模型能够自动桥接收集的数据与机器的健康状态之间的关系。

过去,从首次出现到 2010 年,传统的机器学习理论在 IFD 中得到了广泛的应用。机器学习的早期研究可以追溯到 20 世纪 50 年代,并在 20 世纪 80 年代引起了人们对人工智能的重要兴趣。在此期间,发明了许多传统理论,例如 ANN、SVM、K 最近邻和概率图形模型(probabilistic graphical model, PGM)。通过这些方法,从收集的数据中人工提取了故障特征。之后,选择敏感特征来训练诊断模型,该模型可以自动识别机器的健康状态。在传统机器学习的帮助下,诊断模型开始建立所选特征与机器健康状态之间的关系,从而削弱了人工在机器故障诊断中的贡献,并将其推入了人工智能时代。

当前,自 2010 年以来,深度学习理论已用于改革 IFD。尽管过去 IFD 能够识别机器的健康状况而不需要人工进行故障检查,但人工特征提取仍主要取决于人工。

此外，由于泛化性能低，传统的机器学习理论不适用于日益增长的数据，这降低了诊断准确性。深度学习是机器学习领域中的一个新主题，它可以追溯到20世纪80年代[9,10]的神经网络研究，例如自动编码器和受限玻尔兹曼机。自2006年Hinton等[11]使用贪婪的逐层预训练策略来训练深度信念网络（deep belief network，DBN）以来，这个话题就一直受到广泛关注。此外，卷积神经网络（convolutional neural network，CNN）也取得了一系列突破，例如AlexNet和ResNet。这些理论进一步激发了IFD的发展，并取得了许多成就。在这些方法中，深度学习可帮助从收集的数据中自动学习故障特征，而不是在IFD的过去时期中提取人工特征。他们尝试在处理日益增长的数据时提供端到端的诊断模型。预计这些模型直接将原始监视数据连接到其相应的机器健康状态。

将来，迁移学习理论将促进IFD在工程场景中的研究。尽管深度学习目前在机器故障诊断中已经取得了巨大的成功，但是这些成功要遵循一个普遍的假设，即有足够的标记数据来训练诊断模型。然而，由于两个主要原因，这种假设在工程场景中不切实际。第一，机器通常在健康状态下工作，很少发生故障。结果是收集了大量健康数据而故障数据不足。第二，获取收集的数据，即数据标签的机器健康状态要花费巨大的成本。因此，在工程场景中，大多数收集的数据都没有标签。由于上述原因，所收集的数据不足以训练可靠的诊断模型。幸运的是，通过将从一项或多项任务中学到的知识应用于其他相关但新颖的任务，迁移学习可以克服这些弱点。该理论以不同的学习名称起源于1995年，自2010年以来取得了一些成就，例如迁移成分分析（transfer component analysis，TCA）、联合分布适应（joint distribution adaptation，JDA）。在IFD领域中，一些研究人员已开始进行一些研究，这些研究通常包括基于特征的方法，基于生成对抗网络（generative adversarial network，GAN）的方法，基于实例的方法和基于参数的方法。预期这些方法将提供诊断模型，该诊断模型可以迁移从一项或多项诊断任务中学到的诊断知识，以实现其他相关但不同的诊断任务。因此，迁移学习理论有望克服缺少标记样本的问题，并最终扩大IFD在工程场景中的应用。

1. IFD使用传统的机器学习理论

传统上故障诊断的过程大多是通过人工检查机器的健康状态来进行的，这增加了劳动强度并降低了诊断准确性。先进的信号处理方法可以帮助确保机器中哪些类型的故障或哪里发生了故障。但是，这些方法极大地依赖于维护人员在工程场景中通常缺乏的专业知识。此外，通过信号处理方法的诊断结果过于专业，导致用户无法理解。因此，现代工业应用更喜欢能够自动识别机器健康状态的故障诊断方法。

借助机器学习理论，IFD有望实现上述目的。在IFD的过去时期，一些传统的机器学习理论被应用到机器故障诊断中。诊断过程包括三个步骤，即数据收集、人工特征提取和健康状态识别。

步骤 1：数据收集

在数据收集步骤中，将传感器安装在机器上以不断收集数据。通常使用不同的传感器，例如振动、声发射、温度和电流互感器。瞬时速度数据通常用于发动机的故障诊断，它们具有很强的抗干扰性。通常在发动机的故障诊断中使用的是多源传感器的数据，他们具有互补的信息，与仅使用来自单个传感器的数据相比，融合这些信息可以实现更高的诊断准确性。

步骤 2：人工特征提取

人工特征提取包括两个步骤。首先，从收集的数据中提取一些常用的特征，例如时域特征、频域特征和时频域特征。这些特征包含反映机器健康状态的健康信息。其次，特征选择方法（例如过滤器、包装器和嵌入式方法）用于从提取的特征中选择对机器健康状态敏感的特征。消除冗余信息并进一步改善诊断结果是有益的。这两个步骤详细说明如下。

1）特征提取

常见的特征提取是从时域、频域或时频域中提取的。

（1）时域特征可以分为维特征和无维特征。前者包括平均值、标准偏差、均方根振幅、均方根、峰值等，这些均受机器速度和负载的影响。后者主要包括形状指示器、偏斜度、峰度、波峰指示器、间隙指示器、脉冲指示器等，它们对机器的运行状况具有鲁棒性。

（2）从频谱中提取频域特征，例如平均频率、频率中心、均方根频率、标准差频率等，这些均在参考文献[12,13]中有介绍。

（3）通常通过小波变换、小波包变换或经验模型分解提取时频域特征，例如能量熵。这些特征能够反映非平稳运行条件下机器的健康状态。

2）特征选择

从时域、频域和时频域中提取的特征包含冗余信息。它们可能会加重计算成本，甚至导致维数的增加。为了减弱这个问题，一些出版物[14~21]从收集的机器中选择了对机器健康状态敏感的特征。它们可以分为三类，即过滤器、包装器和嵌入式方法。

（1）基于过滤器的方法。过滤器直接对收集的特征进行预处理，这与分类器的训练无关。下面简要介绍了一些过滤器。① Relief 和 Relief－F 构造了一个相关指标，用于确定功能部件对机器健康状态的敏感性。② 信息理论中的信息增益和增益比也是特征选择的两种常用方法。选择具有较大信息增益和较高增益比的特征来训练诊断模型并改善其诊断结果。③ 最小冗余与最大相关性试图选择彼此之间具有最大相似性的特征。④ Fisher 分数被认为是特征选择的距离度量，其目的是选择能够最大化类间距离而最小化类内距离的特征。⑤ 距离评估用于选择通过距离量度设置的特征，其中敏感特征受较小的类内距离和较大的类间距离影响。

（2）基于包装器的方法。与基于过滤器的方法不同,包装器专注于特征选择与训练分类器的交互。换句话说,分类器的性能用于评估所选特征集。如果选定的特征子集无法产生最佳的分类精度,则在下一次迭代中重新选择另一个子集,直到选定的特征以最佳性能实施分类。拉斯维加斯包装器被广泛用于选择特征,其中使用拉斯维加斯算法搜索特征子集,而分类器的误差被视为特征评估的指标。

（3）嵌入式方法。嵌入式方法将特征选择集成到训练分类器中。通常,它们将正则化项强加于分类器的优化对象,并在完成分类器的训练后自动选择特征。通常考虑两个正则化术语。一个是 L1 正则化,另一个是 L2 正则化。它们都可以减轻少量样本训练中的过度拟合。相比之下,L1 项更喜欢获得稀疏参数,该参数能够放弃分类中的冗余特征,并进一步强制分类器以实现较高的分类性能。

步骤 3：健康状态识别

健康状态识别使用基于机器学习的诊断模型来建立所选功能和机器健康状态之间的关系。为了达到这个目的,首先对带有标签样本的诊断模型进行训练。此后,当输入不带标签样本时,模型能够识别机器的健康状态。根据研究的流行程度,我们将在以下小节中简要介绍四种使用传统机器学习的 IFD 方法。

1）基于人工神经网络的方法

人工神经网络（ANN）是指由大量的处理单元（神经元）互相连接而形成的复杂网络结构,是对人脑组织结构和运行机制的某种抽象、简化和模拟。人工神经网络以数学模型模拟神经元活动,是基于模仿大脑神经网络结构和功能而建立的一种信息处理系统。文献[22]利用 ANN 对航空涡扇发动机的 RUL 进行了预测,它证明了神经网络可以学习复杂的非线性动态映射。

ANN 是近几十年来人工智能领域内的伟大发现,其以模仿人脑的神经网络处理问题的行为特征,采用广泛互联的神经元结构,以一定的规则进行学习,并根据学习结果进行推理判断,从而达到处理信息的目的。网络中的神经元个数越多,记忆、识别的模式也就越多。它是对人脑的模拟、延伸和扩展,是人工智能学科的重要分支。

一般来说,ANN 是按照一定的网络结构设计的,输出结果通过权值计算给分类激活函数进行分类。假设输入是任意向量 x,一旦网络模型被训练和确定,网络本身本质上就是多维空间中的复函数。假设分类激活的值是 y,那神经网络就可以理解成一个复函数的变换,使得 $y = f(x)$。神经网络具有自学习和自适应的能力。当环境变化时,经过一段时间的训练或感知,神经网络能自动调整网络结构参数,掌握其中的潜在规律,并推算输出结果。

神经元是神经网络的基本器件,又称为"节点"。目前神经元模型是由线性元件及阈值元件组成,是大多数神经网络模型的基础。工作原理如图 8-4 所示。

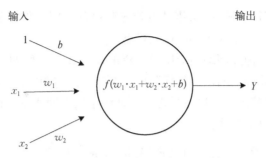

图 8-4　神经元模型示意图

　　一个神经元可接受一组数据输入:x_1,x_2…每个输入都需要一个权重(神经元的突触强度):w_1,w_2…用于表示输出的重要性,然后应用一个函数 $f(wx+b)$ 来得到最后的输出,这个函数就是激活函数。于是需要把线性计算后的结果,通过函数转变成拟合概率论的非线性函数结果。而这个过程,就叫做激活,而转变的函数也就叫做激活函数。激活函数的目的是为了将线性的结果转变成非线性的结果,让计算结果更加贴近于生活。而每个激活函数或者非线性函数都会根据一个单独的数进行一些数学的操作,将原来的结果变成一个非线性的结果。常用的激活函数有 sigmoid、tanh、Relu 函数。

　　作为人工智能研究的一种方法,ANN 具有很强的非线性映射能力。ANN 的拓扑结构,包括输入、输出和几个隐藏层,网络模型如图 8-5 所示。

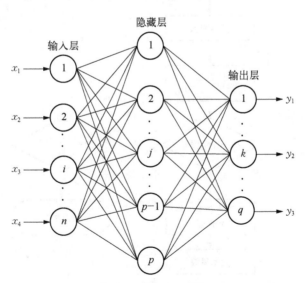

图 8-5　人工神经网络模型图

　　在运行网络过程中,信息的输入通过输入层的节点传到隐藏层。通过节点的激活函数计算后,将每个节点的计算的信息传到输出节点,得到最后的输出结果。

神经元的信息处理特征不同,采用的变换函数也就不同。将大量神经元按一定规则连接在一起,就构成了人工神经网络模型。

BP 算法是人工神经网络中应用最广泛的模型算法。所谓 BP 算法,即反向误差传递法,分为正向和反向两个传播阶段。在正向的传播阶段,信息通过不同的交换从输入层传播到输出层。这个过程也是训练结束后网络正常运行的过程。在此过程中,网络执行以下操作:

$$O_p = F_n(\cdots (F_2(F_1(X_p W^{(1)}) W^{(2)}) \cdots W^{(n)})) \tag{8-4}$$

式中: X_p 表示第 p 个样本输入; $W^{(1)}$ 、 $W^{(2)} \cdots W^{(n)}$ 分别表示第 1、2 $\cdots n$ 层的权值向量,而 F_1 、 $F_2 \cdots F_3$ 对应各层的激活函数; O_p 为网络输出值。反向传播阶段是根据最小误差调整权重矩阵的阶段。这两个阶段的工作一般应按精度要求进行控制。

BP 人工神经网络的训练学习过程分为两大部分:第一部分是把已获得的学习样本输入到提前设定好的网络结构与之前的阈值及迭代权值,然后对神经元逐层计算获取输出值。另一部分是针对阈值及权值展开优化,由神经元末一层开始逐层至前计算阈值及权值对总误差的影响程度,从而优化阈值及权值的数值。其学习过程的流程如图 8-6 所示。

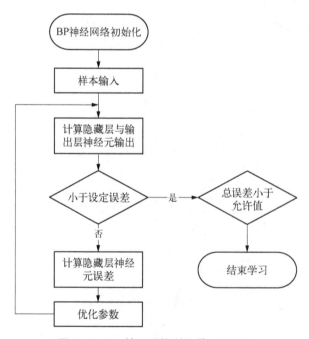

图 8-6　BP 神经网络训练学习流程图

由于具有高度的自学习能力,基于 ANN 的诊断模型可以通过将经验风险降至最低来自动从输入数据中学习诊断知识。此外,它们可以轻松识别机器的多种状态。但是,有两个缺点。首先,随着输入监测数据的增加,诊断模型的复杂性将大大提高。模型参数的增加会降低训练效率,并进一步导致过度拟合,从而降低诊断模型的诊断准确性。其次,由于缺乏严格的理论支持,基于 ANN 的诊断模型是个黑盒,所以它们的可解释性很低。

2) 基于 SVM 的方法

支持向量机是一种采用监督学习方法,对数据进行二元分类的广义线性分类器,其决策边界是对学习样本求解的最大边距超平面。SVM 是由 Vapnik 教授领导的研究小组于 20 世纪 90 年代中期提出的一种新的统计学习方法。主要用于解决模式识别领域中的数据分类问题,属于有监督学习算法的一种。SVM 主要解决的问题分为两大类:分类问题以及回归问题,最终的目的是要找到一个最优的超平面来对训练目标进行分类,SVM 分为线性和非线性两种情况。

1) 线性可分支持向量机

SVM 在线性可分情况下,目的就是找到一个最优的分类线或面,来将两类样本成功分隔开来,假定一个特征空间上的训练数据集为公式(8-5):

$$T = \{(x_1, y_1), (x_2, y_2), \cdots, (x_N, y_N)\} \tag{8-5}$$

以 n 维 x 表示样本数据点,y 表示样本的类别,样本点表示为 (x_i, y_i)。

SVM 的学习目的就是在这个特征空间中能够找出一个分离超平面 $\omega \cdot x + b = 0$ 来,将这些训练数据集分到不同的类别里去,分离超平面的决定因素表示为 (ω, b)。如图 8-7 所示的二维特征空间中,训练数据集是线性可分的,其中,"○"表示正例,"□"表示负例,可以看出,能够有无穷多条直线可以将两类数据集划分开来,比如图中的直线 L_1、L_2、L_3 等。

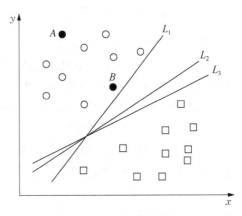

图 8-7 二分类问题图示

SVM 的基本思想是要求得一个最大间隔分离超平面时,我们可以将这个问题转化为约束最大化的问题,表示为式(8-6)、式(8-7):

$$\max_{\omega, b} \gamma \tag{8-6}$$

$$\text{s. t.} \quad y_i\left(\frac{\omega}{\|\omega\|} \cdot x_i + \frac{b}{\|\omega\|}\right) \geqslant \gamma, \ i = 1, 2, \cdots, N \tag{8-7}$$

其中,γ 表示样本点的间隔,取 $\hat{\gamma} = 1$,可以得到线性可分支持向量机学习的最优化

问题,见式(8-8)、式(8-9):

$$\min_{w,b} \frac{1}{2} \| \omega \|^2 \qquad (8-8)$$

$$\text{s.t.} \quad y_i(\omega \cdot x_i + b) - 1 \geqslant 0, \; i = 1, 2, \cdots, N \qquad (8-9)$$

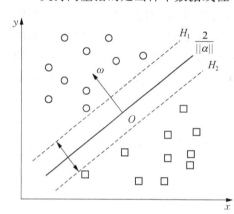

图 8-8 支持向量

支持向量指的是当样本数据线性可分时,进行分类后训练数据集中与分离超平面距离最近的样本点的实例点。如图 8-8 所示,其中,对于正例点来说,$y_i = +1$,支持向量在平面 H_1 上,如公式(8-10):

$$H_1 : \omega \cdot x + b = 1 \qquad (8-10)$$

而对负例点来说,$y_i = -1$,支持向量则在平面 H_2 上,如公式(8-11):

$$H_2 : \omega \cdot x + b = -1 \qquad (8-11)$$

即在图 8-8 中,位于 H_1 和 H_2 上的样本点就是支持向量。

2) 非线性可分支持向量机

上述线性可分支持向量机在解决线性可分问题时是非常有效的方法,但是对于实际存在的问题来说,不能保证都是线性问题,有时很多的分类问题是非线性的,这个时候提出非线性支持向量机是非常必要的。

如图 8-9 所示,同样以"○"表示正例,"□"表示负例,两类样本存在于同一空间,但是不能用直线(线性函数)将两类样本点分类开,这种情况下可以用一条椭圆线(非线性函数)将它们分开来。

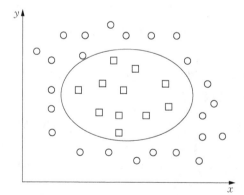

图 8-9 非线性问题示意图

要求解非线性问题需要将非线性分类问题用线性分类问题的求解方法来进行求解,令 $\phi(x)$ 表示将 x 映射后的特征向量,于是在特征空间中,划分超平面所对应的模型可表示为

$$f(x) = \omega^{\mathrm{T}} \phi(x) + b \qquad (8-12)$$

支持向量机主要由设计参数和核函数决定,不同的核函数代表不同的从样本空间到特征空间的映射,这就是说选择不同的核函数就是根据实际情况选择不同

的标准对相似程度进行评估。在工程中较为常用的核函数为多项式核函数(当阶数 $d = 1$ 时为线性核函数)和径向基核函数。

　　SVM 可作为健康状态识别中广泛使用的机器学习方法,特别是用于发动机、滚动轴承等系统的故障诊断。但基于 SVM 的诊断模型有三个缺点。首先,这种诊断模型可以有效地处理少量的监视数据。但是,它们很难处理海量数据。其次,基于 SVM 的诊断模型的性能对内核参数很敏感。不合适的内核参数甚至无法得出可靠的诊断结果。最后,SVM 算法最初用于解决二进制分类任务。就 IFD 中的多类分类任务而言,它始终需要使用复杂的体系结构来集成来自多个基于 SVM 的模型的结果。

　　除上述部分中的方法外,IFD 中还广泛关注其他方法,例如 KNN 和随机森林。

　　3) KNN

　　K 近邻(K nearest neighbors, KNN)算法由 Cover 和 Hart 在 1967 年首次提出。作为最古老的、最常用的模式识别算法之一,KNN 算法在信息检索、机器学习和自然语言处理领域都有广泛的应用。

　　KNN 算法核心思想是对于待检测的未知类型数据,根据距离找出已知类型数据中与其最靠近的 K 个数据,然后根据这 K 个数据的特征进行判断。距离计算一般使用欧氏距离,如公式(8-13):

$$d(x, y) = \sqrt{\sum_{k=1}^{n} (x_k - y_k)^2} \tag{8-13}$$

　　举例说明如图 8-10 所示。

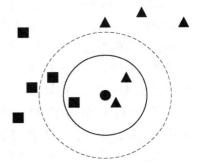

　　可以看出在测试样本中,当 $K = 3$ 时距离未知数据最近的为三角所以判定为三角,当 $K = 5$ 时距离最近的为方框所以被判定为方框。KNN 算法步骤如下。

　　步骤 1:构建训练样本集合 X。

　　步骤 2:设定 K 的初值。K 值的确定没有一个统一的方法(根据具体问题选取的 K 值可能有较大的区别)。一般方法是先确定一个初始值然后根据实验结果不断调试,最终达到最优。

　　图 8-10　KNN 算法分类示意图

　　步骤 3:在训练样本集中选出与待测样本最近的 K 个样本。假定样本点 x 属于 n 维空间 R^n,样本之间的"近邻"一般由欧式距离来度量。设第 i 个样本 $X_i = (x_1^i, x_2^i, \cdots, x_n^i) \in R^n$,其中 x_l^i 表示第 i 个样本第 l 特征属性值。那么两个样本 X_i 和 X_j 之间的欧式距离定义为公式(8-14):

$$d(x_i, y_i) = \sqrt{\sum_{k=1}^{n} (x_l^i - y_l^j)^2} \qquad (8-14)$$

步骤 4：给定一个待分类的样本 X_q，X_1，…，X_K，表示与 X_q 距离最近的 K 个样本，设离散的目标函数（分类问题）为：$f: R^n \to v_i$，v_i 表示第 i 个类别的标签，标签集合定义为 $V = \{v_1, \cdots, v_s\}$，$\tilde{f}(x_q) = \arg\max_{v \in V} \sum_{i=1}^{k} \delta(v, f(x_i))$，$\tilde{f}(x_q)$ 表示对 $f(x_q)$ 的估计，当 $a = b$ 时，$\delta(a, b) = 1$；否则，$\delta(a, b) = 0$。

步骤 5：$\tilde{f}(x_q)$ 即是待测样本 X_q 的类别。

KNN 分类方法是一种非参数的分类技术，对于未知和非正态分布的数据可以取得较高的分类准确率，具有概念清晰、易于实现等诸多优点。但同时也存在分类过程中计算量过大、对样本库过于依赖和度量相似性的距离函数不适用等问题。KNN 算法简单直观、易于实现，不需要产生额外的数据来描述规则，它的规则就是训练数据（样本）本身，并不是要求数据的一致性问题，即可以存在噪声。从分类过程来看，KNN 方法最直接地利用了样本之间的关系，减少了类别特征选择不当对分类结果造成的不利影响，可以最大限度地减少分类过程中的误差项。对于一些类别特征不明显的类别而言，KNN 法更能体现出其分类规则独立性的优势，使得分类自学习的实现成为可能。KNN 方法虽然从原理上也依赖于极限定理，但在类别决策时，只与极少量的相邻样本有关。因此，采用这种方法可以较好地避免样本数量的不平衡问题。

4）随机森林

2001 年 Breiman 将分类回归树与 Bagging 两种算法结合提出了随机森林（Radom Forest，RF）算法。随机森林算法是基于决策树，将 Bagging 集成学习理论与随机子空间方法相结合提出的一种集成学习算法，多次使用 Bagging 集成技术训练得到的 CART 组成集合，当输入待分类样本后，通过每个决策树的输出结果进行投票决定最终的分类结果。

图 8-11 为 RF 模型构建的流程图。Bagging 算法作为一种高效的重采样方法应用于训练过程，训练之后能够形成一个组合分类器，从而显著增强模型的泛化能力。在已有元学习算法和训练数据集的前提下，Bagging 算法可以采用自主抽样法获得子数据集，这里采用的是随机有放回抽样方式，然后利用抽取得到的训练样本完成元学习算法模型的训练过程，即可形成一个元分类器。按照这种方式反复执行并得到较多的元分类器，然后进行统一整合即可形成一个组合分类器。在数据预测的过程中，各个元分类器的预测过程需要保持完全独立，最后利用投票方式得到最终的预测结果。在构建决策树的过程中，需要对决策树的每个节点进行分裂，便需要从全部的特征中随机抽取部分特征，然后从该子集中选择一个最优分裂特

征来建树。在构建决策树的过程中,训练样本集的选取和特征子集的选取是独立且随机的,且总体都是一样的,因此各个决策树的特征子集是一个独立同分布的随机变量序列,这保证了每棵决策树的多样性和独立性。随机森林算法的构建流程如图 8 – 12 所示,具体的描述如下。

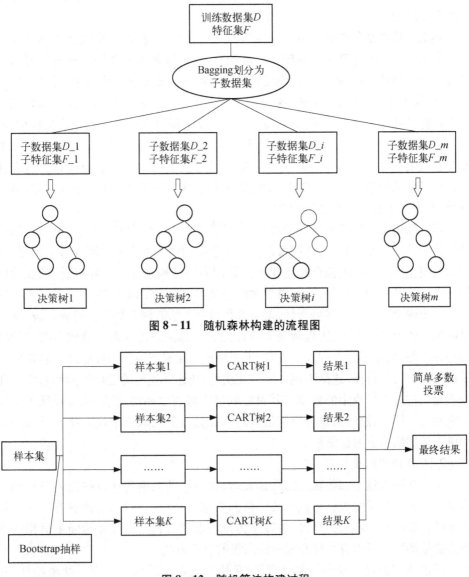

图 8 – 11　随机森林构建的流程图

图 8 – 12　随机算法构建过程

步骤 1:通过有放回的随机采样方法在个数为 N 的原始样本集中抽取 K 个训练样本集,每个样本集的数量与原始样本集的个数相同。

步骤 2：从样本的属性集 M 中随机选取 m 个属性 $(m \ll M)$，根据选取的变量中的最优特征变量进行决策树的分裂训练。

步骤 3：对选取的 K 个训练样本集进行学习，每个样本生成一个 CART，总共生成 K 个决策树。

步骤 4：将 K 个决策树的分类结果进行综合，最终采用简单多数投票法确定最终的分类结果。

随机森林也是分类中常用的监督学习方法，它通过树形结构建立类与属性之间的关系。随机森林算法具有较高的准确率，对高维数据分类问题具有良好的可扩展性和并行性，且当数据集的维度较大时可以达到较好的预测效果，计算过程简单，对资源的占用较少，无需进行特征提取等处理过程；在 IFD 中，决策树和扩展的随机森林已经应用了数十年，并取得了一些成就。随机森林已被引入滚动轴承、发动机、齿轮箱、转子系统和离心泵的故障诊断中。文献[23]讨论了随机森林分类器在感应电动机故障诊断中的应用。文献[24]提出了一种基于随机森林分类器的旋转机械故障诊断模型。文献[25]使用粒子优化算法来选择随机森林的最佳参数，并提高了旋转机械的诊断性能。

基于随机森林的诊断模型是自然解释的，可以不依赖专家的解释，并且可以轻松转换为诊断规则。此外，他们可以在缺少数据的情况下完成诊断任务。但是，这种诊断模型容易因过度拟合和泛化性能低而有一些局限性，这会降低模型在诊断任务上的诊断性能。另外，树型模型大部分是根据专家知识构建的。

传统的 IFD 具有诸多可行性，但是这种诊断方法有两个缺点。首先，人工特征提取的步骤取决于人工，工程师需要设计强大的算法来提取对机器健康状态敏感的特征。但是，由于巨大的人工成本，工程师们无法根据专家的经验从大容量监视数据中提取特殊特征，这是不现实的。其次，传统诊断模型的泛化性能和自学习能力不足以桥接大量收集的数据与其对应的健康状态之间的关系，从而降低了诊断的准确性。因此，迫切需要研究能够同时从原始收集的数据中提取特征并自动识别机器的健康状态的诊断模型。

2. IFD 使用深度学习理论

随着互联网技术和物联网的飞速发展，收集到的数据量比以往任何时候都大为增加。日益增长的数据为机器故障诊断带来了足够的信息，因此更有可能提供准确的诊断结果。不幸的是，过去基于传统机器学习理论的故障诊断不适用于这种大数据场景。所以有必要开发一些高级的 IFD 方法。

深度学习源自神经网络的研究，它采用深度层次结构自动表示抽象特征，并进一步直接建立学习特征与目标输出之间的关系。基于深度学习的诊断过程包括两个步骤，即大数据收集和基于深度学习的诊断。以下小节将详细介绍每个步骤。

步骤 1：大数据收集

大数据已成为现代行业和其他应用场景中的流行术语。通常，大数据包括四个特征，即体积、速度、多样性和准确性。相比之下，监视机器的大数据具有这些特征，并进一步扩展到了很多专业领域。特征总结如下。

（1）大容量。在机器的长期运行过程中，尤其是对于大型机器（例如风力涡轮机）而言，收集的数据量持续增长。

（2）低值密度。收集的大数据中存在不完整的健康信息。此外，一部分劣质数据混入大量数据中。

（3）多源和异构数据结构。多源数据将通过不同类型的传感器收集。此外，由于存储结构的不同，数据是异构的。

（4）监控数据流。高速传输通道能够立即从机器收集数据。

步骤 2：基于深度学习的诊断

基于深度学习的诊断模型会从输入的监视数据中自动学习特征，并根据学习到的特征同时识别机器的健康状态。它们主要包括特征提取层和分类层。该模型首先使用分层网络逐层学习抽象特征。此外，输出层位于用于健康状态识别的最后一个提取层之后，通常具有基于 ANN 的分类器，因为它在多分类中具有很高的能力。在训练过程中，通过使用反向传播算法更新诊断模型的训练参数，可以将实际输出与目标之间的误差最小化。本小节回顾了 RNN 神经网络典型的深度学习方法及其在机器故障诊断中的应用。

1）RNN

循环神经网络（recurrent neural network，RNN）是一种在涉及时序数据的任务中表现良好的深度神经网络，不同于一般前馈神经网络，RNN 对隐藏层进行跨时间点的连接，隐藏层向输出层传递信息的同时，还与下一时刻的隐藏层建立联系，将信息传递给下一时刻的隐藏层。

与以往的神经元相比它包含了一个反馈输入，如果将其按照时间变化展开可以看到循环神经网络单个神经元类似一系列权值共享前馈神经元的依次连接，连接后同传统神经元相同随着时间的变化输入和输出会发生变化，但不同的是循环神经网络上一时刻神经元的"历史信息"会通过权值与下一时刻的神经元相连接，这样循环神经网络在 t 时刻的输入完成与输出的映射且参考了 t 之前所有输入数据对网络的影响，形成了反馈网络结构。虽然反馈结构的循环神经网络能够参考背景信号但常见的信号所需要参考的背景信息与目标信息时间相隔可能非常的宽泛，理论上循环神经网络可以参考距离背景信息任意范围的参考信息，但实际应用过程中对于较长时间间隔的参考信息通常无法参考。RNN 的基本结构如图 8-13 所示。

一个典型的 RNN 网络包含一个输入，一个输出和一个神经网络单元。和普通

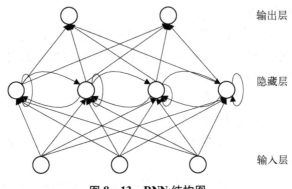

图 8-13　RNN 结构图

的神经网络不同的是,RNN 网络的神经网络单元不仅仅与输入和输出存在联系,
其与自身也存在一个回路。这种网络结构就揭示了 RNN 的实质:上一个时刻的
网络状态信息将会作用于下一个时刻的网络状态。

　　为了更清楚地描述,将隐藏层层级展开,如图 8-14 所示。

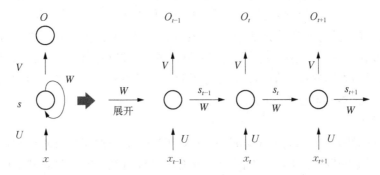

图 8-14　隐藏层层级展开图

　　图 8-14 左图为循环神经网络的折叠形式,右图为展开形式。其中,x 表示输
入的序列数据,s 表示网络的隐藏层状态,O 表示神经元的输出向量,U 为输入层到
隐藏层之间的参数矩阵,V 为隐藏层到输出层的参数矩阵,W 为不同时刻隐藏层之
间的参数矩阵,所有参数矩阵为不同时间隐藏状态的共享矩阵。

　　对于一个普通的单输入前馈神经网络来说,隐藏层某一时刻某一节点的激活
$\text{net}_j(t)$ 可以用公式(8-15)表示:

$$\text{net}_j(t) = \sum_i^n x_i(t) v_{ji} + \theta_j \tag{8-15}$$

其中,n 表示的是输入层节点的个数;θ_j 表示的是一个偏置参数;(t) 表示的是 t 时
间节点。但是在循环神经网络中,隐藏层在某一时刻某个节点的激活不再单单受
到输入层的影响,也受到上一时刻的隐藏层状态的影响。隐藏层的节点状态被"循

环"地利用与神经网络之中,这就组成了一个循环神经网络。隐藏层节点的激活 $\mathrm{net}_j(t)$ 的计算方式被更新为公式(8-16):

$$\mathrm{net}_j(t) = \sum_i^n x_i(t) v_{ji} + \sum_i^n h_l(t-1) u_{jl} + \theta_j \qquad (8-16)$$

$$h_j(t) = f(\mathrm{net}_j(t))$$

其中, n 表示的是隐藏层节点的总个数; f 表示的是隐藏层节点的激活函数。

　　一些已有研究已将 RNN 及其常见变种引入了机器故障诊断,尽管 RNN 可以保留其特殊结构的上下文信息和历史信息,但是在处理长期依赖关系时,RNN 可能会丢失一些时间点的记忆并承担消失的梯度问题。

　　2) LSTM

　　为了解决循环神经网络在训练过程中的梯度问题,循环神经网络神经元在以往的循环神经元结构基础上进行改进,1997 年 Hochreiter 和 Schmidhuber 提出了一种称作长短期记忆模型(long Short-Term memory,LSTM)的特殊结构循环神经网络,最终 Graves 对该结构进行了进一步改良和推广,获得了巨大成功[26]。该网络结构基于梯度学习算法能够避免上述提及的梯度问题且对于存在噪声或不可压缩的输入序列数据依然可以参考时间间隔在 1 000 时间步长以上的数据信息。经过大量的实验结论证明 LSTM 网络已经解决了传统循环神经网络无法解决的问题,在蛋白质结构预测、语音识别及手写字符识别等常见研究方面取得了新的突破。

　　LSTM 网络由一个一个的单元模块组成,每个单元模块一般包含一个或者多个反馈连接的神经元及三个乘法单元,正是由于这些乘法单元的存在,我们可以用这些乘法单元实现数据是否输入、输出及遗忘摒弃。常用取值为'0'或'1'的输入门、输出门和遗忘门与对应数据相乘实现,如图 8-15 所示。

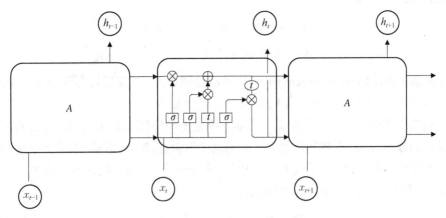

图 8-15　LSTM 网络结构图

　　输入门控制是否允许输入信息输入到当前网络隐层节点中,如果门取值为 '1'则输入门打开允许输入数据,相反若门取值为'0',则输入门关闭不允许数据 输入,输入门结构如图8-16所示,门状态更新公式如式(8-17)所示:

$$i_t = \sigma(W_i \cdot [h_{t-1}, x_t] + b_i)$$

$$C_t = \tanh(W_c \cdot [h_{t-1}, x_t] + b_c)$$

$$(8-17)$$

其中 i 为输入门; C 表示存储单元; W 为权重矩阵; h 表示隐藏状态; x 为输入数据; b 表示偏置单元; σ 表示激活函数。

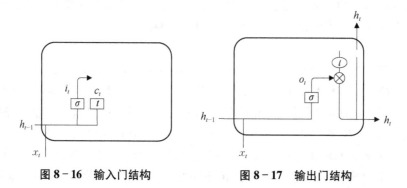

图8-16　输入门结构　　　　图8-17　输出门结构

　　输出门控制经过当前节点的数据是否传递给下一个节点,如果门取值为'1', 则当前节点的数据会传递给下一个节点,相反若门取值为'0',则不传递该节点信 息。首先使用 sigmoid 激活函数得到一个[0,1]区间取值的 o_t,接着将细胞状态 C_t 通过 tanh 激活函数处理后与 o_t 相乘,即是本层的输出 h_t。 该门通过一种称为 "peephole"的连接方式和内部神经元相连这种连接方式可以提高 LSTM 在时间精 度及计算内部状态相关研究的学习能力。输出门结构如图8-17所示,门状态更 新公式如式(8-18)所示:

$$o_t = \sigma(W_o \cdot [h_{t-1}, x_t] + b_o)$$

$$h_t = o_t \times \tanh(C_t)$$

$$(8-18)$$

其中 o 表示输出门;tanh 为激活函数; C 表示存储单元; W 为权重矩阵; h 表示隐藏 状态; x 为输入数据; b 表示偏置单元; σ 表示激活函数。

　　遗忘门是以上一层的输出 h_{t-1} 和本层要输入的序列数据 x_t 作为输入,通过一 个激活函数 sigmoid,得到输出为 f_t。 f_t 的输出取值在[0,1]区间,表示上一层细胞 状态被遗忘的概率,1 是"完全保留",0 是"完全舍弃"。遗忘门结构如图8-18所 示,门状态更新公式如式(8-19)所示:

$$f_t = \sigma(W_f \cdot [h_{t-1}, x_t] + b_f)$$

$$(8-19)$$

其中,f 表示遗忘门状态;C 表示存储单元;W 为权重矩阵;h 表示隐藏状态;x 为输入数据;b 表示偏置单元;σ 表示激活函数。

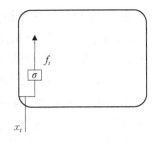

图 8 - 18　遗忘门结构

故障预测是从顺序历史数据中挖掘出内在联系,这些历史数据非常适合 LSTM 处理。在文献[27]设计了一种双任务深度 LSTM 网络,用于联合退化阶段评估和航空发动机的剩余使用寿命预测,该模型可以并行执行航空发动机的剩余使用寿命预测和故障状态评估,它通过优化用于剩余使用寿命预测的回归任务和用于退化评估的分类任务的联合目标函数,明显减少了诊断和预测之间的时间差,还减少了复杂的特征设计,并且需要更少的人工经验,诊断和预测的联合表示可以实现相互补充,并增强决策的更高水平。文献[28]提出了一种基于注意的机器和 LSTM 网络的预测深度学习框架并取得了良好的故障预测效果。

深度学习在当前机器故障诊断中的应用越来越广泛,这种诊断体系结构将构建可以直接桥接原始监测数据与机器的健康状态之间关系的端到端诊断模型。尽管已经取得了一些成功,但它们大多要遵循一个共同的假设:标记的数据足够,并且包含有关机器健康状态的完整信息。然而,在工程场景中,这种假设是不切实际的,因为从实际计算机中收集的数据具有两个特征:① 这些数据很难包含足够的信息来反映已完成的各种健康状态。事实是,航空发动机通常在健康状态下工作,而故障很少发生。因此,与故障数据相比,收集健康数据更容易。结果,所收集的数据严重不平衡。② 收集的大多数数据都没有标签。由于巨大的成本损失,经常停止机器并检查健康状况是不现实的。根据上述两个特点,将来有必要针对工程场景训练可靠的诊断模型。

3. IFD 使用迁移学习理论

IFD 的成功主要依靠足够的标记数据来训练基于机器学习的诊断模型。但是,重新收集足够的数据并进一步标记它们会花费大量成本,这对于工程场景中的机器而言是不切实际的。该问题可以通过诊断知识在多个相关机器之间重用的思想来解决。迁移学习能够达到上述目的,其中来自一个或多个诊断任务的知识可以重用于其他相关但不同的任务。借助迁移学习理论,收集足够的标记数据是必不可少的,这释放了基于机器学习的训练诊断模型中的常见假设。

IFD 中的迁移方案可以分为两类,即同一机器中的迁移(transfer in the identical machine, TIM)和跨不同机器的迁移(transfer across different machines, TDM),这两个类别均受通用假设的约束,其中源域数据被标记,而目标域中很少有标记数据,甚至没有标记数据。在 TIM 场景中,源和目标域数据是从同一台计算机收集的,但是具有变化的操作条件,例如变化的速度和变化的负载,或各种工作环境在 TDM

方案中,源和目标域数据是从不同但相关的机器(例如电动机和发电机)中收集的,源域和目标域之间的数据存在严重的分配差异。因此,期望迁移学习为IFD中的迁移场景构建诊断模型,该模型对上述因素具有鲁棒性。

TCA是一种典型的基于特征的方法。这种方法试图找到一个低维特征空间,在该空间中,跨域数据容易出现较小的分布差异。之后,学习的特征将用于训练领域共享的分类器,这些分类器主要由传统的机器学习理论构建。一些研究人员介绍了TCA,以减少IFD中跨域数据的分布差异。文献[29]中使用了TCA提取了在不同操作条件下从滚动轴承获得的数据的可迁移特征。文献[30]中采用了基于TCA和SVM的分类器来对变速箱在不同工况下的故障进行诊断。在参考文献[31]中,作者通过迁移成分分析发现了一个低维的潜在空间,这有助于选择差异较小的跨域特征。文献[32]通过主成分分析将跨域样本映射到两个d维子空间中,并且将子空间对齐以最大限度地减少跨域差异。文献[33]提出了一种轴承故障诊断的诊断模型,该模型可以融合多种操作条件下的诊断知识,并进一步完成另一种条件下的诊断任务。

8.3.3　基于混合的故障诊断方案

基于模型和基于数据驱动的方法各有千秋,但是也都存在不足。基于模型的方法不能推广到所有系统,即每个系统都需要特定的模型,开发此类模型的成本可能很高。而数据驱动的方法对于复杂的系统以及通过检测测量数据的变化分析间歇性故障非常有效。但是,它们需要系统正常和故障模式的历史数据。故障诊断的准确性取决于收集到的数据的数量和质量。而且新系统缺乏可用于训练模型并推断其退化路径的历史数据。而混合方法结合了基于模型的方法和数据驱动的方法这两者的优点。

基于混合方法的故障诊断是根据被监测系统的物理知识建立模型,然后再利用数据驱动技术学习和更新参数。在文献[34]中,作者使用基于模型的方法对电池退化和裂纹扩展进行建模,而过程参数则使用粒子滤波器进行更新。在文献[35]中,模型参数与使用粒子滤波器的状态跟踪结合使用,粒子滤波器产生设计良好的预测模型。粒子滤波是一种很好的参数估计方法,但它可能存在粒子贫化问题(粒子多样性贫化),从而导致估计不准确。在文献[36]中,作者提出了一种基于遗传算法的智能粒子滤波器,它结合了基于模型和数据驱动的技术,使得该方法更为精确,但仍需要特定的物理知识,且计算量大。文献[37]提出了一种基于自适应神经模糊(adaptive Network-based fuzzy inference system, ANFIS)和高阶粒子滤波的机器状态预测方法。在该方法中,ANFIS构成了描述故障传播过程的隐马尔可夫模型。因此,ANFIS的训练需要针对不同故障场景的大量历史数据。再使用高阶粒子滤波预测长期时间层的断层指标的时间演化。文献[38]提出了一种基于计算智能的观测预测方法与双粒子滤波结构的粒子滤波相结合的工业系统健康预测混合框架。文献［39］提出了一种基于观测预报方案将粒子滤波扩展到未来时间范围的预测方法。该方案是利用神经网络方法，通过实现非线性时间序列预测工具而发展起来的。该方案所开发的用于系统故障预测和健康监测的混合框架对预测模块中使用的神经网络的选择具有鲁棒性。

8.4　基于混合机器学习模型的故障预测与健康管理方案

8.4.1　剩余使用寿命预测的基本概念

传统上，航空发动机的维护是根据常规时间表进行的，这既昂贵又引入了人为错误的可能性。这导致基于条件的维护（condition based maintenance，CBM）越来越受欢迎，它可以基于航空发动机的当前运行状况进行维护，从而降低了成本和航空发动机总体的停机时间。

高效的预测健康管理（prognostic and health management，PHM）系统可以基于状态监视数据、有关设备的领域知识以及环境信息来提供系统故障的早期预警，从而可以制定有效的维护计划。PHM 系统的好处包括降低维护成本以及提高被监控系统的安全性和可靠性。由于老化或意外事件，工程系统可能会发生致命故障。为了降低此类风险，对剩余使用寿命（remaining useful life，RUL）进行可靠的估算是至关重要的，特别是对于要求性能可靠的系统。因此，RUL 估计已经成为 PHM 系统中必不可少的任务之一。通过利用 RUL 估计，民航、汽车和制造业等行业可以改善维护计划，避免灾难性故障的发生，从而节省由此产生的成本。

剩余使用寿命预测的主要目标是通过预测故障的发展和性能退化趋势等，估计部件或系统发生失效的时间并对剩余使用寿命进行评估，以避免意外停机所造成的灾难性事故和严重损失。剩余使用寿命预测一般采用的思路是对能反映系统健康状况和性能退化的特征参数进行建模分析，通过预测特征参数的变化及到达失效阈值的时间，或者根据特征参数提取退化模式并建立其与剩余使用寿命之间的映射关系来实现。这个特征参数可以直接是某个状态监视传感器的测量数据，比如发动机排气温度传感器数据，也可以是通过信号处理技术从传感器测量值中提取的特征，比如在频域内的幅值。它可以具有明确的物理含义，比如轮盘的裂纹长度、叶片的蠕变长度、轴承振动的幅值等，也可以是完全借助数学方法，通过对多个测量参数进行数据融合而得到的综合健康指数（health index，HI）。通常采用状态监视传感器数据并结合历史数据库，构建综合健康指数来表征部件或系统健康状态的过程则被称为健康评估。由于剩余使用寿命的预测是由当前健康状态出发，预测故障的发展和性能退化的趋势和路径，估计部件或者系统到达失效的时

间,因此提取健康特征参数对健康状态进行评估就显得十分重要,它是整个 RUL
预测的基础。

8.4.2　健康指数计算方案

航空发动机的损伤程度通常无法直接观察到。为了实时估计航空发动机的健
康状态,通常从运行的发动机中捕获不同类型的状态监测信号,如振动信号和声发
射信号。这些监测信号包含大量的健康状况信息和测量噪声。

健康指数构建在航空发动机性能预测中起着重要的作用。一个合适的 HI 可
以简化预测模型,产生准确的预测结果。构建 HI 有两个主要的问题:

(1) 如何从监控信号中构建 HI?

(2) 如何评价构建的 HI 对 RUL 预测的适用性?

HI 可以根据其构建策略分为两类: 物理健康指数(physical health index, PHI)
和虚拟健康指数(virtual health index, VHI)。

PHI 与故障的物理性质有关,通常使用统计方法或信号处理方法(例如振动信
号的 RMS)从监视信号中提取 PHI。文献[40]总结了旋转机械的几种传统装置。
均方根(root mean square, RMS)是 RUL 中应用最广泛的 PHI 预测机械。文献
[41]也使用 RMS 预测了轴承的 RUL。文献[42]通过提取小波系数的均方根值和
峰值来预测轴承的 RUL。文献[43]从带通滤波的振动信号中提取的峰度值应用
于轴承的 RUL 预测。此外,还从振动信号的频域中提取了相应的振动信号。文献
[44]从包络谱中提取齿轮啮合频率的功率密度来预测齿轮的 RUL。文献[45]以
推力轴承的 PHI 计算了故障频率及其谐波的平均振幅。振动信号处理方法均方根
f_{rms} 和峰值 f_{max} 的公式为

$$f_{\mathrm{rms}} = \sqrt{\frac{1}{N} \sum_{i=1}^{N} (x_i)^2} \tag{8-20}$$

$$f_{\mathrm{max}} = \max(x_i) \tag{8-21}$$

其中,x 代表数据样本,N 代表数据样本的个数。

VHI 通常是通过融合多个 PHI 或多传感器信号来构造的,它们失去了物理意
义,只是对机械的退化趋势进行了虚拟描述。主成分分析(principal component
analysis, PCA)作为一种常用的降维技术,经常应用于 VHI 构造过程中。文献[46]
利用 PCA 对特征集进行降维,并进一步计算未知状态与健康状态之间的偏差作为
VHI。文献[47]提出了一种检测轴承故障并监视电动机中轴承退化的方法。该方
法基于频谱峰度和互相关性,提取代表不同故障的故障特征,然后使用主成分分析
PCA 和半监督的 K 最近邻距离将这些特征组合形成健康指标。文献[48]提出了

一种新的多传感器特征融合技术。首先,为了描述机器的运行状态,从不同传感器的振动信号中提取统计特征,生成特征向量。然后将这些特征向量输入多层稀疏自编码网络进行特征融合。最后,将融合后的特征向量作为健康指标,训练深度信念网络进行轴承故障分类。

8.4.3　基于混合机器学习模型的剩余使用寿命预测方案

航空发动机结构复杂、工作环境严酷,而传统剩余寿命预测方法对先验知识的要求较高,且适用性较差。为了解决这个问题,我们提出了一种基于混合机器学习模型的剩余使用寿命预测方案。首先,使用分别主成分分析、核主成分分析、自编码器进行特征提取;然后,将提取出的特征输入回归模型进行航空发动机的寿命预测。

1. 主成分分析

主成分分析简化了高维数据的复杂性,同时保留了趋势和模式。它将数据转换为较少的维度。在生物学中,高维数据非常普遍,并且在为每个样品测量多个特征时会出现。这种类型的数据带来了 PCA 可以缓解的几个挑战:计算成本以及由于在测试每个功能与结果的关联时进行多次测试校正而导致的错误率增加。PCA 是一种类似聚类的无监督学习方法,可以在不参考有关样本是否来自不同治疗组或具有表型差异的先验知识的情况下找到模式。

PCA 的主要优势在于其低噪声敏感度,对容量和内存的要求降低以及在较小尺寸的过程中提高效率。下面列出了 PCA 的全部优点:① 由于正交分量,数据缺乏冗余;② 使用 PCA 降低了图像分组的复杂性;③ 较小的数据库表示形式,因为只有受训者图像以投影形式存储在缩小的基础上;④ 由于选择了最大变化基数,因此降低了噪声,因此背景中的小变化将被自动忽略。

PCA 的主要缺点是:① 很难以准确的方式评估协方差矩阵;② 训练数据需要明确提供此信息,否则即使最简单的不变性也无法由 PCA 捕获。

2. 核主成分分析

主成分分析是一种线性映射函数,在解决实际数据信息之间非线性数据问题时,它的处理效果不甚理想。随着支持向量机(support vector machine, SVM)的快速发展,核方法的研究相应得以快速发展。通过主成分分析方法与核方法的有机融合而产生的基于核的主成分分析方法(kernel principal compinent analysis, KPCA),在处理非线性数学问题取得了良好效果。核主成分分析方法的思想是通过引入核方法将输入空间的数据映射到特征空间,并在特征空间进行主成分分析,实现降维与提取非线性数据特征的双重目标。

核主成分分析能通过非线性映射将采集的数据转换到一个高维空间中,在高维空间的数据中使用主成分分析将其映射到另一个低维空间中,最后对采集的样本进行重新划分。一般选定的径向基函数作为核函数,将输入向量映射到高维空间,使得输入向量在该空间有更好的可分性。KPCA 方法应用的核函数 k 的表达式为

$$k(x_i, x_j) = \Phi(x_j), \ i, j = 1, 2, \cdots, n \qquad (8-22)$$

根据 Mercer 定理,函数 k 作为核函数的充分必要条件是:通过输入数据集 X 得到的 k 是半正定的。根据该原理,以下 4 类核函数被广泛应用,4 类型函数中 x、y 为变量。

(1)线性核函数为

$$k(x, y) = \langle x, y \rangle \qquad (8-23)$$

(2)多项式核函数是一种常用的非线性映射函数、q 阶多项式,核函数定义为

$$k(x, y) = (x \cdot y + 1)^q, \ q \in N \qquad (8-24)$$

(3)高斯核函数为

$$k(x, y) = \exp\left(-\frac{\| x - y \|^2}{2\sigma^2}\right), \ \sigma > 0 \qquad (8-25)$$

针对不同的非线性数据集,不同的核函数具有不同的降维效果,处理非线性问题时不同的核函数具有其独特的优点。

KPCA 的步骤如下。

(1)首先消除数据之间的量纲,将原始数据标准化,生成样本 x_i。

(2)为了更好处理非线性数据,引入了非线性函数 Φ,将生成的样本 x_i 在映射空间的映像为 $\Phi(x_i)$,则映射 $\Phi(x)$ 的协方差矩阵为

$$C = \frac{1}{M} \sum_{i=1}^{m} \Phi(x_i) \Phi(x_i)^{\mathrm{T}} \qquad (8-26)$$

(3)选择径向基函数作为核函数,取合适的值,计算矩阵 K 以及获得去均值后的矩阵 K_1,由矩阵 K 的特征向量可以求出 C 特征向量,得到特征空间的主元方向。

(4)将特征值按照从大到小的顺序排序,选择其中选取累积贡献率大于阈值的原则选取主元个数,组成特征向量矩阵,作为新的特征向量。

3. 自编码器 AE

自编码神经网络通过提取数据特征然后对输入层数据进行重构,利用贪婪逐层训练算法逐层训练网络,初始化权重,并使用反向传播算法不断优化模型参数并更新权值,使得每个神经元的稀疏代价为最小。利用自编码神经网络去学习输入层数据的压缩表示,如果各个输入值是完全随机的数据,比如每一个输入值都是一个跟其他

特征无关的独立同分布高斯随机变量,那么想要去探索学习这些数据之间的关系其实是十分困难的。但是如果各个输入值之间是由某种特定联系的,并不是完全随机的数据,那么自编码算法就能发现这些数据之间的相关性,并提取到这些相关数据隐藏的特征,然后在输出层对输入数据进行重构,使得输出值接近于输入值。

一般来说,传统自编码器主要包括编码阶段和解码阶段,且结构是对称的,即如果有多个隐层时,编码阶段的隐层数量与解码阶段相同。其模型结构如图 8 - 19 所示。

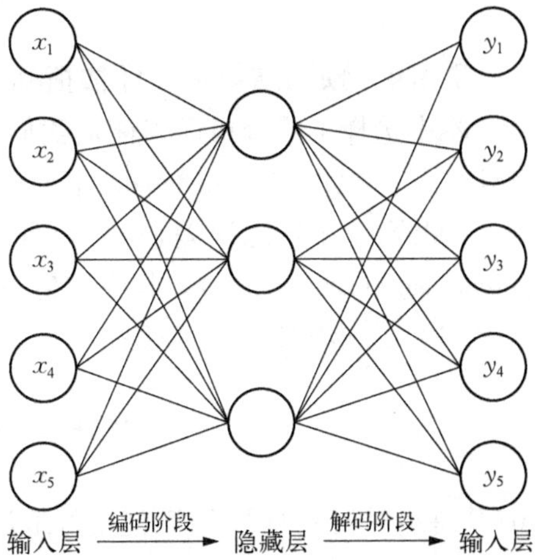

在自动编码器(AE)框架中,AE 是一种有识别力的图形模型,试图重建输入信号。用 f_q 表示的特征提取函数称为编码器。它可以根据输入信号 x 进行简单有效的特征向量 $h = f_q(x)$ 的计算。对于来自数据集 $\{x_1, x_2, \cdots, x_n\}$ 的每个样本 x_i,隐藏层的定义如下:

图 8 - 19 AE 的模型结构

$$h_i = f_q(x_i) \qquad (8-27)$$

其中, h_i 是从 x_i 编码的特征向量或表示。特征空间通过称为解码器的另一个函数 g_q 映射回输入空间。然后,解码器过程将产生一个重构:

$$z_i = g_q(x_i) \qquad (8-28)$$

编码器和解码器的参数 q 集合在尝试最小化重构误差,在所有训练数据集上最小化输入 x 及其重构 z 的度量的任务上同时进行训练。

$$q = \arg\min \sum_{i=1}^{n} L(x_i, z_i) \qquad (8-29)$$

AE 模型的基本训练过程是通过最小化给出的重建误差来找到参数向量 q 的值。其中 x_i 是训练样本, n 是训练样本的个数, L 是一个度量重构误差的函数。传统上采用平方误差或交叉熵来计算重构误差:

$$L(x, z) = \| x - z \|^2 \qquad (8-30)$$

$$L(x, z) = x^{\mathrm{T}}\log(z) + (1 - x)^{\mathrm{T}}\log(1 - z) \qquad (8-31)$$

使用反向传播算法,可以通过随机梯度下降有效地更新参数来实现这种最小化。函数 f_q 和 g_q 的选择在很大程度上取决于输入域的范围和性质,并且编码器和解码器最常用的函数是以下映射:

$$f_q(x) = \text{sigm}(Wx + b) \tag{8-32}$$

$$g_q(h) = \text{sigm}(W'h + d) \tag{8-33}$$

其中,sigm 是激活函数;在模型中,参数集为 $q = \{W, b, W', d\}$;编码器和解码器的权重向量分别为 W 和 W',偏置向量分别为 b 和 d。

8.4.4 预测结果性能评估指标

本书选择了五个指标来评估我们的模型,平均绝对误差(mean absolute error,MAE)、均方根误差(root mean square error, RMSE)、标准均方误差(mean squared error, MSE)、百分比误差(percentabe error, PE)和平均绝对百分比误差(mean percentage error, MEPE)。其中 n 是测试数据集中的总数,p_i 是预测,y_i 是实际值。

(1)平均绝对误差 MAE:

$$\text{MAE} = \frac{1}{n}\sum_{i=1}^{n} |p_i - y_i| \tag{8-34}$$

MAE 是绝对误差的平均值,能更好地反映预测值误差的实际情况。

(2)均方根误差 RMSE 是均方根误差的算术平方根,评价数据的变化程度,对于异常值比较敏感。计算公式如下:

$$\text{RMSE} = \sqrt{\frac{1}{n}\Big[\sum_{i=1}^{n}(p_i - y_i)\Big]^2} \tag{8-35}$$

(3)标准均方误差 MSE 是指参数估计值与参数真值之差平方的期望值。均方误差可以评价数据的变化程度,MSE 的值越小,说明预测模型描述实验数据具有更好的精确度。

$$\text{MSE} = \frac{1}{n}\sum_{i=1}^{n}(p_i - y_i)^2 \tag{8-36}$$

(4)百分比误差 PE:

$$\text{PE} = \left|\frac{p_i - y_i}{y_i}\right| \times 100\% \tag{8-37}$$

百分比误差的值越小,代表预测误差越有效。

(5)平均绝对百分比误差 MEPE:

$$\text{MEPE} = \frac{1}{n}\sum_{i=1}^{n}\left|\frac{p_i - y_i}{y_i}\right| \tag{8-38}$$

平均绝对百分比误差是相对值,能够消除量纲的影响。

8.5 算 例 分 析

8.5.1 数据描述

本书采用的数据集是由 NASA 开发的商业模块化航空推进系统仿真软件(C-MAPSS)生成的。该数据集由四个子集组成,分别来自不同的问题,如表 8-1 所示,其中每个发动机轨迹表示每个发动机的生命周期。

表 8-1 数据集描述

数 据 集	FD001	FD002	FD003	FD004
训练轨迹	100	260	100	249
操作状态	1	6	1	6
故障状态	1	1	2	2
最长寿命周期	362	378	525	543
最短寿命周期	128	128	145	128

数据以 $n \times 26$ 的格式表示,n 表示观测时段总数,26 表示数据列总数,前五列为发动机识别号(第 1 列)、操作循环数(第 2 列)和三种不同的操作设置(第 3 列至第 5 列)可显著影响发动机性能,其余 21 列为传感器测量,包括每次观察后从发动机不同位置收集的各种信息(如温度、压力、转速)。每台发动机都有一定程度的初始磨损,这被认为是正常的,而不是代表个别差异的故障。故障在运行过程中的某个未知时间点开始。这里我们只使用"FD001"数据集。数据集描述了在整个生命周期中,在恒定工作条件下的高压比(HPR)逐渐退化过程。此外,数据集还受到传感器和环境噪声的污染。该数据集中包含训练子集("train_FD001. txt")、测试子集("test_FD001. txt")。

8.5.2 预测结果及对比分析

本书将随机森林(RF)、KNN 算法、RNN 和 LSTM 分别结合 PCA、KPCA 和自编码三种降维技术,使用 RMSE、MAE 和运行时间与原始算法(RF、KNN、RNN 和 LSTM)做对比,结果分别见表 8-2、表 8-3、表 8-4 和表 8-5。

表 8-2 RF+降维方法结果对比

	RMSE	MAE	时间/s
RF	18. 308 845	12. 973 495	1. 796 875
PCA+RF	18. 636 623	12. 885 736	1. 156 25

续　表

	RMSE	MAE	时间/s
KPCA+RF	18. 670 692	12. 952 008	24. 703 125
AE+RF	18. 813 191	12. 959 865	1. 671 875

表 8 - 3　KNN+降维方法结果对比

	RMSE	MAE	时间/s
KNN	18. 033 017	12. 792 234	4. 625
PCA+KNN	17. 922 167	12. 447 388	0. 531 25
KPCA+KNN	17. 922 167	12. 447 388	25. 078 125
AE+KNN	18. 024 207	12. 434 315	1. 0

表 8 - 4　RNN+降维方法结果对比

	RMSE	MAE	时间/s
RNN	17. 237 879	13. 571 690	2. 5
PCA+RNN	17. 510 629	13. 956 948	2. 406 25
KPCA+RNN	17. 511 173	13. 957 923	27. 156 25
AE+RNN	17. 667 694	14. 091 835	2. 937 5

表 8 - 5　LSTM+降维方法结果对比

	RMSE	MAE	时间/s
LSTM	17. 518 453	14. 039 386	3. 296 875
PCA+LSTM	17. 695 953	14. 261 329	3. 062 5
KPCA+LSTM	17. 694 807	14. 264 373	26. 890 625
AE+LSTM	18. 026 287	14. 644 709	3. 718 75

由表 8 - 2 至表 8 - 5 可知,随机森林模型和 KNN 模型使用降维技术后,MAE 值均小于原始模型的 MAE 值,RMSE 值虽然比原始模型的大,但是两者的差值很小。在时间方面,我们可以知道使用 PCA 和自编码降维方法,运行时间大部分都比原始运行时间快。所以,以上结果说明,采用降维方法在保持原有精度的基础上,还有助于我们实时监测设备。

为了更加清晰说明原始模型与采用降维方法两者之间预测结果的差异,我们分别比较各自的真实值与预测值。如图 8 - 20 所示,我们可以直观看出它们的差异。

由图 8 - 20 我们可以看出,使用 KNN 模型和 KNN 模型+其他降维方法预测剩余

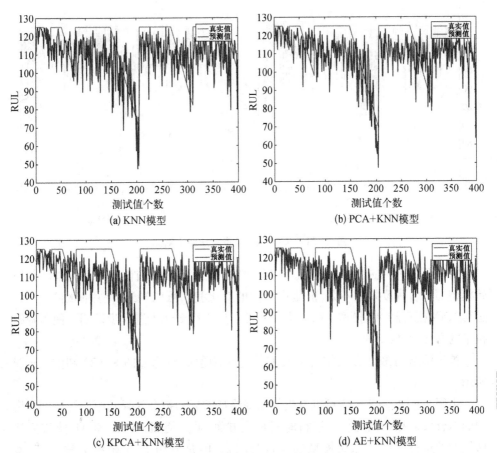

(a) KNN模型　　　　　　　　　(b) PCA+KNN模型

(c) KPCA+KNN模型　　　　　　(d) AE+KNN模型

图 8-20　KNN 模型+降维方法结果对比

寿命的拟合结果都特别好,且原始模型与使用降维方法的模型拟合效果差别不大。

RF 模型和使用三种降维方法的真实值和预测值的对比如图 8-21 所示。

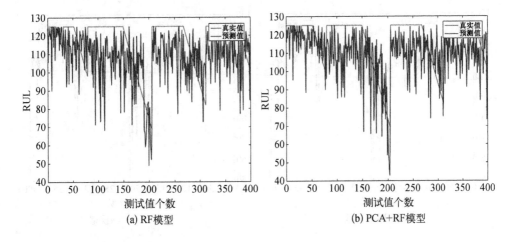

(a) RF模型　　　　　　　　　　(b) PCA+RF模型

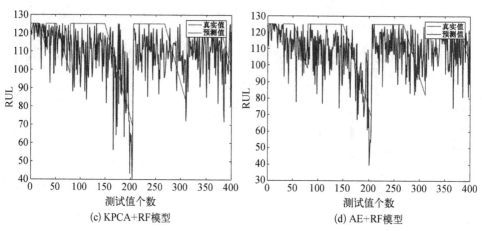

(c) KPCA+RF模型　　　　　　　　　　(d) AE+RF模型

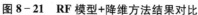

图 8 - 21　RF 模型+降维方法结果对比

　　由图 8 - 21 中曲线可以看出,使用降维技术后,各个预测模型的拟合程度与原始模型的拟合程度差别不大,但是由之前的对比我们可以知道,使用降维技术后,运行 KNN 模型和 RF 模型的时间大大降低。所以图 8 - 21 进一步证明了使用降维技术的必要性。

　　神经网络与降维方法结合后真实值与预测值的对比如图 8 - 22 和图 8 - 23 所示。

　　由图 8 - 22、图 8 - 23 可以看出使用降维技术后的拟合效果和原始神经网络模型的拟合效果相差无几。在运行时间长短方面,虽然使用 KPCA 和 AE 降维方法后模型的运行时间比原始模型的运行时间长,但是使用 PCA 降维方法后,时间较少。

　　通过以上研究,可以看出对于 KNN、RF、RNN 和 LSTM 模型来说,使用降维方法可以有效地降低训练时间,这有助于实现实时监测设备是否出现故障。综上所

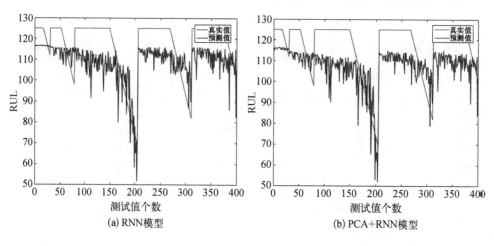

(a) RNN模型　　　　　　　　　　(b) PCA+RNN模型

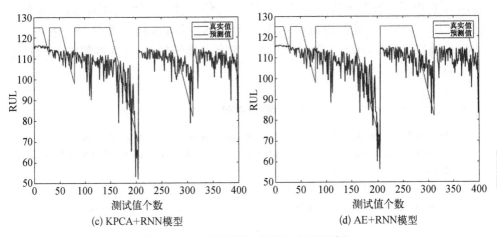

(c) KPCA+RNN模型　　　　　　　　(d) AE+RNN模型

图 8 - 22　RNN 模型+降维方法结果对比

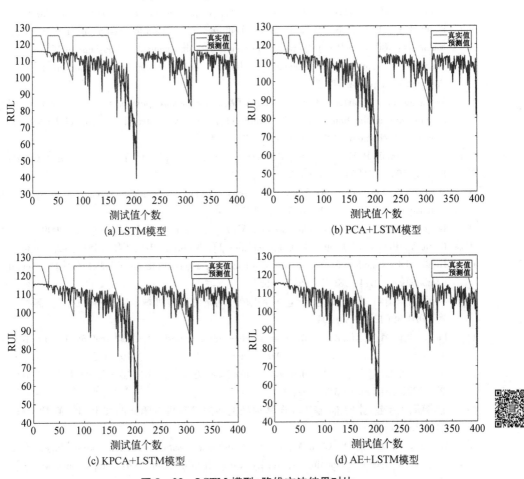

(a) LSTM模型　　　　　　　　　　(b) PCA+LSTM模型

(c) KPCA+LSTM模型　　　　　　　(d) AE+LSTM模型

图 8 - 23　LSTM 模型+降维方法结果对比

述,本章提出了一种基于特征提取的方法来预测发动机的剩余使用寿命,同时为解决实时预测问题,在较高精确度的前提下,短时间内得到预测结果。采用C-MAPSS数据的实验证明,该模型具有较高的余寿预测精度,并且将预测时间缩短至0.531 2秒。

参考文献

[1] Bonomi F, Milito R, Zhu J, et al. Fog computing and its role in the internet of things[C]. Helsinki: Proceedings of the First Edition of the MCC Workshop on Mobile Cloud Computing, 2012: 13 - 16.

[2] Deng R, Lu R, Lai C, et al. Optimal workload allocation in Fog-Cloud computing toward balanced delay and power consumption[J]. Internet of Things Journal IEEE, 2016, 3(6): 1171 - 1181.

[3] Harwath D, Torralba A, Glass J R. Unsupervised learning of spoken language with visual context[C]. Barcelona: 30th Conference on Neural Information Processing Systems, 2016.

[4] Pham X Q, Huh E N. Towards task scheduling in a cloud-fog computing system [C]. Kanazawa: 18th Asia-Pacific Network Operations and Management Symposium, 2016.

[5] Beard K V. Failure accommodation in linear systems through self-reorganization [R]. Cambridge: Report MVT - 71 - 1, 1971.

[6] Viswanadham N, Taylor J H, Luce E C. A frequency-domain approach to failure detection and isolation with application to GE - 21 turbine engine control systems[J]. Control Theory and Advanced Technology, 1987, 3(1): 45 - 72.

[7] Ding X, Frank P M. Fault detection via factorization approach[J]. Systems and Control Letters, 1990, 14(5): 431 - 436.

[8] Mehra R K, Peschon J. An innovation approach to fault detection and diagnosis in dynamic systems[J]. Automatica, 1971, 7(5): 637 - 640.

[9] Bengio Y. Learning deep architectures for AI[M]. Boston: Now Publishers Inc, 2009.

[10] Lecun Y, Bengio Y, Hinton G. Deep learning[J]. Nature, 2015, 521(7553): 436 - 444.

[11] Hinton G E, Osindero S, Teh Y W. A fast learning algorithm for deep belief nets[J]. Neural Computation, 2014, 18(7): 1527 - 1554.

[12] 林天骄,宋浏阳,李石,等. 基于空洞卷积神经网络的旋转机械故障诊断方法[J]. 测控技术,2020,39(12): 98 - 104.

[13] Lei Y, Zuo M J, He Z, et al. A multidimensional hybrid intelligent method for gear fault diagnosis[J]. Expert Systems with Applications, 2010, 37(2): 1419 - 1430.

[14] 王进,孙万彤. 基于相关性分析的多标签特征选择方法[J]. 重庆邮电大学学报(自然科学版),2021,33(5): 1 - 15.

[15] 谢春丽,王宇超,张博淋. 基于径向基神经网络的发动机故障诊断技术[J]. 森林工程,2019,35(6): 61 - 66.

[16] Zhang X L, Zhang Q, Chen M, et al. A two-stage feature selection and intelligent fault diagnosis method for rotating machinery using hybrid filter and wrapper method [J]. Neurocomputing, 2018, 275: 2426 - 2439.

[17] Jiang F, Zhu Z, Li W, et al. A fusion feature extraction method using EEMD and correlation coefficient analysis for bearing fault diagnosis[J]. Applied Sciences, 2018, 8(9): 1621.

[18] Gerdes M, Galar D, Scholz D. Decision trees and the effects of feature extraction parameters for robust sensor network design [J]. Eksploatacja i Niezawodnosc — Maintenance and Reliability, 2016, 19(1): 31 – 42.

[19] Li Y, Yang Y, Li G, et al. A fault diagnosis scheme for planetary gearboxes using modified multi-scale symbolic dynamic entropy and mRMR feature selection[J]. Mechanical Systems and Signal Processing, 2017, 91: 295 – 312.

[20] Singh M, Shaik A G. Faulty bearing detection, classification and location in a three-phase induction motor based on Stockwell transform and support vector machine[J]. Measurement, 2019, 131: 524 – 533.

[21] 孙琦, 刘新厂, 张兵, 等. 直齿轮系齿根裂纹损伤程度检测方法[J]. 振动. 测试与诊断, 2019, 39(2): 99 – 105.

[22] 夏显文, 褚成凤, 郭际明. 线性回归与神经网络组合模型实现变形预测[J]. 中国港湾建设, 2021, 41(3): 16 – 20.

[23] 李永丽, 王浩, 金喜子. 基于随机森林优化的自组织神经网络算法[J]. 吉林大学学报(理学版), 2021, 59(2): 351 – 358.

[24] Wang Z, Zhang Q, Xiong J, et al. Fault diagnosis of a rolling bearing using wavelet packet denoising and random forests[J]. IEEE Sensors Journal, 2017, 17(17): 5581 – 5588.

[25] Tang G, Pang B, Tian T, et al. Fault diagnosis of rolling bearings based on improved fast spectral correlation and optimized random forest[J]. Applied Sciences, 2018, 8(10): 1859.

[26] Hochreiter S, Schmidhuber J. Long short-term memory[J]. Neural Computer, 1997, 9(8): 1735 – 1780.

[27] Miao H, Li B, Sun C, et al. Joint learning of degradation assessment and RUL prediction for aero-engines via dual-task deep LSTM networks [J]. IEEE Transactions on Industrial Informatics, 2019, 15(9): 5023 – 5032.

[28] Chen Z, Wu M, Zhao R, et al. Machine remaining useful life prediction via an attention based deep learning approach[J]. IEEE Transactions on Neural Networks and Learning Systems, 2021, 3(68): 2521 – 2531.

[29] Chen C, Li Z, Yang J, et al. A cross domain feature extraction method based on transfer component analysis for rolling bearing fault diagnosis[C]. Chongqing: 29th Chinese Control And Decision Conference, 2017.

[30] 史东烨, 缑林峰. 航空发动机无模型自适应生物智能控制方法研究[J]. 计算机测量与控制, 2016, 24(10): 104 – 107.

[31] Wang J, Xie J, Zhang L, et al. A factor analysis based transfer learning method for gearbox diagnosis under various operating conditions [C]. Cleveland: International Symposium on Flexible Automation, 2016.

[32] Zhang B, Li W, Tong Z, et al. Bearing fault diagnosis under varying working condition based on domain adaptation[C]. Hiroshima: 25th International Congress on Sound and Vibration, 2018.

[33] Zheng H, Wang R, Yang Y, et al. Intelligent fault identification based on multi-source domain

generalization towards actual diagnosis scenario[J]. IEEE Transactions on Industrial Electronics, 2019, 67(2): 1293 - 1304.

[34] 滕伟,韩琛,赵立,等.基于改进粒子滤波的重型燃气轮机跳机故障预测[J].中国机械工程,2021,32(2): 188 - 194.

[35] 蒋栋年,李炜.多模型粒子滤波融合的机械系统寿命预测[J].控制工程,2019,26(3): 448 - 453.

[36] 赵丹丹,刘静娜,贺康建.基于容积卡尔曼滤波的高斯粒子滤波算法[J].计算技术与自动化,2017,36(1): 82 - 86.

[37] 马波,彭琦,杨灵.动态状态空间模型及粒子滤波方法在滚动轴承寿命预测中的应用研究[J].机械设计与制造,2018,326(4): 87 - 90.

[38] Meskin N, Daroogheh N, Baniamerian A, et al. A hybrid prognosis and health monitoring strategy by integrating particle filters and neural networks for gas turbine engines[C]. Austin: IEEE Conference on Prognostics and Health Management, 2015.

[39] Daroogheh N, Baniamerian A, Meskin N, et al. Prognosis and health monitoring of nonlinear systems using a hybrid scheme through integration of PFs and neural networks[J]. IEEE Transactions on Systems, Man, and Cybernetics: Systems, 2016, 47(8): 1990 - 2004.

[40] 朱洪艳,王晓红,张媛,等.航空结构损伤健康监测技术研究进展[C].北京:第三届中国航空科学技术大会,2017.

[41] Huang Z, Xu Z, Ke X, et al. Remaining useful life prediction for an adaptive skew-Wiener process model[J]. Mechanical Systems and Signal Processing, 2017, 87: 294 - 306.

[42] 黄旭.MRNN:一种新的基于改进型递归神经网络的 WSN 动态建模方法:应用于故障检测[J].计算机工程与科学,2015,37(4): 711 - 718.

[43] Zhang Z X, Si X S, Hu C H. An age-and state-dependent nonlinear prognostic model for degrading systems[J]. IEEE Transactions on Reliability, 2015, 64(4): 1214 - 1228.

[44] Gaperin M, Jurii D, Bokoski P, et al. Model-based prognostics of gear health using stochastic dynamical models[J]. Mechanical Systems and Signal Processing, 2011, 25(2): 537 - 548.

[45] 韩林洁,石春鹏,张建超.基于一维卷积神经网络的轴承剩余寿命预测[J].制造业自动化,2020,42(3): 10 - 13.

[46] Widodo A, Yang B S. Application of relevance vector machine and survival probability to machine degradation assessment[J]. Expert Systems with Applications, 2011, 38(3): 2592 - 2599.

[47] Tian J, Morillo C, Azarian M H, et al. Motor bearing fault detection using spectral kurtosis-based feature extraction coupled with K-nearest neighbor distance analysis[J]. IEEE Transactions on Industrial Electronics, 2015, 63(3): 1793 - 1803.

[48] Chen Z, Li W. Multisensor feature fusion for bearing fault diagnosis using sparse autoencoder and deep belief network[J]. IEEE Transactions on Instrumentation and Measurement, 2017, 66(7): 1693 - 1702.

第9章
基于子空间辨识辅助的航空发动机控制系统故障诊断方法

9.1 引　言

在航空发动机控制系统的故障诊断方法中,基于机载线性化模型的方法得到了非常广泛的研究与应用。基于机载模型的方法首先需要建立精确的航空发动机解析模型,然后结合控制系统相关理论设计故障诊断系统。得益于子空间辨识方法(subspace identification method, SIM)理论和基于模型的故障诊断技术的发展,基于子空间辨识辅助的故障诊断设计方法逐渐受到关注,经过十几年的发展,其理论研究和应用研究都取得了很好的发展。这是一种数据驱动的故障诊断系统设计方法,主要分为参数辨识和系统设计两方面的内容。其参数辨识过程在数据收集和处理时应用了与 SIM 类似的方法,但是与 SIM 辨识系统参数矩阵不同,这种数据驱动的方法只需要辨识系统的等价空间(parity space)或 Markov 参数。在辨识得到系统的等价空间或 Markov 参数后,结合基于模型的故障诊断设计方法,得到最终的故障诊断系统。此方法的优点在于不需要预知系统的精确解析模型,只使用少量符合辨识条件的系统输入输出数据便可以实现故障诊断系统的设计,且具有与基于模型的设计方法相近的诊断性能。本章研究子空间辨识辅助的故障诊断设计方法在航空发动机控制系统中的应用。

9.2 子空间辨识方法

SIM 是线性时不变系统(linear time invariant, LTI)辨识的一种强有力方法,其主要针对 LTI 系统状态空间模型的辨识。Ho 和 Kalman 在 1966 年对单位脉冲响应的系统数据 Hankel 矩阵进行分解,辨识出系统状态空间模型,这为系统辨识提出了新思路且为 SIM 的发展奠定了基础。1989 年,Moonen 等使用一般性输入输出数据对确定性系统子空间辨识方法进行了相关研究。在随后的发展中,众多学者对 SIM 展开研究并取得了大量研究成果,其中最具代表性的辨识方法有典型变量分析(canonical variable analysis, CVA)法、多变量输出误差状态空间(multivariable output error state-space, MOESP)法和子空间辨识的数值算法(numerical algorithm for subspace state-space system identification, N4SID)。

本节内容向读者介绍 SIM 的相关知识,通过本节内容的学习,读者可以学习到 SIM 算法的数据构造方法、确定性系统状态空间模型辨识方法以及一般系统的 MOESP 和 N4SID 辨识方法。

9.2.1　预备知识

本节内容为子空间辨识方法的预备知识,包括系统方程、系统状态空间模型的相似变换、正交投影与斜投影、奇异值分解和 QR 分解、子空间辨识的数据结构以及子空间矩阵方程。这些预备知识是子空间辨识方法中的重要概念和工具,在本章数据驱动的故障诊断系统设计中也有重要的作用。

1. 系统方程

子空间辨识针对的系统模型是状态空间模型,状态空间模型有多种表示方法,线性时不变系统的最常见的 n 阶离散形式的状态空间模型表示如下:

$$
\begin{aligned}
x(k+1) &= Ax(k) + Bu(k) + w(k) \\
y(k) &= Cx(k) + Du(k) + v(k)
\end{aligned}
\tag{9-1}
$$

式中,$A \in R^{n \times n}$,$B \in R^{n \times m}$,$C \in R^{l \times n}$,$D \in R^{l \times m}$ 表示系数矩阵;$x(k) \in R^n$,$u(k) \in R^m$,$y(k) \in R^l$ 分别为系统的状态向量、输入向量和输出向量;$w(k) \in R^n$ 和 $v(k) \in R^l$ 分别为系统噪声和测量噪声,且满足:

$$
E\left\{ \begin{bmatrix} w(i) \\ v(j) \end{bmatrix} \begin{bmatrix} w(i) & v(j) \end{bmatrix} \right\} = \begin{bmatrix} Q & S \\ S^T & R \end{bmatrix} \delta_{ij}
$$

式中,$E\{\cdot\}$ 表示数学期望算子;δ_{ij} 表示 Kronecker 函数。在建立子空间辨识算法时,通常待辨识的系统需要满足以下假设条件。

A1:系统是渐近稳定的,即系数矩阵 A 的特征值严格在单位圆内。

A2:系统是可观可达的,即 (A, C) 可观测,$(A, [B \quad Q^{1/2}])$ 可达。

A3:噪声 $w(k)$、$v(k)$ 与输入向量 $u(k)$ 不相关,即

$$
E\{u(i)w(j)\} = E\{u(i)v(j)\} = 0, \ \forall i, j
$$

除了式(9-1)所示的状态空间模型外,"新息形式"的状态空间模型也是常用的子空间辨识模型,其数学表示如下:

$$
\begin{aligned}
x(k+1) &= Ax(k) + Bu(k) + Ke(k) \\
y(k) &= Cx(k) + Du(k) + e(k)
\end{aligned}
\tag{9-2}
$$

式中, $e(k)$ 为平稳、零均值的白噪声新息序列; K 为 Kalman 增益。系统式(9-2)通常用与开环系统中,此时新息变量 $e(k)$ 与输入 $u(k)$ 不相关。将 $e(k) = y(k) - Cx(k) - Du(k)$ 代入公式(9-2)所示的状态方程中,可以得到闭环结构状态观测器:

$$\tilde{x}(k+1) = \bar{A}\tilde{x}(k) + \bar{B}u(k) + Ky(k) \qquad (9-3)$$
$$y(k) = C\tilde{x}(k) + Du(k) + e(k)$$

式中, $\bar{A} = A - KC$, $\bar{B} = B - KD$, 这种形式的状态空间模型叫做"预测器形式"的状态空间模型; $\tilde{x}(k)$ 为状态估计值,在本章后面的系统模型应用中,将直接使用 $x(k)$ 代替 $\tilde{x}(k)$。

系统方程(9-1)和系统方程(9-2)所示的状态空间模型之间可以相互转换[1]。系统方程(9-1)由两个加性子系统组成,包括一个由系统输入 $u(k)$ 驱动的确定子系统和一个由噪声 $w(k)$ 和 $v(k)$ 驱动的随机子系统,随机子系统可表示为

$$x^s(k+1) = Ax^s(k) + w(t) \qquad (9-4)$$
$$y^s(k) = Cx^s(k) + v(k)$$

式中, $x^s(k)$ 和 $y^s(k)$ 分别表示随机子系统的状态变量和输出变量。定义:

$$\Lambda = E[y^s(k)(y^s(k))^{\mathrm{T}}]$$
$$\Sigma^s = E[x^s(k)(x^s(k))^{\mathrm{T}}]$$

则方程(9-1)可以通过下面的关系式转化为方程(9-2):

$$E[e(k)(e(k))^{\mathrm{T}}] = \Sigma_e = \Lambda - C\Sigma^s C^{\mathrm{T}}$$
$$K = (G^s - A\Sigma^s C^{\mathrm{T}})(\Lambda - C\Sigma^s C^{\mathrm{T}})^{-1}$$

式中:

$$\Sigma^s = A\Sigma^s A^{\mathrm{T}} + (G^s - A\Sigma^s C^{\mathrm{T}})(\Lambda - C\Sigma^s C^{\mathrm{T}})^{-1}(G^s - A\Sigma^s C^{\mathrm{T}})^{\mathrm{T}}$$
$$G^s = A\Sigma^s C^{\mathrm{T}} + S^{ws}$$
$$\Lambda = C\Sigma^s C^{\mathrm{T}} + R^s$$

2. 系统的相似变换

子空间辨识得到的系统模型是经过"相似变换"之后的系统,由现代控制理论可知,一个系统的状态变量个数一定,但是变量的选取不是唯一的[2]。对于一个没有噪声干扰的确定性 LTI 系统,其状态空间方程的离散形式可表示为

$$x(k+1) = Ax(k) + Bu(k) \qquad (9-5)$$
$$y(k) = Cx(k) + Du(k)$$

给定任意非奇异的矩阵 T,可以将系统状态按照式(9-6)从 $x(k)$ 变换到 $x_T(k)$:

$$x_T(k) = T^{-1}x(k) \qquad\qquad (9-6)$$

式中,矩阵 T 为转换矩阵,经过状态转换之后,系统变为

$$\begin{aligned} x_T(k+1) &= A_T x_T(k) + B_T u(k)\\ y(k) &= C_T x_T(k) + D_T u(k) \end{aligned} \qquad (9-7)$$

式中:

$$A_T = T^{-1}AT, \ B_T = T^{-1}B, \ C_T = CT, \ D_T = D$$

3. 正交投影与斜投影

正交投影: 矩阵 $A \in R^{p\times j}$ 的行空间在矩阵 $B \in R^{q\times j}$ 的行空间上的正交投影表示为 A/B,计算表达式为

$$A/B = AB^{\dagger}B \qquad\qquad (9-8)$$

式中,$B^{\dagger}$ 为矩阵 B 的广义逆矩阵,即 $B^{\dagger} = B^{\mathrm{T}}(BB^{\mathrm{T}})^{-1}$;$B^{\dagger}B$ 为某矩阵在 B 的行空间上的投影算子,记为 Π_B,则公式(9-8)又可以表示为

$$A/B = A\Pi_B$$

某矩阵在 B 的行空间的正交补 $B^{\perp}$ 上的投影算子记为 $\Pi_B^{\perp}$,其计算表达式为

$$\Pi_B^{\perp} = I - \Pi_B \qquad\qquad (9-9)$$

结合公式(9-8)和公式(9-9)有

$$A = A/B + A/B^{\perp}$$

矩阵 A 在 B 的行空间上的投影和在 $B^{\perp}$ 的行空间上的投影相互垂直,且两个投影矩阵相加等于原矩阵 A。图9-1所示为正交投影在二维空间 $(j=2)$ 的几何解释,通过这种投影方式可以将矩阵 A 分解为两个互相垂直的矩阵。

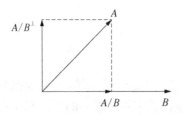

图9-1　二维空间正交投影示意图

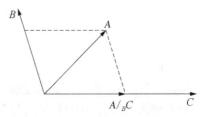

图9-2　二维空间斜投影示意图

斜投影: 矩阵 $A \in R^{p\times j}$ 的行空间沿着矩阵 $B \in R^{q\times j}$ 的行空间在矩阵 $C \in R^{r\times j}$ 的行空间上的斜投影表示为 $A/_B C$,如图9-2所示,斜投影的计算表达式为

$$A/_{B}C = \left[A/B^{\perp}\right]\left[C/B^{\perp}\right]^{\dagger} = D(:,\ 1:r)\,C$$

式中，$D(:,\ 1:r)$ 表示矩阵 D 的前 r 列，矩阵 D 的表达式为

$$D = A\begin{pmatrix} C \\ B \end{pmatrix}^{\dagger}$$

由斜投影的定义或从图 9-2 中观察可知，斜投影有如下两个重要性质：

$$A/_{A}C = 0 \tag{9-10}$$

$$A/_{B}A = A \tag{9-11}$$

4. SVD 与 QR 分解

奇异值分解（singular value decomposition，SVD）[3]。任意矩阵 $A \in R^{m \times n}$ 可以做下式分解：

$$A = U\varSigma V^{\mathrm{T}} \tag{9-12}$$

式中，$U \in R^{m \times m}$ 为左奇异矩阵，其列向量为矩阵 AA^{T} 的特征向量；$V \in R^{n \times n}$ 为右奇异矩阵，其列向量为矩阵 $A^{\mathrm{T}}A$ 的特征向量；$\varSigma \in R^{m \times n}$ 为奇异值矩阵，其中非零的奇异值为矩阵 AA^{T} 或矩阵 $A^{\mathrm{T}}A$ 的非零特征值的均方根。

若矩阵 $A^{m \times n}$ 的秩为 r，并满足 $r < m$ 且 $r < n$，则矩阵 A 的 SVD 可表示为式 (9-13) 的分块形式：

$$A = \begin{bmatrix} U_1 & U_2 \end{bmatrix}\begin{bmatrix} \varSigma & 0 \\ 0 & 0 \end{bmatrix}\begin{bmatrix} V_1^{\mathrm{T}} \\ V_2^{\mathrm{T}} \end{bmatrix} \tag{9-13}$$

式中，$U_1 \in R^{m \times r}$；$U_2 \in R^{m \times (m-r)}$；$\varSigma \in R^{r \times r}$；$V \in R^{n \times r}$；$\varSigma \in R^{r \times (n-r)}$。通过此 SVD 公式可以得到矩阵 A 的四个基本子空间：

矩阵 U_1 的所有列向量为 A 的列空间

矩阵 U_2 的所有列向量为 A 的左零空间

矩阵 V_1 的所有列向量为 A 的行空间

矩阵 V_2 的所有列向量为 A 的零空间

QR 分解。任意矩阵 $A \in R^{m \times n}$ 可以做下式分解：

$$A = QR \tag{9-14}$$

式中，$Q \in R^{m \times m}$ 是正交矩阵。当 $m < n$ 时，$R \in R^{m \times n}$ 为右侧增广相应列数的上三角矩阵，当 $m > n$ 时，$R \in R^{m \times n}$ 为底部增广相应行数的零向量的上三角矩阵。

若矩阵 $A \in R^{m \times n}$ 的秩为 r，并满足 $r < m$ 且 $r < n$，则矩阵 A 的 QR 分解可表示为下式的分块形式：

$$A = \begin{bmatrix} Q_1 & Q_2 \end{bmatrix} \begin{bmatrix} R_1 & R_2 \\ 0 & 0 \end{bmatrix} \tag{9-15}$$

式中，$Q_1 \in R^{m \times r}$，$Q_2 \in R^{m \times (m-r)}$ $R_1 \in R^{r \times r}$，$R_2 \in R^{r \times (n-r)}$。通过此 QR 分解公式可以得到矩阵 A 的子空间：

矩阵 Q_1 的所有列向量为 A 的列空间

矩阵 Q_2 的所有列向量为 A 的左零空间

矩阵 R_1 的所有行向量为 A 的行空间

RQ 分解。任意矩阵 $A \in R^{m \times n}$ 可以做下式分解：

$$A = RQ \tag{9-16}$$

式中，$Q \in R^{n \times n}$ 是正交矩阵。当 $m > n$ 时，$R \in R^{m \times n}$ 为底部增广相应行数的下三角矩阵，当 $m < n$ 时，$R \in R^{m \times n}$ 为右侧增广相应列数的零向量的下三角矩阵。RQ 分解可以通过矩阵 A^T 的 QR 分解求得

$$A^T = \bar{Q}\bar{R} \Rightarrow A = (\bar{Q}\bar{R})^T = \bar{R}^T \bar{Q}^T = RQ \tag{9-17}$$

5. 数据结构与子空间矩阵方程

基于上述的系统模型、数据结构以及相似变换等预备知识，进一步介绍子空间辨识的理论推导。由公式(9-5)所示的确定性系统状态空间方程，可以得到从 1 时刻到 k 时刻的状态与初始状态 $x(0)$ 之间的关系，写成递归形式为

$$x(1) = Ax(0) + Bu(0)$$
$$x(2) = A^2 x(0) + ABu(0) + Bu(1)$$
$$x(3) = A^3 x(0) + A^2 Bu(0) + ABu(1) + Bu(2)$$
$$\vdots$$
$$x(k) = A^k x(0) + A^{k-1}Bu(0) + \cdots + ABu(k-2) + Bu(k-1)$$

由以上推导可知，k 时刻的系统状态可以表示为与初始状态 $x(0)$ 以及历史输入 $u(i)$ 的关系式：

$$x(k) = A^k x(0) + \sum_{i=0}^{k-1} A^{k-i-1} Bu(i) \tag{9-18}$$

将其代入系统方程(9-5)的观测方程中，得到 k 时刻的系统输出与历史输入和初始状态 $x(0)$ 之间的关系：

$$y(k) = CA^k x(0) + C\sum_{i=0}^{k-1} A^{k-i-1} Bu(i) + Du(k) \tag{9-19}$$

将长度为 s 的输入数据 $\{u(k)\}_{k=0}^{s-1}$ 与对应的输出数据 $\{y(k)\}_{k=0}^{s-1}$ 写成向量方程：

$$
\begin{bmatrix} y(0) \\ y(1) \\ \vdots \\ y(s-1) \end{bmatrix} = \underbrace{\begin{bmatrix} C \\ CA \\ \vdots \\ CA^{s-1} \end{bmatrix}}_{\Gamma_s} x(0) + \underbrace{\begin{bmatrix} D & 0 & \cdots & 0 \\ CB & D & \cdots & 0 \\ \vdots & \vdots & \ddots & \vdots \\ CA^{s-2}B & CA^{s-3}B & \cdots & D \end{bmatrix}}_{H_{u,s}} \begin{bmatrix} u(0) \\ u(1) \\ \vdots \\ u(s-1) \end{bmatrix}
$$

$$(9-20)$$

公式(9-20)描述的是输入输出向量和初始状态之间的线性关系，矩阵 Γ_s 和 $H_{u,s}$ 是由系统矩阵 (A,B,C,D) 构成的系数矩阵。利用系统的线性时不变特性，对公式(9-20)做 k 步时移，可得

$$
\begin{bmatrix} y(k) \\ y(k+1) \\ \vdots \\ y(k+s-1) \end{bmatrix} = \Gamma_s x(k) + H_{u,s} \begin{bmatrix} u(k) \\ u(k+1) \\ \vdots \\ u(k+s-1) \end{bmatrix}
$$

从 k 时刻开始每次向前做一步时移，做 N 次时移可以得到 N 个向量，将这 N 个不同时移的向量组成矩阵可得到：

$$Y_{k,s,N} = \Gamma_s X_{k,N} + H_{u,s} U_{k,s,N} \tag{9-21}$$

式中：

$$
U_{k,s,N} = \begin{bmatrix} u(k) & u(k+1) & \cdots & u(k+N-1) \\ u(k+1) & u(k+2) & \cdots & u(k+N) \\ \vdots & \vdots & \ddots & \vdots \\ u(k+s-1) & u(k+s) & \cdots & u(k+N+s-2) \end{bmatrix}
$$

$$
Y_{k,s,N} = \begin{bmatrix} y(k) & y(k+1) & \cdots & y(k+N-1) \\ y(k+1) & y(k+2) & \cdots & y(k+N) \\ \vdots & \vdots & \ddots & \vdots \\ y(k+s-1) & y(k+s) & \cdots & y(k+N+s-2) \end{bmatrix}
$$

$$X_{k,N} = \begin{bmatrix} x(k) & x(k+1) & \cdots & x(k+N-1) \end{bmatrix}$$

同理，从 $k-p$ 时刻开始做 N 次时移，并构造矩阵方程：

$$Y_{k-s,s,N} = \Gamma_s X_{k-s,N} + H_{u,s} U_{k-s,s,N} \tag{9-22}$$

式中：

$$U_{k-s,s,N} = \begin{bmatrix} u(k-s) & u(k-s+1) & \cdots & u(k-s+N-1) \\ u(k-s+1) & u(k-s+2) & \cdots & u(k-s+N) \\ \vdots & \vdots & \ddots & \vdots \\ u(k-1) & u(k-2) & \cdots & u(k+N-2) \end{bmatrix}$$

$$Y_{k-s,s,N} = \begin{bmatrix} y(k-s) & y(k-s+1) & \cdots & y(k-s+N-1) \\ y(k-s+1) & y(k-s+2) & \cdots & y(k-s+N) \\ \vdots & \vdots & \ddots & \vdots \\ y(k-1) & y(k-2) & \cdots & y(k+N-2) \end{bmatrix}$$

$$X_{k-s,N} = \begin{bmatrix} x(k-s) & x(k-s+1) & \cdots & x(k-s+N-1) \end{bmatrix}$$

公式(9-21)和公式(9-22)叫做子空间矩阵方程,分别为将来时间子空间矩阵方程和历史时间子空间矩阵方程。用下标 f 代表将来时间,下标 p 代表过去时间,将公式(9-23)和公式(9-24)重新表示为

$$Y_f = \Gamma_s X_f + H_{u,s} U_f \tag{9-23}$$

$$Y_p = \Gamma_s X_p + H_{u,s} U_p \tag{9-24}$$

式中, $Y_f = Y_{k,s,N}$; $X_f = X_{s,N}$; $U_f = U_{k,s,N}$; $Y_p = Y_{k-s,s,N}$; $X_p = X_{k-s,N}$; $U_p = U_{k-s,s,N\circ}$

按照上述确定性系统的子空间矩阵方程推导过程,可以推导出其他形式系统方程的子空间矩阵方程,公式(9-1)中一般形式的系统方程的子空间矩阵方程为

$$Y_f = \Gamma_s X_f + H_{u,s} U_f + H_{w,s} W_f + V_f \tag{9-25}$$

$$Y_p = \Gamma_s X_p + H_{u,s} U_p + H_{w,s} W_p + V_p \tag{9-26}$$

式中:

$$H_{w,s} = \begin{bmatrix} 0 & 0 & \cdots & 0 \\ C & 0 & \cdots & 0 \\ \vdots & \vdots & \ddots & \vdots \\ CA^{s-2} & CA^{s-3} & \cdots & 0 \end{bmatrix},$$

$$W_f = \begin{bmatrix} w(k) & w(k+1) & \cdots & w(k+N-1) \\ w(k+1) & w(k+2) & \cdots & w(k+N) \\ \vdots & \vdots & \ddots & \vdots \\ w(k+s-1) & w(k+s) & \cdots & w(k+N+s-2) \end{bmatrix}$$

$$V_f = \begin{bmatrix} v(k) & v(k+1) & \cdots & v(k+N-1) \\ v(k+1) & v(k+2) & \cdots & v(k+N) \\ \vdots & \vdots & \ddots & \vdots \\ v(k+s-1) & v(k+s) & \cdots & v(k+N+s-2) \end{bmatrix},$$

$$W_p = \begin{bmatrix} w(k-s) & w(k-s+1) & \cdots & w(k-s+N-1) \\ w(k-s+1) & w(k-s+2) & \cdots & w(k-s+N) \\ \vdots & \vdots & \ddots & \vdots \\ w(k-1) & w(k-2) & \cdots & w(k+N-2) \end{bmatrix},$$

$$V_p = \begin{bmatrix} v(k-s) & v(k-s+1) & \cdots & v(k-s+N-1) \\ v(k-s+1) & v(k-s+2) & \cdots & v(k-s+N) \\ \vdots & \vdots & \ddots & \vdots \\ v(k-1) & v(k-2) & \cdots & v(k+N-2) \end{bmatrix}$$

公式(9-2)中新息形式的系统方程的子空间矩阵方程为

$$Y_f = \Gamma_s X_f + H_{u,s} U_f + H_{e,s} E_f \tag{9-27}$$

$$Y_p = \Gamma_s X_p + H_{u,s} U_p + H_{e,s} E_p \tag{9-28}$$

式中：

$$H_{e,s} = \begin{bmatrix} I_m & 0 & \cdots & 0 \\ CK & I_m & \cdots & 0 \\ \vdots & \vdots & \ddots & \vdots \\ CA^{s-2}K & CA^{s-3}K & \cdots & I_m \end{bmatrix},$$

$$E_f = \begin{bmatrix} e(k) & e(k+1) & \cdots & e(k+N-1) \\ e(k+1) & e(k+2) & \cdots & e(k+N) \\ \vdots & \vdots & \ddots & \vdots \\ e(k+s-1) & e(k+s) & \cdots & e(k+N+s-2) \end{bmatrix},$$

$$E_p = \begin{bmatrix} e(k-s) & e(k-s+1) & \cdots & e(k-s+N-1) \\ e(k-s+1) & e(k-s+2) & \cdots & e(k-s+N) \\ \vdots & \vdots & \ddots & \vdots \\ e(k-1) & e(k-2) & \cdots & e(k+N-2) \end{bmatrix}$$

9.2.2　确定系统子空间辨识

开环系统子空间辨识主要分为两步：首先辨识得到系统的扩展观测矩阵和 Toeplitz 矩阵，或者辨识出系统的初始状态向量；然后根据系统的扩展观测矩阵和 Toeplitz 矩阵的结构获得系统矩阵 (A, B, C, D) 或根据辨识出的初始状态向量获得系统矩阵 (A, B, C, D)。不同子空间辨识方法的主要区别在第一步的辨识。

本节内容介绍一种输入信号为白噪声信号的确定开环系统子空间辨识方法，公式(9-5)为确定系统方程。首先辨识得到扩展观测矩阵，再通过扩展观测矩阵和系统方程确定系统矩阵。将公式(9-21)所示"将来"时间子空间矩阵方程投影

到输入矩阵 U_f 的行空间的正交补空间 $U_f^\perp$，根据正交投影的性质有 $U_f \Pi_{U_f}^\perp = 0$，可得

$$Y_f \Pi_{U_f}^\perp = \Gamma_s X_f \Pi_{U_f}^\perp \qquad (9-29)$$

式中投影矩阵：

$$\Pi_{U_f}^\perp = I_N - U_f^T (U_f U_f^T)^{-1} U_f \qquad (9-30)$$

由公式（9-29）可知，$Y_f \Pi_{U_f}^\perp$ 的列空间包含扩展观测矩阵 Γ_s 的列空间，若 $\mathrm{rank}(Y_f \Pi_{U_f}^\perp) = \mathrm{rank}(\Gamma_s) = n$，则可得 $Y_f \Pi_{U_f}^\perp$ 的列空间与扩展观测矩阵 Γ_s 的列空间相等，即 $\mathrm{range}(Y_f \Pi_{U_f}^\perp) = \mathrm{range}(\Gamma_s)$。对 $Y_f \Pi_{U_f}^\perp$ 做 SVD 分解，可以求解出其列空间，其列空间等于扩展观测矩阵 Γ_s 的列空间，从而可辨识出系统的扩展观测矩阵 Γ_s。

上述即为确定性系统的子空间直接辨识方法，这种直接对 $Y_f \Pi_{U_f}^\perp$ 做 SVD 分解的方法存在一个弊端，即投影矩阵 $\Pi_{U_f}^\perp$ 的维度为 N，在构造时有维度为 N 的逆矩阵计算，计算和存储需求较大。通过 RQ 分解方法可以避免上述弊端以提高辨识的数值稳定性，对等式（9-29）左边项 $Y_f \Pi_{U_f}^\perp$ 做如下 RQ 分解：

$$\begin{bmatrix} U_f \\ Y_f \end{bmatrix} = \begin{bmatrix} R_{11} & 0 & 0 \\ R_{21} & R_{22} & 0 \end{bmatrix} \begin{bmatrix} Q_1 \\ Q_2 \\ Q_3 \end{bmatrix} \qquad (9-31)$$

式中，$R_{11} \in R^{sl \times sl}$；$R_{22} \in R^{sm \times sm}$；$Q_2 \in R^{sm \times N}$。对于上式的 RQ 分解，有下面两个性质。

性质 1：$Y_f \Pi_{U_f}^\perp = R_{22} Q_2$。

证明：由式（9-31）中的正交矩阵：

$$\begin{bmatrix} Q_1 \\ Q_2 \\ Q_3 \end{bmatrix}$$

可得

$$\begin{bmatrix} Q_1^T & Q_2^T & Q_3^T \end{bmatrix} \begin{bmatrix} Q_1 \\ Q_2 \\ Q_3 \end{bmatrix} = I_N \Rightarrow Q_1^T Q_1 + Q_2^T Q_2 + Q_3^T Q_3 = I_N$$

$$\begin{bmatrix} Q_1 \\ Q_2 \\ Q_3 \end{bmatrix} \begin{bmatrix} Q_1^T & Q_2^T & Q_3^T \end{bmatrix} = I_N \Rightarrow \begin{cases} Q_i Q_j^T = 0, & i \neq j \\ Q_i Q_j^T = I, & i = j \end{cases}$$

由于 $U_f = R_{11}Q_1$，联合投影矩阵公式(9-30)有

$$
\begin{aligned}
\Pi_{U_f}^{\perp} &= I_N - Q_1^{\mathrm{T}} R_{11}^{\mathrm{T}} (R_{11}Q_1 Q_1^{\mathrm{T}} R_{11}^{\mathrm{T}})^{-1} R_{11}Q_1 \\
&= I_N - Q_1^{\mathrm{T}} Q_1 \\
&= Q_2^{\mathrm{T}} Q_2 + Q_3^{\mathrm{T}} Q_3
\end{aligned}
\tag{9-32}
$$

从式(9-31)的 RQ 分解公式中可知：

$$
Y_f = R_{11}Q_1 + R_{22}Q_2
\tag{9-33}
$$

联合式(9-32)和式(9-33)可得

$$
\begin{aligned}
Y_f \Pi_{U_f}^{\perp} &= (R_{11}Q_1 + R_{22}Q_2)(Q_2^{\mathrm{T}} Q_2 + Q_3^{\mathrm{T}} Q_3) \\
&= R_{22}Q_2 Q_2^{\mathrm{T}} Q_2 \\
&= R_{22}Q_2
\end{aligned}
$$

性质 1 得证。

性质 2：如果输入数据 $u(k)$ 满足充分激励条件：

$$
\mathrm{rank}\left(\begin{bmatrix} X_f \\ U_f \end{bmatrix} \right) = n + sm
\tag{9-34}
$$

则扩展观测矩阵 Γ_s 的列空间等于 R_{22} 的列空间：

$$
\mathrm{range}(\Gamma_s) = \mathrm{range}(R_{22})
$$

证明：由性质 1 有

$$
\mathrm{range}(\Gamma_s) = \mathrm{range}(Y_f \Pi_{U_f}^{\perp}) = \mathrm{range}(R_{22}Q_2)
$$

可知 $\mathrm{rank}(R_{22}Q_2) = n$，又由 Q_2 行满秩可得 $\mathrm{rank}(R_{22}) = n$，性质 2 得证。

由公式(9-31)中 RQ 分解的性质 1 和性质 2 可知，在求解扩展观测矩阵 Γ_s 的列空间时，不仅不需要构造投影矩阵 $\Pi_{U_f}^{\perp}$，也不需要存储维数较大的 Q_2，只需要对 R_{22} 做 SVD 分解：

$$
R_{22} = U_n \Sigma_n V_n^{\mathrm{T}}
\tag{9-35}
$$

式中，$\Sigma_n = R^{n \times n}$，且 $\mathrm{rank}(\Sigma_n) = n$，那么矩阵 U_n 的所有列即为扩展观测矩阵 Γ_s 的列空间。

子空间辨识得到的系统状态是相似变换之后的系统状态，没有实际的物理意义[4]，根据系统的相似变换理论可知：

$$\hat{\Gamma}_s = \Gamma_s T = \begin{bmatrix} CT \\ CT(T^{-1}AT) \\ \vdots \\ CT(T^{-1}AT)^{s-1} \end{bmatrix} = \begin{bmatrix} C_T \\ C_T A_T \\ \vdots \\ C_T A_T^{s-1} \end{bmatrix}$$

式中，T 表示原系统的相似变换矩阵；$\hat{\Gamma}_s$ 和 Γ_s 分别表示子空间辨识得到的扩展观测矩阵和原系统的扩展观测矩阵。由此可知，子空间辨识得到的扩展观测矩阵不是唯一的。

根据公式(9-35)确定扩展观测矩阵 $\hat{\Gamma}_s$，从而可得系统矩阵 A_T 和 C_T：

$$C_T = U_n(1:l,:),$$
$$U_n(1:(s-1)l,:)A_T = U_n(l+1:sl,:)$$

式中矩阵索引的表示方法为 MATLAB 中的表示方法，$U_n(1:l,:)$ 表示矩阵 U_n 的第 1 行到第 l 行和所有列。矩阵 B_T、D_T 和初始状态 $x_T(0)$ 与输入输出数据和 A_T、C_T 呈线性关系，系统(9-5)的输出可以表示为

$$y(k) = C_T A_T^k x_T(0) + \left(\sum_{\tau=0}^{k-1} u(\tau)^{\mathrm{T}} \otimes C_T A_T^{k-\tau-1} \right) \mathrm{vec}(B_T) \qquad (9-36)$$
$$+ (u(k)^{\mathrm{T}} \otimes I_m) \mathrm{vec}(D_T)$$

式中，$\otimes$ 表示 Kronecker 乘积；$\bullet_T$ 表示相似变换后的系统系数矩阵或相似变换后的系统状态向量。求上式的最小二乘解可以确定 B_T、D_T 和初始状态 $x_T(0)$：

$$\begin{bmatrix} x_T(0) \\ \mathrm{vec}(B_T) \\ \mathrm{vec}(D_T) \end{bmatrix} = \Phi^{\dagger} \theta \qquad (9-37)$$

式中，$\Phi = \begin{bmatrix} C_T & 0 & u(1)^{\mathrm{T}} \otimes I_m \\ C_T A_T & u(1)^{\mathrm{T}} \otimes C & u(2)^{\mathrm{T}} \otimes I_m \\ \vdots & \vdots & \vdots \\ C_T A_T^{N-1} & \sum_{\tau=0}^{N-2} u(\tau+1)^{\mathrm{T}} \otimes C_T A_T^{N-2-\tau} & u(N)^{\mathrm{T}} \otimes I_m \end{bmatrix}$; $\theta = \begin{bmatrix} y(1) \\ y(2) \\ \vdots \\ y(N) \end{bmatrix}$。

9.2.3　典型子空间辨识算法

典型子空间算法包括典型变量分析法(canonical variate analysis, CVA)[5, 6]、多变量输出误差状态空间(MIMO output error state space model identification, MOESP)算法[7]和子空间辨识的数值计算方法(numerical subspace state space identification, N4SID)[8]。其中 CVA 算法利用将来时间输出矩阵和历史时间输入

输出矩阵之间的典型相关性估计系统初始状态,并使用 Akaike 信息准则(AIC 准则)确定系统的阶数。MOESP 算法引入 QR 分解来减少辨识过程中的数据存储和计算量,提高辨识过程的数值稳定性。N4SID 算法应用 SVD 分解、正交投影和斜投影等相关技术,通过几何角度进行系统的子空间辨识。在本章后续故障诊断系统设计方法中,将用到 QR 分解、SVD 以及投影相关知识,因此本节内容详细介绍 MOESP 算法和 N4SID 算法。

1. 子空间辨识的 MOESP 方法

多变量输出误差状态空间(MOESP)算法能够解决实际问题中系统数据存在噪声的系统辨识问题。针对不同的噪声情况,MOESP 有多种变形算法[9-11],本节针对既有系统噪声又有测量噪声的情况进行分析,这种算法又叫 PO - MOESP 算法,为求简洁记为 MOESP。与 9.2.2 节确定系统的子空间辨识方法类似,MOESP 算法应用 QR 分解获得数值稳定性,区别在于引入了一个工具变量(instrument variable),使用工具变量消除噪声的影响。

本节内容针对公式(9-27)和公式(9-28)中的新息形式状态空间模型进行辨识,为了辨识得到扩展观测矩阵 Γ_s 的列空间。按照上节内容的方法首先去除输入项的影响,将方程(9-27)投影到输入矩阵的正交补空间 $U_f^\perp$:

$$Y_f\Pi_{U_f}^\perp = \Gamma_s X_f\Pi_{U_f}^\perp + H_{e,s}E_f\Pi_{U_f}^\perp \tag{9-38}$$

由于存在噪声项的影响,$\mathrm{range}(\Gamma_s) \notin \mathrm{range}(Y_f\Pi_{U_f}^\perp)$,不能直接通过对 $Y_f\Pi_{U_f}^\perp$ 做 SVD 分解来辨识扩展观测矩阵的列空间。若输入数据满足充分激励条件,下面通过引入工具变量 Z_p 来去除噪声项的影响,工具变量由历史输入输出数据构成:

$$Z_p = \begin{bmatrix} U_p \\ Y_p \end{bmatrix} \tag{9-39}$$

根据将来噪声数据与历史输入、历史输出以及将来输入数据线性无关,可得下面两条性质:

$$\lim_{N\to\infty} \frac{1}{N} H_{u,s} E_f\Pi_{U_f}^\perp Z_p^\mathrm{T} = 0 \tag{9-40}$$

$$\mathrm{rank}(\lim_{N\to\infty} \frac{1}{N} X_f\Pi_{U_f}^\perp Z_p^\mathrm{T}) = n \tag{9-41}$$

从而可以得到关系式:

$$Y_f\Pi_{U_f}^\perp Z_p^\mathrm{T} = \Gamma_s X_f\Pi_{U_f}^\perp Z_p^\mathrm{T} \tag{9-42}$$

$$\mathrm{range}(Y_f\Pi_{U_f}^\perp Z_p^\mathrm{T}) = \mathrm{range}(\Gamma_s) \tag{9-43}$$

与确定性系统辨识方法相似，MOESP 算法使用下面的 RQ 分解实现上述辨识过程，从而提高算法的数值稳定性：

$$
\begin{bmatrix} U_f \\ Z_p \\ Y_f \end{bmatrix} = \begin{bmatrix} U_f \\ \begin{bmatrix} U_p \\ Y_p \end{bmatrix} \\ Y_f \end{bmatrix} = \begin{bmatrix} R_{11} & 0 & 0 & 0 \\ R_{21} & R_{22} & 0 & 0 \\ R_{31} & R_{32} & R_{33} & 0 \end{bmatrix} \begin{bmatrix} Q_1 \\ Q_2 \\ Q_3 \\ Q_4 \end{bmatrix} \tag{9-44}
$$

则通过 R_{32} 可以估计出扩展观测矩阵的列空间：

$$
\mathrm{range}\left(\lim_{N \to \infty} \frac{1}{\sqrt{N}} R_{32} \right) = \mathrm{range}(\Gamma_s) \tag{9-45}
$$

2. 子空间辨识的 N4SID 方法

N4SID 方法应用投影理论估计扩展观测矩阵或者系统的状态矩阵，将公式（9-27）所示的新息形式的子空间矩阵方程：

$$
Y_f = \Gamma_s X_f + H_{u,s} U_f + H_{e,s} E_f
$$

沿着 U_f 的方向在 Z_p 上做斜投影：

$$
Y_f {/}_{U_f} Z_p = \Gamma_s X_f {/}_{U_f} Z_p + H_{u,s} U_f {/}_{U_f} Z_p + H_{e,s} E_f {/}_{U_f} Z_p \tag{9-46}
$$

根据公式（9-9）中斜投影的性质可得

$$
U_f {/}_{U_f} Z_p = 0 \tag{9-47}
$$

又由于系统的噪声信号与历史时间输入信号、历史时间输出信号以及将来时间输出信号都不相关，可得

$$
E_f {/}_{U_f} Z_p = 0 \tag{9-48}
$$

公式（9-47）和公式（9-48）使得方程（9-46）右侧后两项为零，从而去除了输入信号和噪声的影响，公式（9-46）简化为

$$
Y_f {/}_{U_f} Z_p = \Gamma_s X_f {/}_{U_f} Z_p \tag{9-49}
$$

式（9-49）左侧为已知的历史时间输入、输出数据和将来时间输入、输出数据，右侧为扩展观测矩阵 Γ_s 和系统状态矩阵 $X_f {/}_{U_f} Z_p$。$Y_f {/}_{U_f} Z_p$ 的列空间即为 Γ_s 的列空间，其行空间为 $X_f {/}_{U_f} Z_p$ 的行空间，对其做 SVD 分解：

$$
Y_f {/}_{U_f} Z_p = \begin{bmatrix} U_1 & U_2 \end{bmatrix} \begin{bmatrix} \Sigma_1 & 0 \\ 0 & \Sigma_2 \end{bmatrix} \begin{bmatrix} V_1^{\mathrm{T}} \\ V_2^{\mathrm{T}} \end{bmatrix} \tag{9-50}
$$

式中，Σ_1 为奇异值较大的奇异值矩阵，可通过估计系统的阶次来确定其维度。从而可得扩展观测矩阵以及系统状态矩阵的估计结果：

$$\hat{\Gamma}_s = U_1 \Sigma_1^{1/2} \tag{9-51}$$

$$\hat{X}_f = X_f /_{U_f} Z_p = \Sigma_1^{1/2} V_1^{\mathrm{T}} \tag{9-52}$$

9.3　基于等价空间辨识的故障诊断方法

9.2 节内容介绍了关于子空间辨识的一系列基础知识，本节开始介绍数据驱动的故障诊断设计方法。基于等价空间的故障诊断方法是一种基于模型的方法，由于其优秀的解耦性能而得到了广泛的关注与应用[12-14]。在系统系数矩阵已知的情况下，直接求解扩展观测矩阵的左零空间即可得到系统的等价空间。基于等价空间辨识的故障诊断方法是在系统精确解析模型未知，即系统矩阵和系统阶数未知的情况下，使用系统辨识的方法直接辨识得到等价空间，基于辨识得到的等价空间构造故障诊断系统[15-20]。图 9-3 为等价空间法故障诊断系统设计流程图，图中的实线箭头流程是基于模型的设计流程，虚线箭头流程是数据驱动的设计流程。

通过本节内容，读者能够了解等价空间的定义、等价空间辨识方法以及基于等价空间辨识的故障诊断系统设计方法。

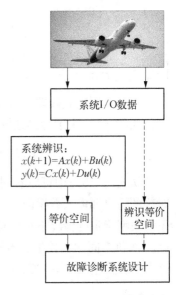

图 9-3　等价空间法故障诊断设计流程（实线流程：基于模型，虚线流程：数据驱动）

9.3.1　基于系统等价空间的残差生成器

航空发动机控制系统故障模型表示为

$$x(k+1) = Ax(k) + Bu(k) + Ef(k) + Ke(k) \tag{9-53}$$
$$y(k) = Cx(k) + Du(k) + Gf(k) + e(k)$$

式中，$x(k)$、$u(k)$、$y(k)$、$f(k)$ 分别表示系统状态、系统输入、系统输出以及系统故障；$e(k)$ 表示均值为零的新息向量，且与输入 $u(k)$ 不相关。$A \in R^{n \times n}$、$B \in R^{n \times m}$、$C \in R^{l \times n}$、$D \in R^{l \times m}$ 分别为相应的系数矩阵；E、G 分别为故障系数矩阵，当故障为执行器故障时，$E = B$，$G = D$；当故障为传感器故障时，$E = 0$，$G = I$。

将故障模型(9-53)写成向量形式,从 $k-s+1$ 时刻到 k 时刻可表示成:

$$y_s(k) = \Gamma_s x(k-s+1) + H_{u,s}u_s(k) + H_{f,s}f_s(k) + H_{e,s}e_s(k) \quad (9-54)$$

式中, $\lambda_s(k) = \begin{bmatrix} \lambda(k-s+1)^{\mathrm{T}} & \lambda(k-s+2)^{\mathrm{T}} & \cdots & \lambda(k)^{\mathrm{T}} \end{bmatrix}^{\mathrm{T}}$, λ 代表式中的

$y,\ x,\ u,\ f,\ e$; $\Gamma_s = \begin{bmatrix} C \\ CA \\ \vdots \\ CA^{s-1} \end{bmatrix}$; $H_{u,s} = \begin{bmatrix} D & 0 & \cdots & 0 \\ CB & D & \cdots & 0 \\ \vdots & \vdots & \ddots & \vdots \\ CA^{s-2}B & CA^{s-3}B & \cdots & D \end{bmatrix}$; $H_{f,s} =$

$\begin{bmatrix} G & 0 & \cdots & 0 \\ CE & G & \cdots & 0 \\ \vdots & \vdots & \ddots & \vdots \\ CA^{s-2}E & CA^{s-3}E & \cdots & G \end{bmatrix}$; $H_{e,s} = \begin{bmatrix} I_m & 0 & \cdots & 0 \\ CK & I_m & \cdots & 0 \\ \vdots & \vdots & \ddots & \vdots \\ CA^{s-2}K & CA^{s-3}K & \cdots & I_m \end{bmatrix}$。

为了方便建立残差生成器,首先假设故障和噪声均为零,即 $f(k)=0$, $e(k)=0$,则公式(9-53)表示为描述输入输出数据与初始状态之间的关系式:

$$y_s(k) = \Gamma_s x(k-s+1) + H_{u,s}u_s(k) \quad (9-55)$$

从式(9-55)中可以看到, $y_s(k)$ 和 $u_s(k)$ 是已知项,分别表示当前时刻及历史时刻的输出和输入数据向量; Γ_s 和 $H_{u,s}$ 都是由系统矩阵 (A,B,C,D) 构成的,在系统模型确定的情况下可以很方便地构造出来;唯一不确定的为系统的状态 $x(k-s)$。等价空间的残差生成器构造方法是利用系统的等价空间去除系统状态 $x(k-s)$ 的影响。若 $s>n$,那么有下面的等式成立:

$$\mathrm{rank}(\Gamma_s) \leqslant n < sm \quad (9-56)$$

式中, sm 为扩展观测矩阵 Γ_s 的行数。从公式(9-56)可知,至少存在一个非零的行向量 $v_s \in R^{sm}$,满足:

$$v_s\Gamma_s = 0 \quad (9-57)$$

从而可得基于等价向量的残差生成器:

$$\begin{aligned} r(k) &= v_s(y_s(k) - H_{u,s}u_s(k)) \\ &= v_s\Gamma_s x(k-s) = 0 \end{aligned} \quad (9-58)$$

式(9-58)表明当系统不存在噪声和故障时,残差 $r(k)$ 等于零。满足公式(9-57)的 v_s 叫做等价向量,所有 v_s 的集合构成扩展观测矩阵的左零空间,也叫做等价空间,公式表示为

$$\Gamma_s^{\perp} = \{v_s \mid v_s\Gamma_s = 0\} \quad (9-59)$$

当系统存在噪声和故障时,残差生成器的检测结果为

$$r(k) = \Gamma_s^{\perp}(y_s(k) - H_{u,s}u(k))$$

$$= \Gamma_s^{\perp}(H_{f,s}f_s(k) + H_{e,s}e_s(k)) \tag{9-60}$$

式(9-60)即为等价空间方法建立的残差生成器,从公式中可以看出,在生成当前时刻残差时,需要用到历史输入输出数据。$k - s + 1$ 时刻到当前时刻 k 的时间窗叫做故障检测窗。

9.3.2　数据驱动的等价空间辨识方法

9.3.1 节介绍了利用等价空间建立航空发动机控制系统残差生成器的方法,该方法是基于发动机状态空间模型的。本节将介绍一种数据驱动的等价空间辨识方法,这种方法无需预知系统的精确解析模型,只通过系统输入输出数据便可以辨识出系统的等价空间。

1. 等价空间辨识

等价空间的辨识使用的是真实系统健康状态下的输入输出数据。对于式(9-53)所示的系统故障模型,当系统不存在故障时,即 $f(k) = 0$,其将来时刻子空间矩阵方程为

$$Y_f = \Gamma_s X_f + H_{u,s}U_f + H_{e,s}E_f \tag{9-61}$$

将式(9-61)写成下面的形式:

$$\begin{bmatrix} U_f \\ Y_f \end{bmatrix} = \Psi_s \begin{bmatrix} U_f \\ X_f \end{bmatrix} + \begin{bmatrix} 0 \\ H_{e,s}E_f \end{bmatrix}, \quad \Psi_s = \begin{bmatrix} I & 0 \\ H_{u,s} & \Gamma_s \end{bmatrix} \tag{9-62}$$

式中, $\Psi_s \in R^{s(m+l) \times (n+sl)}$。假设 $s > n$,那么可知 Ψ_s 的行数大于列数,因此存在左零矩阵 $\Psi_s^{\perp} \in R^{(sm-n) \times s(m+l)}$ 满足 $\Psi_s^{\perp}\Psi_s = 0$,将左零矩阵左乘到方程(9-62)两边,消除状态向量的影响,得到下面公式:

$$\Psi_s^{\perp} \begin{bmatrix} U_f \\ Y_f \end{bmatrix} = \Psi_s^{\perp} \begin{bmatrix} 0 \\ H_{e,s}E_f \end{bmatrix} \tag{9-63}$$

式(9-63)为数据驱动的稳态核表示方法(stable kernel representation, SKR)[17],利用系统输入输出数据辨识得到矩阵 $\Psi_s^{\perp}$ 后,就可以建立系统的残差生成器:

$$r(k) = \Psi_s^{\perp} \begin{bmatrix} u_s(k) \\ y_s(k) \end{bmatrix} \tag{9-64}$$

　　通过方程(9-64)辨识矩阵 $\Psi_s^{\perp}$ 首先要消除噪声项的影响,利用9.1节中子空间辨识的工具变量的方法,选取由历史时刻的输入输出数据构成的工具变量 Z_p:

$$Z_p = \begin{bmatrix} U_p \\ Y_p \end{bmatrix} \tag{9-65}$$

由于 Z_p 与噪声 E_f 不相关,即

$$\frac{1}{N-1} E_f Z_p^{\mathrm{T}} \approx 0$$

因此,将方程(9-63)两边同时右乘 Z_p^{T} 可得

$$\frac{1}{N-1} \begin{bmatrix} U_f \\ Y_f \end{bmatrix} Z_p^{\mathrm{T}} \approx \Psi_s \begin{bmatrix} U_f \\ Y_f \end{bmatrix} Z_p^{\mathrm{T}} \tag{9-66}$$

假设式(9-66)中的双横线项行满秩,将式(9-66)两边同时左乘 Ψ_s 的左零空间矩阵 $\Psi_s^{\perp}$,可得

$$\Psi_s^{\perp} \begin{bmatrix} U_f \\ Y_f \end{bmatrix} \frac{Z_p^{\mathrm{T}}}{N-1} = 0 \tag{9-67}$$

　　方程(9-67)描述的是 $\Psi_s^{\perp}$ 与输入输出矩阵以及工具变量 Z_p 之间的关系,输入输出矩阵以及工具变量 Z_p 都是已知量,通过下面 SVD 可以确定 $\Psi_s^{\perp}$ 的值:

$$\begin{bmatrix} U_f \\ Y_f \end{bmatrix} \frac{Z_p^{\mathrm{T}}}{N-1} = \begin{bmatrix} U_1 & U_2 \end{bmatrix} \begin{bmatrix} \Sigma_1 & 0 \\ 0 & \Sigma_2 \end{bmatrix} \begin{bmatrix} V_1^{\mathrm{T}} \\ V_1^{\mathrm{T}} \end{bmatrix} \tag{9-68}$$

式中, $\Sigma_1 \in R^{\hat{n} \times \hat{n}}$ 、 $\Sigma_2 \approx 0$, 可得

$$\Psi_s^{\perp} = U_2^{\mathrm{T}} \in R^{(sl-\hat{n}) \times s(l+m)} \tag{9-69}$$

将 $\Psi_s^{\perp}$ 写成分块形式 $\Psi_s^{\perp} = \begin{bmatrix} \Psi_{s,u}^{\perp} & \Psi_{s,y}^{\perp} \end{bmatrix}$, $\Psi_{s,u}^{\perp} \in R^{(sl-\hat{n}) \times sm}$, $\Psi_{s,y}^{\perp} \in R^{(sl-\hat{n}) \times sl}$, 可得

$$\Psi_{s,y}^{\perp} \Gamma_s = 0, \ \Psi_{s,u}^{\perp} = -\Psi_{s,y}^{\perp} H_{u,s} \tag{9-70}$$

由此可知, $\Gamma_s^{\perp} = \Psi_{s,y}^{\perp}$ 为系统的等价空间, $\Gamma_s^{\perp} H_{u,s} = -\Psi_{s,u}^{\perp}$ 为相关矩阵,因此可以通过辨识得到的 $\Psi_s^{\perp}$ 构造残差生成器:

$$\begin{aligned} r(k) &= \Gamma_s^{\perp} (y_s(k) - H_{u,s} u_s(k)) \\ &= \Psi_{s,y}^{\perp} y_s(k) + \Psi_{s,u}^{\perp} u_s(k) \end{aligned} \tag{9-71}$$

将辨识得到的 $\Psi_s^{\perp}$ 代入到公式(9-63)中,可以估计噪声的协方差矩阵:

$$\Sigma_{\mathrm{res}} = \frac{1}{N-1} \Psi_s^{\perp} \begin{bmatrix} U_f \\ Y_f \end{bmatrix} \left(\Psi_s^{\perp} \begin{bmatrix} U_f \\ Y_f \end{bmatrix} \right)^{\mathrm{T}} \qquad (9-72)$$

2. 等价空间辨识的数值计算方法

子空间矩阵方程(9-61)中的状态向量可以用历史时间状态向量与历史时间输入输出矩阵表示:

$$X_f = \Phi_x X_p + \Phi_u U_p + \Phi_y Y_p \qquad (9-73)$$

式中, $\Phi_x = (A-KC)^s$; $\Phi_u = [(A-KC)^{s-1}(B-KD) \quad \cdots \quad (A-KC)(B-KD) \quad (B-KD)]$; $\Phi_y = [(A-KC)^{s-1}K \quad \cdots \quad (A-KC)K \quad K]$; 由于系统是稳定的, $(A-KC)$ 的特征值在单位圆内, 当 s 足够大时, Φ_x 趋近于零。选择足够大的 s, 去除公式(9-73)中的历史时刻状态向量 $\Phi_x X_p$ 后可得

$$X_f = \Phi_u U_p + \Phi_y Y_p \qquad (9-74)$$

将式(9-74)代入公式(9-61)中:

$$Y_f = \Gamma_s \Phi_u U_p + \Gamma_s \Phi_y Y_p + H_{u,s} U_f + H_{e,s} E_f \qquad (9-75)$$

通过求解最小二乘方程可以估计出上式中历史时刻输入输出系数矩阵以及将来时刻输入系数矩阵:

$$\begin{bmatrix} \Gamma_s \Phi_u & \Gamma_s \Phi_y & H_{u,s} \end{bmatrix} = Y_f \begin{bmatrix} Z_p \\ U_f \end{bmatrix}^{-} \qquad (9-76)$$

式中, $\begin{bmatrix} Z_p \\ U_f \end{bmatrix}^{-} = \begin{bmatrix} Z_p \\ U_f \end{bmatrix}^{\mathrm{T}} \left(\begin{bmatrix} Z_p \\ U_f \end{bmatrix} \begin{bmatrix} Z_p \\ U_f \end{bmatrix}^{\mathrm{T}} \right)^{-1}$, $Z_p = \begin{bmatrix} U_p \\ Y_p \end{bmatrix}$。 将估计值代入公式(9-75)中可得残差向量的估计值:

$$H_{e,s} E_f = Y_f - Y_f \begin{bmatrix} Z_p \\ U_f \end{bmatrix}^{-} \begin{bmatrix} Z_p \\ U_f \end{bmatrix} \qquad (9-77)$$

数值计算方法主要是借助 RQ 分解的数学工具, 提高辨识过程的数值稳定性, 做下面的 RQ 分解:

$$\begin{bmatrix} Z_p \\ U_f \\ Y_f \end{bmatrix} = \begin{bmatrix} R_{11} & 0 & 0 \\ R_{21} & R_{22} & 0 \\ R_{31} & R_{32} & R_{33} \end{bmatrix} \begin{bmatrix} Q_1 \\ Q_2 \\ Q_3 \end{bmatrix} \qquad (9-78)$$

可得

$$\begin{bmatrix} Z_p \\ U_f \end{bmatrix} = \begin{bmatrix} R_{11} & 0 \\ R_{21} & R_{22} \end{bmatrix} \begin{bmatrix} Q_1 \\ Q_2 \end{bmatrix} \tag{9-79}$$

$$Y_f = \begin{bmatrix} R_{31} & R_{32} \end{bmatrix} \begin{bmatrix} Q_1 \\ Q_2 \end{bmatrix} + R_{33}Q_3 \tag{9-80}$$

将公式(9-79)和公式(9-80)代入公式(9-77)中,应用 RQ 分解的性质可估计出噪声:

$$H_{e,s}E_f = R_{33}Q_3 \tag{9-81}$$

公式(9-63)利用噪声与工具变量 Z_p 不相关的性质来去除噪声项的影响,而由公式(9-81)可知,RQ 分解能够直接估计出噪声项,通过式(9-80)的 RQ 分解可得

$$\begin{bmatrix} U_f \\ Y_f \end{bmatrix} = \begin{bmatrix} R_{21} & R_{22} \\ R_{31} & R_{32} \end{bmatrix} \begin{bmatrix} Q_1 \\ Q_2 \end{bmatrix} + R_{33}Q_3 \tag{9-82}$$

由于 $R_{33}Q_3$ 为噪声项,可得

$$\Psi_s^\perp \begin{bmatrix} R_{21} & R_{22} \\ R_{31} & R_{32} \end{bmatrix} = 0 \Leftrightarrow \Psi_s^\perp \Psi_s = 0$$

做如下 SVD:

$$\begin{bmatrix} R_{21} & R_{22} \\ R_{31} & R_{32} \end{bmatrix} = \begin{bmatrix} U_1 & U_2 \end{bmatrix} \begin{bmatrix} \Sigma_1 & 0 \\ 0 & \Sigma_2 \end{bmatrix} \begin{bmatrix} V_1 \\ V_2 \end{bmatrix} \tag{9-83}$$

式中,$\Sigma_1 \in R^{\hat{n} \times \hat{n}}$,$\Sigma_2 \approx 0$,则

$$\begin{bmatrix} -\Gamma_s^\perp H_{u,s} & \Gamma_s^\perp \end{bmatrix} = U_2^{\mathrm{T}} \tag{9-84}$$

则故障残差生成器为

$$\begin{aligned} r(k) &= \Gamma_s^\perp y_s(k) - \Gamma_s^\perp H_{u,s} u_s(k) \\ &= H_{f,s} f_s(k) + \Gamma_s^\perp H_{e,s} e_s(k) \end{aligned} \tag{9-85}$$

且通过 RQ 分解可估计出残差生成器的噪声协方差矩阵:

$$\Sigma_{\mathrm{res}} = \frac{1}{N-1} \Gamma_s^\perp R_{33} Q_3 (\Gamma_s^\perp R_{33} Q_3)^{\mathrm{T}} \tag{9-86}$$

算法 9.1:等价空间辨识方法

(1)收集系统健康状况下满足充分激励条件的 I/O 数据,构造工具变量 Z_p、输入输出 Hankel 矩阵 U_f 和 Y_f。

（2）按照公式（9-78）做 RQ 分解，进一步执行公式（9-83）所示的 SVD 分解。

（3）得到等价空间及相关矩阵 $\begin{bmatrix} -\Gamma_s^\perp H_{u,s} & \Gamma_s^\perp \end{bmatrix} = U_2^T$。

9.3.3　基于等价空间辨识的故障诊断系统设计方法

基于 9.3.2 节辨识得到的等价空间，本节将设计数据驱动的故障检测与隔离系统。使用等价向量直接构建的残差生成器是开环结构，在线应用时需要存储历史数据。观测器形式的残差生成器拥有闭环结构，并且在计算过程中是递归形式，具有很好的结构稳定性[17]。基于此，本节内容首先通过等价空间构造传统的故障检测与隔离系统，再根据等价向量与观测器的一一对应关系和鲁棒残差生成器设计原理，构造基于观测器形式的鲁棒故障检测和隔离系统。

1. 残差统计分析

根据假设条件，系统中的噪声为高斯白噪声，则通过公式（9-85）构造的残差生成器计算得到的残差向量 $r(k)$ 分布如下：

$$r(k) \sim \begin{cases} N(0, \Sigma_{res}), & 无故障 \\ N(\Gamma_s^\perp H_{f,s} f_{k-s+1,s}(k), \Sigma_{res}), & 有故障 \end{cases} \quad (9-87)$$

式中，N 表示正态分布。通过 T^2 统计对公式（9-86）中的残差进行估计：

$$J(k) = r^T(k) \Sigma_{res}^{-1} r(k) \quad (9-88)$$

在系统无故障时，$J(k) \sim \chi^2(ls)$，即自由度为 ls 的卡方分布。选择误警率 α，通过查卡方概率分布表获得满足自由度为 ls 且 $\mathrm{prob}\{\chi > \chi_\alpha\} = \alpha$ 的 χ_α，然后选择检测阈值 $J_{th} = \chi_\alpha$。最终的故障检测决策为

$$J(k) \begin{cases} \le J_{th}: & 无故障 \\ > J_{th}: & 有故障 \end{cases} \quad (9-89)$$

2. 故障隔离

故障隔离问题可以转化为残差与故障的解耦问题，利用多个残差生成器构成残差生成器组，其中每个残差生成器只对特定的故障敏感，最后根据检测逻辑实现故障隔离。数据驱动的故障诊断设计中，通过辨识得到系统等价空间和相关矩阵可以构造公式（9-85）所示的残差生成器：

$$\begin{aligned} r(k) &= \Gamma_s^\perp y_s(k) - \Gamma_s^\perp H_{u,s} u_s(k) \\ &= \Gamma_s^\perp H_{f,s} f_s(k) + \Gamma_s^\perp H_{e,s} e_s(k) \end{aligned} \quad (9-90)$$

式中，$\Gamma_s^\perp$、$\Gamma_s^\perp H_{u,s}$ 分别为辨识得到的等价空间和相关矩阵；$H_{f,s}$ 为公式（9-54）中定义的故障系数矩阵，当 $E = B$、$G = D$ 时，故障为执行器故障，此时上式中的故障

系数矩阵即为辨识得到的相关矩阵,即 $\Gamma_s^\perp H_{f,s} = \Gamma_s^\perp H_{u,s}$;当 $E = 0$、$G = I$ 时,故障为传感器故障,此时上式中的故障系数矩阵即为辨识得到的等价空间,即 $\Gamma_s^\perp H_{f,s} = \Gamma_s^\perp$。假设有 m 个执行器故障和 l 个传感器故障待隔离,将公式(9-90)中第二个等式改写为

$$r(k) = (\Gamma_s^\perp H_{f,s})^i f_s^i(k) + (\Gamma_s^\perp H_{f,s})^{i-} f_s^{i-}(k) + \Gamma_s^\perp H_{e,s} e_s(k) \quad (9-91)$$

式中,当故障为执行器故障时,$(\Gamma_s^\perp H_{f,s})^i$ 表示故障系数矩阵 $\Gamma_s^\perp H_{f,s}$ 的第 i, $i+m$, $i+2m$, $\cdots$, $i+(s-1)m$ 列,$(\Gamma_s^\perp H_{f,s})^{i-}$ 表示故障系数矩阵 $\Gamma_s^\perp H_{f,s}$ 去除 $(\Gamma_s^\perp H_{f,s})^i$ 之后剩下的矩阵,$i = 1, 2, \cdots, m$;当故障为传感器故障时,$(\Gamma_s^\perp H_{f,s})^i$ 表示故障系数矩阵 $\Gamma_s^\perp H_{f,s}$ 的第 i, $i+l$, $i+2l$, $\cdots$, $i+(s-1)l$ 列,$(\Gamma_s^\perp H_{f,s})^{i-}$ 表示故障系数矩阵 $\Gamma_s^\perp H_{f,s}$ 去除 $(\Gamma_s^\perp H_{f,s})^i$ 之后剩下的矩阵,$i = 1, 2, \cdots, l$;$f_s^i(k)$ 表示第 i 个故障向量,$f_s^{i-}(k)$ 表示故障向量 $f_s(k)$ 去除 $f_s^i(k)$ 之后剩下的向量。通过下式求解矩阵 P_i 可以实现故障隔离:

$$\begin{cases} P_i(\Gamma_s^\perp H_{f,s})^i = 0 \\ P_i(\Gamma_s^\perp H_{f,s})^{i-} \neq 0 \end{cases} \quad (9-92)$$

式(9-92)可解的充要条件为

$$\mathrm{rank}(\Gamma_s^\perp H_{f,s}) > \mathrm{rank}((\Gamma_s^\perp H_{f,s})^{i-}) \quad (9-93)$$

将求得的 P_i 左乘公式(9-90)两端,可构造故障隔离残差生成器:

$$\begin{aligned} r_i(k) &= P_i r(k) \\ &= P_i(\Gamma_s^\perp y_s(k) - \Gamma_s^\perp H_{u,s} u(k)) \\ &= P_i(\Gamma_s^\perp H_{f,s})^i f_s^i(k) + P_i \Gamma_s^\perp H_{e,s} e_s(k) \end{aligned} \quad (9-94)$$

式中,残差 $r_i(k)$ 只对第 i 个故障敏感,对其他故障不敏感。

另一种故障隔离方法通过下式求解矩阵 P_i:

$$\begin{cases} P_i(\Gamma_s^\perp H_{f,s})^i \neq 0 \\ P_i(\Gamma_s^\perp H_{f,s})^{i-} = 0 \end{cases} \quad (9-95)$$

式中参数的定义与公式(9-93)相同,其可解的充要条件为

$$\mathrm{rank}(\Gamma_s^\perp H_{f,s}) > \mathrm{rank}((\Gamma_s^\perp H_{f,s})^i) \quad (9-96)$$

同理构造残差生成器:

$$\begin{aligned} r_i(k) &= P_i r(k) \\ &= P_i(\Gamma_s^\perp y_s(k) - \Gamma_s^\perp H_{u,s} u(k)) \\ &= P_i(\Gamma_s^\perp H_{f,s})^{i-} f_s^{i-}(k) + P_i \Gamma_s^\perp H_{e,s} e_s(k) \end{aligned} \quad (9-97)$$

式中残差 $r_i(k)$ 只对第 i 个故障不敏感而对其他故障敏感。

公式(9-94)和公式(9-97)为两种不同的故障隔离设计方法,对执行器和传感器分别构造故障隔离残差生成器组:

$$r_{a,iso} = \begin{bmatrix} r_1 \\ r_2 \\ \vdots \\ r_m \end{bmatrix}, \ r_{s,iso} = \begin{bmatrix} r_1 \\ r_2 \\ \vdots \\ r_l \end{bmatrix} \tag{9-98}$$

式中,$r_{a,iso}$ 表示执行器故障隔离残差生成器组;$r_{a,iso}$ 表示传感器故障隔离残差生成器组。其中第 i 个故障隔离残差生成器的统计估计为

$$J_i(k) = r_i^T(k) \left(\frac{1}{N-1} P_i \Gamma_s^{\perp} R_{33} Q_3 (P_i \Gamma_s^{\perp} R_{33} Q_3)^T \right)^{-1} r_i(k) \tag{9-99}$$

算法 9.2: 传感器故障隔离

(1) 执行算法 9.1 得到等价空间 $\Gamma_s^{\perp}$ 和相关矩阵 $\Gamma_s^{\perp} H_{u,s}$。

(2) 令 $E=0$、$G=I$,根据公式(9-92)或公式(9-95)计算 P_i,得到 l 个等价子空间 $P_j \Gamma_s^{\perp}$,以及相关矩阵为 $P_j \Gamma_s^{\perp} H_{u,s}$。

(3) 公式(9-94)和公式(9-97)构造 l 个残差生成器,组成公式(9-98)中的残差生成器组 $r_{s,iso}$。

算法 9.3: 执行机构故障隔离

(1) 执行算法 9.1 得到等价空间 $\Gamma_s^{\perp}$ 和相关矩阵 $\Gamma_s^{\perp} H_{u,s}$。

(2) 令 $E=B$、$G=D$,根据公式(9-92)或公式(9-95)计算 P_i,得到 m 个等价子空间 $P_j \Gamma_s^{\perp}$,以及相关矩阵为 $P_j \Gamma_s^{\perp} H_{u,s}$。

(3) 公式(9-94)和公式(9-97)构造 m 个残差生成器,组成公式(9-98)中的残差生成器组 $r_{a,iso}$。

3. 鲁棒残差生成器

存在未知输入干扰或未测量干扰的系统故障模型可表示为

$$\begin{aligned} x(k+1) &= Ax(k) + Bu(k) + Ef(k) + Ld(k) + Ke(k) \\ y(k) &= Cx(k) + Du(k) + Gf(k) + Md(k) + e(k) \end{aligned} \tag{9-100}$$

式中,$x(k)$、$u(k)$、$y(k)$、$f(k)$、$d(k)$ 和 $e(k)$ 分别表示系统状态、系统输入、系统输出、系统故障、未知干扰和新息序列;A、B、C、D、E、G、L、M、K 分别为相应维度的系数矩阵;当 $E=B$、$G=D$ 时,故障 $f(k)$ 表示执行器故障;当 $E=0$、$G=I$ 时,故障 $f(k)$ 表示传感器故障;当 $L=B$、$M=D$ 时,未知干扰 $d(k)$ 表示未知输入干扰;当 $L=0$、$M=I$ 时,未知干扰 $d(k)$ 表示未知测量干扰。则根据公式(9-90)构造残

差生成器为

$$r(k) = \Gamma_s^\perp y_s(k) - \Gamma_s^\perp H_{u,s} u(k)$$
$$= \Gamma_s^\perp H_{f,s} f_s(k) + \Gamma_s^\perp H_{d,s} d_s(k) + \Gamma_s^\perp H_{e,s} e_s(k) \tag{9-101}$$

假设在式(9-101)中,当故障为执行器故障($E = B$、$G = D$)时,那么干扰为未知测量干扰($L = 0$、$M = I$),则 $\Gamma_s^\perp H_{f,s} = \Gamma_s^\perp H_{u,s}$,$\Gamma_s^\perp H_{d,s} = \Gamma_s^\perp$;当故障为传感器故障($E = 0$、$G = I$)时,那么干扰为未知输入干扰($L = B$、$M = D$),则 $\Gamma_s^\perp H_{f,s} = \Gamma_s^\perp$,$\Gamma_s^\perp H_{d,s} = \Gamma_s^\perp H_{u,s}$。从上述假设条件可知,在辨识得到等价空间 $\Gamma_s^\perp$ 和相关矩阵 $\Gamma_s^\perp H_{u,s}$ 后,故障系数矩阵 $\Gamma_s^\perp H_{f,s}$ 和干扰系数矩阵 $\Gamma_s^\perp H_{d,s}$ 也随之确定。鲁棒残差生成器希望残差对故障敏感,同时对干扰不敏感。基于数据驱动的等价空间设计方法是找到一个非零行向量 $\bar{v}_s \in \bar{V}_s$,满足:

$$\begin{cases} \bar{V}_s \Gamma_s^\perp H_{f,s} \neq 0 \\ \bar{V}_s \Gamma_s^\perp H_{d,s} = 0 \end{cases} \tag{9-102}$$

上式可解的条件为

$$\text{rank}(\begin{bmatrix} \Gamma_s^\perp H_{f,s} & \Gamma_s^\perp H_{d,s} \end{bmatrix}) > \text{rank}(\Gamma_s^\perp H_{d,s}) \tag{9-103}$$

将 $\bar{v}_s$ 左乘到公式(9-103)两侧,得到鲁棒残差生成器:

$$r_{ro}(k) = \bar{v}_s r(k)$$
$$= \bar{v}_s(\Gamma_s^\perp y_s(k) - \Gamma_s^\perp H_{u,s} u(k))$$
$$= \bar{v}_s(\Gamma_s^\perp H_{f,s} f_{k-s+1,s}(k) + \Gamma_s^\perp H_{d,s} d_{k-s+1,s}(k) + \Gamma_s^\perp H_{e,s} e_{k-s+1,s}(k))$$
$$= \bar{v}_s(\Gamma_s^\perp H_{f,s} f_{k-s+1,s}(k) + \Gamma_s^\perp H_{e,s} e_{k-s+1,s}(k)) \tag{9-104}$$

上式中的残差生成器完全去除了未知干扰的影响。

若 $\Gamma_s^\perp H_{d,s}$ 行满秩,则公式(9-103)中的条件得不到满足,方程(9-102)不可解。在这种情况下,需要同时考虑残差故障的敏感性和对干扰的鲁棒性,首先定义两个范数:

$$R_d = \sup_{d \neq 0} \frac{\| \bar{v}_s \Gamma_s^\perp H_{d,s} d_{k-s+1,s}(k) \|}{\| d_{k-s+1,s}(k) \|} \tag{9-105}$$

$$S_f = \sup_{f \neq 0} \frac{\| \bar{v}_s \Gamma_s^\perp H_{f,s} f_{k-s+1,s}(k) \|}{\| f_{k-s+1,s}(k) \|} \tag{9-106}$$

式中,sup 表示上确界;R_d 和 S_f 分别表示残差对干扰的鲁棒性和对故障的敏感性。通过上式建立鲁棒残差生成器即找到一个非零向量 $\bar{v}_s$,使得

$$\begin{cases} R_d \rightarrow \min \\ S_f \rightarrow \max \end{cases} \tag{9-107}$$

利用 R_d 和 S_f 的比值建立 H_2 性能指标函数：

$$J = \max_{\bar{v}_s} \frac{S_f}{R_d} = \max_{\bar{v}_s} \frac{\| \bar{v}_s \varGamma_s^\perp H_{f,s} \|_2}{\| \bar{v}_s \varGamma_s^\perp H_{d,s} \|_2} = \max_{\bar{v}_s} \frac{\bar{v}_s \varGamma_s^\perp H_{f,s} H_{f,s}^{\mathrm{T}} \varGamma_s^{\perp,\mathrm{T}} \bar{v}_s^{\mathrm{T}}}{\bar{v}_s \varGamma_s^\perp H_{d,s} H_{d,s}^{\mathrm{T}} \varGamma_s^{\perp,\mathrm{T}} \bar{v}_s^{\mathrm{T}}} \tag{9-108}$$

定义上式的最优解为 $v_{s,\mathrm{opt}}$，则上式可转化为求解下面广义矩阵的特征值和特征向量问题：

$$v(\lambda \varGamma_s^\perp H_{d,s} H_{d,s}^{\mathrm{T}} \varGamma_s^{\perp,\mathrm{T}} - \varGamma_s^\perp H_{f,s} H_{f,s}^{\mathrm{T}} \varGamma_s^{\perp,\mathrm{T}}) = 0 \tag{9-109}$$

式中，v 和 λ 分别为上式广义矩阵的特征向量和特征值，其最大特征值 $\lambda_{\max}$ 即为性能评价函数值 J，对应的特征向量 $v_{\max}$ 即为 $v_{s,\mathrm{opt}}$。$\varGamma_s^\perp H_{d,s}$ 和 $\varGamma_s^\perp H_{f,s}$ 通过辨识得到的等价空间和相关矩阵确定。则鲁棒残差生成器为

$$r_{ro}(k) = v_{s,\mathrm{opt}} r(k) = v_{s,\mathrm{opt}} \varGamma_s^\perp y_s(k) - v_{s,\mathrm{opt}} \varGamma_s^\perp H_{u,s} u(k) \tag{9-110}$$

4. 残差生成观测器

对于式(9-5)所示的确定系统，若 (A, B, C, D) 已知，可以通过求解下面的龙贝格方程组：

$$TA - A_z T = LC, \ c_z T = gC, \ B_z = TB - LD, \ d_z = gD \tag{9-111}$$

构造残差生成器：

$$z(k+1) = A_z z(k) + B_z u(k) + Ly(k) \tag{9-112}$$
$$r(k) = gy(k) - c_z z(k) - d_z u(k)$$

式中，$A_z \in R^{s \times s}$ 且特征值位于单位圆内（系统内稳定）；$B_z \in R^{s \times l}$；$c_z \in R^{l \times s}$；$g \in R^{l \times m}$；$L \in R^{s \times m}$；$T \in R^{s \times n}$。

在系统矩阵 (A, B, C, D) 和系统阶数未知的情况下，基于9.3.2节辨识得到的等价空间 $\varGamma_s^\perp$ 和相关矩阵 $\varGamma_s^\perp H_{u,s}$，根据公式(9-104)或公式(9-111)选择鲁棒等价向量 $v_s \in \varGamma_s^\perp$ 和 $v_s H_{u,s} \in \varGamma_s^\perp H_{u,s}$，则构造公式(9-112)所示的残差生成观测器的系数矩阵如下：

$$A_z = \begin{bmatrix} 0 & 0 & \cdots & 0 \\ 1 & 0 & \ddots & \vdots \\ \vdots & \ddots & \ddots & 0 \\ 0 & \cdots & 1 & 0 \end{bmatrix}, \ L = \begin{bmatrix} v_{s,0} \\ v_{s,1} \\ \vdots \\ v_{s,s-1} \end{bmatrix}, \ c_z = \begin{bmatrix} 0 & \cdots & 0 & 1 \end{bmatrix}, \ g = v_{s,s}$$

$$T = \begin{bmatrix} t_1 \\ t_2 \\ \vdots \\ t_s \end{bmatrix} = \begin{bmatrix} v_{s,1} & v_{s,2} & \cdots & v_{s,s} \\ v_{s,2} & \ddots & \ddots & 0 \\ \vdots & \ddots & \ddots & \vdots \\ v_{s,s} & 0 & \cdots & 0 \end{bmatrix} \Gamma_s(1:ms, :), \quad \Gamma_s^{\perp} \Gamma_s = 0$$

$$B_z = \begin{bmatrix} B_{z,1} \\ B_{z,2} \\ \vdots \\ B_{z,s} \end{bmatrix} = \begin{bmatrix} t_1 B - v_{s,0} D \\ t_2 B - v_{s,1} D \\ \vdots \\ t_s B - v_{s,s-1} D \end{bmatrix} = \begin{bmatrix} v_s H_{s,0} \\ v_s H_{s,1} \\ \vdots \\ v_s H_{s,s-1} \end{bmatrix}, \quad d_z = v_s H_{s,s}, \quad H_{s,i} = \begin{bmatrix} 0 \\ D \\ CB \\ \vdots \\ CA^{s-i-1}B \end{bmatrix}$$

式中，$\Gamma_s(1:ms, :)$ 表示等价空间 $\Gamma_s^{\perp}$ 的零空间的第 1 到第 ms 行。

算法 9.4：基于等价空间的残差生成观测器

（1）执行算法 9.1 获得等价空间 $\Gamma_s^{\perp}$ 及相关矩阵 $\Gamma_s^{\perp} H_{u,s}$。

（2）根据公式（9 - 104）或公式（9 - 111）选择鲁棒等价向量 $v_s \in \Gamma_s^{\perp}$ 和 $v_s H_{u,s} \in \Gamma_s^{\perp} H_{u,s}$。

（3）构造公式（9 - 112）所示的残差生成观测器。

9.4　基于 Markov 参数辨识的故障诊断方法

9.3 节介绍的是基于 PSA 的数据驱动故障诊断方法，该方法将数据投影到扩展观测矩阵的左零空间中，从而消除未知的状态参数对残差生成器的影响。本节介绍另一种数据驱动的故障诊断系统设计方法：基于 Markov 参数辨识的故障诊断方法。Markov 参数也即系统的单位冲击响应矩阵，已有的研究成果中，基于 Markov 参数的故障诊断系统构造方法主要有滚动时域（receding horizon）法[21-23]和观测器法[24,25]。

9.4.1　Markov 参数及其性质

状态空间的 Markov 参数是一种矩阵形式的单位脉冲响应[26]，下面以确定性系统状态空间方程为例，通过直接计算可以得到：

$$h(0) = Cx(0) + D\delta(0) = D$$
$$x(1) = Ax(0) + B\delta(0) = B$$
$$h(1) = CB$$
$$x(2) = Ax(1) + B\delta(1) = AB$$
$$h(2) = CAB$$

$$x(3) = Ax(2) + B\delta(2) = A^2B$$
$$h(3) = CA^2B$$
$$\vdots$$
$$h(n) = CA^{n-1}B, \ n > 0$$

上面推导过程是在零初始状态条件下进行的,即 $x(0) = 0$,将单位脉冲响应写成紧凑形式可得

$$h(n) = \begin{cases} D, & n = 0 \\ CA^{n-1}B, & n > 0 \end{cases} \tag{9-113}$$

在方程(9-113)中,单位脉冲响应 $h(n)$ 即为确定性系统状态空间方程的 Markov 参数。需要注意的是,方程(9-113)所示的单位脉冲响应 $h(n)$ 是 $m \times l$ 的矩阵,不是一个输出向量,可以将其看做 l 个长度为 m 的输出向量序列。

观察子空间辨识方程(9-22)和方程(9-23)可知,输入项的系数矩阵 $H_{u,s}$ 中的每个元素块都是由单位脉冲响应组成的,下面将确定系统向随机系统扩展。

对于系统(9-3)所示的预测器形式系统方程,故障方程为

$$x(k+1) = \bar{A}x(k) + \bar{B}u(k) + \bar{E}f(k) + Ky(k)$$
$$y(k) = Cx(k) + Du(k) + Gf(k) + e(k) \tag{9-114}$$

式中: $\bar{A} = A - KC$, $\bar{B} = B - KD$, $\bar{E} = E - KG$。其子空间矩阵方程为

$$Y_{k,s,N} = \bar{\Gamma}_s X_{k,N} + \bar{H}_{u,s}U_{k,s,N} + \bar{H}_{y,s}Y_{k,s,N} + \bar{H}_{f,s}F_{k,s,N} + E_{k,s,N} \tag{9-115}$$

式中:

$$\bar{H}_{u,s} = \begin{bmatrix} D & 0 & \cdots & 0 \\ C\bar{B} & \ddots & \ddots & \vdots \\ \vdots & \ddots & \ddots & 0 \\ C\bar{A}^{s-1}\bar{B} & \cdots & C\bar{B} & D \end{bmatrix}, \ \bar{H}_{y,s} = \begin{bmatrix} 0 & 0 & \cdots & 0 \\ CK & \ddots & \ddots & \vdots \\ \vdots & \ddots & \ddots & 0 \\ C\bar{A}^{s-1}K & \cdots & CK & 0 \end{bmatrix},$$

$$\bar{H}_{f,s} = \begin{bmatrix} G & 0 & \cdots & 0 \\ C\bar{E} & \ddots & \ddots & \vdots \\ \vdots & \ddots & \ddots & 0 \\ C\bar{A}^{s-1}\bar{E} & \cdots & C\bar{E} & G \end{bmatrix}。$$

对于执行器故障, $E = B$、$G = D$、$\bar{E} = \bar{B}$,则 $\bar{H}_{f,s} = \bar{H}_{u,s}$;对于传感器故障, $E = 0$、$G =$ I、$\bar{E} = -K$,则 $\bar{H}_{f,s} = \begin{bmatrix} I & 0 & \cdots & 0 \\ -CK & \ddots & \ddots & \vdots \\ \vdots & \ddots & \ddots & 0 \\ -C\bar{A}^{s-1}K & \cdots & -CK & I \end{bmatrix}。$

根据方程(9-115)的系数矩阵,定义下面三组 Markov 参数:

$$H_i^u = \begin{cases} D & i = 0 \\ C\bar{A}^{i-1}\bar{B} & i > 0 \end{cases}, \quad H_i^y = \begin{cases} 0 & i = 0 \\ C\bar{A}^{i-1}K & i > 0 \end{cases}, \quad H_i^f = \begin{cases} G & i = 0 \\ C\bar{A}^{i-1}\bar{E} & i > 0 \end{cases}$$

$$(9-116)$$

这三组 Markov 参数为预测器方程 Markov 参数,通过这三组 Markov 参数能够构造方程(9-116)的输入输出系数项 $\bar{H}_{u,s}$、$\bar{H}_{y,s}$ 和 $\bar{H}_{f,s}$。观察 Markov 参数的矩阵维度可知,其中不包含系统的阶数信息,因此在进行参数辨识时,不需要估计系统的阶数,从而避免了降阶过程带来的估计误差。

在公式(9-115)所示系统中的故障子系统 $(\bar{A}, \bar{E}, C, G)$ 中,满足 $H_0^f = H_1^f = \cdots = H_{i-1}^f = 0$ 且 $H_i^f \neq 0$ 的最小非负整数 i 称作故障子系统的相关度(relative degree)[21,27],记为 τ。当 $\tau = 0$ 时,故障为传感器故障;当 $\tau \geq 1$ 时,故障为执行器故障。故障子系统的相关度表示的是故障输入到系统输出的延时时间。

9.4.2　Markov 参数的辨识方法

对于预测器形式的子空间矩阵方程(9-115),系统不存在故障时的子空间矩阵方程为

$$Y_{k,s,N} = \bar{\Gamma}_s X_{k,N} + \bar{H}_{u,s} U_{k,s,N} + \bar{H}_{y,s} Y_{k,s,N} + E_{k,s,N} \quad (9-117)$$

将状态矩阵表示成历史状态和历史输入输出数据的形式:

$$\bar{\Gamma}_s X_{k,N} = \underbrace{\begin{bmatrix} C\bar{A}^p \\ \vdots \\ C\bar{A}^{p+s-1} \end{bmatrix}}_{b_x} X_{k-p,N} + Y_{u,p} U_{k-p,p,N} + Y_{y,p} Y_{k-p,p,N} \quad (9-118)$$

式中:

$$Y_{u,p} = \begin{bmatrix} C\bar{A}^{p-1}\bar{B} & C\bar{A}^{p-2}\bar{B} & \cdots & C\bar{B} \\ C\bar{A}^p\bar{B} & C\bar{A}^{p-1}\bar{B} & \cdots & C\bar{A}\bar{B} \\ \vdots & \vdots & & \vdots \\ C\bar{A}^{p+s-2}\bar{B} & C\bar{A}^{p+s-3}\bar{B} & \cdots & C\bar{A}^{s-1}\bar{B} \end{bmatrix},$$

$$Y_{y,p} = \begin{bmatrix} C\bar{A}^{p-1}K & C\bar{A}^{p-2}K & \cdots & CK \\ C\bar{A}^p K & C\bar{A}^{p-1}K & \cdots & C\bar{A}K \\ \vdots & \vdots & & \vdots \\ C\bar{A}^{p+s-2}K & C\bar{A}^{p+s-3}K & \cdots & C\bar{A}^{s-1}K \end{bmatrix}。$$

由假设条件可知系统稳定,即 $(A-KC)$ 的特征值严格位于单位圆内,当 p 足

够大时,b_x 趋近于零。其中 p 和 s 分别为"历史时间尺度"和"将来时间尺度",如图 9-4 所示。

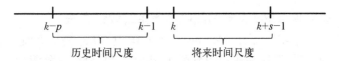

图 9-4 "历史时间尺度"和"将来时间尺度"示意图

将公式(9-118)代入公式(9-117),忽略 b_x 项,得到:

$$Y_{k,s,N} = \begin{bmatrix} Y_{u,p} & Y_{y,p} \end{bmatrix} \begin{bmatrix} U_{k-p,p,N} \\ Y_{k-p,p,N} \end{bmatrix} + \begin{bmatrix} \bar{H}_{u,s} & \bar{H}_{y,s} \end{bmatrix} \begin{bmatrix} U_{k,s,N} \\ Y_{k,s,N} \end{bmatrix} + E_{k,s,N}$$

$$(9-119)$$

将 Markov 参数写成向量形式:

$$\Xi = \begin{bmatrix} C\bar{A}^{p-1}\bar{B} & \cdots & C\bar{B} & C\bar{A}^{p-1}K & \cdots & CK & D \end{bmatrix} \quad (9-120)$$

取块矩阵方程(9-119)的首行,得到新的方程:

$$Y_{k,N} = \Xi \begin{bmatrix} U_{k-p,p,N} \\ Y_{k-p,p,N} \\ U_{k,N} \end{bmatrix} + E_{k,N} \quad (9-121)$$

式中:

$$Y_{k,N} = \begin{bmatrix} y(k) & y(k+1) & \cdots & y(k+N-1) \end{bmatrix},$$
$$U_{k,N} = \begin{bmatrix} u(k) & u(k+1) & \cdots & u(k+N-1) \end{bmatrix},$$
$$E_{k,N} = \begin{bmatrix} e(k) & e(k+1) & \cdots & e(k+N-1) \end{bmatrix}_{\circ}$$

则 Markov 参数 Ξ 的最小二乘估计 Ξ_0 为

$$\Xi_0 = Y_k \begin{bmatrix} U_{k-p,p,N} \\ Y_{k-p,p,N} \\ U_k \end{bmatrix}^{\dagger} \quad (9-122)$$

式中"†"表示右逆,定义如下:

$$T^{\dagger} = T^{\mathrm{T}}(TT^{\mathrm{T}})^{-1} \Rightarrow TT^{\dagger} = I$$

通过辨识得到的 Markov 参数 Ξ_0 可以得到公式(9-115)中的 Markov 参数,从而构造出方程(9-115)中的系数矩阵 $\bar{H}_{u,s}$、$\bar{H}_{y,s}$ 和 $\bar{H}_{f,s}$。

算法 9-5:Markov 参数辨识

(1) 收集系统健康状态下满足充分激励条件的 I/O 数据,构造公式(9-119)

中的输入输出数据矩阵。

（2）计算公式（9-121）的最小二乘解，得到中 Markov 参数矩阵 Ξ_0。

9.4.3　基于 Markov 参数的故障诊断系统设计方法

9.4.2 节内容介绍了系统 Markov 参数的辨识方法，获得系统预测器形式的 Markov 参数。本节基于这些辨识得到的 Markov 参数，介绍一种滚动时域的残差生成方法[28]，并基于此构造航空发动机故障隔离和识别系统。

1. 故障检测残差生成器

基于 9.3 节辨识得到的 Markov 参数，将公式（9-114）所示的预测器形式故障方程写成 $k-s+1$ 到 k 时刻的向量形式为

$$y_s(k) = \bar{\Gamma}_s x(k-s+1) + \bar{H}_{u,s} u_s(k) + \bar{H}_{y,s} y_s(k) + \bar{H}_{f,s} f_s(k) + e_s(k)$$

$$(9-123)$$

将初始状态项 $\bar{\Gamma}_s x(k-s+1)$ 表示成初始状态与历史输入输出的形式：

$$\bar{\Gamma}_s x(k-s+1) = b_x x(k-s-p+1) + Y_{u,p} u_p(k-s) \qquad (9-124)$$
$$+ Y_{y,p} y_p(k-s) + Y_{f,p} f_p(k-s)$$

式中，$b_x = [(C\bar{A}^p)^T \cdots (C\bar{A}^{p+s-1})^T]^T$，$\lambda_s(k) = [\lambda(k-s+1)^T \quad \lambda(k-s+2)^T \cdots \lambda(k)^T]^T$，$\lambda_p(k-s) = [\lambda(k-s-p+1)^T \quad \lambda(k-s-p+2)^T \cdots \lambda(k-s)^T]^T$，$\lambda$ 代表式中的 y、u、f、e。由于系统稳定，当 p 足够大时，b_x 趋近于零。联合公式（9-123）和公式（9-124），消除状态项，可得

$$y_s(k) = [Y_{u,p} \; Y_{y,p}] \begin{bmatrix} u_p(k-s) \\ y_p(k-s) \end{bmatrix} + Y_{f,p} f_p(k-s) \qquad (9-125)$$
$$+ \bar{H}_{u,s} u_s(k) + \bar{H}_{y,s} y_s(k) + \bar{H}_{f,s} f_s(k) + e_s(k)$$

式中，$Y_{u,p}$、$Y_{y,p}$、$Y_{f,p}$ 分别为

$$Y_{u,p} = \begin{bmatrix} C\bar{A}^{p-1}\bar{B} & C\bar{A}^{p-2}\bar{B} & \cdots & C\bar{B} \\ C\bar{A}^p\bar{B} & C\bar{A}^{p-1}\bar{B} & \cdots & C\bar{A}\bar{B} \\ \vdots & \vdots & & \vdots \\ C\bar{A}^{p+s-2}\bar{B} & C\bar{A}^{p+s-3}\bar{B} & \cdots & C\bar{A}^{s-1}\bar{B} \end{bmatrix}, \; Y_{y,p} = \begin{bmatrix} C\bar{A}^{p-1}K & C\bar{A}^{p-2}K & \cdots & CK \\ C\bar{A}^p K & C\bar{A}^{p-1}K & \cdots & C\bar{A}K \\ \vdots & \vdots & & \vdots \\ C\bar{A}^{p+s-2}K & C\bar{A}^{p+s-3}K & \cdots & C\bar{A}^{s-1}K \end{bmatrix}$$

$$Y_{f,p} = \begin{bmatrix} C\bar{A}^{p-1}\bar{E} & C\bar{A}^{p-2}\bar{E} & \cdots & C\bar{E} \\ C\bar{A}^p\bar{E} & C\bar{A}^{p-1}\bar{E} & \cdots & C\bar{A}\bar{E} \\ \vdots & \vdots & & \vdots \\ C\bar{A}^{p+s-2}\bar{E} & C\bar{A}^{p+s-3}\bar{E} & \cdots & C\bar{A}^{s-1}\bar{E} \end{bmatrix}$$ 。

根据公式(9-125)构造故障检测残差向量:

$$r(k) = (I - \bar{H}_{y,s})y_s(k) - [Y_{u,p}\ Y_{y,p}]\begin{bmatrix} u_p(k-s) \\ y_p(k-s) \end{bmatrix} - \bar{H}_{u,s}u_s(k) \quad (9-126)$$

$$= [Y_{f,p}\bar{H}_{f,s}]f_{s+p}(k) + e_s(k)$$

式中, $f_{s+p}(k) = \begin{bmatrix} f_p(k-s) \\ f_s(k) \end{bmatrix} = [\lambda(k-s-p+1)^{\mathrm{T}}\ \lambda(k-s-p+2)^{\mathrm{T}}\ \cdots\ \lambda(k)^{\mathrm{T}}]^{\mathrm{T}}$。

公式(9-126)所示的故障检测残差向量中,包含两个时间尺度, $[k-s-p+1\ \ k-s]$ 为初始化参数时间窗,窗长为 p。 $[k-s+1\ \ k]$ 为故障诊断窗,窗长为 s。图9-5所示为两个时间尺度的示意图。

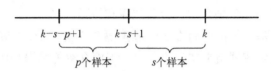

图9-5　基于 Markov 参数的故障诊断残差向量时间尺度示意图

将 Markov 参数回代到方程(9-119)中,估计残差向量 $r(k)$ 的协方差矩阵:

$$E_{k,s,N} = Y_{k,s,N} - [Y_{u,\rho}\ \ Y_{y,\rho}]\begin{bmatrix} U_{k-\rho,\rho,N} \\ Y_{k-\rho,\rho,N} \end{bmatrix} - [\bar{H}_{u,s}\ \ \bar{H}_{y,s}]\begin{bmatrix} U_{k,s,N} \\ Y_{k,s,N} \end{bmatrix}$$

$$\Rightarrow \Sigma_r = \frac{1}{N-1}E_{k,s,N}E_{k,s,N}^{\mathrm{T}}$$

$$(9-127)$$

2. 残差估计和阈值计算

根据假设条件,可知残差向量 $r(k)$ 分布如下:

$$r(k) \sim \begin{cases} N(0, \Sigma_r), & \text{无故障} \\ N([Y_{f,p}\bar{H}_{f,s}]f_{s+p}(k), \Sigma_r), & \text{有故障} \end{cases} \quad (9-128)$$

式中, N 表示正态分布。通过 T^2 统计对公式(9-126)中的残差进行估计:

$$J(k) = r^{\mathrm{T}}(k)\Sigma_r^{-1}r(k) \quad (9-129)$$

在系统无故障时, $J(k) \sim \chi^2(ls)$,即自由度为 ls 的卡方分布。选择误警率 α ,通过查卡方概率分布表获得满足自由度为 ls 且 $\mathrm{prob}\{\chi > \chi_\alpha\} = \alpha$ 的 χ_α ,然后选择检测阈值 $J_{\mathrm{th}} = \chi_\alpha$。最终的故障检测决策为

$$J(k) \begin{cases} \leqslant J_{th}: \text{无故障} \\ > J_{th}: \text{有故障} \end{cases} \qquad (9-130)$$

由于存在参数辨识误差以及非线性误差,当系统工作点偏离稳态点时,故障检测评价函数 $J(k)$ 将会偏离理想值。因此在实际应用中前,通常需要通过仿真分析,根据误警率和故障检测率来调整检测阈值 J_{th}。

3. 故障隔离

本节故障隔离同时考虑传感器故障和执行器故障,将预测器形式的故障方程表示成两种故障同时存在的形式:

$$x(k+1) = \bar{A}x(k) + \bar{B}(u(k) + f^{act}(k)) - Kf^{sen}(k) + Ky(k) \qquad (9-131)$$
$$y(k) = Cx(k) + D(u(k) + f^{act}(k)) + f^{sen}(k) + e(k)$$

式中,$f^{act}(k)$ 和 $f^{sen}(k)$ 分别表示执行器故障和传感器故障。

与 9.2.3 节中基于等价空间方法的故障隔离方案类似,本节的隔离方案也是通过构造一个残差生成器组来实现[22,29,30]。下面介绍传感器和执行机构的故障隔离设计方法。假设有 l 个传感器故障、m 个执行器故障待隔离,则第 j 个故障隔离残差生成器为

$$r_{iso}^j = P_j r(k) = P_j \begin{bmatrix} Y_{f,p}^{sen} & H_{f,s}^{sen} & Y_{f,p}^{act} & H_{f,s}^{act} \end{bmatrix} \underline{\quad} \begin{bmatrix} f_{p+s}^{sen}(k) \\ f_{p+s}^{act}(k) \end{bmatrix} + P_j e_s(k) \qquad (9-132)$$

式中,当残差生成器为执行器故障隔离残差生成器时,$r_{iso}^j = r_a^j$;残差生成器为执行器故障隔离残差生成器时,$r_{iso}^j = r_s^j$。双横线项为故障系数矩阵,上角标为 sen 表示传感器故障,即 $E = 0$,$G = I$;上角标为 act 表示执行器故障,即 $E = B$,$G = D$。为表示方便,将双横线项表示为 $H_F = \begin{bmatrix} Y_{f,p}^{sen} & H_{f,s}^{sen} & Y_{f,p}^{act} & H_{f,s}^{act} \end{bmatrix}$。对与执行器故障隔离,$P_j$ 为第 j 个执行器系数矩阵的左零空间矩阵,可通过下式求解:

$$\begin{cases} P_j \begin{bmatrix} Y_{f,\rho}^{act,j} & H_{f,s}^{act,j} \end{bmatrix} = 0 \\ P_j H_F^{-j} \neq 0 \end{cases} \qquad (9-133)$$

式中,$\begin{bmatrix} Y_{f,\rho}^{act,j} & H_{f,s}^{act,j} \end{bmatrix}$ 为执行器故障系数矩阵 $\begin{bmatrix} Y_{f,\rho}^{act} & H_{f,s}^{act} \end{bmatrix}$ 的第 $j, j+m, j+2m, \cdots, j+(s-1)m$ 列,表示第 j 个执行器的系数矩阵;H_F^{-j} 为 H_F 去掉第 j 个执行器的系数矩阵 $\begin{bmatrix} Y_{f,\rho}^{act,j} & H_{f,s}^{act,j} \end{bmatrix}$ 之后所剩余的矩阵。上式可解的条件为

$$\mathrm{rank}(H_F) > \mathrm{rank}(\begin{bmatrix} Y_{f,s}^{act,j} & H_{f,s}^{act,j} \end{bmatrix}) \qquad (9-134)$$

则执行器残差生成器组为

$$r_{a,\,iso} = \begin{bmatrix} r_a^1 \\ r_a^2 \\ \vdots \\ r_a^m \end{bmatrix} \qquad (9-135)$$

对与传感器故障隔离，P_j 为第 j 个传感器故障系数矩阵的左零空间矩阵，可通过下式求解：

$$\begin{cases} P_j \begin{bmatrix} Y_{f,\,p}^{sen,\,j} & H_{f,\,s}^{sen,\,j} \end{bmatrix} = 0 \\ P_j H_F^j \neq 0 \end{cases} \qquad (9-136)$$

式中，$\begin{bmatrix} Y_{f,\,p}^{sen,\,j} & H_{f,\,s}^{sen,\,j} \end{bmatrix}$ 为传感器故障系数矩阵 $\begin{bmatrix} Y_{f,\,p}^{sen} & H_{f,\,s}^{sen} \end{bmatrix}$ 的第 $j, j+l, j+2l, \cdots,$ $j+(s-1)l$ 列，表示第 j 个传感器故障的系数矩阵；H_F^j 为 H_F 去掉第 j 个执行器的系数矩阵 $\begin{bmatrix} Y_{f,\,p}^{sen,\,j} & H_{f,\,s}^{sen,\,j} \end{bmatrix}$ 之后所剩余的矩阵。上式可解的条件为

$$\mathrm{rank}(H_F) > \mathrm{rank}\left(\begin{bmatrix} Y_{f,\,p}^{sen,\,j} & H_{f,\,s}^{sen,\,j} \end{bmatrix} \right) \qquad (9-137)$$

则执行器残差生成器组为

$$r_{s,\,iso} = \begin{bmatrix} r_s^1 \\ r_s^2 \\ \vdots \\ r_s^m \end{bmatrix} \qquad (9-138)$$

结合公式 (9-135) 执行器残差生成器组和公式 (9-138) 的传感器残差生成器组，可实现传感器故障和执行器故障的隔离：

$$r_{iso} = \begin{bmatrix} r_{a,\,iso} \\ r_{s,\,iso} \end{bmatrix} \qquad (9-139)$$

4. 故障识别

基于 Markov 参数辨识的故障识别是利用辨识得到的 Markov 参数构造一个残差生成器，通过残差与故障的关系估计出故障的大小。对于公式 (9-126) 所示的残差生成器，残差与故障的关系为

$$r(k) = \begin{bmatrix} Y_{f,\,p} & \bar{H}_{f,\,s} \end{bmatrix} f_{s+p}(k) + e_s(k) \qquad (9-140)$$

假设故障为固定值且有界，可以通过下式有约束最小二乘问题对故障进行估计：

$$\min_f \parallel r(k) - \begin{bmatrix} Y_{f,\,p} & \bar{H}_{f,\,s} \end{bmatrix} f_{s+p}(k) \parallel_{\Sigma_{r,\,e}^{-1}}^2 \qquad (9-141)$$

$$\mathrm{s.\,t.} \quad f_{s+p}(k) \in \mathbb{Z}$$

式中，$\mathbb{Z}$ 表示凸集；$\Sigma_{r,e} = I_s \otimes \Sigma_r$，$I_s$ 表示维度为 s 的单位矩阵，Σ_r 为公式（9-127）中的协方差矩阵。对上式追加等式限制条件，假设历史诊断时间窗的故障为零：

$$f_p(k-s) = 0 \tag{9-142}$$

在 $H_{f,s}$ 列满秩的情况下，公式（9-140）中最小二乘估计结果为

$$\hat{f}_s(k) = (H_{f,s}^{\mathrm{T}} \Sigma_{r,e}^{-1} H_{f,s})^{-1} H_{f,s}^{\mathrm{T}} \Sigma_{r,e}^{-1} r(k) \tag{9-143}$$

由于忽略了状态项 $b_x x(k-s-p+1)$ 和历史诊断时间窗的故障项 $f_p(k-s)$，式中故障估计结果为有偏估计。上式中的故障估计结果是从 $k-s+1$ 到 k 时刻的故障估计值，而实际上我们只需要估计当前时刻的故障值，即 k 时刻的故障值 $\hat{f}$。假设待估计的故障数量为 n_f，将 $(H_{f,s}^{\mathrm{T}} \Sigma_{r,e}^{-1} H_{f,s})^{-1} H_{f,s}^{\mathrm{T}} \Sigma_{r,e}^{-1}$ 的最后 n_f 行定义为 G_r，则当前时刻 k 的故障估计结果可表示为

$$\hat{f} = G_r r(k) \tag{9-144}$$

当 $s \to \infty$ 时，式中故障估计满足下面任一条件时为无偏估计。

（1）$\tau = 0$ 的情况下，G 为可逆方阵，且系统 $\breve{A}_\tau = A - EG^{-1}C$ 稳定。若 G 不是方阵但是列满秩，则将系统输出方程改写为：$\tilde{y}(k) = G^\dagger y(k) = G^\dagger Cx(k) + G^\dagger Du(k) + f(k) + G^\dagger e(k)$。

（2）$\tau = 1$ 的情况下，$G = 0$，CE 为可逆方阵，且系统 $\breve{A}_\tau = A - AE(CE)^{-1}C$ 稳定。若 CE 不是方阵但是列满秩，则将系统输出方程改写为：$\tilde{y}(k) = U_{CE}^{\mathrm{T}} y(k) = U_{CE}^{\mathrm{T}} Cx(k) + U_{CE}^{\mathrm{T}} Du(k) + U_{CE}^{\mathrm{T}} e(k)$，其中 U_{CE} 为 CE 的列空间，可通过对 CE 做 SVD 分解求得

$$CE = \begin{bmatrix} U_{CE} & U_{CE}^{\mathrm{T}} \end{bmatrix} \begin{bmatrix} \Sigma_{CE} \\ 0 \end{bmatrix} V_{CE}^{\mathrm{T}}$$

（3）$1 < \tau < s-1$ 的情况下，$G = 0$ 且 $\{C\bar{A}^j E = 0 \mid 0 \leqslant j \leqslant s-2\}$，$CE$ 为可逆方阵，且系统 $\breve{A}_\tau = A - A\bar{A}^{\tau-1} E(C\bar{A}^{\tau-1}E)^{-1}C$ 稳定。

详细证明过程请参考文献[23]，上述方法中的残差生成器通过引入长度为 p 的初始化参数时间窗来消除初始状态的影响，与 Markov 辨识中消除状态变量的方法相似。这种处理方法能够很方便建立数据驱动的残差生成器，从而设计故障检测和故障隔离以及故障识别系统。但是该方法在故障识别时不仅会有由 Markov 参数辨识产生的误差，还会引入由初始状态产生的误差。若只考虑故障识别问题，为了降低残差生成器中初始状态产生的误差，文献[29]通过辨识得到的 Markov 参数替代初始状态向量，由公式（9-115）直接构造的残差生成器为

$$\begin{aligned} r(k) &= y_{[k-s+1,k+1)} - \bar{H}_{u,s} u_{[k-s+1,k+1)} + \bar{H}_{y,s} y_{[k-s+1,k+1)} \\ &= \bar{\Gamma}_s x(k-s+1) + \bar{H}_{f,s} f_{[k-s+1,k+1)} + e_{[k-s+1,k+1)} \end{aligned} \tag{9-145}$$

将式中的 $\bar{\Gamma}_s x(k-s+1)$ 替换为 $Y_{s,\rho}\xi_\rho$，有

$$r(k) = \underbrace{\left[\, Y_{s,\rho} \quad \bar{H}_{f,s} \,\right]}_{H_f} \underbrace{\left[\begin{array}{c} \xi_\rho \\ f_{[k-s+1,\,k+1]} \end{array}\right]}_{f^\xi} + e_{[k-s+1,\,k+1]} \qquad (9-146)$$

式中，$\gamma_{s,\rho} = \left[\begin{array}{cccc} C\bar{A}^{\rho-1}\bar{B} & C\bar{A}^{\rho-2}\bar{B} & \cdots & C\bar{B} \\ C\bar{A}^{\rho}\bar{B} & C\bar{A}^{\rho-1}\bar{B} & \cdots & C\bar{A}\bar{B} \\ \vdots & \vdots & & \vdots \\ C\bar{A}^{s+\rho-2}\bar{B} & C\bar{A}^{s+\rho-3}\bar{B} & \cdots & C\bar{A}^{s-1}\bar{B} \end{array}\right]$，$\text{range}(\bar{\Gamma}_s) = \text{range}(Y_{s,\rho})$。

公式(9-145)中故障的最小二乘估计为

$$\hat{f}^\xi = (H_f^{\mathrm{T}}\Sigma_{r,e}^{-1}H_f)^{-1}H_f^{\mathrm{T}}\Sigma_{r,e}^{-1}r(k) \qquad (9-147)$$

假设待估计的故障数量为 n_f，将 $(H_f^{\mathrm{T}}\Sigma_{r,e}^{-1}H_f)^{-1}H_f^{\mathrm{T}}\Sigma_{r,e}^{-1}$ 的最后 n_f 行定义为 G_r，则当前时刻 k 的故障估计结果可 $\hat{f}$ 为

$$\hat{f} = G_r r(k) \qquad (9-148)$$

9.5 航空发动机控制系统故障诊断设计与仿真

本节以某型双转子涡轮风扇发动机为例，分别对 9-2 节和 9-3 节介绍的两种数据驱动的故障诊断系统设计方法进行仿真分析。用部件级航空发动机非线性模型模拟真实发动机，故障诊断系统所需的辨识数据和测试数据都直接来自非线性模型。图 9-6 所示为发动机部件缩略图，图片下部的标尺为各截面编号。选取发动机燃油流量 W_f 为系统输入信号，低压转子转速 N_1、高压转子转速 N_2、高压涡

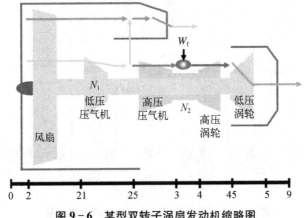

图 9-6 某型双转子涡扇发动机缩略图

轮前温度 T_4 以及高压涡轮后静压力 p_{s45} 作为系统输出信号。

为了模拟真实发动机,对仿真模型添加系统噪声和测量噪声,经过多次测量分析,$[N_1, N_2, p_{s45}, T_4]$ 的噪声方差在油门杆开度 PLA = 85% 的巡航飞行工况分别为 $[3.47, 13.75, 0.0006, 2.83]$。

9.5.1　基于等价空间辨识的航空发动机故障诊断系统

在航空发动机健康状态下采集用于等价空间辨识的开环数据,激励信号为伪随机二进制信号(PRBS),采样时间为 300 s,采样周期 0.04 s,采样点数为 7 500。根据 9.2.2 节中等价空间辨识的数值计算方法辨识发动机的等价空间,选择历史时间尺度 $p = 20$,等价空间维度 $s = 20$,$\hat{n} = 10$。辨识得到的等价空间维度为 $\Gamma_s^{\perp} \in R^{70 \times 80}$,相关矩阵 $H_{u,s} \Gamma_s^{\perp} \in R^{70 \times 20}$,噪声协方差矩阵的前 4 行和

前 4 列为
$$
\begin{bmatrix}
3.4591 & -0.1168 & 0.0010 & -0.0941 \\
-0.1168 & 13.3987 & 0.0024 & 0.0655 \\
0.0010 & 0.0024 & 0.0006 & 0.0094 \\
-0.0941 & 0.0655 & 0.0094 & 2.7994
\end{bmatrix}
$$
。

构造公式(9-145)所示故障检测残差生成器,建立公式(9-148)所示的统计分析,选择误警率为 0.5%,根据卡方分布表可得故障阈值为 104.2。故障检测滤波器的检测结果如图 9-7 所示,其测试工况为 PLA = 88%,其中 N_1 为反馈控制信号,控制器为 PI 控制。故障发生时间分别在第 20 ~ 40 s、80 ~ 100 s、120 ~ 140 s、160 ~ 180 s 以及 200 ~ 220 s,对应的故障部件和故障大小分别为 1% 的执行器故障、

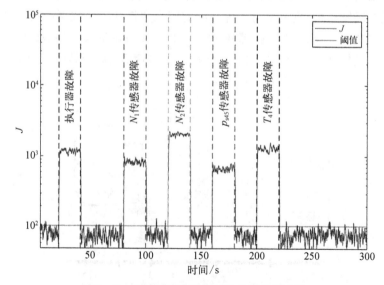

图 9-7　基于等价空间辨识的故障检测结果

0.5%的 N_1 传感器故障、0.5%的 N_2 传感器故障、0.5%的 p_{s45} 传感器故障以及 0.5%的 T_4 传感器故障,故障类别均为偏差故障。

图 9-7 所示的检测结果显示故障检测滤波器能及时检测到系统故障且有较高的故障检测率,但是误警率也相对较高。为了减小噪声对残差的影响,降低误警率,对求得的残差进行指数平滑[31]:

$$\tilde{r}(k) = \gamma \tilde{r}(k-1) + (1-\gamma)r(k) \tag{9-149}$$

令 $\gamma = 0.15$。图 9-8 所示为平滑后的故障检测结果,从图中可以看出故障检测滤波器能够很好地检测出系统中的执行器和传感器故障,并且没有出现误警。

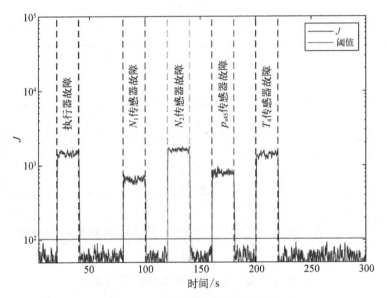

图 9-8　平滑后的故障检测结果

由于仿真中的输入信号只有燃油流量,因此不需要设计执行器的故障隔离系统,只需要设计传感器故障隔离系统。根据 9.3.3 节中的故障隔离公式(9-92)计算每个传感器的隔离矩阵 $P_j \in R^{50 \times 70}$,并构造故障隔离残差生成器组,其中共包含 4 个残差生成器,分别记为滤波器 #1、滤波器 #2、滤波器 #3、滤波器 #4。图 9-9 所示为故障隔离系统的诊断逻辑图,每个残差生成滤波器只对一个故障不敏感,对其他故障敏感,图中的 1 表示敏感,0 表示不敏感。

图 9-10 所示为传感器故障隔离滤

	f_1	f_2	f_3	f_4
滤波器#1	0	1	1	1
滤波器#2	1	0	1	1
滤波器#3	1	1	0	1
滤波器#4	1	1	1	0

图 9-9　故障隔离诊断逻辑

波器组的故障检测结果,其中故障类型和故障时间与故障检测中的相同,每个残差生成滤波器的指数平滑参数为 $\gamma = 0.1$。当执行器发生故障时,所有滤波器均有响应;当传感器发生故障时,可根据故障隔离诊断逻辑进行判断,从图中可以看出滤波器组能够准确隔离出各个传感器故障。

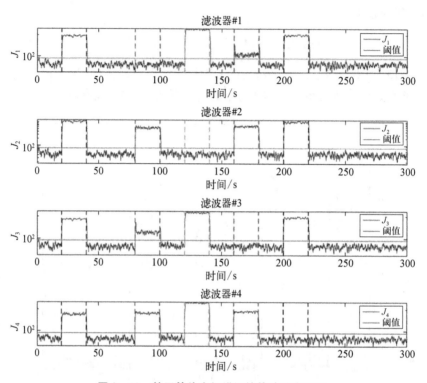

图 9 - 10 基于等价空间辨识的故障隔离结果

根据 9.2.3 节中的鲁棒残差生成器和残差生成观测器的设计方法,可以构造观测器形式的鲁棒故障诊断系统。文献[31]基于等价空间辨识设计了某型先进航空发动机传感器故障诊断系统,该诊断系统能够检测并隔离传感器故障,并且与未知输入干扰完全解耦。文献中只使用了一个等价向量构造残差生成滤波器,故障检测的可靠性较差,首先不容易检测到小故障,其次在对未知输入干扰解耦的条件下,不容易找到一个对所有传感器故障都敏感的等价向量。

本节鲁棒残差生成器将使用多个满足公式(9 - 126)的等价向量,对每个等价向量分别构造残差生成观测器,以提高故障检测的可靠性。对发动机添加如图 9 - 11 所示的未知正弦干扰,幅值为稳态输入值的 1%,频率为 0.2 Hz。

选择历史时间尺度 $p = 20$,等价空间维度 $s = 20$,$\hat{n} = 5$,构造故障检测滤波器。分别在第 40 s 对发动机 N_1、N_2、p_{s45} 和 T_4 传感器添加幅值为 0.5% 的小偏差故障,残差指数平滑参数 $\gamma = 0.15$,故障检测结果如图 9 - 12 所示。相较于通过一个等

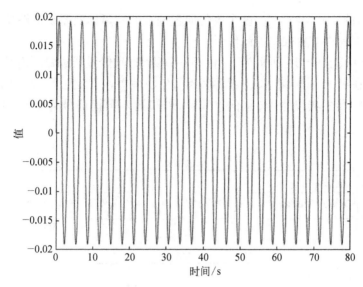

图 9 - 11　正弦干扰信号

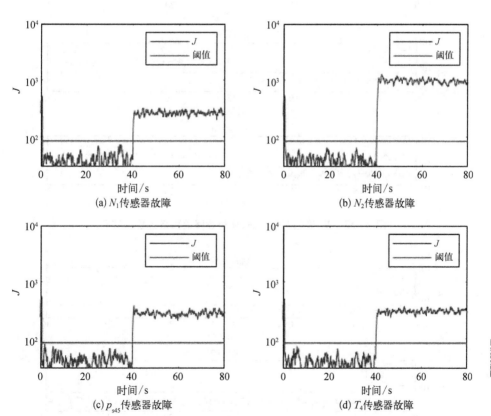

(a) N_1传感器故障

(b) N_2传感器故障

(c) p_{s45}传感器故障

(d) T_4传感器故障

图 9 - 12　鲁棒故障检测结果

价向量构造的故障诊断系统,多个等价向量构造的故障诊断系统能够检测到更小的故障,且对噪声有更强的抑制作用。

图 9-13、图 9-14 所示为 N_1 传感器故障和 N_2 传感器故障隔离结果,图 9-13 所示为在第 15 s 时刻 N_1 传感器发生 1% 小偏差故障,图 9-14 所示为在第 15 s 时刻 N_2 传感器发生 1% 小偏差故障,未知输入干扰信号为图 9-11 所示的正弦干扰。

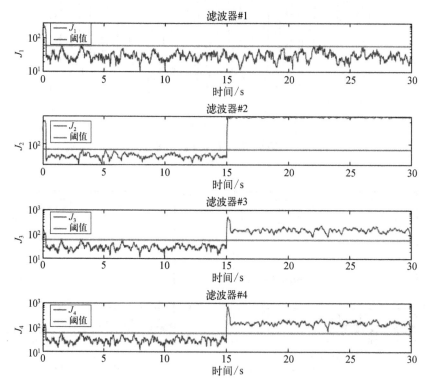

图 9-13 N_1 传感器故障时,鲁棒故障隔离系统检测结果

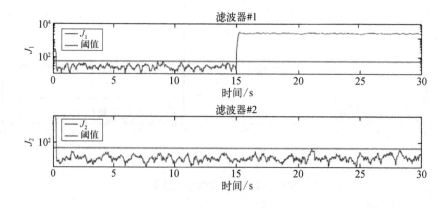

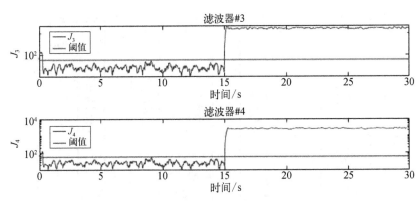

图 9 - 14　N_2 传感器故障时, 鲁棒故障隔离系统检测结果

9.5.2　基于 Markov 参数辨识的航空发动机故障诊断系统

用于 Markov 参数辨识的发动机 I/O 数据为开环状态下的数据, 激励信号为伪随机二进制信号(PRBS), 辨识的数据长度为 300 s, 采样周期为 0.04 s, 即 $N = 7\,500$ 个采样点。选取时间尺度参数 $p = 30$。分别对四个输出通道进行辨识, 每个通道对应的 Markov 参数记为 $h_u^i(n)$ 和 $h_y^i(n)$, 对应的噪声估计为 E_{ks}^i, 其中 $i = 1, \cdots, 4$。将四个通道 Markov 组合起来可得单输入多输出的 Markov 参数:

$$\begin{cases} h_u(n) = \begin{bmatrix} h_u^1(n) & h_u^2(n) & h_u^3(n) & h_u^4(n) \end{bmatrix}^{\mathrm{T}} \\ h_y(n) = \mathrm{diag}(h_y^1(n) \quad h_y^2(n) \quad h_y^3(n) \quad h_y^4(n)) \end{cases} \quad (9-150)$$

以及对应的方差:

$$\Sigma_r = \frac{1}{N-1} \begin{bmatrix} E_{ks}^1 & E_{ks}^2 & E_{ks}^3 & E_{ks}^4 \end{bmatrix}^{\mathrm{T}} \begin{bmatrix} E_{ks}^1 & E_{ks}^2 & E_{ks}^3 & E_{ks}^4 \end{bmatrix} \quad (9-151)$$

式中 diag 表示对角化。求解 9.3.2 节中的最小二乘问题得到 Markov 参数估计值以及方差估计值, 辨识得到的方差 Σ_r 为

$$\begin{bmatrix} 3.4802 & 0.0489 & 0.0014 & 0.0037 \\ 0.0489 & 13.7833 & 0.0004 & -0.1381 \\ 0.0014 & 0.0004 & 0.0006 & 0.0099 \\ 0.0037 & -0.1381 & 0.0099 & 2.7804 \end{bmatrix}$$

结果接近真实方差值, 通过方差可以间接确定辨识参数的准确性。

故障检测滤波器的检测结果如图 9 - 15 所示, 其测试工况为 PLA = 88%, 其中 N_1 为反馈控制信号, 控制器为 PI 控制。故障发生时间分别在第 20 ~ 40 s、80 ~ 100 s、120 ~ 140 s、160 ~ 180 s 以及 200 ~ 220 s, 对应的故障部件和故障大小分别为 1% 的执行器故障、0.5% 的 N_1 传感器故障、0.5% 的 N_2 传感器故障、0.5% 的 p_{s45} 传

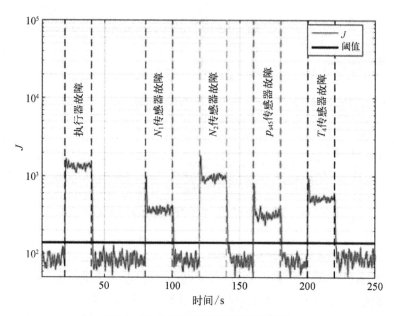

图 9 − 15　故障检测滤波器检测结果

感器故障以及 0.5% 的 T_4 传感器故障,故障类别均为偏差故障。

　　根据 9.3.3 节中的故障隔离方法构造残差生成器组,假设同一时刻至多只有一种故障发生。首先按照传感器故障隔离方案构造 4 个残差生成滤波器,记为滤波器#1、滤波器#2、滤波器#3、滤波器#4,分别对应于传感器 N_1、N_2、p_{s45}、T_4;再根据执行器故障隔离方案构造一个残差生成滤波器,记为滤波器#5,对应于执行器故障。图 9 − 16 所示为滤波器组故障检测逻辑矩阵图,其中 f_1, …, f_5 分别为对应的传感器故障和执行器故障,0 表示对故障不敏感,1 表示对故障敏感。从图中可以看出,若假设只有这 5 种故障,那么使用前 4 个滤波器就能够实现故障隔离。由于本节的发动机为单输入系统,不需要实现执行器之间的故障隔离,滤波器#5 可用

	f_1	f_2	f_3	f_4	f_5
滤波器#1	0	1	1	1	1
滤波器#2	1	0	1	1	1
滤波器#3	1	1	0	1	1
滤波器#4	1	1	1	0	1
滤波器#5	1	1	1	1	0

图 9 − 16　故障隔离判断逻辑矩阵图

于实现执行器故障和其他故障的隔离。图 9-16 中的故障隔离判断逻辑为:首先根据前 4 个滤波器结果进行判断,如果满足传感器故障逻辑,则为对应的传感器故障;如果 4 个传感器滤波器都能检测到故障,则故障不是传感器故障;再通过滤波器#5 的检测结果进行判断,若不能检测到故障,则为执行器故障,反之为其他故障。故障隔离过程没有用到图中的黄色部分。

图 9-17 所示为 5 个故障隔离滤波器的检测结果,测试条件与 9.5.1 节故障检测中的测试条件相同,包括发动机运行工况以及故障发生时间、大小和类型。从左到右分别为执行器故障、N_1 传感器故障、N_2 传感器故障、p_{s45} 传感器故障以及 T_4 传感器故障。依照图 9-16 中的判断逻辑进行故障隔离,5 种故障均能被正确隔离。

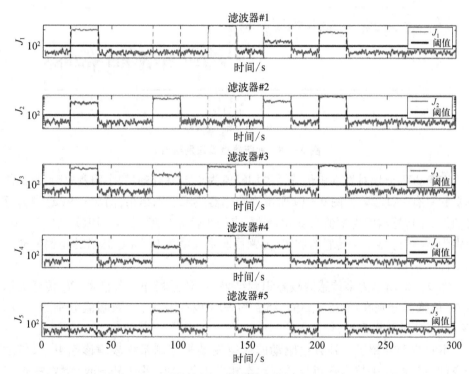

图 9-17　故障隔离结果图

根据 9.4.3 节故障识别中的公式(9-140)构造航空发动机故障识别系统,Markov 参数辨识中历史时间尺度参数 $p = 50$,执行器和传感器故障识别系统中选择参数 $s = 50$。

在第 30 s 对发动机执行器添加幅值为±1%稳态值的小偏差故障,图 9-18 所示为执行器故障识别结果,图中(a)表示故障幅值为 1%稳态值的故障估计结果,图中(b)表示故障幅值为-1%稳态值的故障估计结果。

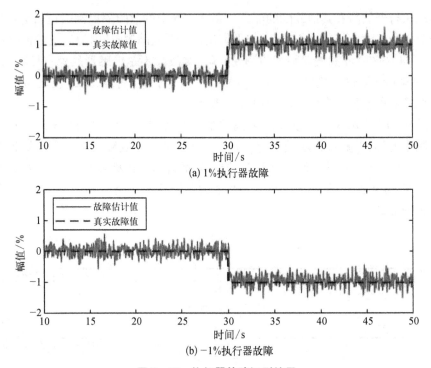

图 9 - 18　执行器故障识别结果

在第 30 s 分别对发动机传感器添加幅值为 0.5% 稳态值的小偏差故障,每次仿真实验只有一种故障。图 9 - 19 所示为传感器故障识别结果,图 9 - 19(a)中为反馈信号 N_1 传感器发生幅值为 0.5% 稳态值的小偏差故障,图 9 - 19(b)、(c)、(d)分别为 N_2 传感器、p_{s45} 传感器和 T_4 传感器发生幅值为 0.5% 稳态值的小偏差故障的估计结果。

图 9 - 20 所示为多传感器故障识别结果,T_4 传感器、p_{s45} 传感器、N_2 传感器以及 N_1 传感器分别在第 15 s、20 s、25 s 和 30 s 发生故障,故障幅值分别为-1%、1%、-0.5% 以及 0.5%。

本章内容介绍了一种数据驱动的航空发动机控制系统故障诊断方法,借助子空间辨识的相关技术获得与系统动态相关的等价空间或 Markov 参数,构造出系统的残差生成器,并基于残差生成器设计航空发动机控制系统的故障检测、隔离和识别系统。通过本章的理论介绍和仿真内容可知,这种数据驱动的方法有以下优点:

(1)不需要预先估计航空发动机的系统阶数,从而避免了模型降阶过程带来的误差;

(2)故障诊断系统设计过程中,只需要少量系统健康状态下满足持续激励条件的输入输出数据,不需要系统故障状态下的数据;

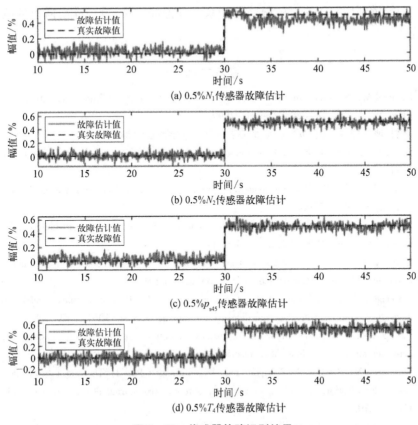

(a) 0.5%N_1传感器故障估计

(b) 0.5%N_2传感器故障估计

(c) 0.5%p_{s45}传感器故障估计

(d) 0.5%T_4传感器故障估计

图 9 – 19　传感器故障识别结果

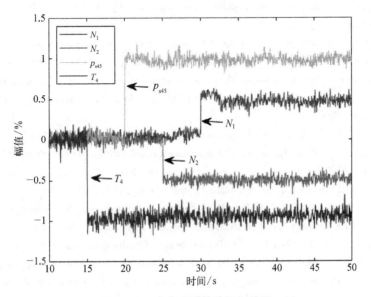

图 9 – 20　多传感器故障识别结果

（3）能够利用基于模型的故障诊断系统理论和方法，设计满足需求的故障诊断系统。

参考文献

[1] Favoreel W. Subspace methods for identification and control of linear and bilinear systems [D]. Leuven: University of Leuven, 1999.

[2] 刘豹. 现代控制理论[M]. 2 版. 北京: 机械工业出版社, 2000.

[3] Strang G. Linear algebra and Its applications[M]. San Diego: Harcourt Brace Jovanovich, 1988.

[4] Huang B, Kadali R. Dynamic modeling, predictive control and performance monitoring[M]. London: Springer, 2008.

[5] Larimore W E. Statistical optimality and canonical variate analysis system identification[J]. Signal processing, 1996, 52(2): 131 - 144.

[6] Larimore W E. Canonical variate analysis in identification, filtering, and adaptive control[C]. Honolulu: 29th IEEE Conference on Decision and Control, 1990.

[7] Verhaegen M. Identification of the deterministic part of MIMO state space models given in innovations form from input-output data[J]. Automatica, 1994, 30(1): 61 - 74.

[8] van Overschee P, de Moor B. Subspace identification for linear systems: Theory implementation applications[M]. Boston: Kluwer Academic Publishers, 1996.

[9] Verhaegen M, Dewilde P. Subspace model identification Part 1. The output-error state-space model identification class of algorithms[J]. International journal of control, 1992, 56(5): 1187 - 1210.

[10] Verhaegen M, Dewilde P. Subspace model identification Part 2. Analysis of the elementary output-error state-space model identification algorithm[J]. International Journal of Control, 1992, 56(5): 1211 - 1241.

[11] Verhaegen M. Identification of the deterministic part of MIMO state space models given in innovations form from input-output data[J]. Automatica, 1994, 30(1): 61 - 74.

[12] Hamelin F, Sauter D, Theilliol D. Some extensions to the parity space method for FDI using alternated projection subspaces[C]. New Orleans: 34th IEEE Conference on Decision and Control, 1995.

[13] Ding X, Guo L, Jeinsch T. A characterization of parity space and its application to robust fault detection[J]. IEEE Transactions on Automatic Control, 1999, 44(2): 337 - 343.

[14] Chow E, Willsky A. Analytical redundancy and the design of robust failure detection systems [J]. IEEE Transactions on Automatic Control, 1984, 29(7): 603 - 614.

[15] Yin S, Li X, Gao H, et al. Data-Based techniques focused on modern industry: An overview [J]. IEEE Transactions on Industrial Electronics, 2015, 62(1): 657 - 667.

[16] Wang Y, Gao B, Chen H. Data-Driven design of parity space-based FDI system for AMT vehicles[J]. IEEE-ASME Rransactions on Mechatronics, 2015, 20(1): 405 - 415.

[17] Steven X D. Data-driven design of fault diagnosis and fault-tolerant control systems [M]. London: Springer, 2014.

［18］ Ding S X. Data-driven design of monitoring and diagnosis systems for dynamic processes: A review of subspace technique based schemes and some recent results［J］. Journal of Process Control, 2014, 24(2): 431 – 449.

［19］ Ding S X, Ding E L, Yin S, et al. An approach to data-driven adaptive residual generator design and implementation［J］. IFAC Proceedings Volumes, 2009, 42(8): 941 – 946.

［20］ Ding S X, Ding E L, Zhang P, et al. Subspace method aided data-driven design of observer based fault detection systems［J］. IFAC Proceedings Volumes, 2005, 38(1): 167 – 172.

［21］ Wan Y, Keviczky T, Verhaegen M, et al. Data-driven robust receding horizon fault estimation ［J］. Automatica, 2016, 71: 210 – 221.

［22］ Dong J, Verhaegen M, Gustafsson F. Robust fault isolation with statistical uncertainty in identified parameters［J］. IEEE Transactions on Signal Processing, 2012, 60(10): 5556 – 5561.

［23］ Dong J, Verhaegen M. Identification of fault estimation filter from I/O data for systems with stable inversion［J］. IEEE Transactions on Automatic Control, 2012, 57(6): 1347 – 1361.

［24］ Naderi E, Khorasani K. A data-driven approach to actuator and sensor fault detection, isolation and estimation in discrete-time linear systems［J］. Automatica, 2017, 85: 165 – 178.

［25］ Wan Y, Keviczky T, Verhaegen M. Data-driven sensor fault estimation filter design with guaranteed stability［J］. IFAC-Papers OnLine, 2015, 48(21): 982 – 987.

［26］ Smith J O. Introduction to digital filters with audio applications［M］. Branson: W3K Publishing, 2007.

［27］ Kirtikar S, Palanthandalam-Madapusi H, Zattoni E, et al. l-Delay input and initial-state reconstruction for discrete-time linear systems［J］. Circuits, Systems, and Signal Processing, 2011, 30(1): 233 – 262.

［28］ Dong J. Data driven fault tolerant control: A subspace approach［D］. Delft: Delft University of Technology, 2009.

［29］ Qin S J, Li W. Detection and identification of faulty sensors in dynamic processes［J］. AIChE Journal, 2001, 47(7): 1581 – 1593.

［30］ Gertler J, Singer D. A new structural framework for parity equation-based failure detection and isolation［J］. Automatica, 1990, 26(2): 381 – 388.

［31］ Ma S, Wu Y F, Zheng H. Parity-Space-Based FDI approach for advanced-aeroengine sensors ［C］. Athens: 11th International Conference on Mechanical and Aerospace Engineering, 2020.

第 10 章
基于人工智能的航空发动机
控制系统传感器故障诊断

10.1 引 言

随着人工智能技术的迅速发展,特别是专家系统和人工神经网络在诊断领域中的进一步应用,要求智能诊断系统能够有效地获取、传递、处理、再生和利用诊断信息,从而具有对给定环境下的诊断对象进行成功的状态识别和状态预测的能力,因此智能诊断问题的研究更加系统与深入。

神经网络技术的出现为故障诊断问题提供了一种新的解决途径,特别是对复杂系统,由于基于解析模型的故障诊断方法面临难以建立系统精确数学模型的困难,而基于数据的神经网络故障诊断方法不需要建立精确的数学模型,其直接对数据进行解析、分析,用以判断监测的数据是否存在异常、故障的原因、故障大小等,是重要的、可行的方法[1]。

人工免疫系统是受生物免疫系统启发而出现的新型智能算法,从仿生学的角度出发,具有其他方法所不具备的诸多特性,如噪声耐受性强、响应速度快、继续学习能力强等诸多特性;将其引入航空发动机控制系统故障诊断领域,可以在线学习对训练样本中没有遇到的故障进行诊断、隔离和重构。

本章采用神经网络方法和基于免疫融合卡尔曼滤波器对航空发动机的传感器故障进行诊断。

10.2 基于人工智能的传感器故障诊断概述

基于神经网络的数据驱动技术进行故障诊断主要是利用传感器的实时数据或者收集到的历史数据作为依据,并不需要系统的精确数学模型。神经网络具有独特的非线性结构、线上学习的能力以及不需要明确的数学模型等优点;在系统识别以及学习输入输出的映射关系时展现出了优越的性能,所以在故障诊断方面,神经网络可以处理非线性问题,具有并行计算能力,不需要诊断和推理规则,它通过一组样本的输人与输出之间的映射关系进行按照设定的准则可以自学习,具有很好的发展前景。

　　通过神经网络来实现传感器故障诊断隔离与调节技术是这些年研究的热门内容,已取得了一些有价值的研究成果。Windon 等[2]就卡尔曼滤波技术和神经网络技术在传感器校验和故障诊断方面给出了明确的比较。An[3]将在线学习神经网络用于执行机构和传感器故障诊断与隔离。Samy 等[4]将神经网络用于传感器失效模式判别。Wang 等[5]采用遗传神经网络和自适应参数估计对非线性系统的执行机构和传感器进行故障诊断。其中,自联想型的神经网络(autoassociative neural networks,AANNs)这些年在成功解决了传感器故障诊断与识别问题后成为该领域的热门研究方向。Hines 等[6]利用 AANN 进行传感器故障的检测。Huang 等[7]利用训练好的 AANN,通过传感器检测和基于自联想型的神经网络修补法来同时检测传感器的多重故障。Lu 等[8]提出用 AANN 对一个传感器故障进行识别,并将传感器的值修正到正常值的范围内。利用 AANN 对传感器进行故障诊断的基本原理是网络会提供给输入输出一个非线性的函数关系,这个函数关系可以利用到故障诊断当中去。

　　人工免疫系统(the artificial immune system,AIS)算法的研究已成为人工智能研究领域的一个重要内容。人工免疫系统是受生物免疫系统启发而出现的新型智能算法,具有许多对解决实际工程问题非常有启发的特殊功能,如:模式识别、分布式诊断、自我与非我识别、多样性等。近年来,人工免疫系统因为其强大的信息处理能力而被广泛地应用在故障诊断领域。Laurentys 等[9]提出了基于人工免疫系统进行动态系统故障诊断的方法。Ghosh 等[10]受人工免疫系统的启发,将其用在故障诊断与过程监控领域。Mohapatra 等[11]使得通过人工免疫系统解决无线传感器网络故障诊断成为可能。Jiang 等[12]开发了一种基于抗体种群优化的人工免疫系统用于旋转设备异常检测。在航空航天领域,Moncayo 等[13,14]和 Perhinschi 等[15,16]率先将人工免疫系统应用于飞机健康管理,并给出了异常条件下飞机飞行包络重构的详细设计方案。他们以飞机为研究对象,设计了一个分布式健康管理系统,用于异常状态下的检测、识别、评估和适应。航空发动机作为飞机的一个子系统出现在系统中。Perhinschi 等[17]采用检测和定位某些类型的航空发动机故障。Azzawi 等[18]利用人工树突状细胞机制免疫算法进行故障检测和辨识。

　　同时,控制系统中的大闭环卡尔曼滤波器组设计过于复杂,导致计算效率低,精度不够。将人工免疫融合卡尔曼滤波进行故障诊断,突出两者的优势,在传感器故障诊断、隔离和调节方面具有良好的性能。

10.3　自联想型神经网络与诊断对象

10.3.1　神经网络与故障诊断

神经网络简单地说就是用物理上可以实现的器件、系统或现有的计算数据来模拟人脑的结构和功能的人工系统。它由大量简单的神经元经广泛互联构成一种计算结构,在某种程序上可以模拟人脑生物神经系统的工作过程。神经网络作为一种新的方法体系,具有以下四个基本特点。

(1)广泛连接的网络结构。神经网络采用大量的神经元,使之形成信息之间的广泛连接。虽然其复杂程度不能与人脑复杂程度相比,但本质上说它是一个广泛连接的巨型系统。

(2)分布式存储信息。信息存储在神经元之间相互连接的强度中。

(3)并行处理功能。研究表明,神经元之间信息传递是毫秒级的,对信息的处理是并行式的。神经网络就利用这样的特点,从而实现快速处理数据的功能。

(4)自学习、自组织和自适应功能。学习功能是神经网络的一个重要特征,正是因为神经网络具有学习能力,它在应用中表现出强大的自组织和自适应能力。

因此,应用神经网络解决故障诊断问题的主要步骤包括:根据诊断问题组织学习样本;根据问题和样本构造神经网络;选择合适的学习算法和参数。

神经网络为现代复杂大系统的状态监测和故障诊断提供了全新的理论方法和技术实现手段。神经网络之间复杂的函数关系是通过输入、输出数据来确定的,即输出会逼近并且收敛于输入。通过选择合理的网络内部结构并且训练该网络,使其有一个完整精确的映射关系。这样的神经网络就可以通过数据关系来减少测量噪声;通过构建网络输入与输出之间的误差诊断和隔离传感器故障;也可以在传感器数据的校验和分析中重建传感器的丢失和故障数据。

10.3.2 自联想型网络的结构和算法

AANN 属于典型的层状结构,且不同层的神经元之间没有链接关系,具体结构如图 10 - 1 所示,其中饱含了 3 个隐藏层。第 1 个隐藏层被称为映射层。隐藏层的激活功能可以是 S 型函数、切线双曲线函数和其他类似非线性函数。第 2 个隐藏层叫做瓶颈层,它起到的是线型传递函数的作用。瓶颈层的维数应当小于其他的隐藏层的维数。第 3 个隐藏层被称为解映射层,它具有与映射层相同的激活函数。映射层和解映射层具有相同的神经元个数。

瓶颈层的输出数据将输入层的输出数据进行了压缩。AANN 的运作是基于主元分析(principle components analysis, PCA)的概念,主元分析是一种多变量的统计方法,可用于对含有噪声的高度相关的测量数据进行分析[19]。采用的是把高维度信息投影到低维子空间并保留主要过程信息的方法,PCA 对于线性和非线性的相关变量均可适用。瓶颈层的输出节点可被视为是输入的相关数据经过压缩的不相关变量与主要部件是一致的。

与 PCA 相同,AANN 中的瓶颈层的目标是将数据压缩成一系列不相关的变量,将其存储在一个新的空间中,并使数据有更低的维数,令数据被处理起来可以

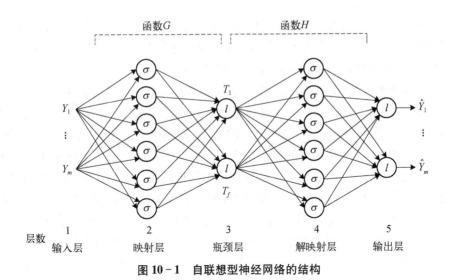

图 10-1　自联想型神经网络的结构

更加简单紧凑,AANN 可通过变量和产生的简洁的紧凑的数据结构处理线性或非线性多相关性的数据。

与只包含一层隐藏层的网络结构不同,在 AANN 结构中使用的三层隐藏层的主要原因是需要将数据进行压缩从而滤掉噪声和偏差。由图 10-1 可见 AANN 应当被视为两个串联起来的具有单个隐藏层的神经网络结构。其中输入、映射层和瓶颈层可以共同表示为一个非线性函数 $G: R^m \to R^f$,它可以将输入向量的维数降低而达到设计的要求。该映射可以用以下表达式表示:

$$T = G(Y) \tag{10-1}$$

其中,G 是一个非线性矢量函数,有多个独立的非线性函数 $G = [G_1, G_2, \cdots, G_f]^T$。用 T_i 表示瓶颈层第 i 个节点的输出或是向量 $T = [T_1, T_2, \cdots, T_i]^T$, $i = 1, 2, \cdots, f$ 中的第 i 个元素。$Y = [Y_1, Y_2, \cdots, Y_f]^T$ 表示网络的输入。因此,上述映射可以描述成 $G_i: R^m \to R$,它的构成为

$$T_i = G_i(Y), \ i = 1, 2, \cdots, f \tag{10-2}$$

下一层即是所谓的逆变换,是将数据恢复到原来的维数,此时瓶颈层的输出、解映射层和输出层构成了第二层网络,其非线性函数模型为 $H: R^f \to R^m$,可以复制一个近似于来自瓶颈层元素输入的值。这个映射可以用如下公式表示:

$$\hat{Y} = H(T) \tag{10-3}$$

其中,H 为非线性矢量函数,由 m 个非线性函数组成,每一个输出都可以表示为 $H_j: R^f \to R$,则有

$$\hat{Y}_j = H_j(T), \ j = 1, 2, \cdots, m \tag{10-4}$$

　　为不失一般性,子函数 G 和 H 必须具有表示任意性质的非线性函数的能力。这可以通过提供给各个子网具有大量节点的单层感知器来实现。映射层是子函数 G 的隐藏层,同样解映射层是子函数 H 的隐藏层。

　　AANN 需要监督训练,即是对每一个训练样本都有一个指定的期望输出。在输出 T 未知的情况下是不可能单独训练网络 G 的。类似的,在期望输出(目标输出是 $\hat{Y}$)已知,但是相应的输出 T 位置的情况下,网络 H 也是不可能被单独训练的。因此,对每一层网络独立的进行监督训练是不能实现的。为了避免这个问题,两个网络之间的连接是连续的,这样 G 的输出可以直接传给 H,这样网络的输出和期望输入均是已知的。特别的,$\hat{Y}$ 既是 G 的输入,也是 H 的期望输出。对于包含 3 个隐藏层的 G 与 H 连续的网络,瓶颈层是共享的,G 的输出即是 H 的输入。

　　本章 AANN 采用反向传播(backpropagation, BP)算法,设网络共有 M 层(不包含输入层),第 l 层节点数为 n_l,$y_k^{(l)}$ 表示第 l 层节点 k 的输出,则 $y_k^{(l)}$ 由下两式确定:

$$s_k^{(l)} = \sum_{j=0}^{n_{l-1}} w_{kj}^{(l)} \cdot y_j^{(l-1)} = W_k^{(l)} \cdot y^{(l-1)} \qquad (10-5)$$

$$y_k^{(l)} = f(s_k^{(l)}) \qquad (10-6)$$

其中,$s_k^{(l)}$ 为第 l 层神经元 k 的状态,神经元状态按公式方式表示,即 $y_0^{(l-1)} = 1$,$w_{k0}^{(l)} = -\theta_k^{(l)}$。式(10-5)、式(10-6)采用了向量法表示,$W_k^{(l)}$ 为由网络权值组成的系数行向量,$y^{(l-1)}$ 为第 $l-1$ 层的输出列向量。输入层作为第 0 层处理,因此 $y^{(0)} = x$,x 为输入向量。

　　给定样本模式 $\{X, Y\}$ 后,网络的权值将被调整,使如下的误差目标函数达到最小:

$$E(W) = \frac{1}{2} \| Y - \hat{Y} \|^2 = \frac{1}{2} \sum_{k=1}^{n_M} (Y_k - \hat{Y}_k)^2 \qquad (10-7)$$

式中,$\hat{Y}$ 为网络的输出;W 表示网络中所有的权值;n_M 为最后一层(输出层)的节点数。

　　根据梯度下降最优化方法,可以通过 $E(W)$ 的负梯度来修正权值。连至第 l 层第 i 个神经元的权值向量 $W_i^{(l)}$ 的修正量由下式确定:

$$\Delta W_i^{(l)} = -\eta \frac{\partial E(W)}{W_i^{(l)}} = \eta \delta_i^{(l)} y^{(l-1)} \qquad (10-8)$$

其中,η 为常数,表示学习的步长。

　　对于输出层(第 M 层),式(10-8)中的 $\delta_i^{(l)}$ 为

$$\delta_i^{(M)} = (Y_i - \hat{Y}_i) f'(s_i^{(M)}) \qquad (10-9)$$

对于隐藏层：

$$\delta_i^{(l)} = \sum_{j=1}^{n_{l+1}} w_{ij}^{(l+1)} \sigma_j^{(l+1)} f'(s_i^{(l)}) \qquad (10-10)$$

对于给定的输入输出样本，按照上述过程反复调整权值，最终使网络的输出接近期望输出。为了解决 BP 算法可能存在陷入局部最小以及收敛速度慢等问题，常采用改进型 BP 算法，引入动量因子 $\alpha(0 < \alpha < 1)$，该因子对网络的学习的收敛速度有着很重要的调节作用。因此，权向量的迭代公式为

$$W(k+1) = W(k) + \eta G(k) + \alpha \cdot \Delta W(k) \qquad (10-11)$$

式中，$\Delta W(k) = W(k) - W(k-1)$；$G(k) = -\dfrac{\partial E(W)}{\partial W}\bigg|_{W=W(k)}$。

10.3.3　发动机故障诊断参数的选择

无论是其特定的部件故障还是执行机构故障，任何故障诊断系统都必须建立在识别测量值变化量的基础上来达到诊断物理故障的目的。特别地，对任何发动机，故障可能来自以下问题的组合，比如：侵蚀、腐蚀、结垢、外界破坏、磨损、燃烧或者涡轮流场等。虽然是故障诊断但实际变成了测量发动机等参数，比如：转子转速、流量、温度、压力、推力，这些参数被认为是更加合适的作为基本部件性能改变的重要指标，这些部件性能包括：压气机的压缩能力、压气机效率、涡轮和喷管的效率，这些性能反过来影响参数。换句话说，这些发动机的测量参数是非独立变量，其绝对变化量取决于独立部件性能参数的绝对变化量。如果物理故障导致部件性能的退化，将导致发动机测量参数的变化，利用这些参数就可以隔离出退化的部件性能。本章中进行诊断与隔离的故障名称如表 10-1 所示。

表 10-1　发动机部件故障

部 件 故 障	描　　述
$\Delta \Gamma_{LC}$	低压压气机流量退化
$\Delta \eta_{LC}$	低压压气机效率退化
$\Delta \Gamma_{HC}$	高压压气机流量退化
$\Delta \eta_{HC}$	高压压气机效率退化
$\Delta \Gamma_{HT}$	高压涡轮流量退化
$\Delta \eta_{HT}$	高压涡轮效率退化
$\Delta \Gamma_{LT}$	低压涡轮流量退化
$\Delta \eta_{LT}$	低压涡轮效率退化

表 10-1 中定义的效率和流量都是相对独立的,而测量值如温度、压力、转速等都认为是非独立变量,可直接获得相关参数矩阵。

如果想要合理准确地诊断出故障,就需要选择合理的测量参数。表 10-2 和表 10-3 列举了选择的多样性。系统非独立变量都是可以测量的,而独立变量的变化值是可以计算的。对于发动机并不是可以任意选择 x 个测量值,就可以诊断任意 y 个非独立变量。测量参数必须与非独立的变量有明确的关系,这是选择测量参数的第一原则。

表 10-2 诊断方法中不同测量参数的选择

测量参数	1	2	3	4	5	6	7	8	9	10	11	12	13	14	15
N_1	√	√	√	√	√	√	√	√	√	√	√	√	√	√	√
N_2	√	√	√	√	√	√	√	√	√	√	√	√	√	√	√
TLC					√	√	√	√		√	√	√	√	√	√
PLC				√	√	√	√			√	√	√	√	√	√
THC							√	√		√	√	√	√	√	√
PHC	√		√	√	√	√	√			√	√	√	√	√	√
W_f		√							√	√	√	√	√	√	√
THT					√	√	√	√		√	√	√	√	√	√
PHT								√				√	√	√	√
TLT	√	√	√	√		√	√	√		√	√	√	√	√	√
PLT	√	√	√	√		√	√	√		√	√	√	√	√	√

表 10-3 诊断方法中不同计算参数的选择

计算参数	1	2	3	4	5	6	7	8	9	10	11	12	13	14	15
$\Delta\Gamma_{LC}$	√	√	√	√	√	√	√	√	√	√	√	√	√	√	√
$\Delta\eta_{LC}$				√	√	√	√	√	√	√	√	√	√	√	√
$\Delta\Gamma_{HC}$	√	√	√	√	√	√	√	√	√	√	√	√	√	√	√
$\Delta\eta_{HC}$							√								
$\Delta\Gamma_{HT}$	√			√	√	√	√	√	√	√	√	√	√	√	√
$\Delta\eta_{HT}$			√		√	√	√	√	√	√	√	√	√	√	√
$\Delta\Gamma_{LT}$				√				√							
$\Delta\eta_{LT}$								√				√	√	√	√

特定方法的选择受到发动机工作环境等因素的影响,同时这些因素也影响着

相关物理故障出现的可能性。选择测量值的另外两个原则就是根据敏感度分析选择合适的测量值,或者根据经济成本选择合适的测量值,即尽可能少地选择测量值。这里采用的测量值为: N_1、N_2、TLC、PLC、THC、PHC、W_f、TLT、PLT、TCC。

10.4　基于自联想型神经网络的数据校验

10.4.1　数据校验的必要性

AANN 可以在故障诊断与隔离之前有效地处理测量数据或传感器数据。发动机中的传感器通常工作在十分严峻的环境条件下,如高温和高压,这就会导致传感器有较高的噪声水平和一些不确定的因素,使得故障的诊断变得困难。AANN 在降噪以及传感器故障时展现了较高的鲁棒性,为此将 AANN 做如下测试:减少噪声、修正传感器不精确性、过滤异常值及传感器故障修正。

故障诊断与隔离系统的性能以及诊断与隔离部件故障的成功率很大程度上依赖于测量数据的有效性和质量。由于工作在高温、高压等严峻的条件下,所有来自燃气涡轮发动机传感器测量数据都包含了传感器噪声、偏移、漂移以及其他传感器故障信息。这些传感器的故障和异常现象会导致测量在一定程度上偏离真实值,从而导致故障诊断的不准确。Kramer[19] 首次提出的自联想型神经网络就是一个实用的网络结构,可以对测量数据进行校验,也可以同时实现滤波、信号平滑处理以及传感器故障纠正,这大大提升了故障诊断与隔离系统的性能,同时也增强了诊断系统的可靠性和鲁棒性。AANN 网络就是一个具有对称拓扑结构的前向型神经网络,它的功能即是使网络的输入与输出一致并且具有可以分离输入数据中的独立变量的独特功能。

燃气发动机故障可能在运行的时候产生,故障会直接影响发动机的性能和使用寿命,所以必须对故障进行诊断并且及时纠正。然而,诊断的过程最重要的就是区别开部件故障、测量噪声、传感器偏移以及其他可能造成发动机参数出现改变的原因。为了避免误报,需要把从传感器中得到的测量数据进行数据校验。另外,噪声、偏移以及其他测量值中可能包含的传感器故障都有可能被诊断为发动机的部件故障,从而导致错误的诊断结果。而误判会造成错误地更换正常部件,实质上可能只需要更换一个传感器而已,大大增加了发动机的维护成本。

10.4.2　诊断网络构建原理

要构建一个完整的神经网络必须确定网络的层数以及每一层神经元的个数。要使网络有满足需要的良好性能就需要明确网络的权值、阈值及激励函数,特别的是 AANN 还要修正瓶颈层神经元的个数,这需要大量的传感器测量数据来进行网络的训练。

网络训练过程当中,权值是根据误差反向传播算法来进行修正,以使输入输出一致。训练的数据以及网络瓶颈层神经元的个数需要选择恰当,网络的内部性能是通过设定的权值以及可以保留的最大信息数来确定的。一个具有良好的降噪性能和较低的输入输出误差的网络可以更好地完成数据校验的工作。

网络的权值和阈值通过迭代不断更新使得全网络的均方差最小,也使得输出值尽可能接近输入值。输入与输出的一致也就表明了网络的内部根据瓶颈层确定的维数对原始数据进行压缩后,依然最大限度保留了原始数据的相关信息。

在本节中,训练网络所使用的数据来自仿真模型,也可以使用带有噪声的真实发动机数据进行训练。但是利用带有噪声的实际数据作为训练数据会造成训练速度变慢、训练误差变大以及降噪性能的降低等缺点。一般先采用准确值进行训练确定合适的网络结构,再使用实际数据调整网络的权值,使网络更加符合发动机的具体性能,进而实现网络性能的优化。

当输入数据出现噪声时,该噪声在网络映射层被过滤掉,重构的数据来自瓶颈层后面的解映射层。噪声水平的降低程度取决于输入变量的冗余。移除偏差的原理与降噪类似,但是有些时候网络并不能完成指定的任务。在这种情况下提出了鲁棒自适应神经网络(RAANN)来提高 AANN 的性能。RAANN 网络的训练需要经过两步才能既满足噪声过滤又完成传感器故障纠错。因此,训练的过程包含了如下两个步骤:首先,为了提升网络的训练能力,传感器的输出数据必须进行归一化处理,使训练数据保持在 -1 到 1 之间;第二,利用无噪声无故障的数据训练网络的结构,根据最接近输入和降噪性能最佳的标准来寻找最佳网络结构。

在确定了网络结构之后,如果 AANN 在纠正偏差的性能上存在不足就需要进行第三步,再训练就是为了使在输入包含偏差和偏移的情况下输出是无误差、无噪声的值。为了完成这个功能,输入的数据必须来自故障的传感器,而输出数据必须是相对应是正确值。根据 AANN 两个子网络的功能,噪声在第一个子网络就被滤掉了,该子网络包含了映射层和瓶颈层。子网络的功能是压缩输入的维数,在压缩输入空间维数的时候也就要处理由于测量噪声引起的冗余和随机变化量。第二个子网络的功能就是将压缩后的数据恢复到原来的维数。

根据这个原理,在重新训练的过程只是修复第二个子网络的权值,同时更新具有滤掉噪声功能的第一个子网络的权值。也就是再训练的过程中只有两层网络的权值需要更新。

10.4.3　故障诊断自联想型神经网络的设计与训练

根据 10.3 节中对参数选择的分析,传感器测量值的选取如下: TLC、PLC、THC、PHC、TLT、PLT、N_1、N_2 和 TCC。网络的其他输出包括发动机的燃油流量(W_f),其往往不能直接测得,但却是气路系统的输入。W_f 可以通过飞行员操作的油门杆位置(PLA)确定。

在本章中发动机的燃油流量在 70%~98% 变化,这是发动机在巡航模式下的变化范围。图 10-2 表示涡扇发动机进行数据校验的 AANN 结构。训练数据来自发动机的仿真模型,由于发动机的各个变量数值的变化范围很广,它们的最大值和最小值之间的差距很大。网络的训练往往需要更有效率地执行输入与目标之间的特定的处理步骤。在训练的过程中发现,网络的训练程序对数据的标准化方法十分敏感,经过多次实验后,采用式(10-12)所示的离差标准化方法对输入输出数据进行归一化处理,将值的范围限制在 $[-1,1]$ 之间。在开始网络的训练之前,所有的数据都先进行标准化处理,以减少数据中的异常值对网络性能的影响。

$$x' = 2\frac{x - x_{\min}}{x_{\max} - x_{\min}} - 1 \qquad (10-12)$$

式中,$x_{\min}$、$x_{\max}$ 分别表示 x 的最小值与最大值。

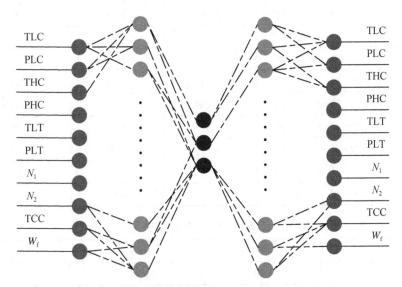

图 10-2　发动机数据校验 AANN 结构图

网络的每一层神经元个数都需要确定,目前尚没有统一的方法进行选取,一般采用实验测试法选定。在训练时从一个相对较小的神经元个数开始逐步确定每层隐藏层的个数,直到找到较佳的 AANN 网络结构。在网络优化的过程中,需要找到每一个网络相对较佳的神经元个数。经验证瓶颈层神经元的个数在 3~7 变化,映射层和解映射层的神经元个数通常选择相同数目,可在 10~60 选取。

在传感器数据的训练过程中,每一个 AANN 网络训练输入包含了约 7 000 个组数据,训练步数一般在 30~60 之间。数据的产生来自发动机巡航状态下的燃油流量的变化,所对应外界条件设定为标准条件。

对于所有进行训练的结果进行筛选,在表 10-4 中列出 9 个不同的网络,该表总结了网络结构以及目标函数训练误差 J_{Train}、测试误差 J_{Test} 以及发动机所有输入所对应输出的噪声变化量的平均值。其中目标函数定义为

$$J = \frac{\sum_{i=1}^{n}\left[y_d(n) - y_{\text{Net}}(n)\right]^2}{\sum_{i=1}^{n}\left[y_d(n)\right]^2} \tag{10-13}$$

式中,$y_d(n)$ 表示网络的期望输出;$y_{\text{Net}}(n)$ 表示网络的实际输出。本章将巡航状态下的一般噪声定义为噪声水平,噪声水平的一般值在表 10-5 中标明。

表 10-4 训练后的 AANN 网络

序 号	结 构	J_{Train}	J_{Test}	降 噪 比
1	10-29-4-29-10	2.46	2.59	8.5%
2	10-35-4-35-10	1.78	1.98	45.44%
3	10-47-5-47-10	2.13	3.47	33.06%
4	10-35-5-35-10	10.21	13.82	87.78%
5	10-30-6-30-10	2.098	2.04	59.51%
6	10-32-6-32-10	2.15	2.33	68.49%
7	10-41-6-41-10	1.91	1.97	38.14%
8	10-34-7-34-10	2.12	2.14	32%
9	10-49-7-49-10	3.55	3.82	16%

表 10-5 噪声标准差

N_1	TLT	THC	PLC
0.051	0.097	0.094	0.164

根据表 10-5 降噪能力最强的是结构 4,但这样的结构有很高的训练误差 J_{Train} 和测试误差 J_{Test},说明该网络在学习输入输出关系的过程中没有达到要求;降噪能力较好的是结构 6,其训练误差和测试误差也相对较小;结构 2 同时具有较低的训练误差、测试误差和较高的信噪比,表明网络捕捉到了一些随机信息或已经记录下了数据的噪声特性。因此,综合考虑,本章选择结构 6 作为训练网络。

10.4.4 故障诊断神经网络性能仿真

确定了数据校验的网络结构后进行如下性能分析:减少噪声、修正传感器的

不精确性、过滤异常值以及传感器故障修正。

1. 减少噪声

AANN 的噪声过滤性能取决于网络学习到了多少变量及其间的相互关系,这种变量关系反映在网络的映射层与瓶颈层之间。瓶颈层的输出就去掉了由测量噪声引起的自由变量,在解映射层后输出的数据就是所谓清洁的数据。所以移除噪声的水平取决于 AANN 输入的测量值的冗余水平。

结构为 $10-32-6-32-10$ 的自适应神经网络对于不同输入变量的降噪能力如表 10-6 所示。噪声水平是根据特定巡航状态下的标准差百分比定义的。

表 10-6　AANN 对过滤噪声百分比

	TLC	THC	TLT	N_1	N_2	TCC	PLC	PHC	PLT
输入噪声水平	0.49	0.17	0.28	0.18	0.14	0.19	0.31	0.33	0.21
输出噪声水平	0.08	0.06	0.03	0.08	0.04	0.027	0.15	0.16	0.17
降噪比	84%	65%	89.5%	53%	70%	86%	60%	50.26%	20%

为验证网络的降噪能力,对发动机燃油流量为最大值的 85% 时 AANN 的降噪能力进行仿真,结果如图 10-3 所示。

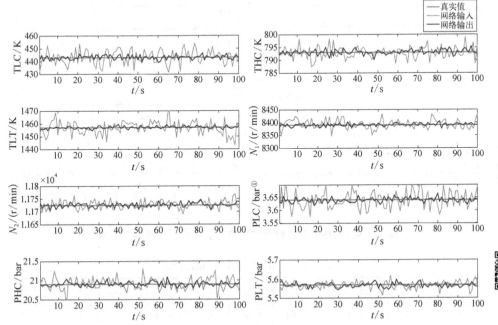

图 10-3　自联想型神经网络在滤去噪声时的输入和输出

① 1 bar = 10^5 Pa。

从图 10-3 可以看到 AANN 的输出相比于输入有显著的降噪水平,且该种状态下 TCL、THC、TLT、N_1、N_2、TCC、PLC、PHC、PLT 的正常值分别为 443 K、793 K、1 457 K、8 390 r/min、11 725 r/min、1 458 K、3.64 bar、20.9 bar、5.57 bar。

2. 对异常传感器值进行修正

AANN 同样具有修正来自不精确传感器数据的能力。传感器精确度是指传感器测量值可以准确反映真实值的情况。所以传感器的准确度是保证故障诊断与隔离系统正常工作和可靠性的必要条件,但由于传感器的寿命问题就会引起传感器的失准,并且随着时间的推移准确性将越来越低。为了验证 AANN 在传感器这种故障下的性能,传感器失准模型利用噪声水平的增加来表示。图 10-4 就表示传感器噪声在正常噪声和正常噪声十倍的范围内线性变化的情况;表 10-7 表示了该情况下 AANN 的降噪能力。

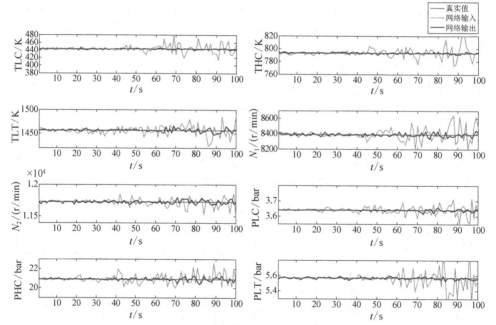

图 10-4　自联想型神经网络对传感器失准的数据恢复能力

表 10-7　ANN 滤去噪声百分比

	TLC	THC	TLT	N_1	N_2	TCC	PLC	PHC	PLT
输入	2.6	0.95	1.07	0.95	0.7	0.69	1.65	1.9	1.43
输出噪声水平	0.2	0.3	0.26	0.37	0.11	0.25	0.49	0.8	0.96
降噪比	92%	68%	76%	65%	84%	63%	71%	56%	33%

3. 利用 AANN 去除奇异点

在发动机中另一个主要问题就是会出现奇异值,其可能导致故障诊断系统的错误报警,故噪声异常值需要剔除。将高压涡轮温度、高压转子转速、低压压气机总压设置为转子转速1%的随机奇异值,其他测量值设置为10%,去除奇异值仿真结果如图 10-5 至图 10-7 所示。

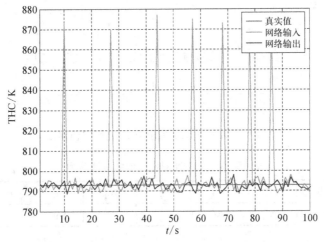

图 10-5　AANN 对测量值 THC 的奇异值修正

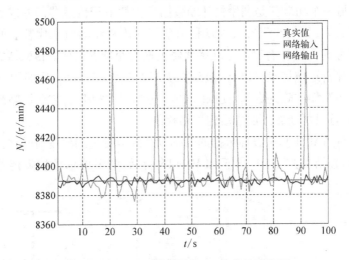

图 10-6　AANN 对测量值 N_1 的奇异值修正

可以看出,AANN 对于在温度和转子速度传感器测量值的具有完全去除奇异值的能力。然而 AANN 只能去除一部分 PLC 中出现的奇异值。表 10-8 表示了对于不同的传感器测量值 AANN 去除奇异值的程度,表中的√代表可以完全去除奇异值。

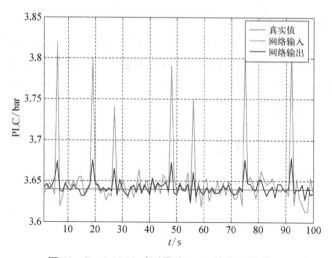

图 10 - 7　AANN 对测量值 PLC 的奇异值修正

表 10 - 8　AANN 对奇异值的过滤能力

TLC	THC	TLT	N_1	N_2	TCC	PLC	PHC	PLT
√	√	√	√	√	√	86%	√	47%

4. 误差修正

AANN 另一个功能就是利用估计的数据来代替由于传感器偏差或者偏移造成的故障数据丢失,丢失的测量值可以利用余下的传感器的值来代替。但利用有效数据进行训练的 AANN 有时不能准确地修正输入变量中出现的传感器故障。这时可以利用鲁棒自适应神经网络,由故障数据来改进训练过程。网络再训练时就需要使用带有传感器故障的数据,使网络学会过滤掉故障信息;它会调整瓶颈层之后的网络权值,且只更新瓶颈层之后的网络权值。

为了估计 AANN 修正毁坏数据的效率以及故障变量的出现对其他正常数据的影响大小,仿真结果如图 10 - 8 至图 10 - 15 所示,图中展示了故障传感器数据的

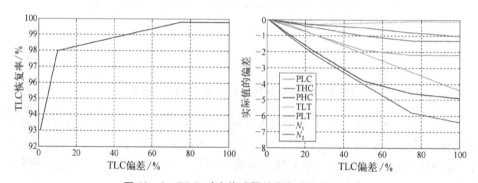

图 10 - 8　TLC 对应传感器的恢复率和偏差率

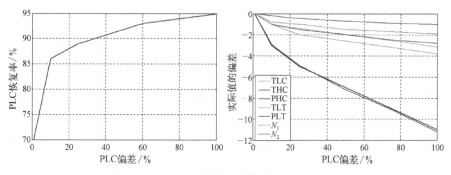

图 10 - 9　PLC 对应传感器的恢复率和偏差率

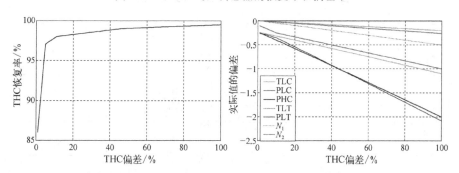

图 10 - 10　THC 对应传感器的恢复率和偏差率

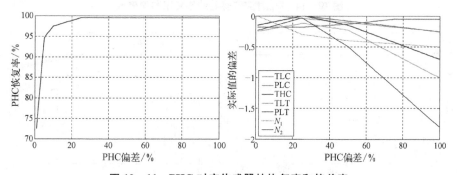

图 10 - 11　PHC 对应传感器的恢复率和偏差率

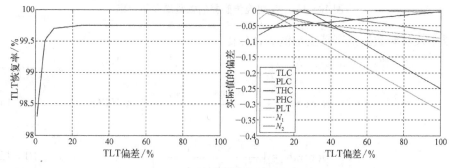

图 10 - 12　TLT 对应传感器的恢复率和偏差率

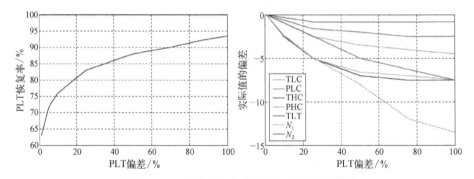

图 10-13　PLT 对应传感器的恢复率和偏差率

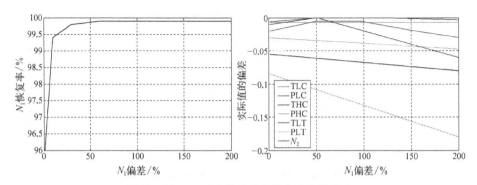

图 10-14　N_1 对应传感器的恢复率和偏差率

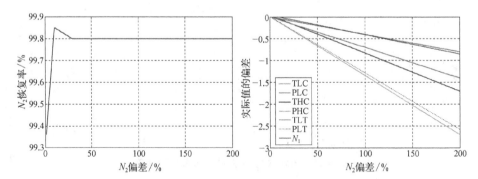

图 10-15　N_2 对应传感器的恢复率和偏差率

恢复率及健康数据偏离其正常值的百分比。

恢复率和偏移率的定义为

$$\text{Recovery rate} = \left(1 - \frac{|Y_{\text{AANN}} - Y_{\text{Target}}|}{|Y_{\text{Target}}|}\right) \times 100\% \qquad (10-14)$$

$$\text{Deviation rate} = \left(\frac{|Y_{\text{AANN}} - Y_{\text{Target}}|}{|Y_{\text{Target}}|}\right) \times 100\% \qquad (10-15)$$

式中, Y_{AANN} 为 AANN 网络输出; Y_{Target} 为目标值。

从图 10-8 至图 10-15 可见:小的偏移对应的恢复率也较小,但是随着漂移百分比的增加,对其他健康参数的影响也就越大。其中 THC、PHC、TLT、N_1、N_2 变量的偏差对其他健康数据的影响更小,也有更小的偏差率。

出现这种情况的原因是因为网络中神经元之间的广泛联系,使得数据缺失情况下的恢复成为可能,但任何网络的恢复能力都是有限度的;缺失的数据或故障的数据需要使用其他正常的数据来计算得出。如果故障数据的偏差太大,正常数据在网络输出层就会出现大的偏差,网络就失去了修复故障数据的能力。由于网络本身具有强大的记忆能力,如果要使得网络修复能力提高则需要使用更多的故障数据对网络进行训练,但是这样训练时间和难度都会大大增加。

10.5　基于自联想型神经网络的传感器故障诊断与仿真

10.5.1　AANN 传感器故障诊断原理

使用一定数量的样本和 BP 算法完成对 AANN 结构、权值等参数的设置,此时 AANN 模拟了发动机气路系统里各变量之间的相互作用关系,输入输出尽可能地相符合,此时网络输入与输出之间的偏差应该为零。当输入传感器出现故障时的数据时,网络输入和输出的差将不再为零。基于这个原理,AANN 可以用来诊断传感器是否出现了故障。

图 10-16 所示为一组 n 个测量值的传感器监督系统。根据 AANN 的映射规则将输入 $m_i(i=1,2,\cdots,n)$ 变为输出 $m'_i(i=1,2,\cdots,n)$,当第 i^{th} 个传感器的值 m_i 作为故障输入到网络中,网络产生的输出 m'_i 会尽可能接近估计 m_i 的真实值。m_i 和 m'_i 之间的差值就可以当作故障诊断的判断依据,差值的大小如果超出了阈值,则认为该传感器出现故障。

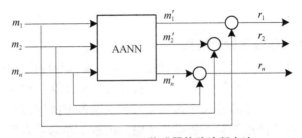

图 10-16　AANN 传感器故障诊断方法

在航空涡扇发动机存在传感器故障的情况下,一旦故障出现就会造成健康参数或者性能参数的改变,这些参数的改变则会造成发动机测量值和它们之间相互关系的改变。所以,单一的一个利用健康数据训练的 AANN 并不能完全估计发动机在正常或者故障条件下的全部变量。因此,需要使用一系列的 AANN,每一个神经网络都需要利用健康数据和相对应的故障数据进行训练,每一个网络作为一个估计器,可同时估计发动机的健康条件及发动机在工作条件下有条件的多样故障。

发动机的部件故障包含下列 8 个健康参数的变化,分别是:低压压气机的效率和流通能力、高压压气机的效率和流通能力、低压涡轮的效率和流通能力、高压涡轮的效率和流通能力。因此需要 8 个自联想型神经网络(AANN)来研究发动机的故障诊断,图 10-17 表示这一系列网络组成的故障诊断系统的结构。

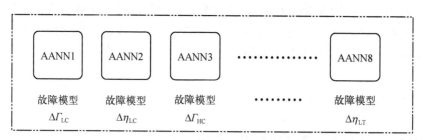

图 10-17   用于故障诊断的多模型 AANN 网络结构

在建立好 AANN 的网络结构以后,残差的产生来自网络的输出与发动机实际输出之间的差值,根据 AANN 中残差产生的特性就可以将部件故障从传感器故障中隔离出来。

以下的三种情况表示发动机可能出现故障。

(1) 既无部件故障也无传感器故障:当所有网络是残差都在选定的合适的阈值之下时,此时认为发动机是正常的,既没有部件故障也没有传感器故障。

(2) 仅有部件故障:部件故障的出现会造成相应的故障模型(AANN 经过特定故障情况的训练)的残差在阈值之下,其他 AANN 的残差均在阈值之上。

(3) 仅有传感器故障:只有传感器出现故障时,对应故障传感器的残差会超出阈值。

10.5.2   传感器故障诊断仿真

在进行传感器故障诊断与隔离时,通过 AANN 输入与输出之间的残差就可以判断出传感器是否故障以及具体哪一个传感器出现了故障。AANN 的输出则可以看作是一个重构的无故障的输入。如果输入的变量没有故障,那么输入输出之间的差值应该尽可能地接近于零。如果一个输入出现了漂移或有别于其正常值,那么相应的输出与输入之间的差值不再为零,就造成了残差超出阈值。

本节做了大量的仿真实验来验证网络的性能,包括网络对传感器故障诊断的能力以及确定 AANN 网络输出的残差是怎么变化的。图 10-18 为典型的传感器出现漂移的例子,对于测量值 TLT 和 N_2 给一个偏移速率为每秒钟 0.06% 的误差,并在第 10 秒时输入到网络中。图 10 - 18 表示真实值以及网络对 TLT 和 N_2 的估计值。图 10 - 18(b) 表示了网络 AANN1 输入与输出之间的 8 个变量的残差。变量 TLT 和 N_2 的残差在几秒钟之后都超出了阈值,而其他变量的残差都在阈值之下。这是由于网络的训练数据都是正常的数据,在训练的过程中,网络中的权值和阈值经过了反复的调整,使得输入与输出的值之间几乎没有差值,而在故障数据输入网络之后,网络会及时发现数据存在的问题。而由于网络中神经元之间的相互关系,该故障数据会在网络层的计算中得到修复。因此输出的数值可尽可能靠近了正常的数值。这样网络的输入与输出之间就出现了一个较大差值,即是残差在故障出现时的突然变化而超出了阈值。所以传感器的故障可以得到检测与隔离。

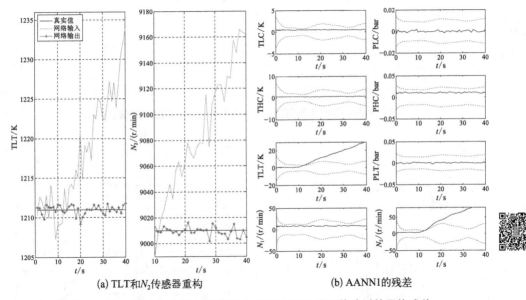

(a) TLT 和 N_2 传感器重构　　　(b) AANN1 的残差

图 10 - 18　AANN1 的传感器重构与 THT 和 N_2 出现故障时的网络残差

图 10 - 19 至图 10 - 25 表示其他 7 个网络,与 AANN1 的情况相同。均表现为与故障相对应的残差超出阈值,而其余均保持在正常范围之内。这种故障诊断的方法对 3 个或者以上的传感器故障诊断都是有效,当 AANN1 到 AANN8 中某一传感器对应的残差超出阈值,就可以判断是传感器出现故障。

对于另一个传感器出现漂移的例子,在燃油流量为最大值的 80% 的情况下,给 PHC 一个每秒钟 0.15% 的偏移速率。图 10 - 26 和图 10 - 27 描述了 AANN4 和 AANN8 的传感器数据重构的残差的情况(其他网络结果类似则不再举例)。在这种情况下仅有 PHC 所对应的残差超过了阈值,这样传感器的故障就可以被隔离。但是由于网络神经元之间有着密切的联系,根据图 10 - 1 自联想型神经网络的结

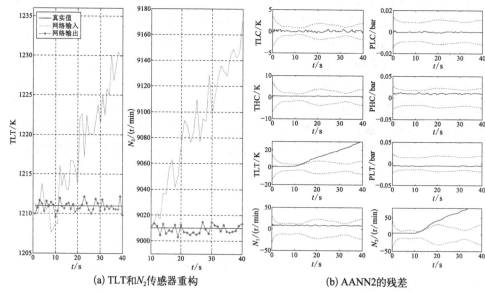

(a) TLT和N_2传感器重构　　　　　(b) AANN2的残差

图 10-19　AANN2 的传感器重构与 THT 和 N_2 出现故障时的网络残差

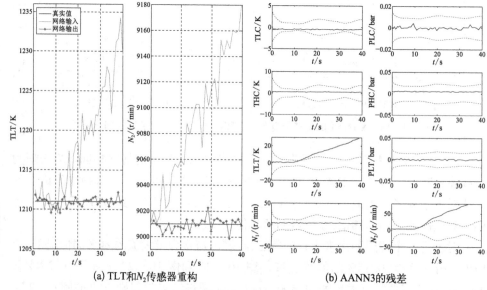

(a) TLT和N_2传感器重构　　　　　(b) AANN3的残差

图 10-20　AANN3 的传感器重构与 THT 和 N_2 出现故障时的网络残差

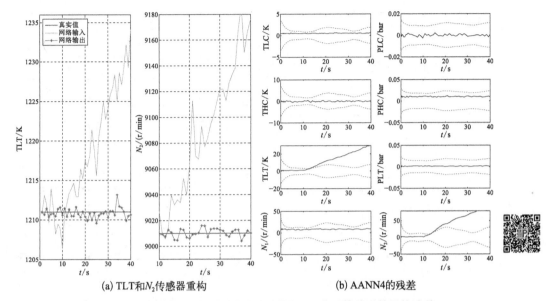

(a) TLT和N_2传感器重构　　　　　(b) AANN4的残差

图 10−21　AANN4 的传感器重构与 THT 和 N_2 出现故障时的网络残差

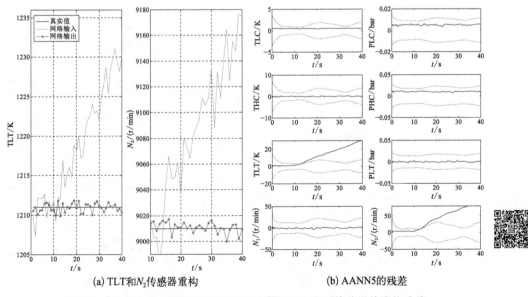

(a) TLT和N_2传感器重构　　　　　(b) AANN5的残差

图 10−22　AANN5 的传感器重构与 THT 和 N_2 出现故障时的网络残差

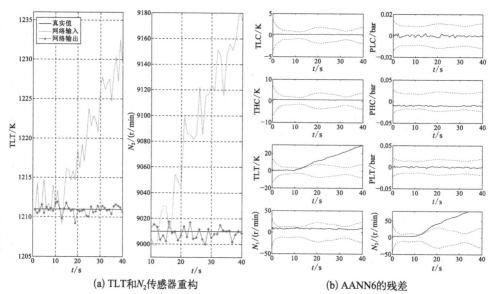

(a) TLT和N_2传感器重构　　　　　　　(b) AANN6的残差

图 10 - 23　AANN6 的传感器重构与 THT 和 N_2 出现故障时的网络残差

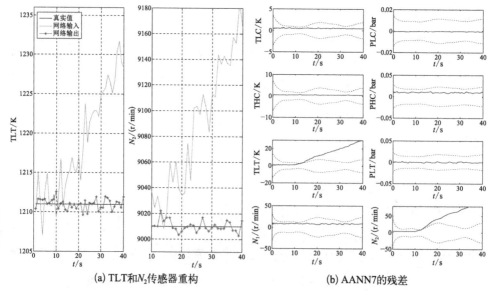

(a) TLT和N_2传感器重构　　　　　　　(b) AANN7的残差

图 10 - 24　AANN7 的传感器重构与 THT 和 N_2 出现故障时的网络残差

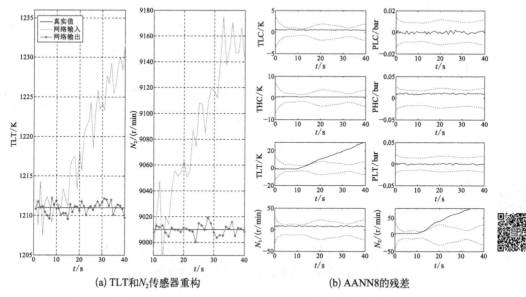

(a) TLT和N_2传感器重构　　　　　　　(b) AANN8的残差

图 10 - 25　AANN8 的传感器重构与 THT 和 N_2 出现故障时的网络残差

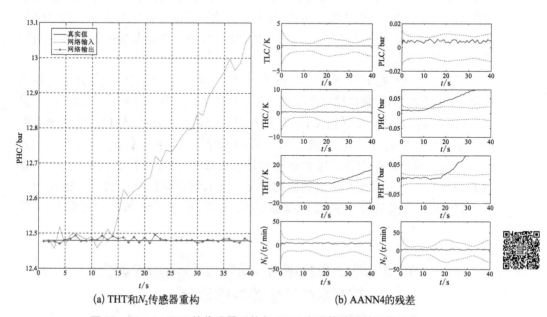

(a) THT和N_2传感器重构　　　　　　　(b) AANN4的残差

图 10 - 26　AANN4 的传感器重构与 PHC 出现故障时的网络残差

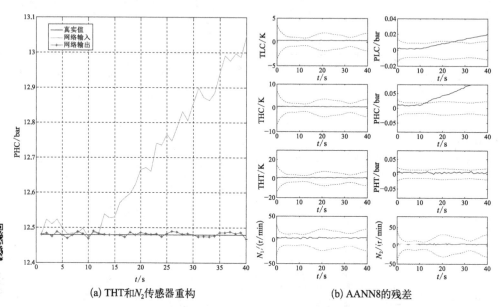

(a) THT和N_2传感器重构　　　　　(b) AANN8的残差

图 10 - 27　AANN8 的传感器重构与 PHC 出现故障时的网络残差

构可以看出每一个神经元都会利用上一层每个神经元的输出进行计算,如果一个数据偏差过大,将无法避免会造成其他 AANN 的输出出现一定的偏差。因此,当网络中一个输入值偏离其真实值时,网络的其他输出也会受到影响。根据传感器故障严重程度的不同,其他传感器可能受到、也可能不受故障信息的影响。仿真结果表明传感器输出(网络的输入)出现严重的故障时,由于选定参数的相关性会造成错误的故障警报。

图 10 - 26 中,在 PHC 刚刚出现故障时,TLT 和 PLT 所对应的残差并没有超出阈值,但是随着 PHC 偏差进一步增加,网络利用其余参数虽然可以对偏差进行修正,但是需要修正的难度增加,网络为了使 PHC 维持在正常的范围内,则需要不断地调节其他测量值,因此就造成了 TLT 和 PLT 的输出发生了偏差,残差超出了阈值。这种表现可能是无论传感器故障的偏差有多大,残差始终在阈值之下;或者没有偏差时也会出现残差超出阈值的情况。这与网络训练所用数据有很大的关系,超出这个范围故障依然可以被诊断出,但残差并不能够显示故障出现的位置。

10.6　基于免疫融合卡尔曼滤波器的发动机控制系统传感器故障诊断

10.6.1　人工免疫系统

人工免疫系统是利用仿生学原理通过对免疫系统的观察而衍生出的一种计算

方法。在人工免疫系统中,航空发动机控制系统传感器的测量值称为抗原,经过训练后可以按照故障模式对测量数据进行区分的参照称为抗体,控制系统的典型故障模式称为疫苗,系统未发生故障的情况称为自我,系统发生故障的状态称为非我。通过克隆选择算法模拟免疫细胞在免疫系统受到抗原刺激时免疫细胞大量繁殖的过程。通过阴性选择算法模拟免疫细胞在成熟的过程中去除与自身相似度高的细胞从而保证免疫系统在免疫细胞有限的情况下尽可能增大可以匹配抗原的种类。

　　使用人工免疫系统对系统进行状态估计的过程分为以下四步。第一,确定系统的维度,并对抗体库中的检测器进行初始化,使其尽可能充满整个状态空间。第二,设置亲和度函数,将训练集中的样本依次与抗体库中的抗体进行亲和度计算并通过多种选择策略(阳性选择、阴性选择、克隆选择)使抗体库逐渐成熟。成熟的抗体库对系统的状态空间进行分区,使系统在不同工作状态下对应着空间中不同的区域,这些区域分别由代表各自状态的抗体所占据。第三,引入抗体库评价算子判定抗体库是否成熟,如不满足计算要求则再次对抗体库进行初始化和训练。第四,利用成熟的抗体库对系统待检测样本进行检测并诊断出相应的故障。人工免疫系统在故障诊断方面的应用流程如图 10-28 所示。

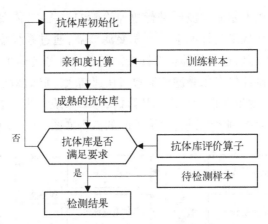

图 10-28　基于人工免疫系统的故障诊断应用流程

　　人工免疫系统在故障诊断方面的优势在于通过对抗体库的训练,可以通过一个抗体库检测全部的故障模式,摆脱了使用卡尔曼滤波器族的故障匹配模式。同时,由于算法冗余以及抗体的交叉变异,使得诊断系统在遇到与训练样本故障类型不同的待检测样本时,依然可以进行检测,增大了系统在遇到未知故障的稳定性,并给予系统一定的进化与自我学习能力。

　　人工免疫系统对待检测系统的故障模式、工作机理是完全未知的,待检测系统可以看作一个黑箱,因此需要使抗体库中的抗体尽可能充满系统的整个空间,才可以对系统进行一个较好的状态匹配。免疫系统抗体库所需要的抗体数目一般为 10^n, n 为待检测系统的维度。在待检测系统的状态量较少时 ($n \le 3$),人工免疫系统可以对待检测样本进行很好的诊断,然而对于控制系统而言,待检测系统的状态数量往往在 7 个以上,这时人工免疫系统抗体库的规模太过庞大,计算繁琐复杂,人工免疫系统不再适用。

10.6.2 基于卡尔曼滤波器族的控制系统故障诊断系统

卡尔曼滤波理论的原理和计算方法在第 6 章中有了详细的论述,在不考虑传感器故障的情况下,卡尔曼滤波器的预测方程和状态更新方程如式(10 - 16)所示:

$$\begin{cases} \hat{x}_{k/k-1} = A_{k,\,k-1}\hat{x}_{k-1} + B_{k-1}u_{k-1} \\ \hat{x}_k = \hat{x}_{k/k-1} + K_k(y_k - D_k u_k - C_k\hat{x}_{k/k-1}) \\ K_k = P_{k/k-1}H_k^{\mathrm{T}}(H_k P_{k/k-1}H_k^{\mathrm{T}} + R_k)^{-1} \\ P_{k/k-1} = A_{k,\,k-1}P_{k-1}A_{k,\,k-1}^{\mathrm{T}} + Q_{k-1} \\ P_k = (I - K_k H_k)P_{k/k-1} \end{cases} \tag{10 - 16}$$

控制系统在使用卡尔曼滤波器进行故障诊断的过程中,需要通过故障匹配的方法针对每一种潜在故障设计相应的卡尔曼滤波器,通过系统输出与卡尔曼滤波器族估计值之间的残差,进行故障模式匹配。随着控制系统输出参数的增多,对于一个稳态点处需要设计的卡尔曼滤波器数目快速增大。同时对已设计完成的卡尔曼滤波器族,在系统发生非设计状态的故障时,诊断系统无法对故障进行诊断。使用卡尔曼滤波器族对控制系统进行故障诊断的流程如图 10 - 29 所示。

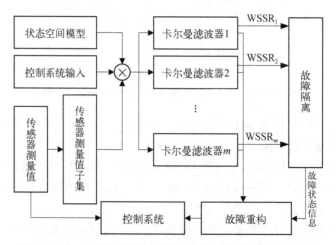

图 10 - 29 基于卡尔曼滤波器族的控制系统故障诊断系统

10.6.3　抗体库的初始化及训练

在人工免疫系统中,对抗体库的初始化和训练是算法的核心部分。根据抗体库的初始化和训练方式不同,人工免疫系统可以实现不同的功能。在航空发动机控制系统故障诊断方面,抗体库的初始化和训练目标是使成熟后的抗体库能够以一个较小的规模在诊断系统的输入为发动机典型故障响应时快速地进行反应,完成对典型故障的诊断。其中人工免疫系统抗体库的初始化及训练算法主要包括三个阶段:自我与非我的定义、抗体库的初始化、抗体库的训练与成熟。第一阶段中自我与非我的定义是在航空发动机线性模型的基础上,对无故障状态和典型故障状态进行定义,建立发动机的工作状态到免疫系统状态的映射。第二阶段时,如果要将航空发动机控制系统看作一个完全的黑箱,那么抗体库需要传感器数目的 10 次方个抗体才能使抗体库尽可能充满整个空间,而传感器的数目一般在 7 个左右,完全按照黑箱处理的话抗体库内抗体数目过大不利于系统的计算。所以利用第一阶段中航空发动机的线性化模型和典型故障模式的定义对抗体库进行初始化。第三阶段首先在考虑各个传感器测量噪声与系统状态噪声的基础上对初始化后抗体库中的抗体进行克隆,得到种群扩大后的抗体库。由于考虑了系统状态噪声和测量噪声,增加了抗体库的鲁棒性,使种群扩大后的抗体库更加适用于实际发动机的输出,但同时由于抗体经过克隆后种群中的单位丰富度显著下降,需要进一步进行阴性选择使抗体库兼具鲁棒性与单位丰富度。对种群扩大的抗体库进行阴性选择后得适用于诊断航空发动机控制系统典型故障的抗体库。人工免疫系统抗体库的初始化及训练过程如图 10-30 所示。

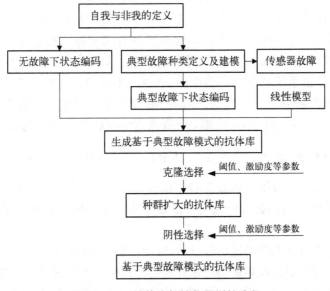

图 10-30　抗体库初始化及训练流程

1. 抗体库初始化

对基于人工免疫理论的故障诊断系统而言,每一个经过处理后的抗原就是诊断系统的一个输入状态,系统的所有可能的输入状态构成了系统的状态空间,用 U 表示系统所有可能输入状态的集合,用 u 表示系统的输入状态。对 n 维输入状态 u 进行归一化处理则系统的所有可能状态集合 $U = [0, 1]^n$,输入状态 u 则可以表示为 $u = [u_1 \quad u_2 \quad \cdots \quad u_n]$,其中 n 是系统的输入状态分量的个数,其与控制系统传感器的个数有关。在对系统的自我和非我进行定义后,所有无故障状态的输入构成的集合为自己空间,用集合 S 表示,同样的定义不属于无故障状态的空间是非己空间,用 N_s 表示,其中 N_s 是集合 S 在全集 U 上的补集。对于航空发动机控制系统而言,故障状态所组成的空间 N_f 是非己空间 N_s 的一个子集并且非己空间 N_s 除去故障状态的空间 N_f 后剩余的部分近似于空集,即 $N_s - N_f \approx \varnothing$。因此利用航空发动机控制系统传感器故障的模型,得到基于单个传感器故障的抗体库 $\{ab^i\}_{i=1}^N$,其中 N 为控制系统传感器的数目。

2. 克隆选择

基于单个传感器故障的抗体库 $\{ab^i\}_{i=1}^N$ 是一个由标称值组成的抗体库,由于发动机实际过程中传感器的测量噪声是不可避免的,同样的模型的建模误差也是不可避免的,需要对基于单传感器故障的抗体库内的抗体进行克隆来增加诊断系统的鲁棒性。以高斯噪声为例,加入状态噪声与测量噪声后系统如式(10-16)所示。

其中 w 和 v 分别是不相关的零均值白噪声且服从正态分布,发动机的输出是在系统标称值附近的一个范围内运动且运动范围取决于噪声的方差。对于正态分布而言,在 $[-3\sigma, 3\sigma]$ 的区间内包含了绝大部分的运动状态,因此在考虑系统实际输出运动范围时也采用 3σ 的原则。造成实际系统输出偏移标称值的原因由两部分构成,一部分是测量噪声造成的,这部分仅和测量噪声的强度有关;另一部分是由系统状态噪声造成的,这部分不仅与系统的状态噪声强度有关还和系统的输出响应矩阵 C 有关。第 i 个传感器的测量值由测量噪声造成的最大偏移量 $\Delta s_i = 3\sigma_i^s$,其中 σ_i^s 是第 i 个传感器的测量噪声的标准差,由系统噪声造成的最大偏移量 $\Delta u_i = 3\sum_{j=1}^n C_{ij}\sigma_j^u$,其中 C_{ij} 是系统状态空间方程输出矩阵的第 i 行第 j 列的元素,n 为系统状态量的个数,σ_j^u 是第 j 个状态量所对应的系统噪声的标准差。系统输出的标称响应与在考虑噪声后系统响应的运动范围如图 10-31 所示。

在确定系统输出响应的运动范围后,对单传感器故障的标称值进行克隆,使经过克隆后的抗体组成的抗体库能够很好地覆盖到在单个传感器发生故障情况下系统输出响应的运动区域。引入抗体覆盖率评价算子,对抗体种群的多样性进行评

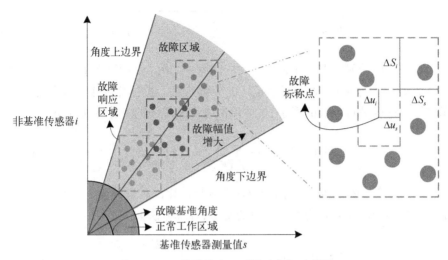

图 10-31　故障状态下系统响应运动范围

价,抗体覆盖率的计算方法如式(10-17)所示。

$$\eta_c^i = \frac{1}{S^i} \left(\sum_{k=1}^{nk} s_k^i + f_i \right) \tag{10-17}$$

其中,η_c^i 为对应第 i 种故障模式的抗体覆盖率评价算子,通常取 0.95 以上;S^i 为第 i 个传感器发生故障时输出响应运动范围的面积;s_k^i 为第 i 种故障模式下第 k 个抗体的单独的覆盖面积;nk 为经过克隆后抗体库的规模;f_i 为第 i 种故障模式下由多个克隆后的抗体覆盖的面积之和。在克隆后抗体库种群规模一定的前提下,抗体覆盖率越大,则抗体库对于该故障状态下输出响应的适应度也就越好。通过对抗体库 $\{ab^i\}_{i=1}^{N}$ 进行克隆选择得到初始化后的抗体库 $\{ab_k^i\}_{i=1,k=1}^{N,nk}$。经过初始化后的抗体库具有更好的鲁棒性,并且能够对系统在单个传感器发生故障的情形下对输出响应进行精准的匹配。

3. 阴性选择

通过克隆选择的抗体库对典型故障模式的输出响应可以有十分精确的匹配,但是相对而言,抗体库的每次计算过程所耗费的算力都相对较高。因此引入阴性选择的过程,在保证抗体库对典型故障模式响应的准确性的情况下,最大限度减小抗体库的规模。在阴性选择的过程中引入了的抗体亲和度评价算子和抗体库浓度评价算子。抗体亲和度评价算子主要对抗体之间的相似程度进行评价,通过设置相似度函数来进行抗体之间相似度计算,两个抗体之间相似程度越高,抗体亲和度评价算子越大。这里选取抗体之间欧式距离的倒数来作为抗体亲和度评价算子的计算方式,计算方法如下:

$$aff(ab_j^i, ab_k^i) = 1/\sqrt{\sum_{m=1}^{n}(ab_{j,m}^i - ab_{k,m}^i)^2} \qquad (10-18)$$

式中，ab_j^i 和 ab_k^i 分别为第 i 种故障模式抗体库中的第 j 个和第 k 个抗体；m 代表对应抗体的第 m 个分量；n 表示每个抗体的分量个数。抗体库浓度评价算子是对抗体库整体多样度进行评价的算子，抗体库浓度评价算子的计算方法如下：

$$den(abL^i) = \frac{1}{N}\sum_{j=1}^{N}\sum_{k=j+1}^{N}sim(ab_j^i, ab_k^i) \qquad (10-19)$$

式中，abL^i 为第 i 种故障模式的抗体库；N 为抗体库的种群规模；$sim(ab_j^i, ab_k^i)$ 是衡量抗体之间相似程度是否大于阈值的函数，计算方法如下：

$$sim(ab_j^i, ab_k^i) = \begin{cases} 0, & aff(ab_j^i, ab_k^i) < \delta^i \\ 1, & aff(ab_j^i, ab_k^i) > \delta^i \end{cases} \qquad (10-20)$$

其中，δ^i 为抗体库 abL^i 对应的相似度阈值。对于确定的抗体库而言，抗体库浓度越接近于 1 则表示抗体库内抗体的分散程度越高，抗体库的单位诊断覆盖面积越大，抗体库的效率越高。通过阴性选择算法可以使抗体库更加高效，并大大提高抗体库的诊断效率。

10.6.4　基于免疫融合卡尔曼滤波器的故障诊断原理

免疫融合卡尔曼滤波器将卡尔曼滤波器对系统状态的估计与人工免疫系统对数据特征的提取相结合，很好地适配了航空发动机控制系统传感器故障诊断的问题。免疫卡尔曼滤波器的数据流程如图 10-32 所示。通过引入模型在传感器发

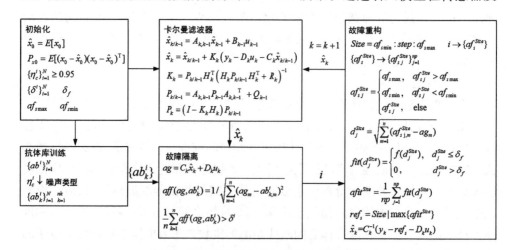

图 10-32　免疫融合卡尔曼滤波器数据流

生故障情况下的标称值,并加入特定噪声模型对其进行训练,可以使免疫卡尔曼滤波器在系统工作在非高斯噪声过程中依然有良好的效果。通过求取抗体与抗原亲和度,可以得到系统的故障模式,从而达到故障隔离的目的。接着依据免疫优化算法对确定的故障模式进行重构,从而得到完整的故障信息。免疫卡尔曼滤波器通过引入抗体库避免了使用卡尔曼滤波器族进行故障诊断过程中故障匹配的卡尔曼滤波器族的设计,并且给予了系统自我学习的能力,在诊断过程中遇到训练集中没有的故障模式时,通过算法的冗余对抗原进行拆分,在确定故障模式的同时对抗体库进行更新,使系统再次发生相应故障时可以进行响应。通过卡尔曼滤波器对系统状态的估计与在抗体库训练过程中引入故障的标称值,可以极大地减小抗体库的规模,增大计算的效率。

1. 故障诊断与隔离

由卡尔曼滤波器对系统状态的估计值 $\hat{x}_k$ 结合系统的模型可以得到免疫系统的输入抗原 ag。 设置亲和度计算函数 $aff(ag, ab_k^i)$ 来表征抗原 ag 与抗体库 $\{ab_k^i\}_{i=1}^{N}{}_{k=1}^{nk}$ 中抗体的相似程度,抗原与抗体的相似程度越大,相应的亲和度越大。选取抗原与抗体之间欧氏距离的倒数作为亲和度计算函数,如式(10-21)所示。

$$aff(ag, ab_k^i) = 1/\sqrt{\sum_{m=1}^{n}(ag_m - ab_{k,m}^i)^2} \qquad (10-21)$$

其中, m 代表相应抗原或抗体表达式的第 m 个分量。求取抗原 ag 与抗体库中相同故障模式抗体的平均亲和度,并根据故障模式的不同设置相应的亲和度阈值 δ^i。 如果抗原 ag 对故障模式 i 的平均亲和度大于相应故障模式的亲和度阈值 δ^i,则表示控制系统处于第 i 种单故障模式。

对控制系统传感器故障而言,不同的传感器之间是相互独立的。多个传感器同时发生故障时的输出响应可以分解为相应传感器故障状态下输出响应的线性组合。

传感器多故障模式对应的抗体可以分解为相应传感器单故障模式下对应抗体的向量和。由于不同故障模式的故障激励是不相同的,通过对抗体库中单故障抗体的组合计算可以得到任意多故障模式下抗体的运动范围。通过一系列的抗体运动约束范围,可以对多故障模式进行拆分,从而完成对多故障模式的隔离。通过引入抗体运动范围约束,可以极大地拓展基于单故障模式抗体库的诊断范围。同时在对每一种系统遇到的多故障模式输入进行分解和隔离后,都会在抗体库中保存一个对应该多故障模式的抗体,当再遇到同类型的多故障模式时,免疫融合卡尔曼滤波器可以快速响应。通过对抗体库的不断训练和优化,可以使得抗体库对各类常见故障有良好的响应速度,并且由于免疫系统的基础优越性,可以对在训练过程中从未遇到的故障模式进行诊断和隔离。

2. 基于免疫优化算法的故障重构

系统的故障重构是在已知系统的故障模式的前提下,对造成系统故障的故障源进行估计的过程。对于发动机控制系统传感器故障而言,故障重构就是对传感器的偏差值 f_s 的估计。基于免疫优化算法的故障重构主要包括 3 个阶段:基于故障幅值的标称抗体库的生成、故障重构抗体库的优化、适应度函数的设置。第一阶段是在已知故障模式与该稳态点处发动机线性化模型的基础上,建立该种故障模式的故障模型。并按照故障激励从小到大的顺序,计算出在该故障模式下不同故障幅值激励作用下系统输出的标称值,获得基于故障幅值标称值的抗体库 $\{af_s^{Size}\}$。第二阶段对故障重构抗体库的优化主要由两部分构成,一部分是克隆选择过程,一部分是限制选择过程。因为传感器测量噪声与发动机建模过程中的模型误差不可避免,通过对标称值进行克隆选择得到种群扩大的重构抗体库 $\{af_{sj}^{Size}\}_{j=1}^{np}$,其中 np 是经过克隆选择后的抗体库规模。在发动机控制系统处于第 i 种故障模式下,对应故障范围是 $[af_{smin} \quad af_{smax}]$。然而对于种群扩大的重构抗体库而言,对应于第 i 种故障模式的抗体会出现 $af_{sj}^{Size} \notin [af_{smin} \quad af_{smax}]$ 的状况。引入限制选择器的作用就是修正种群扩大的重构抗体库中的无效抗体,最大化抗体库的计算效率。第三阶段是适应度函数的设置,适应度函数主要反映故障重构系统的抗原,也就是经过免疫融合卡尔曼滤波器后的系统输出状态估计值与故障重构抗体库中抗体的匹配程度的大小。这里选取故障重构系统的抗原与故障重构抗体库的抗体之间的欧式距离为自变量,设置适应度函数如式(10 – 22)所示。

$$d_j^{Size} = \sqrt{\sum_{m=1}^{n} (af_{sj,m}^{Size} - ag_m)}$$

$$fit(d_j^{Size}) = \begin{cases} f(d_j^{Size}), & d_j^{Size} \le \delta_f \\ 0, & d_j^{Size} > \delta_f \end{cases} \quad (10 – 22)$$

$$afit^{Size} = \frac{1}{np} \sum_{j=1}^{np} fit(d_j^{Size})$$

其中,d_j^{Size} 是抗原 ag 与重构抗体 af_{sj}^{Size} 的欧式距离;$fit(d_j^{Size})$ 是以距离 d_j^{Size} 为自变量的适应度函数;δ_f 为适应度函数计算阈值;$afit^{Size}$ 为抗原对应故障激励为 $Size$ 的抗体组的平均适应度。将抗原与不同故障激励的平均适应度计算值由大到小排列,平均适应度最高的故障激励对应当前抗原的故障激励的大小。基于免疫优化算法的故障重构的计算流程如图 10 – 33 所示。

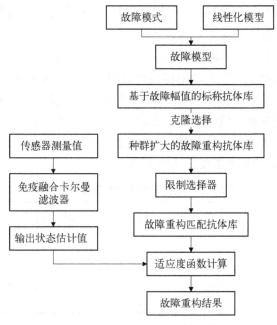

图 10-33　故障重构计算流程

10.6.5　基于人工免疫卡尔曼滤波的故障诊断仿真

1. 仿真参数选取

在本章中,使用 MATLAB 软件对本书中提出的免疫融合卡尔曼滤波器在发动机控制系统传感器故障诊断方面的应用进行了验证。并将其与传统基于卡尔曼滤波器组的传感器故障诊断系统进行对比。仿真测试包括以下三个部分:

(1) 故障诊断与隔离性能评估;

(2) 参数重构精度评估;

(3) 多故障条件下的传感器故障诊断系统仿真。

选取双轴分开排气涡扇发动机标准状态下巡航工作状态($H = 0$ km, $Ma = 0$, PCNC = 80%,状态 1)和高空状态下最大工作状态($H = 0$ km, $Ma = 0$, PCNC = 80%,状态 2)为稳态工作点。不同状态下的输入量和输出量如表 10-9 和表 10-10 所示。按照表 10-10 中传感器测量噪声的协方差,分别建立高斯分布系统和非高斯分布系统。瑞利分布的概率密度函数如式(10-23)所示:

$$f(x) = \begin{cases} \dfrac{x}{\sigma^2} \exp\left(\dfrac{-x^2}{2\sigma^2} \right), & x > 0 \\ 0, & x \leqslant 0 \end{cases} \qquad (10-23)$$

瑞利分布的均值和方差分别为 $\sigma\sqrt{\pi/2}$ 和 $(4 - \pi)\sigma^2/2$。按照瑞利分布的噪

声是非零均值的,为了避免控制系统传感器故障重构值受非零均值过程影响,将瑞利分布的概率分布延 x 轴向左平移 $\sigma\sqrt{\pi/2}$。

航空发动机控制系统传感器故障按照故障模式可以分为硬故障与软故障。其中硬故障是在瞬间产生一个大的偏移量的故障,通过在标称值的基础上增加一个阶跃函数来实现。传感器在发生软故障时,传感器的测量值逐步偏离标称值,在仿真实验过程中通过在标称值的基础上叠加一个斜坡函数来实现。同时在免疫融合卡尔曼滤波器的抗体库中,每个传感器对应的故障模式均有 10 个抗体与之相对应,同时传感器故障的最大幅度默认为 20%。

表 10 - 9　涡扇发动机控制量及标称值

控 制 量	符 号	状 态	标 称 值
主燃油流量	W_f	1	0.630 5 kg/s
		2	1.113 5 kg/s
控制量	A_s	1	0.221 2 m²
		2	0.233 5 m²

表 10 - 10　涡扇发动机测量量标称值及传感器测量误差

测 量 值	符 号	测量误差	状 态	标 称 值
低压轴转速	N_L	0.001 5	1	2 324 r/min
			2	4 749 r/min
高压轴转速	N_H	0.001 5	1	9 672 r/min
			2	11 370 r/min
低压压气机出口总压	p_{25}	0.002	1	184 681 Pa
			2	178 386 Pa
高压压气机出口总压	p_3	0.002	1	1 106 440 Pa
			2	1 392 260 Pa
高压压气机出口总温	T_3	0.001 5	1	632.5 K
			2	804.6 K
高压涡轮出口总温	T_{45}	0.001 5	1	995.1 K
			2	1 423.7 K
低压涡轮出口总温	T_5	0.001 5	1	695.2 K
			2	1 052.8 K

2. 故障诊断和隔离仿真

对故障诊断系统性能的评价指标主要由诊断和隔离的准确率、虚警率、错误率构成。

准确的诊断对应于以下两种情况。首先是当系统出现故障时,故障诊断系统可以准确地检测出故障并隔离出故障的组件。另一方面,当系统正常运行时,故障诊断系统保持静默并且不发出任何警报。虚警表示当系统正常工作时,故障诊断系统发出故障警报的情形。错误是指在被诊断系统出现故障时,故障诊断系统识别未识别出故障或者在识别出故障的情况下发生隔离错误的情况。故障状态下发动机的测量输出主要由环境参数(H, Ma),输入参数(W_f, A_8)和故障参数(故障模式,故障大小)确定。采用蒙特卡罗方法,对不同的故障诊断系统的性能进行定量比较。环境参数和输入参数共同决定了发动机的状态。对给定状态下环境参数和输入参数的标称值作小扰动,可以得到一系列的参数组合。

故障参数是人为设定的。其中故障模式决定了传感器是否发生故障以及对应哪个传感器发生故障。对应于不同的故障种类,故障大小的物理意义也不相同。在硬故障模式时,故障大小对应于所叠加阶跃信号的幅值。在软故障模式时,故障大小对应于所叠加的斜坡信号的斜率。故障模式的规模由发动机控制系统传感器数量决定。故障大小可在故障最大限度内随意取值。通过将不同的故障模式和故障大小进行组合,可以得到多样的故障参数。通过选取不同的环境参数、输入参数、故障参数构建不同的仿真环境,从正确率、虚警率和错误率三个方面对故障诊断系统的性能进行评价。分别对高斯噪声和瑞利噪声条件下,针对每一种故障类型(硬故障,软故障)做了 800 次仿真实验。仿真结果如表 10-11 和表 10-12 所示。

表 10-11　高斯噪声下故障诊断系统仿真结果

故障类型	方　法	状　态	正　确	虚　警	错　误	正确率
硬故障	免疫融合卡尔曼滤波器	1	786	12	2	98.3%
		2	784	13	3	98.1%
	卡尔曼滤波器组	1	788	9	3	98.5%
		2	783	12	5	97.9%
软故障	免疫融合卡尔曼滤波器	1	765	18	17	95.6%
		2	760	17	23	95.0%
	卡尔曼滤波器组	1	762	19	19	95.3%
		2	756	21	23	94.5%

表 10-12　瑞利噪声下故障诊断系统仿真结果

故障类型	方　法	状　态	正　确	虚　警	错　误	正确率
硬故障	免疫融合卡尔曼滤波器	1	784	15	1	98.0%
		2	782	14	4	97.8%
	卡尔曼滤波器组	1	534	40	226	66.8%
		2	538	45	217	67.2%

续　表

故障类型	方　法	状　态	正　确	虚　警	错　误	正确率
软故障	免疫融合卡尔曼滤波器	1	761	23	16	95.1%
		2	752	29	19	94.0%
	卡尔曼滤波器组	1	531	42	227	66.4%
		2	514	48	238	64.3%

对表 10-11 和表 10-12 的实验数据分析可以得到以下结论。

（1）高斯噪声下，两种方法的正确率大致相同，部分状态下基于卡尔曼滤波器组方法的诊断正确率还相对较高。可以得出结论：在高斯噪声下，两种故障诊断系统都可以很好地对传感器故障进行诊断和隔离。

（2）瑞利噪声下，基于免疫融合卡尔曼滤波器方法的诊断正确率明显高于卡尔曼滤波器组。可以证明，使用基于特定分布的数据对抗体库进行训练后，在非高斯噪声下，基于免疫融合卡尔曼滤波器设计的故障诊断系统仍然可以保持高的诊断和隔离正确率。

（3）软故障下的诊断正确率比硬故障的诊断正确率低。这是由于仿真实验设计过程中，在软故障模式下，部分实验条件下故障太小，导致部分正确率小于硬故障正确率。

（4）工作状态 2 的正确率普遍小于工作状态 1。这是由于在发动机非线性模型建立方面，高空点处模型的非线性比地面状态要大，高空点处模型对扰动也更加敏感。用相同的方法对非线性模型进行线性化后，工作状态 1 的线性化模型精度比工作状态 2 的模型精度高，同样诊断正确率也越高。

3. 故障参数重构仿真

对故障参数重构部分性能的评价主要通过重构值与真实值之间的平均相对误差与误差标准差。平均相对误差是在仿真过程中重构值与真实值之间误差相对量的平均值。对重构值与真实值之间差值求标准差，则可以得到误差标准差。平均相对误差与误差标准差的计算方式如式（10-24）所示。

$$ARE = \frac{1}{ns} \sum_{n=1}^{ns} \left(\frac{|\, y_s - ref_s - y_r \,|}{y_r} \right)_n \tag{10-24}$$

$$ESD = \frac{1}{ns} \sqrt{ \sum_{n=1}^{ns} \left[\left(\frac{|\, y_s - ref_s - y_r \,|}{y_r} \right)_n - ARE \right]^2 }$$

式中，y_s、ref_s、y_r 分别对应 n 时刻的输出参数传感器测量值、故障大小重构值以及输出参数实际值。

在不同的噪声条件下，对发动机工作状态 1 和 2 分别作硬故障与软故障的仿真实验。在硬故障仿真中，在 3 s 处添加了 T_3 传感器的 10% 的故障，并持续 4 s。图

10-34 至图 10-37 显示了在不同方法下计算出的测量值与重构值之间的关系。在软故障模拟中,在 3 s 处添加坡度为 0.03/s 的 N_L 传感器故障,持续 4 s。重构值

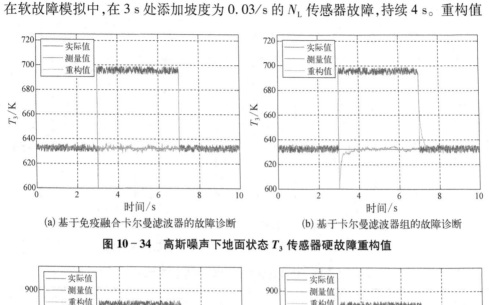

(a) 基于免疫融合卡尔曼滤波器的故障诊断　　　　(b) 基于卡尔曼滤波器组的故障诊断

图 10-34　高斯噪声下地面状态 T_3 传感器硬故障重构值

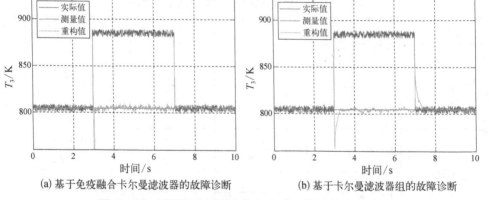

(a) 基于免疫融合卡尔曼滤波器的故障诊断　　　　(b) 基于卡尔曼滤波器组的故障诊断

图 10-35　高斯噪声下高空状态 T_3 传感器硬故障重构值

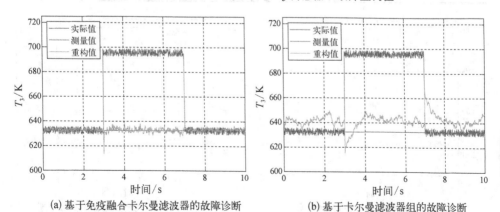

(a) 基于免疫融合卡尔曼滤波器的故障诊断　　　　(b) 基于卡尔曼滤波器组的故障诊断

图 10-36　瑞利噪声下地面状态 T_3 传感器硬故障重构值

与标准值之间的关系如图 10-38 至图 10-41 所示。*ARE* 和 *ESD* 的结果分别如表 10-13 和表 10-14 所示。

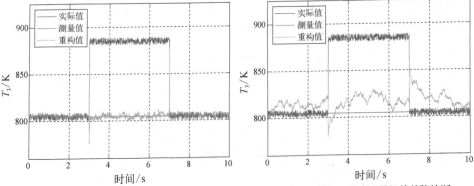

(a) 基于免疫融合卡尔曼滤波器的故障诊断　　(b) 基于卡尔曼滤波器组的故障诊断

图 10-37　瑞利噪声下高空状态 T_3 传感器硬故障重构值

表 10-13　硬故障状态故障重构精度评估表

噪声分布	方　法	状　态	$ARE/10^{-2}$	$ESD/10^{-5}$
高斯噪声	免疫融合卡尔曼滤波器	1	0.16	1.012 9
		2	0.20	1.995 8
	卡尔曼滤波器组	1	0.26	2.690 9
		2	0.26	2.651 3
瑞利噪声	免疫融合卡尔曼滤波器	1	0.21	1.260 7
		2	0.22	1.408 2
	卡尔曼滤波器组	1	1.52	4.557 1
		2	1.58	7.640 1

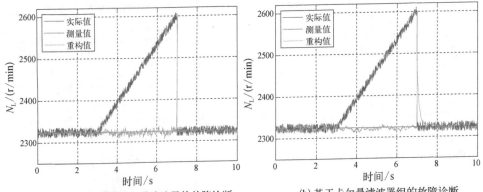

(a) 基于免疫融合卡尔曼滤波器的故障诊断　　(b) 基于卡尔曼滤波器组的故障诊断

图 10-38　高斯噪声下地面状态 N_L 传感器软故障重构值

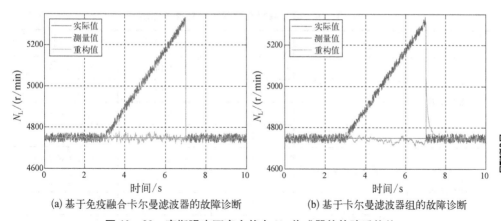

(a) 基于免疫融合卡尔曼滤波器的故障诊断　　　(b) 基于卡尔曼滤波器组的故障诊断

图 10 - 39　高斯噪声下高空状态 N_L 传感器软故障重构值

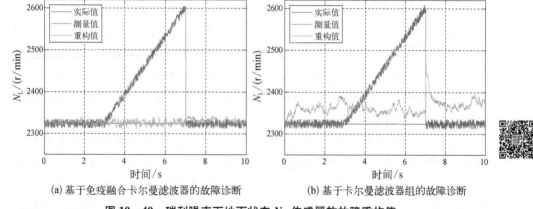

(a) 基于免疫融合卡尔曼滤波器的故障诊断　　　(b) 基于卡尔曼滤波器组的故障诊断

图 10 - 40　瑞利噪声下地面状态 N_L 传感器软故障重构值

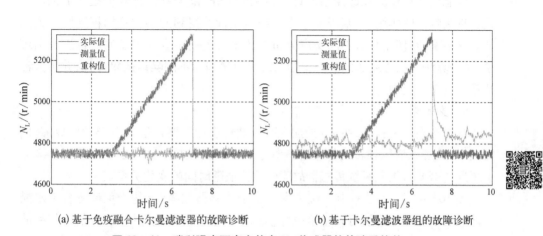

(a) 基于免疫融合卡尔曼滤波器的故障诊断　　　(b) 基于卡尔曼滤波器组的故障诊断

图 10 - 41　瑞利噪声下高空状态 N_L 传感器软故障重构值

表 10 - 14　软故障状态故障重构精度评估表

噪声分布	方　　法	状　态	$ARE/10^{-2}$	$ESD/10^{-5}$
高斯噪声	免疫融合卡尔曼滤波器	1	0.14	1.568 9
		2	0.14	1.609 0
	卡尔曼滤波器组	1	0.22	2.081 2
		2	0.25	1.977 6
瑞利噪声	免疫融合卡尔曼滤波器	1	0.24	1.684 0
		2	0.21	1.695 1
	卡尔曼滤波器组	1	1.73	5.057 3
		2	1.44	7.313 2

　　从图 10 - 34、图 10 - 35、图 10 - 38、图 10 - 39 中可以看出,免疫融合卡尔曼滤波器和卡尔曼滤波器组都可以在高斯噪声环境中正确地重构故障传感器的测量值。以噪声类型为分类标准,比较图 10 - 36、图 10 - 37、图 10 - 40、图 10 - 41 可以知道,在非高斯环境下,基于卡尔曼滤波器组的方法无法很好地跟踪故障传感器的测量值,虽然重建值与实际值的变化趋势一致,但相应时间点之间的误差较大。但是在瑞利噪声环境下,基于免疫融合卡尔曼滤波器的方法仍对故障传感器的测量标称值有着高精度的重构。

　　如表 10 - 13 和表 10 - 14 所示,在状态 1 和 2 中模拟的 ARE 和 ESD 在高斯过程中为两种方法计算的量级都相同。基于免疫融合卡尔曼滤波器的方法得到的 ARE 和 ESD 略小于基于卡尔曼滤波器组计算得的 ARE 和 ESD。因此,在高斯过程中,两个故障诊断系统都具有相似的重构精度。在两种噪声环境中,使用免疫融合卡尔曼滤波器构建故障诊断系统计算得到的 ARE 和 ESD 的计算值是相似的。但是在瑞利噪声的作用下,基于卡尔曼滤波器组计算得到的参数重构精度则大大降低。这表明,在使用具有不同噪声分布的数据对免疫融合卡尔曼滤波器进行训练后,由该算法后核心组建的故障诊断系统可以增强对不同噪声的鲁棒性,并扩大诊断系统的工作范围。

　　4. 多故障仿真

　　本节在高斯过程下,在 2 s 处加入高压轴转速传感器幅值为 10% 的硬故障,同时在 3 s 处加入低压轴转速传感器斜率为 0.03/s 的软故障并持续 4 s,图 10 - 42 显示了通过 IKF 对控制系统传感器故障的重构值随时间的变化关系。

　　图 10 - 42 显示,当控制系统中发生多个传感器故障时,基于免疫融合卡尔曼滤波器的故障诊断系统可以将多故障模式分为独立的单故障模式,并估计每种故障的大小。这样可以对每个测量参数进行精确地重构。与需要预先对不同故障模

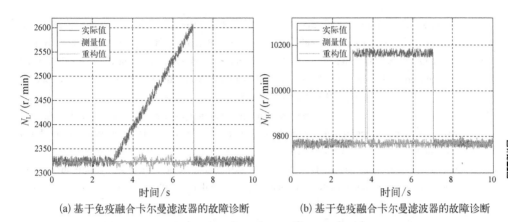

(a) 基于免疫融合卡尔曼滤波器的故障诊断　　　(b) 基于免疫融合卡尔曼滤波器的故障诊断

图 10 - 42　高斯过程下对传感器多故障的重构

式设计相应的卡尔曼滤波器相比,基于免疫融合卡尔曼滤波器的故障诊断系统结构更简单,在处理多故障重建问题时更易于调整且精度更高。

参考文献

[1]　黄雪茹. 基于 AANN 网络的航空发动机多重故障诊断技术研究[D]. 西安: 西北工业大学,2013.

[2]　Napolitano M, Windon I D, Casanova J, et al. A comparison between Kalman filter and neural network approaches for sensor validation[C]. San Diego: Guidance, Navigation and Control Conference, 2006.

[3]　An Y. A design of fault tolerant flight control systems for sensor and actuator failures using On-Line learning neural networks[D]. Morgantown: West Virginia University, 2000.

[4]　Samy I, Postlethwaite I, Gu D W. Neural network based sensor validation scheme demonstrated on an unmanned air (UAV) model[C]. Cancun: Proceedings of the 47th IEEE Conference on Decision and Control, 2008.

[5]　Wang H, Borairi M. Actuator and sensor fault diagnosis of nonlinear dynamic systems via genetic neural networks and adaptive parameter estimation technique[C]. Trieste: Proceedings of IEEE International Conference on Control Applications, 1998.

[6]　Hines J W, Uhrig R E. Use of autoassociative neural networks for signal validation[J]. Journal of Intelligent and Robotic Systems, 1998, 21: 143 - 154.

[7]　Huang G J, Liu G X, Chen G X, et al. Self-recovery method based on auto-associative neural network for intelligent sensors[C]. Jinan: Proceedings of the 8th World Congress on Intelligent Control and Automation, 2010.

[8]　Lu P J, Hsu T C. Application of autoassociative neural network on Gas-Path sensor data validation[J]. Journal of propulsion and Power, 2002, 18(4): 879 - 888.

[9]　Laurentys C A, Palhares R M, Caminhas W M. Design of an artificial immune system based on danger model for fault detection[J]. Expert Systems with Applications, 2010, 37(7): 5145 - 5152.

[10] Ghosh K, Srinivasan R. Immune-System-Inspired approach to process monitoring and fault diagnosis[J]. Industrial and Engineering Chemistry Research, 2011, 50(3): 1637 − 1651.

[11] Mohapatra S, Khilar P M, Swain R R. Fault diagnosis in wireless sensor network using clonal selection principle and probabilistic neural network approach [J]. International Journal of Communication Systems, 2019, 32(16): 4138.

[12] Jiang Q Y, Chang F L. A novel antibody population optimization based artificial immune system for rotating equipment anomaly detection [J]. Journal of Mechanical Science and Technology, 2020, 34: 3565 − 3574.

[13] Moncayo H, Perhinschi M G, Davis J. Artificial-Immune-System-Based aircraft failure evaluation over extended flight envelope [J]. Journal of Guidance Control and Dynamics, 2011, 34(4): 989 − 1001.

[14] Moncayo H, Perhinschi M G, Davis J. Aircraft failure detection and identification using an immunological hierarchical multiself strategy[J]. Journal of Guidance Control and Dynamics, 2010, 33(4): 1105 − 1114.

[15] Perhinschi M G, Moncayo H, Azzawi D A. Integrated Immunity-Based framework for aircraft abnormal conditions management[J]. Journal of Aircraft, 2014, 51(6): 1726 − 1739.

[16] Perhinschi M G, Moncayo H, Davis J. Integrated framework for artificial Immunity-Based aircraft failure detection, identification, and evaluation[J]. Journal of Aircraft, 2010, 47(6): 1847 − 1859.

[17] Perhinschi M G, Porter J, Moncayo H, et al. Artificial-Immune-System-Based detection scheme for aircraft engine failures [J]. Journal of Guidance Control and Dynamics, 2011, 34(5): 1423 − 1440.

[18] Azzawi D A, Perhinschi M G, Moncayo H. Artificial dendritic cell mechanism for aircraft Immunity-Based failure detection and identification [J]. Journal of Aerospace Information Systems, 2014, 11(7): 467 − 481.

[19] Kramer M A. Autoassociative neural networks [J]. Computers and Chemical Engineering, 1992, 16(4): 313 − 328.

常用符号表

EPR	发动机压比
N_L	低压转子转速
N_H	高压转子转速
PLA	油门杆角度
VSV	压气机可调静子叶片
VBV	发动机可调放气活门
F	发动机推力
W_f	主燃烧室燃油流量
A_8	尾喷管喉部面积
H	高度
Ma	马赫数
SM	喘振裕度
T_{25}	压气机进口温度
T_{45}^*	涡轮前总温
T_3^*	燃烧室进口前总温
h	健康向量
$\Delta\eta_F$	风扇效率变化量
ΔW_F	风扇流量的变化量
$\Delta\eta_{HPC}$	压气机效率的变化量
ΔW_{HPC}	压气机流量的变化量
$\Delta\eta_B$	燃烧室效率的变化量
ΔW_B	燃烧室流量的变化量
$\Delta\eta_{HT}$	高压涡轮效率的变化量
ΔW_{HT}	高压涡轮流量的变化量
$\Delta\eta_{LT}$	低压涡轮效率的变化量
ΔW_{LT}	低压涡轮流量的变化量

f	故障向量
f_P	元部件故障
f_S	传感器故障
f_A	执行器故障
d	未知输入(干扰)向量
w	噪声向量
v	测量噪声
ε	虚警率
J_{th}	阈值